“十四五”时期国家重点出版物出版专项规划项目

密码理论与技术丛书

# 安全多方计算

徐秋亮　蒋　瀚　王　皓　赵　川　魏晓超　著

密码科学技术全国重点实验室资助

科 学 出 版 社
北　京

# 内 容 简 介

安全多方计算作为密码协议的一般性理论研究，取得了非常丰富、深刻的研究成果，是密码学基础理论的重要组成部分；由于实际应用的需求，近年来在实用化方面也取得了显著成果. 本书旨在对这一研究领域进行梳理，形成一个完整系统的总结，展现其基本思想与方法. 本书以安全多方计算的起源和里程碑式的成果为起点，介绍了 Yao 混淆电路、GMW、BGW 等基础协议，严格论述了安全模型及形式化证明方法，并对实用化技术做了详尽分析与介绍. 本书由浅入深，逐步引导读者进入安全多方计算理论研究与技术开发前沿，旨在提供一本系统、完整介绍该领域基础理论与应用技术的著作.

本书可作为密码学及相关领域高等院校教师与研究者在教学与研究中的参考材料，或作为密码学专业高年级研究生的教学用书，也可作为安全系统与平台研发工程技术人员了解相关知识与技术的参考书.

**图书在版编目（CIP）数据**

安全多方计算 / 徐秋亮等著. —北京：科学出版社，2024.3
（密码理论与技术丛书）
国家出版基金项目 “十四五”时期国家重点出版物出版专项规划项目
ISBN 978-7-03-077681-5

Ⅰ. ①安… Ⅱ. ①徐… Ⅲ. ①密码–安全技术–计算 Ⅳ. ①TN918.2

中国国家版本馆 CIP 数据核字（2024）第 020799 号

责任编辑：李静科 范培培 / 责任校对：彭珍珍
责任印制：张 伟 / 封面设计：无极书装

科学出版社 出版
北京东黄城根北街 16 号
邮政编码：100717
http://www.sciencep.com
北京天宇星印刷厂印刷
科学出版社发行 各地新华书店经销
*
2024 年 3 月第 一 版 开本：720×1000 1/16
2025 年 1 月第二次印刷 印张：18 3/4
字数：359 000

**定价：128.00 元**

（如有印装质量问题，我社负责调换）

# “密码理论与技术丛书”序

随着全球进入信息化时代, 信息技术飞速发展并获得广泛应用, 物理世界和信息世界越来越紧密地交织在一起, 不断引发新的网络与信息安全问题, 这些安全问题直接关乎国家安全、经济发展、社会稳定和个人隐私. 密码技术寻找到了前所未有的用武之地, 成为解决网络与信息安全问题最成熟、最可靠、最有效的核心技术手段, 可提供机密性、完整性、不可否认性、可用性和可控性等一系列重要安全服务, 实现数据加密、身份鉴别、访问控制、授权管理和责任认定等一系列重要安全机制.

与此同时, 随着数字经济、信息化的深入推进, 网络空间对抗日趋激烈, 新兴信息技术的快速发展和应用也促进了密码技术的不断创新. 一方面, 量子计算等新型计算技术的快速发展给传统密码技术带来了严重的安全挑战, 促进了抗量子密码技术等前沿密码技术的创新发展. 另一方面, 大数据、云计算、移动通信、区块链、物联网、人工智能等新应用层出不穷、方兴未艾, 提出了更多更新的密码应用需求, 催生了大量的新型密码技术.

为了进一步推动我国密码理论与技术创新发展和进步, 促进密码理论与技术高水平创新人才培养, 展现密码理论与技术最新创新研究成果, 科学出版社推出了“密码理论与技术丛书”, 该丛书覆盖密码学科基础、密码理论、密码技术和密码应用等四个层面的内容.

“密码理论与技术丛书”坚持“成熟一本, 出版一本”的基本原则, 希望每一本都能成为经典范本. 近五年拟出版的内容既包括同态密码、属性密码、格密码、区块链密码、可搜索密码等前沿密码技术, 也包括密钥管理、安全认证、侧信道攻击与防御等实用密码技术, 同时还包括安全多方计算、密码函数、非线性序列等经典密码理论. 该丛书既注重密码基础理论研究, 又强调密码前沿技术应用; 既对已有密码理论与技术进行系统论述, 又紧密跟踪世界前沿密码理论与技术, 并科学设想未来发展前景.

“密码理论与技术丛书”以学术著作为主, 具有体系完备、论证科学、特色鲜明、学术价值高等特点, 可作为从事网络空间安全、信息安全、密码学、计算机、通信以及数学等专业的科技人员、博士研究生和硕士研究生的参考书, 也可供高等院校相关专业的师生参考.

冯登国<br>2022 年 11 月 8 日于北京

# 前　言

安全多方计算贯穿密码学的理论基础与实际应用. 作为密码协议的一般性理论研究, 安全多方计算对各种网络与通信环境下能够达到的安全目标取得了非常深刻的研究成果, 是密码学理论基础的重要组成部分. 安全多方计算初期是作为密码学的基础理论进行研究与发展的, 但由于近年来网络、通信、计算等技术及模式的发展与变化, 安全多方计算的基础性通用构造开始具有实用化的可能性, 特别是近十年以来, 安全多方计算实用化的前景日趋明朗, 基于安全多方计算的隐私保护计算平台开始出现, 并得到信息领域各大企业及社会各界广泛关注.

安全多方计算目前已经成为密码学领域学习及研究人员必须掌握的基础理论和实用技术. 但是, 由于其发展迅速、内容涉及面广、理论成果在发展上纠缠交错, 目前国内外涉及该领域的著作各有侧重, 缺乏一本系统、深入、完整介绍该研究领域基础知识的著作, 这使得对安全多方计算研究领域的学习和研究只能从零散的资料中获取知识, 非常不便, 迫切需要一本系统性的专门著作. 本书将从安全多方计算的起源和里程碑式的成果开始, 由浅入深, 由直观描述到严格论证, 逐步引导读者进入安全多方计算研究领域, 体现出安全多方计算理论与应用的发展脉络、基本思想和研究方法, 突出理论的基础性和实用化方法的前沿性与代表性, 为密码理论研究工作者及研究生提供必备的安全多方计算基本理论和基础知识, 展示安全多方计算领域研究的基本方法与基本技巧, 为安全平台研发者及相关专业的工程技术人员提供理解安全多方计算概念、实用化知识与技术的参考材料.

本书第 1 章作为导引, 概括介绍公钥密码与安全多方计算的发展及现状, 为后续内容提供一个基础背景. 第 2 章讨论可证安全理论基础, 精确定义安全多方计算中常用的安全模型及安全证明技术. 第 3 章引入安全多方计算协议设计必不可少的基本工具, 这些工具将在以后的章节中作为基本原语频繁使用. 第 4 章介绍零知识证明, 它是安全多方计算协议设计的重要工具, 其思想方法与安全多方计算非常契合与一致, 这部分内容对安全多方计算的理解至关重要. 第 5 章介绍安全多方计算基石性的成果, 也是安全多方计算的起源性成果, 不管是理论研究还是实用化, 都是以这些基础成果为出发点的. 我们注重挖掘这些原始创新成果的思想方法, 以尽量自然易懂的方式进行详细论述, 以期读者理解这些成果的精髓. 第 6 章和第 7 章分别介绍半诚实敌手模型和恶意敌手模型下协议的安全性证明. 安全多方计算的安全性证明一般采用理想/现实模拟范式, 这两章重视对这种证明方法的梳理与展现, 希望能够逐步引导读者理解、掌握这种证明的思想与技巧. 安全多方计算协议的设计, 一般都遵从先在半诚实敌手模型下设计安全协议, 再把它转化为恶意敌手模型下的安全协议这一设计路线, 因此我们分成两章, 按照这种层次进行论述. 如果说第 5 章侧重于基础知识、基本概念、基本方法的介绍, 那么第 6 章与第 7 章则侧重于证明方法与技巧的示范与展示, 这三章构成本书涉及的安全多方计算理论核心. 第 8 章与第 9 章介绍目前安全多方计算实用化技术中最常用的通用计算协议和框架, 以及面向提高效率的典型和基础性优化方法, 是安全多方计算通用平台开发的必备技术, 这两章构成研发与实用技术基础. 量子计算的进展对经典密码产生极大影响, 抗量子密码与量子密码引人关注, 在量子密码领域除较为成熟的量子密钥分发之外, 量子加密、量子签名及一般量子密码协议的研究也开始起步, 我们在第 10 章概括介绍了量子安全多方计算的研究现状及代表性成果.

本书第 1, 4 章由徐秋亮执笔, 第 2, 8 章由蒋瀚执笔, 第 3 章由王皓执笔, 第 5 章由赵川执笔, 第 6, 7 章由魏晓超执笔, 第 9 章由蒋瀚、王皓执笔, 第 10 章由徐秋亮、王永利执笔. 全书由徐秋亮最终审阅与校正. 在成书过程中, 山东大学软件学院密码理论与技术实验室的全体教师和研究生进行了多次长时间的讨论, 博士生赵圣楠、张建栋、阎允雪等做了大量材料收集与整理工作, 杨如鹏博士参与了部分内容的审阅, 王永利博士对第10章的撰写做出了重要贡献, 在此表示深深的感谢. 本书的成稿是实验室全体教师和研究生共同努力的结晶, 历经两年半有余的时间, 作者尽最大努力达到预想的目标, 但水平所限, 可能有不妥之处, 敬请读者不吝指出, 以期再版时能够提高质量.

本书的出版得到了国家出版基金、密码科学技术全国重点实验室学术专著出版基金、国家自然科学基金(No. 62172258)的资助, 特此致谢!

作　者

2023 年 3 月 21 日于济南

# 目　　录

# 第1章 引　言

## 1.1 现代密码学概述

安全多方计算(secure multi-party computation, MPC)是现代密码学的一个重要分支，是现代密码学一般协议的理论和应用基础，已形成了一套深刻的安全性理论框架与论证方法. 为了给安全多方计算的研究提供一些简要的背景知识，本节先在总体上对密码学做一简要概述.

密码技术的历史源远流长，密码因需求而产生，因对抗而发展，因环境而变化. 从传说中公元前404年古希腊斯巴达人的“密码棒”(scytale)、公元前51年《高卢战记》中凯撒对密码使用的描写及《凯撒传》中记载的“凯撒密码”，到16世纪中叶所谓“不可破的”维吉尼亚密码，都伴随着古老、神秘、惊心动魄的历史故事. 第二次世界大战期间是古典密码使用的顶峰，也是其从古典走向现代的转折点.

第二次世界大战期间的密码，尽管加密和解密过程进行了机械化、电气化，但使用的算法都是从之前的古典算法直接派生出来的. 有趣的是，第二次世界大战期间的密码分析促进了计算机的出现. 古典密码一般以字母或字母组为处理对象，主要用于保密通信，可以认为是用于保证通信安全的技术或技巧. 直到20世纪40年代香农创立信息论并以此研究保密系统开始，密码的设计和分析才真正数学化了，开始有了严格的安全性概念及其定量化描述，密码学开始变为一种有理论基础、有科学方法的“科学”. 20世纪70年代是密码学发展的具有历史转折意义的时期，发生了两个具有里程碑意义的标志性事件. 一是数据加密标准(data encryption standard, DES)的征集和颁布，标志着密码学研究和使用从秘密走向公开、从特殊领域的专用技术走向社会各领域的通用技术；二是公钥密码体制(public key cryptosystem)的提出，密码的功能和应用领域因此大大扩展，形成了信息化、数字化社会信息安全的结构性基础与支撑. 20世纪80年代开始，可证安全理论逐步发展成熟，标志着密码学进入到一个新时代. 现代密码是计算机科学和数学相结合的产物，建立在严密的数学、计算复杂性等理论之上，以比特或比特分组为处理对象，以形式化和可证安全为特征，广泛应用于保证信息采集、传输、存储、处理及使用等各环节的安全性.

公钥密码的思想源自斯坦福大学Diffie和Hellman教授于1976年发表的《密码学新方向》(“New Directions in Cryptography”)一文[DH76]，该文的发表标志着公钥密码的诞生. 该文作为一篇开创性文章, 思想内涵极其丰富, 除了提出公钥密码的思想外, 同时提出了数字签名、密钥交换等概念, 并具体构造了一个通过不安全公开信道建立密钥的协议, 现在称之为 Diffie-Hellman 密钥交换协议. 目前, Diffie-Hellman 密钥交换协议仍然是各种密钥交换协议的基础. 1977 年, 麻省理工学院的 Rivest, Shamir 和 Adleman 构造了第一个公钥密码体制(发表于 1978 年), 现在被称为 RSA 密码算法. RSA 密码算法广泛应用于社会各个领域, 曾是应用最广泛的密码算法, 可以说创造了一个时代. 其构造简单、易于理解, 不仅可以用于加密还可用于数字签名. 自此公钥密码学(public key cryptography, PKC)开始迅速发展, ElGamal 加密和签名算法、椭圆曲线加密和签名算法、Schorr 身份认证协议等众多的密码算法和协议相继提出, 并形成了公钥加密算法、数字签名、密钥交换、身份认证、零知识证明以及安全多方计算等多个研究分支, 成为如今信息化及数字化社会网络安全的支撑性技术. 2009 年, Gentry 构造了全同态加密体制[Gentry09], 使得直接对密文进行处理成为可能. 实用全同态密码的研究现在成为密码学一个重要分支. 近年来量子计算的研究进展对目前基于经典数论难题的公钥密码体制构成可能的威胁, 人们不得不考虑可抵抗量子攻击的所谓后量子密码, 在美国后量子密码标准征集的推动之下, 后量子密码更加成为密码界极为关注的领域.

随着数字化时代的到来, 密码技术已成为社会发展的必不可少的支撑性技术, 深入到社会生活的各个方面, 对信息的机密性、完整性、认证性的保护及个人身份的识别等发挥着重要作用. 但同时, 新的社会环境和网络环境对密码学不断提出新的要求. 目前, 云计算、大数据、人工智能以及物联网技术的快速发展与应用, 推动社会快速进入数字化时代, 这对安全高效处理大数据的密码机制提出迫切需求, 对密码理论与技术提出了新的严峻挑战. Diffie 和 Hellman 在他们开创性文章《密码学新方向》中的第一句话就是“今天, 我们站在密码学革命的边缘”, 面对现在新的数字化环境, 我们可能又站在了密码学原理与机制突破的边缘. 作为需求驱动的学科, 密码学必定会不断因需求而变, 因应用而变, 不断创新与发展.

## 1.2　安全多方计算的发展概况

安全多方计算作为密码协议的一般性研究起源于 1982 年姚期智在 FOCS (IEEE Annual Symposium on Foundations of Computer Science)会议上的报告“Protocols for Secure Computations”[Yao82]. 该文通过百万富翁问题的提出以及对其解决方案的讨论, 引出安全多方计算的概念, 旨在提出描述信息保密与不可篡改、智能扑克等问题的一般框架, 发展安全协议安全性证明的一般技巧, 认识单向函数的本质能力和局限. 对于两方确定性计算、两方概率计算、多方概率计算, 文章给出协议正确性和隐私性的定义, 并对满足隐私约束的条件下可行协议的存在性进行了研究. 正确性和隐私性是安全多方计算中两个最基本的安全性质. 1986 年, 在 STOC (ACM Symposium on Theory of Computing) 会议上, 姚期智发表题为"How to Generate and Exchange Secrets"的文章[Yao86], 这是安全多方计算迅速发展的开端, 引起了密码界广泛的关注. 该文一般性地提出了两方概率计算问题, 涵盖了包括零知识在内的众多问题作为特殊情况; 在正确性与隐私性基础上引入了公平性的概念, 确定了在隐私保护限制下两方进行公平秘密交换和以分布方式产生 NP 语言实例及其证据的能力. 该文常常被当作安全多方计算基础工具"混淆电路"(garbled circuit, GC)的出处被引用, 但这篇文章事实上完全没有提到混淆电路. 按照弗吉尼亚大学 Evans 的说法, 混淆电路是姚期智提出安全多方计算的概念后, 在随后几年的一系列讨论中形成的, 并未在任何公开出版物中发表[EVM18]. 混淆电路在安全多方计算的理论研究和实用化中都具有最基础的重要性, 是安全多方计算研究与应用的必备基础性工具, 但其只能用于半诚实敌手模型下的两方计算. 在基础重要性上可以与混淆电路相提并论的是 Goldreich, Micali 和 Wigderson 于 1987 年在 STOC 会议上提出的 GMW 协议和 GMW 编译器[GMW87]. 该文首先定义了一个 $n$ 方图灵机博弈 Tm-game, 这事实上相当于一个安全 $n$ 方计算函数值的问题, 并通过增强姚期智在[Yao86]中提出的组合茫然传输(combined oblivious transfer)协议, 给出了一个 Tm-game 解答器, 称为 GMW 协议, 这个协议非常重要, 是与混淆电路并列的另一种通用化安全多方计算机制, 不仅适用于两方, 还可以利用一个简单秘密分享方案解决一般的安全 $n$ 方($n \geqslant 2$)计算问题, 但其仍然是半诚实敌手模型下安全的. 为了获得恶意敌手模型下安全的安全多方计算协议, 该文构造了一个将半诚实敌手模型下安全协议转化为恶意敌手模型下安全协议的通用转化框架, 称为 GMW 编译器. GMW 编译器是安全多方计算协议设计的一个重要工具, 但作为通用框架并不涉及具体实现, 且其效率不能令人满意. 还应该提到的是 Ben-Or 等 1988 年在 STOC 会议上提出的方案[BGW88], 现在被称为 BGW 协议. 该方案引入了更一般的秘密分享方案, 并可对有限域上包含加法、常数乘法及乘法门的电路求值.

上面这些研究成果, 奠定了安全多方计算的研究基础, 引领了研究思路, 但由于初期缺乏对安全模型的形式化定义, 这些文章的结果大多是启发性的, 有些结果的严格形式化证明在以后的研究论文中得到补充.

1990 年左右, 是安全多方计算理论迅速发展的时期, 涌现了一大批理论成果, 除上面列举的文章外, [CCD88, RB89, GL90, OY91, MR91, Beaver91a]等大量文章讨论了不同背景下安全多方计算协议的一般构造问题及安全模型问题. 但总体上安全模型的建立滞后于协议的构造. IBM 公司 Watson 研究中心的 Canetti 在他的博士论文[Canetti95]以及 2000 年发表在 *Journal of Cryptology* 上的论文[Canetti00]中对安全性模型做了集大成式的总结, 安全模型逐渐成熟, 目前已经形成了较为统一的形式化表达.

安全多方计算发展的初期, 主要是从理论层面讨论各种假设、网络环境与安全模型下相应的安全多方计算协议的存在性与可行性. 随着协议效率的提高, 特别是计算环境的发展, 设计实用化安全多方计算协议成为可能, 逐渐成为安全多方计算领域研究的重点. 从电路本身进行优化是最自然的方法, 混淆表行缩减、FleXOR、半门以及对电路的整体优化技术可明显降低电路的计算量. 茫然传输(oblivious transfer, OT)协议是安全多方计算最基础的协议, 在电路的安全计算中大量使用, 混淆电路计算方的每一个比特、GMW 协议的每一个与门都要至少执行一次 OT, 而 OT 本质上是非对称密码操作, 极为费时. Beaver 提出后经 Ishai 等改进的 OT 扩展技术[Beaver96, IKNP03], 只需使用少量基础 OT, 花费极少计算量即可获得大批量的 OT 执行效果, 是安全多方计算实用化的关键技术之一. 云计算的发展与普及, 使得将安全多方计算协议划分为线下预计算和在线计算两个阶段成为一种现实的选择, Beaver 于 1991 年提出的乘法三元组方法[Beaver91b], 将 BGW 协议中的乘法门求值时的通信代价转移到了线下预处理阶段, 这种方式在目前的计算与网络环境下, 成为安全多方计算实用化的主流技术.

当前, 云计算、大数据、物联网及人工智能技术快速发展与应用, 数据随时随地被大量产生、传输、存储与利用, 数据安全与隐私的保护成为社会上极为关注的问题. 安全多方计算作为数据安全与隐私保护下数据处理的主要技术之一, 其实用化已成为该领域研究的主流方向.

## 1.3　安全多方计算实用系统研究

由于网络环境的发展和变化, 安全多方计算近几年从基础理论研究跨越到实用系统研究与开发, 在安全多方计算研究的前二十年, 其理论价值得到广泛认可, 但能否被大规模实际应用是存在怀疑的. 当然, 有许多密码学者对此抱有乐观态度. Goldwasser 曾在 1997 年预言[Goldwasser97]: “我们相信, 今天的多方计算领域恰如十年前的公钥密码, 作为一种极其强大的工具和丰富的理论, 其实际应用在此时才刚刚开始, 但在未来将成为计算体系中一个不可或缺的组成部分.” 近十年来学界及社会对安全多方计算可用性的认识发生了巨大变化, 其实用价值及应用前景得到广泛认可. 在这十余年里, 安全多方计算实用系统的发展分为两条路径, 一条是研究通用安全多方计算技术, 建立通用平台; 另一条是对具体场景设计专用系统. 专用系统针对特定领域, 比如拍卖、统计分析、生物计算及机器学习等, 可以用更针对性的技术获得更高的效率和实用性[BCD09, LJAI18, JKS08, MZ17, LJLA17]. 这些专用系统的实现往往严重依赖于具体问题, 难以扩展, 不属于本书涵盖的范围,在此不做讨论. 本书的目的主要是介绍安全多方计算的一般性理论与技术, 因而在实际应用方面着重讨论通用系统构建技术, 基于前二十年理论研究与效率优化技术的支撑, 安全多方计算通用平台在实践中逐渐得到了业界的关注. 特别是近几年来由于隐私计算强烈需求的推动, 安全多方计算成为企业界热捧的前瞻性技术, 出现了多种以安全多方计算为基础的隐私计算平台. 虽然这些计算平台离真正的大规模应用还有不小差距, 但体现了安全多方计算技术被大规模应用的方向与曙光.

安全多方计算最早的通用系统是 Malkhi 等设计的两方计算平台"Fairplay", 该平台是一个成熟完整的基于混淆电路的安全两方函数求值系统, 主要由三部分组成: ①为安全函数求值专门设计的高级语言 SFDL(secure function definition language); ②将 SFDL 描述的函数编译为布尔电路的编译器, 描述布尔电路的语言被称作 SHDL (secure hardware definition language); ③以 SHDL 电路为输入的基于混淆电路的安全两方计算协议[MNPS04]. 如果不考虑异常终止, 其执行效果在计算意义下实现了安全多方计算追求的安全性目标, 即其执行效果在计算意义下等价于这样一个理想协议: 两个参与方将各自输入数据秘密传送给一个完全可信的第三方, 可信第三方在安全环境下完成计算后将计算结果安全发送回相应各方. Fairplay 完美示范了如何利用混淆电路进行安全两方函数求值, 为安全多方计算实用系统提供了实例. 实验表明, 在通信速度较快的情况下, Fairplay 可以在 1.25 秒内求解 32 比特输入长度的百万富翁问题(在文献[MNPS04]中称为亿万富翁问题). 基于 Beaver 等在 1990 年提出的 BMR 协议[BMR90], 该系统被扩展为一个一般情形下的安全多方计算系统 FairplayMP[BNP08]. 之后多个类似系统相继出现, 它们使用相同的基本架构, 将待计算函数用高级语言描述并转换成电路格式, 使用安全计算协议执行电路计算. 这些系统能够完成一些小规模的安全计算任务, 但对真正的实用场景仍难以使用, 加之当时计算环境限制及应用需求不足, 这些系统并未引起企业界的关注. Beaver 提出的乘法三元组(或称 Beaver 三元组)是一个对目前安全多方计算实用化影响巨大的技术, 其将计算过程划分为线上/线下两个阶段, 大量的计算转化到线下作为预计算, 从而使线上计算变得简单有效, 相对而言仅需要极少的计算量与通信量, 这正好符合了现阶段的网络环境与隐私计算需求. 以 Beaver 三元组为基础, 构建的 SPDZ, BDOZ, ABY 安全计算编译器[SPDZ12, BDOZ11, DSZ15], 形成了目前通用安全计算平台开发的主流技术, 是一个值得关注的技术框架.

## 参 考 文 献

[BCD09] Bogetoft P, Christensen D L, Damgård I, et al. Secure multiparty computation goes live. Proceedings of the 13th International Conference on Financial Cryptography and Data Security,

LNCS 5628. Berlin: Springer-Verlag, 2009: 325-343.

[BDOZ11] Bendlin R, Damgård I, Orlandi C, et al. Semi-homomorphic encryption and multiparty computation. Advances in Cryptology – EUROCRYPT 2011. Berlin: Springer, 2011: 169-188.

[Beaver91a] Beaver D. Secure multiparty protocols and zero-knowledge proof systems tolerating a faulty minority. Journal of Cryptology, 1991, 4 : 75-122.

[Beaver91b] Beaver D. Efficient multiparty protocols using circuit randomization. Advances in Cryptology – CRYPTO'91, LNCS 576. Berlin: Springer-Verlag, 1991: 420-432.

[Beaver96] Beaver D. Correlated pseudorandomness and the complexity of private computations. Proceedings of the 28th Annual ACM Symposium on Theory of Computing. New York: ACM Press, 1996: 479-488.

[BGW88] Ben-Or M, Goldwasser S, Wigderson A. Completeness theorems for non-cryptographic fault-tolerant distributed computation. Proceedings of the 20th Annual ACM Symposium on Theory of Computing. New York: ACM Press, 1988: 1-10.

[BMR90] Beaver D, Micali S, Rogaway P. The round complexity of secure protocols. Proceedings of the 22th Annual ACM Symposium on Theory of Computing (STOC'90). New York: ACM Press, 1990: 503-513.

[BNP08] Ben-David A, Nisan N, Pinkas B. FairplayMP: A system for secure multi-party computation. Proceedings of the 15th ACM Conference on Computer and Communications Security (CCS'08). New York: ACM Press, 2008: 257-266.

[Canetti95] Canetti R. Studies in Secure multi-party computation and applications. Ph.D. Thesis, Weizmann Institute of Science, Rehovot, Israel, 1995.

[Canetti00] Canetti R. Security and composition of multiparty cryptographic protocols. Journal of Cryptology, 2000, 13: 143-202.

[CCD88] Chaum D, Crépeau C, Damgård I. Multiparty unconditionally secure protocols. Proceedings of the 20th Annual ACM Symposium on Theory of Computing (STOC'88). New York: ACM Press, 1988: 11-19.

[DH76] Diffie W, Hellman M. New directions in cryptography. IEEE Transactions on Information Theory, 1976, 22(6): 644-654.

[DSZ15] Demmler D, Schneider T, Zohner M. ABY: A framework for efficient mixed-protocol secure two-party computation. Proceedings of the 22nd Annual Network and Distributed System Security Symposium – NDSS 2015. San Diego: The Internet Society, 2015: 8-11.

[EVM18] Evans D, Kolesnikov V, Rosulek M. A pragmatic introduction to secure multi-party computation. Foundations and Trends in Privacy and Security, 2018, 2(2/3): 70-246.

[Gentry09] Gentry C. Fully homomorphic encryption using ideal lattices. Proceedings of the 41st Annual ACM Symposium on Theory of Computing (STOC'09). New York: ACM Press, 2009: 169-178.

[Goldwasser97] Goldwasser S. Multi party computations: Past and present. Proceedings of the 16th ACM Symposium on Principles of Distributed Computing. New York: ACM Press, 1997: 1-6.

[GL90] Goldwasser S, Levin L. Fair computation of general functions in presence of immoral majority. Advances in Cryptology – CRYPTO'90, LNCS 537. Berlin: Springer-Verlag, 1990: 77-93.

[GMW87] Goldreich O, Micali S, Wigderson A. How to play any mental game, or a completeness theorem for protocols with honest majority. Proceedings of the 19th Annual ACM Symposium on Theory of Computing (STOC'87). New York: ACM Press, 1987: 218-229.

[IKNP03] Ishai Y, Kilian J, Nissim K, et al. Extending oblivious transfers efficiently. Advances in Cryptology – CRYPTO 2003, LNCS 2729. Berlin: Springer-Verlag, 2003: 145-161.

[JKS08] Jha S, Kruger L, Shmatikov V. Towards practical privacy for genomic computation. Proceedings of the 2008 IEEE Symposium on Security and Privacy. Washington: IEEE Computer Society, 2008: 216-230.

[LJAI18] Lapets A, Jansen F, Albab K D, et al. Accessible privacy-preserving web-based data analysis for assessing and addressing economic inequalities. Proceedings of the 1st ACM SIGCAS Conference on Computing and Sustainable Societies (COMPASS'18), 2018, 48:1-5.

[LJLA17] Liu J, Juuti M, Lu Y, et al. Oblivious neural network predictions via miniONN transformations. Proceedings of the 2017 ACM SIGSAC Conference on Computer and Communications Security(CCS). New York: ACM Press, 2017: 619-631.

[MNPS04] Malkhi D, Nisan N, Pinkas B, et al. Fairplay: A secure two-party computation system. Proceedings of the 13th USENIX Security Symposium. Berkeley, CA: The USENIX Association, 2004: 287-302.

[MR91] Micali S, Rogaway P. Secure computation. Advances in Cryptology – CRYPTO'91, LNCS 576. Berlin: Springer-Verlag, 1992: 392-404.

[MZ17]Mohassel P, Zhang Y. SecureML: A system for scalable privacy-preserving machine learning. Proceedings of the 2017 IEEE Symposium on Security and Privacy. Los Alamitos: IEEE Computer Society, 2017: 19-38.

[OY91] Ostrovsky R, Yung M. How to withstand mobile virus attacks. Proceedings of the 10th Symposium on Principles of Distributed Computing(PODC). New York: ACM Press, 1991: 51-59.

[RB89] Rabin T, Ben-Or M. Verifiable secret sharing and multiparty protocols with honest majority. Proceedings of the 21st Symposium on Theory of Computing (STOC'89). New York: ACM Press, 1989: 73-85.

[SPDZ12] Damgård I, Pastro V, Smart N, et al. Multiparty computation from somewhat homomorphic encryption. Advances in Cryptology – CRYPTO 2012, LNCS 7417. Berlin: Springer-Verlag, 2012: 643-662.

[Yao82] Yao A C. Protocols for secure computations. Proceedings of the 23rd Annual Symposium on Foundations of Computer Science (FOCS'82). Los Alamitos: IEEE Computer Society, 1982: 160-164.

[Yao86] Yao A C. How to generate and exchange secrets. Proceedings of the 27th Annual Symposium on Foundations of Computer Science (STOC'86). New York: ACM Press, 1986: 162-167.

# 第 2 章　安全模型及证明技术

在密码学发展的历史上，早期古典密码方案的安全性遵循着“设计-攻击-修补-攻击”的路线来论证，相应地发展出密码编码学(cryptography)和密码分析学(cryptanalysis)两个分支，这两个分支统称为密码学(cryptology). 在应用中 cryptography 通常泛指密码学，并不与 cryptology 进行严格区分. 密码设计者通过经验以及直觉来设计一个密码方案，如果有密码分析者发现对该方案的有效攻击，这个方案将被“修补”以阻止这种攻击. 这一攻击—修补的过程可能会持续几轮，直到被彻底攻破或在一定时期内被认为是安全的. 从逻辑上讲，这种方式可以使人们知道被“攻破的”密码方案是不安全的，但是没有被攻破的方案仅在直观上被认为是安全的，并不能进行严格的论证. 这种密码设计与分析的方式更像是一门艺术而不是一门科学. 众所周知，对于“艺术”而言，首先是艺术家必须具备远超众人的天分；其次，对艺术品的评价是一个主观的事情，并不存在一个明确、可量化的标准. 古典的密码方案设计与分析方法，同样存在这两方面的问题. 首先，密码方案的设计与分析往往依靠少数密码学天才来完成，甚至有时都要靠他们的“灵机一动”来突破，而对于普通用户来说，能不能正确地使用密码方案都是一个疑问，更不要提密码方案的设计与分析了. 其次，对于一个密码方案的“安全性”并没有客观的、一致的概念，因而也无法提供一个特定方案安全的证明.

自从香农建立信息论[Sha48]，并将保密系统的理论建立在信息论基础上之后[Sha49]，密码学逐步发展成为一门科学. 我们现在基于数学、信息论、计算复杂性理论等，以更系统的方式进行密码方案的设计和分析，明确地定义某个密码方案面临的敌手类型、应用环境以及应该满足的安全属性，最终目标是实现“可证安全”，即给出一个给定方案符合所设计安全属性的严格证明. 在这种密码方案的可证明安全理论体系中，任何接受过适当训练的人员都可以依照某些原则进行密码方案的设计与分析，一个具有(正确的)安全性证明的密码方案，其适用环境、应用条件及安全属性是明确的，因此人们可以正确使用该密码方案，并且不需要担心其安全性.

## 2.1　现代密码学与可证明安全性

古典密码技术主要用于军事等敏感领域，以保密通信为主要目的，尽管历史上形成了一些密码方案设计的基本原则, 但没有建立密码设计的基础理论及安全性理论体系. 现代密码学依托于各种信息网络及信息系统, 应用目的不再限于保密通信而大大拓展, 遍及社会各个方面, 满足数据的多种安全性需求, 比如机密性 (confidentiality) 、完整性 (integrity) 、认证性 (authentication) 、不可伪造性 (unforgeability)、隐私性(privacy)等, 已经成为信息化及数字化社会的基础性支撑技术. 现代密码学逐渐建立起严格的理论体系, 可证安全是其重要特征.

Katz 在 *Introduction to Modern Cryptography*[KL20]中描述了现代密码学的三个原则: 形式化的定义、精确的假设和严格的安全性证明. 这三个原则, 较为明确地刻画了现代密码学可证明安全理论的一般框架.

形式化是对事物进行严谨表达的唯一途径, 安全性的形式化定义对于正确设计、评估和使用密码方案是必不可少的. 在明确了安全性的含义之后, 对于一个密码方案的"攻破"或者"破解"的含义也就明确了, 所谓"攻破"或者"破解"就是指破坏了其安全属性.

现代信息网络环境极为复杂, 一个密码方案需要规定其特定的运行环境, 包括网络环境、通信环境、计算环境及面对的各类敌手的攻击; 根据密码方案需要保护的信息及其属性, 需要严格刻画安全的含义, 比如形式化描述消息的机密性、完整性、不可伪造性等. 总之, 对于一个密码方案安全性的形式化定义, 必须对具体的运行环境、敌手类型及能力、安全目标给出精确的描述, 从而形成安全证明所依据的安全模型.

通常, 一个密码方案的安全性会依赖于某种假设, 比如大整数分解问题是困难的, 离散对数求解问题是困难的, 或者单向函数是存在的, 等等. 这些假设必须给出明确的和数学上精确的描述. 有些密码方案安全性的基础, 不依赖于任何困难问题假设, 此时该方案称为完美安全.

安全性证明就是在前面建立的安全模型中, 在某些特定假设下形式化证明密码方案需要满足的安全属性. 现有的安全性证明方法主要有两类技术: 归约和模拟. 下面我们给出现代密码学可证明安全理论中用到的一些基本概念和术语, 以及归约和模拟证明技术的基本思想.

### 2.1.1 预备知识

#### 1. 可忽略函数

现代密码学在定义一个密码方案的安全性时, 与使用"绝对"的定义方式相比, 更多的是使用"相对"的定义, 这种定义以计算能力为基础在概率意义上进行定义. 即要求在合理的计算能力之下, 敌手破坏方案安全性的可能性小到"忽略不计". 而"忽略不计"用下面"可忽略函数"(negligible functions)来形式化描述.

**定义 2.1** (可忽略函数)　我们称一个函数 $\text{negl}:\mathbb{N}\to\mathbb{R}$ 关于 $n$ 是可忽略的, 如果对任意的多项式 $p(\cdot)$, 存在一个 $N\in\mathbb{N}$, 使得对所有的 $n>N$, 有

$$\text{negl}(n)<\frac{1}{p(n)} \tag{2.1}$$

■

在定义 2.1 中, 函数 negl 的可忽略性是关于自变量 $n$ 来定义的, 但在意义明确的情况下经常简单说 negl 是可忽略函数而不提其自变量(或称参数). 对于 $n$ 的取值范围, 定义约定了一个下界 $N$, 只有当 $n>N$ 时, 才能保证可忽略函数 $\text{negl}(n)$ 的值足够"小", 而 $n\leqslant N$ 对可忽略函数 $\text{negl}(n)$ 值的大小并没有任何保证. 为了描述的简化, 也称对于充分大的 $n$, 式(2.1)成立, 则 $\text{negl}(n)$ 是可忽略的. 我们约定 $\text{negl}(\cdot)$ 作为可忽略函数的标准符号.

可忽略函数满足以下性质, 这些性质描述了可忽略函数对某些运算的封闭性.

**命题 2.1**　令 $\text{negl}_1(n)$ 和 $\text{negl}_2(n)$ 是可忽略函数, 则

(1) $\text{negl}_3(n)=\text{negl}_1(n)+\text{negl}_2(n)$ 也是可忽略函数;

(2) 对任给的多项式 $p(\cdot), \text{negl}_4(n)=p(n)\cdot\text{negl}_1(n)$ 也是可忽略函数. ■

2. 概率系综

随机性是密码学安全的基石, 一个密码方案运行过程中需要使用随机性, 密码方案的运行结果也可能具有随机性. 这些随机性, 可以使用随机变量来表示. 对一个随机变量 $X$ 来说, 它的某一次取值并不能反映出它的概率特性, 只有对它进行大量的采样, 才能反映出它的分布特性. 为便于应用, 我们仿照 Goldreich[Gol01]给出概率系综(probability ensemble)的概念.

**定义 2.2** (概率系综)　令 $I$ 是一个可数集, 随机变量族 $\mathcal{X}=\{X(i)\}_{i\in I}$ 称为一个概率系综, 其中 $X(i)$ 是随机变量, $I$ 称为概率系综 $\mathcal{X}$ 的指标集. ■

概率系综也称为分布系综(distribution ensemble), 从表面来看, 概率系综就是一个随机变量族, 定义似乎有些多余, 但在密码学可证明安全理论的背景下有其特殊意义. 系综中的随机变量可能根据指标的特性汇集成一些类别, 从而产生一些隐式的结构, 后面会逐步看到这一点. 根据不同密码方案的背景, 指标集 $I$ 具有不同的形式, 常见的指标集有自然数集 $\mathbb{N}$ 、二进制字符串集合 $\{0,1\}^*$ 等.

对指标集为自然数集 $\mathbb{N}$ 的概率系综, 其形式为 $\mathcal{X}=\{X(n)\}_{n\in\mathbb{N}}$, 其中索引号 $n$ 是一个安全参数, 意味着每个随机变量 $X(n)$ 的取值范围是长度为 $p(n)$ 的二进制串, 其中 $p(n)$ 为关于自然数 $n$ 的任意多项式. 例如对于一个密钥生成算法

$\text{Gen}(1^n)$，输入一个安全参数$n$，输出一个$n$比特长随机密钥，该密钥是一个随机变量. 将安全参数$n \in \mathbb{N}$看作一个索引号，则该密钥随机变量可以记为$K(n)$. 对所有的$n \in \mathbb{N}$，随机变量$K(n)$的整体形成一个概率系综，可以记为$\mathcal{K} = \{K(n)\}_{n \in \mathbb{N}}$，其中，每个$K(n)$的长度为$n$，是关于$n$的多项式.

对于指标集为二进制字符串集合$\{0,1\}^*$的概率系综，其形式为$\mathcal{X} = \{X(w)\}_{w \in \{0,1\}^*}$，其中每个随机变量$X(w)$的取值范围是长度为$p(|w|)$的二进制串，其中$|w|$表示字符串$w$的二进制长度. 例如，假如有一个概率加密算法$\text{Enc}(k,m)$, $\lambda$是一个安全参数，输入密钥$k$和明文$m$，要求$k$和$m$长度相同，均为$\lambda$，即$|k| = |m| = \lambda$，输出一个长度为$p(\lambda)$的随机密文，其中$p(\cdot)$是一个多项式. 该密文是一个随机变量. 将字符串$k$和$m$看作索引号，则该密文随机变量可以记为$C(k,m)$. 对所有的$k,m \in \{0,1\}^*$，随机变量$C(k,m)$的整体形成一个概率系综，可以记为$\mathcal{C} = \{C(k,m)\}_{k,m \in \{0,1\}^*, |k|=|m|}$.

3. 计算不可区分性

随机变量分布的计算不可区分性(computational indistinguishability)是现代密码可证明安全理论的核心内容. 非形式化地说，如果找不到一个有效的区分算法，可以区分两个概率分布，则称这两个概率分布是计算不可区分的. 这里的不可区分性被称为“计算”的，是因为要求“不可区分”是对有效算法而言的. 一般认为一个算法是有效的，指该算法是一个概率多项式时间(probabilistic polynomial-time, PPT)算法，因此计算不可区分性也被称为多项式时间不可区分性(polynomial-time indistinguishability).

鉴于其重要性和理解的难度，我们首先从直观上启发式地考虑随机变量分布的计算不可区分性. 考虑随机变量$X$和$Y$，它们的取值空间是长度不超过$l$的某个多项式的二进制字符串. $X$的分布和$Y$的分布不可区分，意味着当按照$X$的分布或者$Y$的分布进行采样时，无法区分出一个字符串$s$究竟采样于哪个分布. 为了形式化地说明这一点，引入区分$X$分布和$Y$分布的概率算法$D$，输入一个采样字符串$s$, $D$输出为1表示$D$认为$s$采样于$X$分布，$D$输出为0表示$D$认为$s$采样于$Y$分布. 符号$\Pr_{s \leftarrow X}[D(1^l,s)=1]$表示当字符串$s$采样自$X$的分布时，$D$回答1($s$采样于$X$分布)的概率，而$\Pr_{s \leftarrow Y}[D(1^l,s)=1]$表示当字符串$s$采样自$Y$的分布时，$D$回答1($s$采样于$X$分布)的概率，其中$D$的输入$1^l$表示$D$的运行时间是关于$l$的某个多项式. $X$的分布和$Y$的分布计算不可区分，就是说对任意概率多项式时间区分算法$D$，上述两个概率应该“几乎没有差异”，或说概率之差的绝对值“非常小”，即

$$\left|\Pr_{s\leftarrow X}[D(1^l,s)=1]-\Pr_{s\leftarrow Y}[D(1^l,s)=1]\right| \tag{2.2}$$

非常小. 如前所述, 计算意义上的“非常小”通常是用可忽略函数来表示的, 这是一个渐近概念, 需要针对某个参数考虑. 同时, $D$ 作为概率多项式时间算法, 其计算能力也是在渐近意义下描述的. 在可证明安全理论背景下, 我们讨论的分布不可区分的随机变量和安全协议的执行过程及输出有关, 一般会决定于安全参数、协议输入等, 即对于给定的安全参数, 任意输入产生一个相关的随机变量, 从而形成一个指标与安全参数、输入等有关的概率系综. 可忽略是关于协议的安全参数而言的. 因此, 至少在我们感兴趣的背景下, 概率分布不可区分性的精确含义应该是: 两个概率系综中, 相应随机变量不能利用 PPT 区分器 $D$ 区分, 即式 (2.2) 关于安全参数可忽略. 上面的直观解释, 启发了下述定义.

**定义 2.3**　计算不可区分性.

(1) 指标集为 $\mathbb{N}$ 的情况：两个概率系综 $\mathcal{X}=\{X(n)\}_{n\in\mathbb{N}}$ 和 $\mathcal{Y}=\{Y(n)\}_{n\in\mathbb{N}}$ 是计算不可区分的, 记为 $\mathcal{X}\overset{c}{\equiv}\mathcal{Y}$, 或者 $\{X(n)\}_{n\in\mathbb{N}}\overset{c}{\equiv}\{Y(n)\}_{n\in\mathbb{N}}$, 如果任意概率多项式时间区分器 $D$ 不能区分随机变量 $X(n)$ 和 $Y(n)$ 的分布, 即存在一个关于 $n$ 的可忽略函数 $\mathrm{negl}(n)$, 使得

$$\left|\Pr_{x\leftarrow X(n)}[D(1^n,x)=1]-\Pr_{y\leftarrow Y(n)}[D(1^n,y)=1]\right|<\mathrm{negl}(n) \tag{2.3}$$

对充分大的 $n$ 成立.

(2) 指标集为字符串集 $S$ 的情况: 两个概率系综 $\mathcal{X}=\{X(w)\}_{w\in S}$ 和 $\mathcal{Y}=\{Y(w)\}_{w\in S}$ 是计算不可区分的, 记为 $\mathcal{X}\overset{c}{\equiv}\mathcal{Y}$, 或者 $\{X(w)\}_{w\in S}\overset{c}{\equiv}\{Y(w)\}_{w\in S}$, 如果任意概率多项式时间区分器 $D$ 不能区分随机分布 $X(w)$ 和 $Y(w)$, 即存在一个关于 $|w|$ 的可忽略函数 $\mathrm{negl}(|w|)$, 使得

$$\left|\Pr_{x\leftarrow X(w)}[D(w,x)=1]-\Pr_{y\leftarrow Y(v)}[D(w,y)=1]\right|<\mathrm{negl}(|w|) \tag{2.4}$$

对充分长的 $w\in S$ 成立. ■

为方便, $\Pr_{x\leftarrow X}[D(1^l,x)=1]$ 可简写为 $\Pr[D(1^l,X)=1]$.

于是, 公式(2.3)和(2.4)也可以分别写作下列形式：

$$|\Pr[D(1^n,X(n))=1]-\Pr[D(1^n,Y(n))=1]|<\mathrm{negl}(n)$$

$$|\Pr[D(w,X(w))=1]-\Pr[D(w,Y(w))=1]|<\mathrm{negl}(|w|)$$

在密码学可证安全背景下, 如果把第一种情况的指标 $n$ 理解为协议的安全参数或输入长度, 第二种情况的指标 $w$ 理解为方案的输入, 则两种定义在意义上是统一的.

### 2.1.2 归约证明技术

归约证明是一种最常见的证明密码方案安全性的形式化方法，它借鉴计算复杂性理论中"归约"的思想，将某个困难问题的求解，归约到敌手对密码方案安全目标的攻击.

假设有密码方案 $\Pi$，其底层的困难问题为 X．作为困难问题，X 被认为目前没有可行方法进行求解. 要证明方案 $\Pi$ 是安全的，按如下方式将问题 X 的求解归约到方案 $\Pi$ 的破解：调用破解方案 $\Pi$ 的算法 $\mathcal{A}$，构造一个有效解决问题 X 的算法 $\mathcal{A}'$．如果做到这一点，就意味着只要找到攻破方案 $\Pi$ 的可行算法，就可以找到解决困难问题 X 的可行算法. 有了这种归约，就可断言：如果问题 X 是难解的，则攻破方案 $\Pi$ 的可行算法是找不到的，从而方案 $\Pi$ 是安全的.

下面给出归约证明一般步骤的高层描述[KL20]，其结构可参见图 2.1.

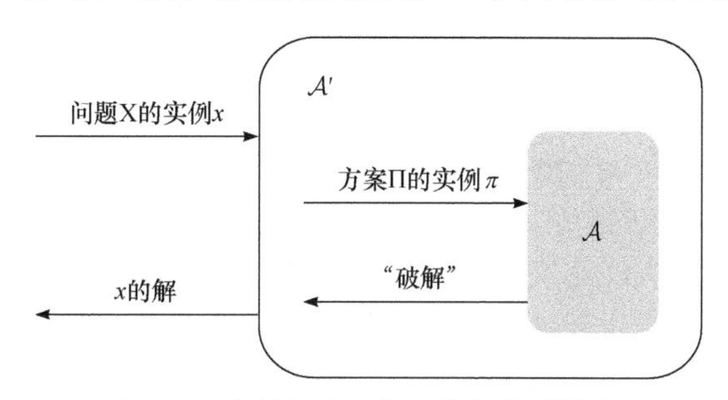


图 2.1 归约证明一般步骤的高层描述

首先假设问题 X 是难解的，即不存在可行的求解算法. 证明基于问题 X 构造的一个密码方案 $\Pi$ 是安全的，归约证明有以下步骤.

(1) 给定一个攻击方案 $\Pi$ 的概率多项式时间敌手 $\mathcal{A}$，用 $\varepsilon(n)$ 表示敌手 $\mathcal{A}$ 攻击成功的概率.

(2) 把敌手 $\mathcal{A}$ 作为一个被调用的子程序，构造一个算法 $\mathcal{A}'$，试图求解问题 X．在这里，$\mathcal{A}'$ 仅仅知道 $\mathcal{A}$ 想要攻击方案 $\Pi$，但并不知道 $\mathcal{A}$ 是如何攻击的. 因此，给定问题 X 的一个实例 $x$，算法 $\mathcal{A}'$ 利用 $x$ 来"模拟"出方案 $\Pi$ 的一个实例，使得：

(i) 敌手 $\mathcal{A}$ 以为自己攻击方案 $\Pi$．也就是说，敌手 $\mathcal{A}$ 作为子程序被 $\mathcal{A}'$ 调用时看到的视图(view)，同 $\mathcal{A}$ 攻击方案 $\Pi$ 时看到的视图，其分布是计算不可区分的.

(ii) 当 $\mathcal{A}$ 成功攻破一个由 $\mathcal{A}'$ 模拟的协议 $\Pi$ 时，$\mathcal{A}'$ 求得实例 $x$ 的解的概率不可忽略，即存在正值多项式 $p(\cdot)$，使得 $\mathcal{A}'$ 求得实例 $x$ 的解的概率大于 $\frac{1}{p(n)}$.

(3) 综上，算法 $\mathcal{A}'$ 的构造方法意味着，$\mathcal{A}'$ 至少以 $\frac{\varepsilon(n)}{p(n)}$ 的概率解决问题 X．

那么如果敌手 $\mathcal{A}$ 攻破方案 $\Pi$ 的概率 $\varepsilon(n)$ 是不可忽略的，$\mathcal{A}'$ 解决问题 X 的概率 $\frac{\varepsilon(n)}{p(n)}$ 也是不可忽略的. 通俗地说，如果 $\mathcal{A}$ 能以不可忽略的概率攻破方案 $\Pi$，我们就可以获得一个算法 $\mathcal{A}'$ 以不可忽略的概率求解问题 X.

(4) 我们得出结论：如果问题 X 难解，没有一个概率多项式时间敌手能够以不可忽略的概率破解方案 $\Pi$. 换句话说，方案 $\Pi$ 是计算安全的.

上述归约的证明思想可以理解为基于困难假设的反证法. 其基本证明逻辑是假设方案 $\Pi$ 不安全，那么问题 X 可解，由困难假设，问题 X 是难解的，因此得到矛盾，原假设方案 $\Pi$ 不安全的假设不成立.

### 2.1.3　模拟证明技术

同基于归约的证明技术相比，基于模拟的证明技术背后的含义较为复杂. 基于模拟的证明技术广泛应用于加密方案的语义安全、零知识证明、安全多方计算等，它在不同的环境中有不同的含义和解释.

安全多方计算协议安全性的模拟证明，是一种比较“现实世界”和“理想世界”的方法. 定义一个“理想世界”，在其中构造对应于实际协议的“理想协议”和理想执行环境，这个理想协议完成实际协议的功能，且认为是安全的. 将现实世界中的实际协议执行与理想世界的理想协议执行进行比较，如果现实世界的敌手所能看到的任何东西，理想世界的敌手都可以在计算不可区分的意义下模拟出来，这说明敌手看到的东西所包含的信息量不能多于理想敌手所能获得的信息量，因而现实敌手对现实协议的伤害不超过理想世界敌手对理想协议的伤害. 既然理想世界协议是安全的，则认为现实世界协议也是安全的. 模拟证明是本书中关于安全多方计算安全性证明最常用的技术，将在后面各章通过具体实例进行展示. 注意，归约证明是更基础的安全性证明技术，在模拟证明中常常也使用归约的技术.

## 2.2　安全多方计算安全模型

在本节中将按照现代密码学可证明安全的思想，给出定义安全多方计算安全模型需要的各种要素. 首先给出计算任务的定义，然后是敌手能力的定义、运行环境的定义、安全目标的定义，最后给出一个理想/现实模拟证明的高层描述.

### 2.2.1　计算任务的定义

安全多方计算中，常用“functionality”这一术语描述一个多方计算任务，它常常可以被看成是某种“功能”的描述，本书中将其译为“功能函数”. 一个 $n$ 元功能函数(*n*-ary functionality)是将 $n$ 个输入映射为 $n$ 个输出的随机过程，它是传统 $n$ 元函数的一个随机化扩展. 在计算 $n$ 元功能函数的情况下，一般是由 $n$ 个参与方 $P_1,P_2,\cdots,P_n$ 各提供一个输入，并获得一个输出(输出可以为空)，因而也称其为 $n$ 方功能函数. 传统的确定性函数可以看作功能函数的一个特例.

**定义 2.4** ($n$ 元功能函数的一般定义) 一个 $n$ 元功能函数 $f:(\{0,1\}^*)^n \to (\{0,1\}^*)^n$，是将 $n$ 个输入映射为 $n$ 个输出的一个随机过程.

输入：参与方私有输入的集合 $\{x_1,x_2,\cdots,x_n\}$，其中 $i=1,2,\cdots,n$，$x_i$ 为参与方 $P_i$ 的私有输入.

输出：参与方 $P_i$ 分别获得输出 $n$ 元组

$$f(x_1,x_2,\cdots,x_n)=(f_1(x_1,x_2,\cdots,x_n),f_2(x_1,x_2,\cdots,x_n),\cdots,f_n(x_1,x_2,\cdots,x_n))$$

中的对应分量 $f_i(x_1,x_2,\cdots,x_n)$，$i=1,2,\cdots,n$. 参与方 $P_i$ 的输出 $f_i(x_1,x_2,\cdots,x_n)$ 是一个随机变量. 这个 $n$ 元功能函数可以记为

$$(x_1,x_2,\cdots,x_n)\mapsto(f_1(x_1,x_2,\cdots,x_n),f_2(x_1,x_2,\cdots,x_n),\cdots,f_n(x_1,x_2,\cdots,x_n))$$ ■

下面给出一个功能函数的例子. 茫然传输(oblivious transfer, OT)协议是安全多方计算中一个重要的基础协议，在后面章节中将做详细介绍，这里以 2 选 1 茫然传输协议(1-out-of-2 oblivious transfer, $\mathrm{OT}_2^1$)为例，给出一个功能函数的描述. 在一个 $\mathrm{OT}_2^1$ 协议中，有两个参与方，一个是发送方 $S$，另一个是接收方 $R$. 发送方 $S$ 有两个消息，而接收方 $R$ 从中选择一个进行接收. 协议要求发送方不知道接收方收到了哪个消息，而接收方仅能接收到他选择的消息，对另一个消息一无所知. 令 $\mathcal{F}_{\mathrm{OT}_2^1}$ 表示 $\mathrm{OT}_2^1$ 的功能函数，如例 2.1 描述.

**例 2.1** $\mathrm{OT}_2^1$ 功能函数.

---

$\mathrm{OT}_2^1$ **功能函数** $\mathcal{F}_{\mathrm{OT}_2^1}$ (发送方 $S$ 与接收方 $R$ 的一个交互协议)

**输入**:

发送方 $S$ 输入两个等长消息 $x_0,x_1\in\{0,1\}^n$.

接收方 $R$ 输入一个比特 $\sigma\in\{0,1\}$.

**输出**:

发送方 $S$ 的输出为空，记为 $\perp$.

接收方 $R$ 的输出为 $x_\sigma$.

---

上述功能函数可以记为 $((x_1,x_2),\sigma)\mapsto(\perp,x_\sigma)$.

### 2.2.2　敌手能力的定义

安全多方计算要防范某些敌对实体采取的恶意攻击行为, 协议执行可能受到外部实体, 甚至参与方子集的“攻击”, 试图破坏协议的安全性. 安全多方计算协议中的敌手被假设控制一个参与方子集, 并攻击协议执行. 敌手控制下的参与方称为被腐化方, 他们依照敌手的指示执行协议, 这包含了参与方合谋攻击的情况, 实际上最大化了一个参与方子集的攻击能力. 敌手的行为和能力及对参与方的腐化策略可以有多种情况.

1. 腐化策略

腐化策略描述的是敌手何时以及如何去腐化参与方, 不同的腐化策略形成不同的安全性模型, 包括以下三种类型:

(1) 静态(static)腐化模型. 在这个模型中, 敌手在协议执行之前腐化了一个参与方集合, 并且被敌手腐化的参与方是固定的, 诚实的参与方始终是诚实的, 被腐化的参与方一直是被腐化的.

(2) 适应性(adaptive)腐化模型. 适应性或称自适应性的敌手具备在协议计算过程中腐化参与方的能力, 而不是控制一组固定的被腐化方. 选择谁被腐化, 何时被腐化, 可以由敌手决定, 并取决于在整个执行过程中敌手看到的情况(因此称为适应性). 注意, 在这个模型中, 一旦某个参与方被腐化, 他从那个时刻起就一直被敌手控制.

(3) 动态(proactive)腐化模型. 参与方仅在一段时间内被腐化, 因此在整个计算过程中, 诚实参与方可能会变成被腐化参与方, 被腐化的参与方也可能转变为诚实参与方.

2. 敌手攻击行为

按照敌手行为看, 主要有两种类型:

(1) 半诚实敌手. 在半诚实敌手模型中, 被腐化的参与方严格按照协议的规定执行, 但同时, 敌手掌握被腐化参与方的内部状态(包括接收到的所有消息), 并试图利用这些消息获取额外的隐私信息. 半诚实敌手模型看起来是一个相当弱的模型, 但却是非常有用的, 一方面它刻画了现实中的某些情况, 比如诚实的参与方无意中泄露信息的情形; 另一方面也是设计具有更高安全性协议的基础. 从后面的内容将看到, 安全多方计算协议的设计常常是从半诚实敌手安全的协议开始. 半诚实的敌手也被称为“诚实但好奇”的敌手, 或者“被动”敌手.

(2) 恶意敌手. 在这种敌手模型中, 被腐化的参与方可以根据敌手的指令任意偏离协议. 一般来说, 我们更希望协议满足恶意敌手下的安全性, 因为它可以确保任何敌手攻击都不会成功. 然而, 实现这种安全级别的协议通常效率要低得多. 恶意敌手也被称为“主动”敌手.

除了上述两种典型的敌手模型, 在某些情况下, 可能需要一个介于半诚实与恶意敌手之间的敌手模型. 这是因为半诚实敌手模型通常太弱, 而恶意敌手模型下安全的协议可能效率太低. 一种介于两者之间的敌手模型是隐蔽敌手模型. 通俗地讲, 一个隐蔽敌手具备按照恶意敌手行为执行协议的意愿, 但他需要考虑恶意行为带来的收益和被发现带来的损失, 以某种利益最大化的方式决定其行为.

3. 敌手的计算能力

考虑敌手具备的计算能力, 这里有两类:

(1) 计算安全下的有效敌手. 在图灵机(算法)意义下, 考虑概率多项式时间敌手, 敌手以多项式时间运行, 可以解决有界误差概率多项式时间复杂类中的问题. 在布尔线路意义下, 考虑非一致多项式敌手, 可以解决多项式规模线路族的问题. 这两类敌手用于不同计算环境, 统称为有效敌手.

(2) 无界计算能力敌手. 在这个模型中, 敌手没有任何计算能力的限制, 或说具有无穷计算资源.

### 2.2.3 运行环境定义

与一个单纯的密码算法不同, 安全多方计算协议是一个交互协议, 敌手除了可以对算法本身进行攻击之外, 还可以对协议的交互过程进行攻击, 因此安全多方计算协议的安全性, 还与通信类型及协议执行方式有关.

1. 通信类型

(1) 公开信道与私有信道. 公开信道是一个不安全的信道, 敌手可以任意复制、篡改、丢弃、伪造诚实参与方之间传送的消息. 相反地, 私有信道是一个安全的信道, 可以分为信息论安全的信道和密码学安全的信道. 信息论安全的信道是一个点对点的信道, 即使是无穷计算能力的敌手, 对诚实参与方之间的信息交换一无所知, 不能复制、篡改、丢弃、伪造诚实参与方之间的消息, 甚至不知道参与方之间进行了通信. 在密码学安全的信道中, 依照不同背景与需要, 通过密码学技术保护信息交换的各种安全性, 敌手可以访问信道中传输的消息, 但不能破坏相应的安全性.

(2) 同步通信与异步通信. 异步通信在发送字符时, 所发送字符之间的时间间隔可以是任意的, 通过在每一个字符的开始和结束的地方加上开始位和停止位, 使接收方能正确地将每一个字符接收下来. 同步通信中发送方和接收方处理器的时钟在某种程度上是同步的, 当消息发送时, 它将在某个时间限制之前到达. 一个协议的通信是同步的, 意味着协议是按轮次进行的, 当前轮所有消息都送达后, 才可以进行下一轮消息的传送. 假设在每一轮中, 敌手首先看到诚实参与方发送给被腐化参与方的所有消息.

(3) 广播信道与共识广播信道. 在多方协议中, 有时需要一个参与方向其他参与方群发消息, 也就是广播. 在恶意敌手存在的情况下, 普通的广播机制并不能保证接收者收到的消息是一致的, 因为恶意参与方可以控制被腐化参与方向不同的接收方发送不同的消息. 在共识广播信道(consensus broadcast channel)中, 即使发送方或其他的参与方被腐化, 诚实的参与方也能接收到相同的消息. 共识广播信道需要采用一些安全协议来模拟实现.

2. 协议执行方式

安全协议除了独立运行的执行方式之外, 还可以组合运行, 组合运行方式包括:

(1) 顺序组合执行. 安全协议的多个副本按顺序运行, 一个副本执行没结束前, 另一个不能开始. 不同协议副本运行的内部状态不能在不同的副本之间传递.

(2) 并发组合执行. 安全协议的多个副本执行的过程当中, 一个程序执行没结束, 另一个可能已经开始. 不同协议副本运行的内部状态可以在不同的副本之间传递.

### 2.2.4 安全目标的定义

对于一个安全协议的敌手来说, 攻击的目的可能是获取一些私有信息或导致计算结果不正确等. 安全多方计算协议最基本的要求是隐私性和正确性. 隐私性要求参与方除了获得他们的输出及由此可有效计算出的信息之外不能得到任何额外信息. 正确性要求诚实参与方都应该收到正确的输出, 敌手不得使诚实参与方的计算结果偏离功能函数的输出.

为了能形式化地宣称并证明协议是安全的, 需要一个安全多方计算协议安全性的精确定义. 已经有许多不同的安全性定义被提出, 这些定义的目的是保证一些重要的安全属性, 这些安全属性符合大多数安全多方计算任务的需求. 最核心的安全属性有[HL10]:

(1) 隐私性. 任何一方都不应获取超出其规定输出的内容①.

(2) 正确性. 保证诚实方收到的输出是正确的.

(3) 输入独立性. 参与方的输入是相互独立的, 特别地, 被腐化的参与方必须独立于诚实方的输入来选择自己的输入. 比如在出价保密的拍卖中, 各方必须独立于其他人确定自己的出价. 注意隐私性并不能推导出输入独立性. 例如, 可能在不知道原始出价的情况下生成更高的出价. 这种攻击实际上对某些加密方案是有效的(比如加法同态加密方案, 给定未知数据 $x$ 的密文, 可以在不知道对应明文

① 隐私性并不保证一个用户的输入不被其他参与方得到. 比如对一个两方求和的功能函数, 利用输出以及自己的输入, 一定可以计算出对方的输入. 隐私性要求一个参与方能获得的所有信息, 都应该能从自己的输出推导得到, 并且这个过程是概率多项式时间的, 也就是说, 一个参与方不能得到其输出没有包含的额外信息.

值的情况下生成 $x+1$ 的有效密文).

(4) 输出可达性. 被腐化的参与方不能阻止诚实参与方接收他们的输出. 换句话说, 敌手不应该通过实施"拒绝服务"攻击来中断计算.

(5) 公平性. 被腐化的参与方能够得到他们的输出, 当且仅当诚实参与方也获得了输出. 不允许发生被腐化方获得输出而诚实方没得到输出的情况.

### 2.2.5 理想/现实模拟的证明思想

2.2.4 节列举的安全属性列表是安全协议可能需要满足的一组安全性要求. 实际上, 定义安全性的一种可能方法是生成一个包含多个独立安全要求的列表(如上所述), 一个协议如果一一满足了列表中的要求, 那么它是安全的. 这种方式的优点在于方法直观, 安全性精确, 有时可以得到高效的协议. 然而, 这种方法也存在明显的劣势. 首先, 安全属性列表难以完善, 可能会遗漏了某些重要的安全要求, 特别是不能防止未知的攻击. 其次, 安全性定义复杂, 因为不同的协议有不同的安全要求, 因此需要定义不同的安全属性列表. 最后, 安全证明烦琐, 对安全属性列表中的每一条属性, 都需要给出证明.

因此, 我们期望给出一个足够通用的定义来适应所有情况下协议的安全性要求, 该定义应该足够简单, 这样就可以很容易地看到所有可能的敌对攻击都被提出的定义所阻止. 目前, 安全多方计算协议习惯使用理想/现实模拟的方法来形式化定义安全性. 作为一个思维中的实验, 考虑一个"理想世界", 如图 2.2 所示. 在理想世界中, 存在一个可信第三方(trusted third party, TTP)帮助协议参与方执行计算任务. 可信第三方是一个外部的、不可被腐化的实体. 在这样一个世界中, 各参与方可以简单地通过完全私有的信道将其输入发送给可信方, 然后由可信方计算所需的功能函数, 并将输出发送给规定的参与方.

同理想世界对应的, 还有一个协议真正运行的"现实世界", 如图 2.3 所示. 在"现实世界"中, 不存在一个可以被各参与方信任的外部实体. 相反, 各参与方在没有任何帮助的情况下彼此之间运行一些协议.

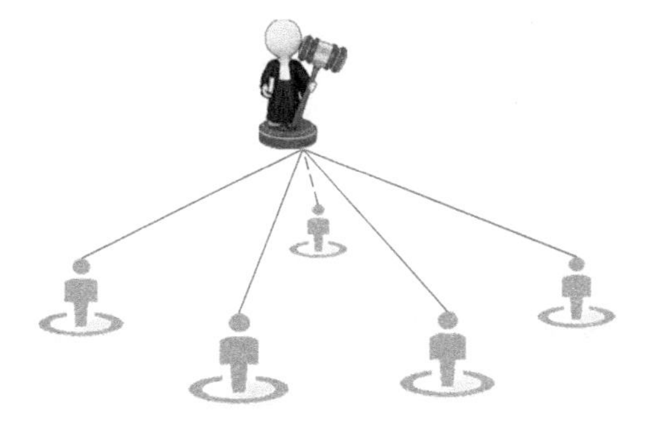

图 2.2 理想世界

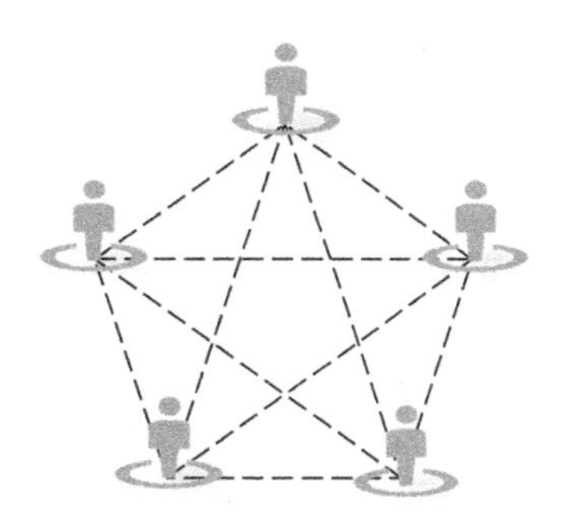

图 2.3 现实世界

从理想世界协议的定义中，很容易看到理想世界里的安全多方计算协议是安全的，实际上是提出了一个现实协议的安全性目标. 因此，我们在定义一个现实世界协议的安全性目标时，不再一个个地列举其安全属性，而是笼统地希望它同理想世界的协议"一样安全"，一个安全的协议应该模拟这个所谓的"理想世界". 也就是说，各参与方运行的协议被认为是安全的，如果没有敌手能够在现实世界协议执行中，比在理想世界协议执行中造成更多的伤害. 可以这样表述：对于在现实世界中进行成功攻击的任何敌手，都存在一个在理想世界中成功进行相同攻击的敌手. 然而，在理想的世界里，成功的敌手攻击是不可能实现的. 因此，我们得出结论，在现实世界中也不存在任何能成功攻击协议的敌手.

更形式化地说，我们将现实世界协议运行中敌手的视图和输出，与理想世界协议执行中敌手的视图和输出进行比较，来建立协议的安全性. 也就是说，对于攻击现实协议执行的任何敌手，存在攻击理想协议执行的敌手，他们的视图分布基本相同. 因此，现实的协议执行"模拟"了理想世界. 这种形式的安全性被称为理想/现实模拟范例，如图 2.4 所示.

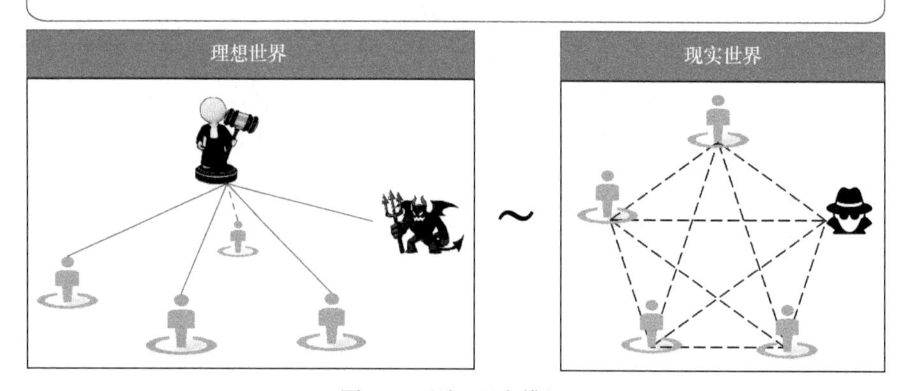


图 2.4　理想/现实模拟

本节中给出了定义安全多方计算安全模型一般的框架，该框架涵盖了模型中需要考虑的各个要素. 对于不同的协议应用场景，对安全模型中各个要素给出具体的设定，就得到不同的安全模型. 安全多方计算协议最为常用的安全模型包括半诚实敌手模型和恶意敌手模型两类.

## 2.3　半诚实敌手模型

在半诚实敌手模型中，设定敌手能力为采用静态腐化策略，执行半诚实敌手攻击行为，具备概率多项式时间的计算能力；运行环境设置为具备密码学安全的通信信道，能够进行同步通信，协议独立运行；而对于安全目标的设置，采用基于理想/现实模拟范例的方式，定义一个半诚实敌手攻击下的理想世界协议.

### 2.3.1 半诚实敌手模型下理想世界协议运行

设 $n$ 个参与方 $P_1,P_2,\cdots,P_n$ 联合计算一个 $n$ 方功能函数 $f:(\{0,1\}^*)^n \to (\{0,1\}^*)^n$，$f=(f_1,f_2,\cdots,f_n)$. 记 $P=\{P_1,P_2,\cdots,P_n\}$ 为所有参与方集合，令 $\mathcal{S}$ 表示理想世界的半诚实敌手，$P_C$ 是一个被敌手 $\mathcal{S}$ 腐化的参与方子集合，则 $P_H=P-P_C$ 是诚实参与方子集合. 由于在理想世界中，每个参与方仅有两个操作，第一个操作是将自己的输入上传给可信第三方，第二个操作是从可信第三方获得自己的输出，并且传输信道是一个安全信道，同时在半诚实敌手模型设定下，敌手需要依照协议规定执行，因此在一个理想世界中，被腐化的参与方也需要按照协议执行. 由此，一个半诚实敌手模型下理想世界协议运行过程可以描述如下:

---

**半诚实敌手模型下理想世界协议运行**

1. 协议的输入: 记 $x_1$ 表示参与方 $P_1$ 的输入，$x_2$ 表示参与方 $P_2$ 的输入，$\cdots$，$x_n$ 表示参与方 $P_n$ 的输入.

2. 向可信方发送输入阶段: 所有的参与方 $P_i$ 将自己的输入 $x_i$ 发送给可信方, $i$=1,2,$\cdots$,$n$.

3. 可信方计算功能函数并向参与方发送输出: 可信方计算

$$f(x_1,x_2,\cdots,x_n)=(f_1(x_1,x_2,\cdots,x_n),\cdots,f_n(x_1,x_2,\cdots,x_n))$$

并对每一个 $P_i\in P$，将输出 $y_i=f_i(x_1,x_2,\cdots,x_n)$ 发送给参与方 $P_i$.

---

上述半诚实敌手模型下理想协议的执行可以保证 2.2.4 节列举的所有安全性质，甚至更多. 因为敌手在理想协议的执行过程中只能得到被腐化方的输入和输出，而对其他参与方与可信第三方的交互内容一无所知，因此可以保证隐私性. 而由于可信方不能被腐化，他始终正确地计算功能函数，而半诚实的协议参与方始终输入正确的输入，因此功能函数的计算结果总是正确的，并且各参与方都收到了可信方计算的正确输出，所以可以保证正确性. 关于输入的独立性，半诚实参与方总是诚实地将自己的输入发送到可信方，因此被腐化方的输入不是根据诚实方的输入而选择的. 最后，由于可信方总是返回所有输出，所以在理想世界中保证输出可达和公平性是成立的. 这说明理想世界的协议至少满足 2.2.4 节列出的性质，而由协议的执行过程，我们认为该协议可能具有更多的安全属性和更高的安全性.

### 2.3.2　半诚实敌手模型下现实世界协议运行

令 $\pi$ 是一个在现实世界计算某功能函数 $f$ 的 $n$ 方协议，$\mathcal{A}$ 表示现实世界的半诚实敌手，$P_C$ 是一个被敌手 $\mathcal{A}$ 腐化的参与方子集合. 在现实世界中，没有可信第三方，诚实参与方遵照协议的要求向其他的参与者发送交互的消息，而被半诚实敌手腐化的参与方，也要按照协议的规定向其他的参与者发送交互的消息.

### 2.3.3　半诚实敌手模型下基于模拟的安全性定义

令 $f:(\{0,1\}^*)^n \to (\{0,1\}^*)^n, f=(f_1,f_2,\cdots,f_n)$ 是一个概率多项式时间的 $n$ 方功能函数，$\pi$ 是一个在现实世界计算 $f$ 的 $n$ 方协议，同之前一样，协议参与方用 $P_1,P_2,\cdots,P_n$ 表示，记 $P=\{P_1,P_2,\cdots,P_n\}$ 为所有参与方集合. 令 $\mathcal{A}$ 表示现实世界的半诚实敌手，$P_C$ 是一个被敌手腐化的参与方子集合，则 $P_H=P-P_C$ 是诚实参与方子集合. 基于理想/现实模拟的思想，在理想世界中，与现实敌手对应，存在一个腐化同样参与方子集合 $P_C$ 的理想的半诚实敌手 $\mathcal{S}$，$\mathcal{S}$ 需要模拟出一个与现实协议敌手不可区分的执行过程，因此也称理想敌手为模拟器，是一个模拟算法. 为了实现理想/现实模拟，我们先分别分析现实世界协议的敌手和理想世界协议的敌手能够获得的信息.

对于输入 $x_1,x_2,\cdots,x_n$，安全参数 $\lambda$，定义现实世界协议 $\pi$ 运行中，第 $i$ 个参与方 $P_i$ 的视图(view)为 $\mathrm{view}_{P_i}^{\pi}(x_1,x_2,\cdots,x_n,\lambda)$，该视图包括他的私有输入，私有随机带的内容(假设各参与方具有本地产生随机数的能力，抽象为具有一条随机带，产生随机数的机制也称为掷币)，以及他收到的所有消息，$\mathrm{view}_{P_i}^{\pi}(x_1,x_2,\cdots,x_n,\lambda)=(x_i,r^i,m_1^i,\cdots,m_t^i)$，其中 $x_i$ 是 $P_i$ 的输入，$r^i$ 是 $P_i$ 内部随机带产生的随机串，$m_j^i$ 表示 $P_i$ 收到的第 $j$ 个消息. 而敌手 $\mathcal{A}$ 的视图记为 $\mathrm{view}_{\mathcal{A}}^{\pi}(P_C,x_1,x_2,\cdots,x_n,\lambda)$，该视图包括被腐化参与方子集 $P_C$ 中所有参与方的视图，即

$$\mathrm{view}_{\mathcal{A}}^{\pi}(P_C,x_1,x_2,\cdots,x_n,\lambda)=\{\mathrm{view}_{P_i}^{\pi}(x_1,x_2,\cdots,x_n,\lambda)\}_{P_i\in P_C}$$

同样，定义第 $i$ 个参与方 $P_i$ 的输出为 $\mathrm{output}_{P_i}^{\pi}(x_1,x_2,\cdots,x_n,\lambda)$，协议 $\pi$ 运行中所有参与方的联合输出表示为 $\mathrm{output}^{\pi}(x_1,x_2,\cdots,x_n,\lambda)$，

$$\begin{aligned}&\mathrm{output}^{\pi}(x_1,x_2,\cdots,x_n,\lambda)\\&=(\mathrm{output}_{P_1}^{\pi}(x_1,x_2,\cdots,x_n,\lambda),\cdots,\mathrm{output}_{P_n}^{\pi}(x_1,x_2,\cdots,x_n,\lambda))\end{aligned}$$

对于输入为 $x_1,x_2,\cdots,x_n$ 的功能函数计算，在理想世界中，$\mathcal{S}$ 只能得到被腐化参与方的输入、输出以及安全参数 $\lambda$，他仅依据这些信息来模拟一个现实协议执行过程中敌手 $\mathcal{A}$ 的视图，记模拟器模拟出的现实协议执行中敌手的视图为

$\mathcal{S}(\{x_i, f_i(x_1, x_2, \cdots, x_n)\}_{P_i \in P_C}, \lambda)$.

**定义 2.5** (半诚实敌手模型下理想/现实计算不可区分安全性) 令 $f:(\{0,1\}^*)^n \to (\{0,1\}^*)^n$ 是一个 $n$ 方功能函数，$\pi$ 是计算 $f$ 的一个 $n$ 方现实协议，$\lambda$ 是安全参数. 如果对于腐化了任意参与者子集 $P_C$ 的现实协议敌手 $\mathcal{A}$，在理想世界中都存在一个腐化相应参与者集合 $P_C$ 的模拟器 $\mathcal{S}$，使得 $\mathcal{S}$ 模拟的敌手视图与功能函数输出的联合分布，与现实敌手 $\mathcal{A}$ 的视图与真实协议输出的联合分布，计算不可区分，也就是

$$\{\mathcal{S}(\{x_i, f_i(x_1, x_2, \cdots, x_n)\}_{P_i \in P_C}, \lambda), f(x_1, x_2, \cdots, x_n)\}_{x_1, x_2, \cdots, x_n, \lambda}$$

$$\stackrel{c}{\equiv} \{\mathrm{view}_{\mathcal{A}}^{\pi}(P_C, x_1, x_2, \cdots, x_n, \lambda), \mathrm{output}^{\pi}(x_1, x_2, \cdots, x_n, \lambda)\}_{x_1, x_2, \cdots, x_n, \lambda}$$

其中，$|x_1| = |x_2| = \cdots = |x_n|, \lambda \in \mathbb{N}$，我们说在半诚实敌手存在下协议 $\pi$ 安全计算功能函数 $f$. ■

定义 2.5 的含义在于一个理想世界的半诚实敌手 $\mathcal{S}$，在理想世界协议执行中，他能够得到的信息仅仅是一个安全参数 $\lambda$、被腐化参与方的输入 $x_i$，以及被腐化参与方从可信方获得的输出 $f_i(x_1, x_2, \cdots, x_n)$. $\mathcal{S}$ 仅仅利用这些信息，就可以模拟出一个对应的现实敌手在真实协议执行中计算不可区分的视图，说明一个协议真实执行的视图中包含的信息在计算意义下都可以由安全参数以及自己掌握的被腐化方的输入输出产生，不能通过有效计算获得其他额外信息.

在定义 2.5 中，除了要求理想世界敌手能够模拟出与真实协议敌手不可区分的视图之外，还要求对于某个指定的输入，模拟的视图与功能函数输出的联合分布，同真实协议敌手视图与真实协议输出的联合分布计算不可区分. 这一点对于确定性功能函数不是必需的，而对一个概率功能函数是必要的，其原理可从下面的例子中体会.

对一个确定性功能函数，其输出由输入唯一确定. 在半诚实敌手模型下，所有参与方严格遵守协议，理想世界协议的输出与现实世界协议的输出必定是相同的. 所以对一个确定性的功能函数，其理想/现实模拟的定义中，仅要求

$$\{\mathcal{S}(\{x_i, f_i(x_1, x_2, \cdots, x_n)\}_{P_i \in P_C}, \lambda)\}_{x_1, x_2, \cdots, x_n, \lambda}$$

$$\stackrel{c}{\equiv} \{\mathrm{view}_{\mathcal{A}}^{\pi}(P_C, x_1, x_2, \cdots, x_n, \lambda)\}_{x_1, x_2, \cdots, x_n, \lambda}$$

即 $\mathcal{S}$ 模拟出与真实协议敌手不可区分的视图就够了.

对于一个概率性的功能函数，其输出是一个随机变量，不能由输入唯一确定，这时 $f(x_1, x_2, \cdots, x_n)$ 与 $\mathrm{output}^{\pi}(x_1, x_2, \cdots, x_n, \lambda)$ 不必相等但必定是同分布或者相似分布的. 敌手的视图仅仅能确定被腐化参与方的输出，而不能确定协议的整个输出 $\mathrm{output}^{\pi}(x_1, x_2, \cdots, x_n, \lambda)$，因此

$$\{\mathcal{S}(\{x_i, f_i(x_1, x_2, \cdots, x_n)\}_{P_i \in P_C}, \lambda)\}_{x_1, x_2, \cdots, x_n, \lambda}$$

$$\stackrel{c}{\equiv} \{\mathrm{view}_{\mathcal{A}}^{\pi}(P_C, x_1, x_2, \cdots, x_n, \lambda)\}_{x_1, x_2, \cdots, x_n, \lambda}$$

与

$$\{\mathcal{S}(\{x_i, f_i(x_1, x_2, \cdots, x_n)\}_{P_i \in P_C}, \lambda), f(x_1, x_2, \cdots, x_n)\}_{x_1, x_2, \cdots, x_n, \lambda}$$

$$\stackrel{c}{\equiv} \{\mathrm{view}_{\mathcal{A}}^{\pi}(P_C, x_1, x_2, \cdots, x_n, \lambda), \mathrm{output}^{\pi}(x_1, x_2, \cdots, x_n, \lambda)\}_{x_1, x_2, \cdots, x_n, \lambda}$$

并不等价. 这里可以通过[Gol04]中列举的一个反例来说明上述不等价性. 这个例子同时说明了引入视图与输出联合分布对保证安全性的必要性.

对一个两方功能函数 $f:(\perp,\perp) \mapsto (r,\perp)$, 其中 $r \leftarrow_R \{0,1\}^{\lambda}$, 即两个参与方都没有输入, 而 $P_1$ 输出一个长为 $\lambda$ 的随机数 $r$, $P_2$ 没有输出. 考虑一个协议 $\pi$, $P_1$ 均匀选择一个随机数 $r \in \{0,1\}^{\lambda}$, 并发送给 $P_2$, 随后 $P_1$ 输出 $r$, $P_2$ 不输出任何信息. 很明显协议 $\pi$ 实现了功能函数 $f$, 但不是安全实现. 对于敌手 $\mathcal{A}$ 腐化 $P_2$ 的情况, 一个理想的模拟器 $\mathcal{S}$ 随机均匀选择 $r' \in \{0,1\}^{\lambda}$, 作为对真实敌手视图的模拟, 即 $\mathcal{S}(\{\perp,\perp\}_{P_2}, \lambda) = r'$. 而在真实协议中, 敌手 $\mathcal{A}$ 的视图, 也就是 $P_2$ 的视图, 是由诚实参与方 $P_1$ 选择的随机数 $r \in \{0,1\}^{\lambda}$ 构成的, 即 $\mathrm{view}_{\mathcal{A}}^{\pi}(\{P_2\},\perp,\perp,\lambda) = r$. 由于 $r$ 和 $r'$ 都是均匀随机选自 $\{0,1\}^{\lambda}$, 因此 $\mathcal{S}(\{\perp,\perp\}_{P_2}, \lambda) \stackrel{c}{\equiv} \mathrm{view}_{\mathcal{A}}^{\pi}(P_2,\perp,\perp,\lambda)$. 这证明了模拟视图与真实敌手视图的计算不可区分性, 但这并不保证协议是安全的, 很明显, 在协议 $\pi$ 中, 参与方 $P_1$ 的输出泄露给了参与方 $P_2$.

在现实协议的执行过程中, 参与方 $P_1$ 的输出为 $r$, $P_2$ 输出 $\perp$, 因此现实协议中敌手视图与所有参与方输出的联合分布为 $(r,(r,\perp))$. 而在理想世界协议中, 模拟器并不能决定参与方 $P_1$ 的输出. 事实上, 参与方 $P_1$ 的输出是由可信第三方随机选择的随机数 $r'' \in \{0,1\}^{\lambda}$, 因此模拟器视图与理想世界协议所有参与方输出的联合分布为 $(r',(r'',\perp))$. 由于在 $\{0,1\}^{\lambda}$ 中均匀随机选取的 $r', r''$ 相等的概率为 $\frac{1}{2^{\lambda}}$, 因此 $(r,(r,\perp))$ 与 $(r',(r'',\perp))$ 明显是可以区分的. 所以对概率功能函数的理想/现实模拟安全定义, 必须要求模拟视图与理想协议输出的联合分布, 同现实敌手视图与现实协议输出联合分布计算不可区分.

## 2.4　恶意敌手模型

在恶意敌手模型中, 大部分设定同半诚实敌手模型相同, 只是敌手的攻击行为和安全目标不同, 具体来说, 敌手能力设置为采用静态腐化策略, 具备概率多项式时间的计算能力, 但执行恶意敌手攻击行为, 任意背离协议; 运行环境设置为具备密码学安全的通信信道, 能够进行同步通信, 协议独立运行; 安全目标的设置, 采用基于理想/现实模拟范例的方式, 定义一个恶意敌手攻击下的理想世界协议.

### 2.4.1　恶意敌手模型下理想世界协议运行

设 $n$ 个参与方 $P_1,P_2,\cdots,P_n$ 联合计算一个 $n$ 方功能函数 $f:(\{0,1\}^*)^n\to(\{0,1\}^*)^n$, $f=(f_1,f_2,\cdots,f_n)$. 记 $P=\{P_1,P_2,\cdots,P_n\}$ 为所有参与方集合, $\mathcal{S}$ 表示理想世界的恶意敌手, 他有辅助输入 $z$, $z$ 可能来源于敌手的先验知识, 可以辅助 $\mathcal{S}$ 决定如何采取恶意的攻击行为. 令 $P_C$ 是一个被敌手 $\mathcal{S}$ 腐化的参与方子集合, 则 $P_H=P-P_C$ 是诚实参与方子集合. 由于在理想世界中, 每个参与方仅有两个操作, 第一个操作是将自己的输入上传给可信第三方, 第二个操作是从可信第三方获得自己的输出, 并且传输信道是一个安全信道. 在这个设定下, 一个理想世界的恶意敌手能够采取的恶意行为只能是控制被腐化方上传一个敌手选定的输入, 或者是终止协议的运行. 由此, 一个恶意敌手模型下理想世界协议运行过程可以描述如下:

---

**恶意敌手模型下理想世界协议运行**

1. 协议的输入: 记 $x_1$ 表示参与方 $P_1$ 的输入, $x_2$ 表示参与方 $P_2$ 的输入, $\cdots$, $x_n$ 表示参与方 $P_n$ 的输入. 敌手 $\mathcal{S}$ 还有一个辅助输入 $z$.

2. 向可信方发送输入阶段:

(1) 诚实的参与方 $P_j\in P_H$ 将自己的输入 $x_j$ 发送给可信方, 记可信方收到的输入为 $x_j'$, 此时 $x_j'=x_j$.

(2) 记 $P_i\in P_C$ 是一个被恶意敌手 $\mathcal{S}$ 腐化的参与方, 被腐化方 $P_i$ 可以执行的操作有:

(i) 向可信方发送自己的输入 $x_i$, 可信方收到的输入为 $x_i'=x_i$.

(ii) 根据自己的输入 $x_i$ 以及敌手的辅助输入 $z$, 向可信方发送一个修改的输入 $x_i'$, 此时可信方收到的输入为 $x_i'\neq x_i$.

(iii) 向可信方发送消息 $\text{abort}_i$, 此时可信方收到的输入为 $x_i'=\text{abort}_i$.

最终可信方收到所有参与方的输入 $x_1',x_2',\cdots,x_n'$.

3. 早期协议退出: 如果可信方收到的输入 $x_1',x_2',\cdots,x_n'$ 中包含 $\text{abort}_i$ ($i\in\{1,2,\cdots,n\}$), 则向所有参与方发送消息 $\text{abort}_i$, 并终止理想协议的运行; 否则, 协议进入下一步骤.

4. 可信方计算功能函数并向被腐化方发送输出: 可信方计算

---

$$f(x_1',x_2',\cdots,x_n')=(f_1(x_1',x_2',\cdots,x_n'),f_2(x_1',x_2',\cdots,x_n'),\cdots,f_n(x_1',x_2',\cdots,x_n'))$$

对每个被腐化方 $P_i \in P_C$，将输出 $f_i(x_1',x_2',\cdots,x_n')$ 发送给 $P_i$.

5. 敌手指示可信方继续执行或终止协议：敌手 $\mathcal{S}$ 控制被腐化方向可信方发送 continue 或者 $\text{abort}_i$. 当可信方收到 continue 时，继续执行协议，将输出发送给诚实参与方，也就是，对每个 $P_j \in P_H$，将输出 $f_j(x_1',x_2',\cdots,x_n')$ 发送给 $P_j$；否则，可信方将 $\text{abort}_i$ 发送给 $P_j$，并终止协议运行.

6. 协议的输出：协议运行结束后，诚实参与方 $P_j \in P_H$ 总是输出从可信方收到的值( $f_j(x_1',x_2',\cdots,x_n')$ 或者 $\text{abort}_i$ )，被腐化的参与方 $P_i \in P_C$ 不输出任何值，而敌手 $\mathcal{S}$ 输出一个关于辅助输入 $z$ 、被腐化方 $P_i \in P_C$ 的原始输入 $x_i$, 以及关于 $f_i(x_1',x_2',\cdots,x_n')$ 的任意的(概率多项式可计算的)函数值.

这里要注意的是，在上述恶意敌手模型下理想协议的执行不能保证 2.2.4 节列举的所有安全属性，它仅能保证隐私性、输入独立性，而不能达到一般意义上的正确性、输出可达性和公平性. 因为敌手在理想协议执行过程中只能得到被腐化方的输入和输出，而对其他参与方与可信第三方的交互内容一无所知，因此可以保证隐私性. 关于输入的独立性，注意到在理想协议中，在接收任何输出之前，所有输入都会发送到可信方，因此，被腐化方在发送信息时对诚实方的信息一无所知，换句话说，被腐化方向可信方发送的输入只是依据自己的真实输入和辅助输入确定的，独立于诚实方的输入. 对于正确性，在上述理想协议执行中，恶意敌手可以控制被腐化的参与方 $P_i$ 向可信方发送一个错误的输入 $x_i'$，但理想世界中恶意的协议参与方只有一次向可信方发送功能函数输入的机会，而由于可信方不能被腐化，一旦他收到输入 $x_1',x_2',\cdots,x_n'$，如果这中间不包含退出的指令，他始终正确地计算功能函数 $f(x_1',x_2',\cdots,x_n')$，因此协议一旦使诚实参与方获得输出，这些输出总是关于输入 $x_1',x_2',\cdots,x_n'$ 的正确计算结果. 而对于输出可达性和公平性，协议的第 3 步和第 5 步，模拟了恶意敌手可以采取拒绝服务等手段终止协议运行的情况，因此，协议不能实现输出可达性. 协议的第 5 步模拟了恶意敌手在先获得了输出之后，终止协议运行使诚实参与方得不到输出的情况，因此协议也达不到公平性. 我们把这个恶意敌手模型下理想协议的安全性称为容忍退出的安全性.

因为恶意敌手模型下理想世界中的协议不具备输出可达性和公平性，所以对现实协议的输出可达性和公平性无法通过理想/现实模拟实现，因此需要分别单独证明. 对于输出可达性和公平性这样的安全属性，由于现实协议实现的困难，也出现了一些放松的安全性定义，如弱公平性等. 而另外一些恶意敌手模型下的协议，则根据应用背景的要求不同，仅保证正确性、隐私性、输入独立性，而不保证公平性和输出可达性, 比如对那些仅有一个参与方获得输出的功能函数的计算.

### 2.4.2 恶意敌手模型下现实世界协议运行

令$\pi$是一个在现实世界计算某功能函数$f$的$n$方协议, $\mathcal{A}$表示现实世界的恶意敌手, 他有辅助输入$z$. 在现实世界中, 没有可信第三方, 诚实参与方遵照协议的要求发送自己的消息, 而恶意敌手按照任意的概率多项式攻击策略, 来控制被腐化的参与方发送消息.

### 2.4.3 恶意敌手模型下基于模拟的安全性定义

令$f:(\{0,1\}^*)^n \to (\{0,1\}^*)^n, f=(f_1,f_2,\cdots,f_n)$是一个概率多项式时间的$n$方功能函数, $\pi$是一个在现实世界计算$f$的$n$方协议, 协议参与方用$P_1,P_2,\cdots,P_n$表示, 记$P=\{P_1,P_2,\cdots,P_n\}$为所有参与方集合. 令$\mathcal{A}$表示现实世界的恶意敌手, $P_C$是一个被敌手腐化的参与方子集合, 则$P_H=P-P_C$是诚实参与方子集合. 基于理想/现实模拟的思想, 在理想世界中, 与现实敌手对应, 存在一个腐化同样参与者子集合$P_C$的理想的恶意敌手$\mathcal{S}$. 为了实现理想/现实模拟, 我们先分别分析现实世界协议的敌手和理想世界协议的敌手能够获得的信息.

使用记号$\mathrm{IDEAL}_{f,\mathcal{S}(z),P_C}(x_1,x_2,\cdots,x_n,\lambda)$表示理想世界协议运行中诚实参与方与敌手的(联合)输出元组, 其中$f:(\{0,1\}^*)^n \to (\{0,1\}^*)^n$, $f=(f_1,f_2,\cdots,f_n)$是一个$n$方功能函数; $\mathcal{S}$是拥有辅助输入$z$的恶意敌手, 用一个概率多项式时间图灵机$\mathcal{S}(z)$表示, $P_C$是被敌手腐化的参与方子集, $x_1,x_2,\cdots,x_n$是协议的输入, $\lambda$是安全参数.

类似理想世界中的定义, 定义$\mathrm{REAL}_{\pi,\mathcal{A}(z),P_C}(x_1,x_2,\cdots,x_n,\lambda)$是现实世界协议运行中诚实参与方与敌手的(联合)输出元组, 其中$\pi$表示一个计算功能函数$f$的一个$n$方现实协议, $\mathcal{A}$是拥有辅助输入$z$的恶意敌手, 用一个概率多项式时间图灵机$\mathcal{A}(z)$表示; 同样地, $P_C$是被敌手腐化的参与方子集, $x_1,x_2,\cdots,x_n$是协议的输入, $\lambda$是安全参数.

**定义 2.6** (恶意敌手模型下理想/现实计算不可区分安全性) 令$f:(\{0,1\}^*)^n \to (\{0,1\}^*)^n, f=(f_1,\cdots,f_n)$是一个$n$方功能函数, $\pi$是计算$f$的一个$n$方现实协议. 如果对于腐化了任意一个参与者子集$P_C$的现实世界概率多项式时间恶意敌手$\mathcal{A}$, 在理想世界中都存在一个概率多项式时间的恶意敌手$\mathcal{S}$, 使得

$$\{\mathrm{IDEAL}_{f,\mathcal{S}(z),P_C}(x_1,x_2,\cdots,x_n,\lambda)\}_{x_1,x_2,\cdots,x_n,\lambda}$$

$$\stackrel{c}{\equiv}\{\mathrm{REAL}_{\pi,\mathcal{A}(z),P_C}(x_1,x_2,\cdots,x_n,\lambda)\}_{x_1,x_2,\cdots,x_n,\lambda}$$

其中, $|x_1|=|x_2|=\cdots=|x_n|, \lambda\in\mathbb{N}$. 我们说在恶意敌手存在情况下, 协议 $\pi$ 安全计算功能函数 $f$ (容忍退出). ■

## 2.5 安全多方计算安全模型的进一步讨论

2.2 节给出了安全多方计算安全模型的一般化的定义方式, 它适用于大多数场景下的安全多方计算协议. 然而, 现实应用中的安全多方计算任务千变万化, 参与方的数量、计算任务、安全需求等各个方面都可能会不同. 根据具体应用背景的情况, 对一般化的安全模型定义方式作不同的限制, 就会产生各种不同的个性化模型.

### 2.5.1 功能函数的分类及相互转化

定义 2.4 是一个一般化的功能函数定义, 可以涵盖大多数的计算任务. 相应地, 将上述定义对不同的计算任务做相应的限定, 就可以得到一些特定的功能函数, 如确定性功能函数、概率功能函数、单输出功能函数等. 还有一些计算任务, 并不能简单地使用定义 2.4 来描述, 如反应式功能函数. 这些功能函数之间存在一定的联系, 并存在一定的转化关系.

#### 1. 概率功能函数与确定性功能函数

现实世界中存在着各种不同的计算任务, 有些计算任务的输出是确定性的, 比如百万富翁协议(数的大小比较), 对应的功能函数就是确定性功能函数; 有些计算任务是随机性的, 比如多方掷币协议(多方随机数生成), 对应的功能函数就是概率功能函数. 定义 2.4 中定义的功能函数是一个概率功能函数, 其输出视为是一个随机向量, 考虑的是一个一般化的场景.

一个协议输出的随机性, 来自在协议执行过程中选取的随机数, 也就是说, 功能函数的输出, 除了依赖于确定性的输入之外, 还依赖于参与方拥有的随机带. 从另一个角度看, 一旦随机数被选取, 那么功能函数的输出, 就可以看作关于输入及被选定随机数的一个确定性输出. 基于此观察, 我们可以通过一个安全计算确定性功能函数的协议 $\pi'$, 来构造一个安全计算概率功能函数的协议 $\pi$.

具体来说, 令 $f=(f_1,f_2,\cdots,f_n)$ 是一个 $n$ 方概率功能函数, 记其输出为

$$f(x_1,x_2,\cdots,x_n,w)=(f_1(x_1,x_2,\cdots,x_n,w),f_2(x_1,x_2,\cdots,x_n,w),\cdots,f_n(x_1,x_2,\cdots,x_n,w))$$

其中, $x_1,x_2,\cdots,x_n$ 是参与方 $P_1,P_2,\cdots,P_n$ 的输入, $w$ 是一个随机串.

接下来, 定义一个 $n$ 方确定性功能函数 $g=(g_1,g_2,\cdots,g_n)$, 其输入形式为 $((x_1,r_1),(x_2,r_2),\cdots,(x_n,r_n))$, $g$ 的输出与 $f$ 的输出满足

$$g((x_1,r_1),(x_2,r_2),\cdots,(x_n,r_n)) = f(x_1,x_2,\cdots,x_n,r_1 \oplus r_2 \oplus \cdots \oplus r_n) \tag{2.5}$$

令 $\pi'$ 是安全计算确定性功能函数 $g$ 的一个现实协议，下面利用 $\pi'$ 来构造一个安全计算概率功能函数 $f$ 的协议 $\pi$ . 在协议 $\pi$ 中，当各参与方 $P_1,P_2,\cdots,P_n$ 分别收到协议的输入 $x_1,x_2,\cdots,x_n \in \{0,1\}^\lambda$ 后，他们各自独立地均匀选取随机串 $r_1,r_2,\cdots,r_n \leftarrow_R (0,1)^{q(\lambda)}$，其中 $q(\cdot)$ 是取定的多项式，则 $q(\lambda)$ 表示参与方在概率功能函数 $f$ 中用到的随机数长度，然后以 $(x_1,r_1),(x_2,r_2),\cdots,(x_n,r_n)$ 为输入，执行协议 $\pi'$ 并得到输出. 由于 $\pi'$ 是安全计算功能函数 $g$ 的协议，因此，各参与方得到了 $g$ 的输出 $g((x_1,r_1),(x_2,r_2),\cdots,(x_n,r_n))$，由等式(2.5), 各参与方得到了输出

$$f(x_1,x_2,\cdots,x_n,r_1 \oplus r_2 \oplus \cdots \oplus r_n)$$

记 $w = r_1 \oplus r_2 \oplus \cdots \oplus r_n$，由于 $r_1,r_2,\cdots,r_n$ 是均匀随机选取的，因此 $w$ 也是均匀随机元素，协议 $\pi$ 安全计算了 $f(x_1,x_2,\cdots,x_n,w)$，也就是概率功能函数 $f$ .

上述的归约过程在半诚实敌手模型及恶意敌手模型下都成立，这从理论上表明了只要研究确定性功能函数就够了，但是在实际应用中，从协议实用性的角度出发，仍需要研究概率功能函数.

2. 多输出功能函数与单输出功能函数

定义 2.4 中定义的功能函数是一般情况下的多输出的功能函数，每个参与方都有自己的输出(也包括输出为空的情况)，并且他们的输出可以各自不同. 在现实应用中，有时并不需要每一个参与方有输出，可能只有一个参与方有实际的输出，比如例 2.1 的 $\mathrm{OT}_2^1$ 功能函数，就只有接收者有输出. 只有一个参与方有输出的功能函数称为单输出功能函数(single-output functionality). 安全实现一个单输出功能函数相对简单，并且可以通过一个安全计算单输出功能函数的协议 $\pi'$，来构造一个安全计算多输出功能函数的协议 $\pi$ . 根据敌手行为的不同，在半诚实敌手模型和恶意敌手模型下，有不同的转化方法.

令 $f=(f_1,f_2,\cdots,f_n)$ 是一个 $n$ 方多输出功能函数，参与方为 $P_1,P_2,\cdots,P_n$，记其输出为

$$f(x_1,x_2,\cdots,x_n) = (f_1(x_1,x_2,\cdots,x_n), f_2(x_1,x_2,\cdots,x_n),\cdots,f_n(x_1,x_2,\cdots,x_n))$$

利用 $f$ 构造 $n$ 方单输出功能函数 $g$, $g$ 的输入为 $(x_1,r_1),(x_2,r_2),\cdots,(x_n,r_n)$，不妨设只有 $P_1$ 有输出，其输出如下:

$$\begin{aligned}&g((x_1,r_1),(x_2,r_2),\cdots,(x_n,r_n))\\&= f_1(x_1,x_2,\cdots,x_n)\oplus r_1 \,\|\, f_2(x_1,x_2,\cdots,x_n)\oplus r_2 \,\|\cdots\|\, f_n(x_1,x_2,\cdots,x_n)\oplus r_n\end{aligned} \tag{2.6}$$

其中$\|$为字符串连接操作. 如果$\pi'$是安全计算单输出功能函数$g$的现实协议, 基于$\pi'$, 在半诚实敌手模型下, 很容易给出安全计算多输出功能函数$f$的现实协议$\pi$. 下面给出具体的构造方法.

在协议$\pi$中, 当各参与方$P_1,P_2,\cdots,P_n$分别收到协议的输入$x_1,x_2,\cdots,x_n\in\{0,1\}^{\lambda}$后, 他们各自独立均匀选取随机串$r_1,r_2,\cdots,r_n\leftarrow_R\{0,1\}^{q(\lambda)}$, 其中$q(\cdot)$是取定的多项式, $q(\lambda)$表示功能函数$f$的输出长度, 然后各参与方以$(x_1,r_1),(x_2,r_2),\cdots,(x_n,r_n)$为输入, 执行协议$\pi'$, 并由参与方$P_1$得到输出. 由于$\pi'$是安全计算功能函数$g$的协议, 由等式(2.6), $P_1$得到了输出

$$f_1(x_1,x_2,\cdots,x_n)\oplus r_1\|f_2(x_1,x_2,\cdots,x_n)\oplus r_2\|\cdots\|f_n(x_1,x_2,\cdots,x_n)\oplus r_n$$

$P_1$将其分解为$v_1,v_2,\cdots,v_n$, 其中, $v_i=f_i(x_1,x_2,\cdots,x_n)\oplus r_i$, 将$v_i$发送给参与方$P_i$. $P_i$收到$P_1$发过来的$v_i$后, 计算$v_i\oplus r_i=f_i(x_1,\cdots,x_n)$, 即自己在多输出功能函数$f$的输出. 因为是在半诚实敌手模型下, 参与方都会诚实执行协议, 由此协议$\pi$安全计算了多输出功能函数$f$.

有了上述半诚实敌手模型下安全的协议$\pi$, 就可以利用一些通用的编译方式, 比如 GMW 编译器等, 将半诚实的协议转化为恶意敌手模型下安全的协议, GMW 编译器是一种通用的构造思想, 将在第 7 章中详细讲述, 这里不再赘述.

3. 反应式功能函数与非反应式功能函数

定义 2.4 给出的功能函数的定义, 是一个将输入映射为输出的过程, 用户在协议执行前输入自己的输入, 在协议完成后得到自己的输出. 然而现实应用中有许多的计算任务具有多轮输入和输出, 并且参与方下一轮的输入是根据之前轮次的输出来决定的. 比如电子拍卖, 每一个投标人都要根据当前的出价情况来给出自己的下一次出价; 网络扑克牌博弈, 每一个玩家都需要根据目前自己手中的牌、能看到的其他参与方的牌以及各参与方目前下注的情况, 来决定自己下一步的操作. 这类计算任务, 不能简单地使用将输入映射到输出的标准功能函数的定义.

在安全多方计算研究中, 上述多阶段的计算任务被称为反应式功能函数(reactive functionalities). 一个反应式$n$方功能函数$f$可以利用一系列功能函数$(f^{(1)},\cdots,f^{(j-1)},f^{(j)},\cdots,f^{(s)})$表示出来, 其中$f^{(j)}=(f_1^{(j)},f_2^{(j)},\cdots,f_n^{(j)})$是如定义 2.4 所定义的$n$方非反应式的功能函数. 在计算反应式功能函数$f$的理想世界协议中, 可信方$T$依次执行功能函数$f^{(j)},j=1,2,\cdots,s$, 并在内部记录一个各阶段协议的运行状态$\sigma_j$. 具体来说, 在协议的第$j$阶段, 参与方$P_1,P_2,\cdots,P_n$将自己在本阶段的

输入$x_1^{(j)},x_2^{(j)},\cdots,x_n^{(j)}$发送给可信方$T$, $T$基于此输入及自己保存的$j-1$阶段结束后的协议状态$\sigma_{j-1}$，计算功能函数$f^{(j)}$，将第$j$阶段各参与方的输出$f_1^{(j)}(x_1^{(j)},x_2^{(j)},\cdots,x_n^{(j)},\sigma_{j-1}),f_2^{(j)}(x_1^{(j)},x_2^{(j)},\cdots,x_n^{(j)},\sigma_{j-1}),\cdots,f_n^{(j)}(x_1^{(j)},x_2^{(j)},\cdots,x_n^{(j)},\sigma_{j-1})$返回给各参与方, 并输出第$j$阶段结束后的协议状态$\sigma_j$.

注意在上述理想协议执行过程中, 协议的执行状态$\sigma_j$是可信方的内部状态, 参与方并不能得到这一个内部状态, 而在现实协议执行中, 也不存在这样一个完整的协议运行状态. 此外, 如果是在恶意敌手模型下, 当敌手控制某个腐化参与方在第$j$阶段向可信方发送了$\text{abort}_i^{(j)}$, 则可信方将终止协议的执行, 同时后续阶段的协议将不会开始.

反应式功能函数, 按照其特性变化多端, 难以获得一般性的描述模型, 本书中只讨论非反应式功能函数.

### 2.5.2 关于敌手修改输入的讨论

我们注意到, 一个安全多方计算协议是用来安全计算某个$n$方功能函数$f:(\{0,1\}^*)^n\to(\{0,1\}^*)^n$的, 这意味着, 对于定义域内的任意一个输入, 该协议都应该安全正确地输出计算结果. 因此, 对于一个安全多方计算协议来说, 无论输入$x_1,x_2,\cdots,x_n$，还是输入$x_1',x_2',\cdots,x_n'$，只要它能计算出与输入对应的正确输出即可. 也就是当输入为$x_1,x_2,\cdots,x_n$时, 协议输出$f(x_1,x_2,\cdots,x_n)$，而当输入为$x_1',x_2',\cdots,x_n'$时, 协议输出$f(x_1',x_2',\cdots,x_n')$, 即为协议正确运行. 因为协议是对任意输入可计算的, 如果要调用该协议执行, 需要为每个协议参与方指派一个具体的输入值来启动协议运行.

在前面 2.4.1 节描述的恶意敌手模型下的理想协议执行中, 当参与方收到输入之后, 恶意敌手可以控制被他腐化的参与方$P_i$将其输入由$x_i$更改为$x_i'$. 注意到, 在理想世界协议中, 参与方只有一次向可信方发送输入的机会, 因此, 该攻击将原本安全计算$f(x_1,x_2,\cdots,x_n)$，变成了安全计算$f(x_1,\cdots,x_i',\cdots,x_n)$，这种攻击只导致偏离了预设的计算结果, 但计算结果对于实际输入$(x_1,\cdots,x_i',\cdots,x_n)$来说仍是正确的, 因而不破坏正确性, 同时也没有带来隐私性的破坏. 而在现实世界协议中, 恶意敌手可能有多次使用腐化参与方输入的过程, 当他向不同参与方发送不同的输入信息, 或者在不同的交互轮次中使用不同的输入信息时, 都可能导致隐私性的风险, 这种问题被称为输入一致性问题.

在前面 2.3.1 节描述的半诚实理想世界协议中, 由于半诚实敌手控制的被腐化方总是依照协议的规定来执行, 因此协议的参与方总是向可信第三方发送其输入值, 因此不存在修改输入的攻击. 但是也有研究者指出[HL10], 允许被腐化的半诚实参与方修改其输入是有意义的, 只是修改输入的行为要发生在收到输入之后, 向可信方发送输入之前. 这里有以下几个理由. 第一, 从直觉上看, 这种修改输入等同于“选择一个不同的输入”, 安全多方计算协议应该对任何输入都能计算, 这种行为不应该是恶意攻击. 第二, 任意恶意敌手模型下安全的协议, 在面对半诚实敌手攻击时, 也应该是安全的, 这是很自然的. 但只有当理想世界的半诚实模拟器(敌手)被允许改变其输入时, 上述结论才能成立. 第三, 要设计一个恶意敌手模型下安全的协议, 一般先要设计一个半诚实敌手模型下安全的协议, 然后将其“编译”为恶意敌手模型下安全的, 这种情况下有必要允许半诚实敌手修改其输入. Goldreich[Gol04]引入了增强的半诚实敌手的概念, 展示如何通过允许半诚实敌手在协议执行开始之前修改其输入, 将一个仅满足半诚实敌手模型下安全的协议, 改造为恶意敌手模型下安全的协议.

### 2.5.3　对安全两方计算协议安全性的讨论

之前 2.2 节到 2.4 节的内容, 都是针对有 $n$ 个参与方的一般情况来描述的. 而在现实应用中, 存在大量只有两个参与方的计算任务, 比如例 2.1 描述的 $\mathrm{OT}_2^1$ 协议, 第 3 章将要讲到的承诺协议, 第 4 章将要讲到的交互零知识证明协议等. 只有两个参与方的安全多方计算协议称为安全两方计算(secure 2-party computation, S2PC)协议. 安全两方计算协议是安全多方计算协议的一个特例, 可以依照之前安全多方计算协议的安全模型来分析其安全性, 但由于它只有两个参与方 $P_1,P_2$, 其安全性的分析相对容易. 此外, 安全两方计算还有一些特定的安全模型.

1. 单边模拟

在之前基于理想/现实模拟的安全性定义中, 无论是半诚实敌手模型下的定义 2.5, 还是恶意敌手模型下的定义 2.6, 都要求对腐化任意参与方子集[①]的敌手 $\mathcal{A}$, 能被理想协议中的相应的模拟器 $\mathcal{S}$ 模拟, 这种方式称为“全模拟”(full simulation). 在安全两方计算中, 敌手至多只能腐化一个参与方, 否则敌手将控制所有的两个参与方, 也就知道了协议的一切, 安全性讨论将毫无意义. 在全模拟的证明方式中, 需要分敌手腐化 $P_1$ 和敌手腐化 $P_2$ 两种情况进行证明.

在全模拟的安全定义之外, 对于单输出的两方功能函数, 我们还有一种安全性较弱的单边模拟(one-side simulation)的安全性定义.

---

① 这里的 “任意参与方子集”, 只是表述被腐化的参与方可以是任意参与方, 但是对被腐化参与方的数量是有限制的. 首先, 如果所有参与方都被腐化, 那么安全性的讨论没有意义; 其次, 如果被腐化的参与方数量达到所有参与方数量的一定比例时, 可能不存在安全的协议. 安全计算协议中被腐化参与方数量的上界, 在不同背景下有不同的数值, 在后文中能看到相关的结论.

令 $f:(\{0,1\}^*)^2 \to \{0,1\}^*$ 是一个两方单输出的功能函数，参与方为 $P_1,P_2$，只有 $P_2$ 获得输出，记其输出为 $f(x,y)=(\perp,f_2(x,y))$. 记 $\pi$ 是实现功能函数 $f$ 的一个现实协议. 由于参与方 $P_1$ 没有输出，因此一个腐化 $P_1$ 的敌手 $\mathcal{A}$ 要想破坏 $P_2$ 输入的隐私性，只能依靠 $P_1$ 在协议交互中获得的信息(也就是他的视图). 可以采用类似于加密方案的不可区分性来定义 $P_2$ 输入的隐私性. 具体来说，对于 $P_1$ 的任意输入 $x$, $P_2$ 的任意两个输入 $y$ 和 $y'$，如果协议在输入 $(x,y)$ 和 $(x,y')$ 下产生的 $P_1$ 的视图是计算不可区分的，那么协议的视图就没有泄露 $P_2$ 输入的任何信息.

基于上述观察，对一个两方单输出的功能函数，我们对获得输出的参与方 $P_2$ 进行模拟，而对没有输出的参与方 $P_1$ 仅证明视图不可区分，这种安全性称为单边模拟安全. 单边模拟安全能保证获得输出的参与方 $P_2$ 被腐化时协议是安全的，但没有输出的参与方 $P_1$ 被腐化时，只能保证输入隐私性. 尽管单边模拟提供的安全性较弱，但当恶意敌手模型下全模拟安全的协议难以实现时，基于单边模拟可以得到更高效的协议.

**定义 2.7** (单边模拟安全) 令 $f:\{0,1\}^* \times \{0,1\}^* \to \{0,1\}^*$ 是一个两方单输出功能函数，只有 $P_2$ 获得输出. $\pi$ 是计算 $f$ 的一个两方现实协议. 我们称协议 $\pi$ 单边模拟安全计算功能函数 $f$，如果

(1) 对于现实世界中任意腐化 $P_2$ 的概率多项式时间敌手 $\mathcal{A}$，在理想世界中都存在一个概率多项式时间敌手 $\mathcal{S}$，使得

$$\{\mathrm{IDEAL}_{f,\mathcal{S}(z),P_2}(x,y,\lambda)\}_{x,y,z,\lambda} \stackrel{c}{\equiv} \{\mathrm{REAL}_{\pi,\mathcal{A}(z),P_2}(x,y,\lambda)\}_{x,y,z,\lambda}$$

其中，$|x|=|y|, \lambda \in \mathbb{N}$.

(2) 对于现实世界中任意腐化 $P_1$ 的概率多项式时间敌手 $\mathcal{A}$，

$$\{\mathrm{view}_{\pi,\mathcal{A}(z)}(x,y,\lambda)\}_{x,y,y',z,\lambda} \stackrel{c}{\equiv} \{\mathrm{view}_{\pi,\mathcal{A}(z)}(x,y',\lambda)\}_{x,y,y',z,\lambda}$$

其中，$|x|=|y|=|y'|, \lambda \in \mathbb{N}$. ■

2. 非单一敌手模型

之前基于理想/现实模拟的安全性定义中，协议只有一个敌手，他可以腐化不同的参与方来参与协议的执行. 因此，如果敌手是半诚实的，那么所有被他腐化的参与方行为也都是半诚实的；对应地，如果敌手是恶意的，那么所有被他腐化的参与方行为也都是恶意的. 基于这种思想，一个协议的各被腐化参与方，其行为是一致的，要么都是半诚实的，要么都是恶意的. 这种假设在环境的适应性上有所欠缺，我们有时更希望能根据具体情况灵活假设各参与方的行为. 这时可以认为不诚实的参与方并不是被一个敌手统一控制的，各自独立决定自己的行为，

当然也可以理解成有多个独立敌手控制. 不诚实参与方之间可能合谋也可能不合谋, 情况比较多样.

恶意敌手模型下安全的协议, 一般而言其安全性要高于半诚实敌手模型下的安全性, 但其构造较为困难, 并且构造出的协议, 其效率也大大低于半诚实敌手模型下的协议.

特别地, 在两方安全计算的情况下, 假设其中一个参与方行为是恶意的, 基于恶意敌手模型来模拟其被腐化的情况, 而另一个参与方的行为是半诚实的, 基于半诚实敌手模型来模拟其被腐化的场景, 这样就得到了一个非一致敌手模型下安全的协议. 基于非一致敌手模型设计的协议往往效率较高, 并且也符合特定应用背景的安全要求, 在第 4 章中要讲到的诚实验证者零知识证明协议, 就是非一致敌手模型的一个例子.

## 2.6　组合安全性

我们在协议的设计与分析中, 经常采用模块化的思想, 将一个复杂的计算任务看成是若干个简单任务模块的组合, 这样可以有效地减少协议设计的复杂性, 同时协议模块也可以多次复用. 在 2.3 节和 2.4 节中定义的安全模型是在独立运行的环境中给出的, 也就是说, 在上述模型中证明安全的协议, 只能保证独立运行的安全, 我们还需要考虑当它们被组合起来时能不能保持安全, 也就是组合安全性. 协议常用的组合方式包括顺序组合、并发组合等, 而在安全多方计算协议中, 需要考虑模块化顺序组合安全、通用可组合安全等安全模型.

### 2.6.1　混合模型及模块化顺序组合安全

在协议的顺序化组合中, 一个“大”协议可以由多个子协议按照先后顺序组合而成, 后面的协议必须等待前面的协议执行完毕才可以开始. Goldreich[Gol04]将子协议的执行看作一个神谕访问(oracle access), 在两方计算的背景下, 给出了在半诚实敌手模型和恶意敌手模型下组合定理及其证明. Hazay 和 Lindell[HL10]进一步将子协议调用明确看作对理想功能函数的调用, 给出另一种符号体系的两方协议顺序组合定理. 这些定理表明如果在某种定义下各子协议都是独立运行安全的, 那么它们顺序组合后保持同样的安全性. 这里基于 Hazay 和 Lindell 的符号体系, 给出更一般的 $n$ 方协议顺序组合定理.

1. 混合模型

在构造密码协议时常用一种模块化的设计思想, 在协议设计阶段, 当一个复杂协议的某步骤需要用到某功能, 比如加密、数字签名、杂凑(Hash)等, 我们并不给出实现该功能的具体运算步骤，而笼统地将其看成一个具有某安全特性的功能函数，作为功能函数它只通过输入输出来描述，并不涉及具体构造．而在协议具体实现时，可以使用任意一个具备该安全特性的加密、数字签名、Hash 方案来替换该功能函数．

上述思想也可用于组合的安全多方计算协议设计．将组合的各个子协议看成具备输入输出的功能模块，因此可以抽象成一个个的子功能函数．在理想世界中可以通过可信第三方来计算这些子功能函数．而在现实世界中，通常都需要设计对应的现实协议来分别实现这些子功能函数，但这并不是我们关心的问题，只需要假定这些子功能函数能够安全计算即可．就像盖房子的时候我们关心的是整个房子的结构而无须考虑砖块、木头如何建造，因此我们在进行协议设计的时候，并不给出所有子模块的现实协议，保留一些子功能函数作为理想模块，这样现实世界的协议变成了一些现实协议和理想协议的组合．这样一种现实世界和理想世界并存的结构称为“混合模型”(hybrid model)．保留了理想模块 $f^{(1)},f^{(2)},\cdots,f^{(k)}$ 的混合模型称为 $(f^{(1)},f^{(2)},\cdots,f^{(k)})$ - 混合模型．

在一个混合模型中执行的协议，存在着对子协议理想功能函数的调用．令 $g$ 是一个概率多项式时间的 $n$ 方功能函数，可以分解为一系列顺序执行的子功能模块，设 $f^{(1)},f^{(2)},\cdots,f^{(p(\lambda))}$ 是理想功能模块．$\pi$ 是一个混合模型中计算 $g$ 的 $n$ 方协议，在协议 $\pi$ 的运行中，除了 $n$ 个参与方之间进行交互之外，还要对功能函数 $f^{(1)},f^{(2)},\cdots,f^{(p(\lambda))}$ 进行“理想调用”，这相当于调用相应计算功能函数的“可信方”，即对 $i\in\{1,\cdots,p(\lambda)\},\pi$ 的执行只需要各参与方向计算功能函数 $f^{(i)}$ 的可信方发送输入，并得到相应的输出．这种理想调用是按顺序执行的，也就是对所有的 $i$, $\pi$ 对 $f^{(i)}$ 调用，一定发生在对 $f^{(i+1)}$ 调用之前．另外，这种理想调用是“原子的”，当 $\pi$ 向功能函数 $f^{(i)}$ 的可信方发送输入后，只有收到 $f^{(i)}$ 的输出，才能继续协议的执行．特别地，当 $f^{(i)}$ 是一个反应式功能函数时，协议 $\pi$ 的各参与方必须等待 $f^{(i)}$ 的所有阶段都执行完毕(参与方可以向 $f^{(i)}$ 的可信方发送阶段性输入)，才能相互间发送消息．记上述过程为协议 $\pi$ 的一个 $(f^{(1)},f^{(2)},\cdots,f^{(p(\lambda))})$ -混合执行 ($(f^{(1)},f^{(2)},\cdots,f^{(p(\lambda))})$ -hybrid execution)．在协议 $\pi$ 的混合执行中，我们称协议参与方之间交互的消息为标准消息(standard message)，而参与方与功能函数 $f^{(i)}$ 的可信方之间的交互消息为理想消息(ideal message)．

令 $\rho^{(1)},\rho^{(2)},\cdots,\rho^{(p(\lambda))}$ 是一系列现实协议，分别安全实现功能函数 $f^{(1)},f^{(2)},\cdots,f^{(p(\lambda))}$．对 $(f^{(1)},f^{(2)},\cdots,f^{(p(\lambda))})$ -混合模型中计算 $g$ 的 $n$ 方协议 $\pi$，使用 $\rho^{(1)},\rho^{(2)},\cdots,\rho^{(p(\lambda))}$ 替换 $\pi$ 中对 $f^{(1)},f^{(2)},\cdots,f^{(p(\lambda))}$ 的理想调用，得到一个现实协

议 $\pi^{\rho^{(1)},\rho^{(2)},\cdots,\rho^{(p(\lambda))}}$. 具体做法为，$\pi^{\rho^{(1)},\rho^{(2)},\cdots,\rho^{(p(\lambda))}}$ 保持 $\pi$ 中的标准消息不变，当 $\pi$ 以向量 $\boldsymbol{\alpha}$ 为输入调用理想功能函数 $f^{(i)}$ 的可信方时，在 $\pi^{\rho^{(1)},\rho^{(2)},\cdots,\rho^{(p(\lambda))}}$ 中，各参与方 $P_1,P_2,\cdots,P_n$ 以 $\boldsymbol{\alpha}$ 为输入执行协议 $\rho^{(i)}$，得到 $\rho^{(i)}$ 的输出向量 $\boldsymbol{y}$，并将其看作理想功能函数 $f^{(i)}$ 可信方的输出，继续执行协议 $\pi$.

下面协议的顺序组合定理表明，如果 $\pi$ 在 $(f^{(1)},f^{(2)},\cdots,f^{(p(\lambda))})$ -混合模型中安全计算功能函数 $g$，$\rho^{(1)},\rho^{(2)},\cdots,\rho^{(p(\lambda))}$ 是安全计算功能函数 $f^{(1)},f^{(2)},\cdots,f^{(p(\lambda))}$ 的现实协议，那么 $\pi^{\rho^{(1)},\rho^{(2)},\cdots,\rho^{(p(\lambda))}}$ 是一个安全计算功能函数 $g$ 的现实协议.

混合模型中需要与子功能函数的可信方进行交互，根据半诚实敌手和恶意敌手模型的不同，这些可信方的执行步骤也不同，分别按照 2.3.1 节和 2.4.1 节理想世界协议的规定来执行.

顺序组合定理也分为半诚实敌手模型下的顺序组合定理和恶意敌手模型下顺序组合定理.

### 2. 半诚实敌手模型下的顺序组合定理

**定理 2.1** (半诚实敌手模型下的顺序组合定理)　令 $\lambda$ 是一个安全参数，$p(\lambda)$ 是一个多项式. $g$ 是一个概率多项式时间的 $n$ 方功能函数，可以分解为一系列顺序执行的子功能函数，设 $f^{(1)},f^{(2)},\cdots,f^{(p(\lambda))}$ 是保留的理想功能模块，它们是概率多项式时间的 $n$ 方功能函数. $\rho^{(1)},\rho^{(2)},\cdots,\rho^{(p(\lambda))}$ 是现实 $n$ 方协议，对 $i=1,\cdots,p(\lambda)$，$\rho^{(i)}$ 在半诚实敌手模型下安全实现功能函数 $f^{(i)}$. 如果在半诚实敌手攻击下，$\pi$ 在 $(f^{(1)},f^{(2)},\cdots,f^{(p(\lambda))})$ -混合模型中安全计算功能函数 $g$，那么 $\pi^{\rho^{(1)},\rho^{(2)},\cdots,\rho^{(p(\lambda))}}$ 在半诚实敌手模型下安全计算功能函数 $g$.　■

在定理 2.1 中，有两个要求：第一，$\rho^{(i)}$ 要在半诚实敌手模型下安全实现功能函数 $f^{(i)}$；第二，$\pi$ 要在半诚实敌手攻击下，在 $(f^{(1)},f^{(2)},\cdots,f^{(p(\lambda))})$ -混合模型中安全计算功能函数 $g$.

对第一个要求，一般都是选择现有可证明安全的密码学协议作为 $\rho^{(i)}$，或者对新构造的现实协议 $\rho^{(i)}$，按照标准的半诚实敌手模型下的安全性，也就是定义 2.5 来证明其安全性. 而第二个要求，可以仿照定义 2.5 的半诚实敌手模型下的理想世界与现实世界不可区分的定义，给出半诚实敌手模型下的理想世界与混合模型执行的不可区分的定义.

令 $\pi$ 是一个在 $(f^{(1)},f^{(2)},\cdots,f^{(p(\lambda))})$ -混合模型中计算 $g$ 的 $n$ 方协议，参与方用 $P_1,P_2,\cdots,P_n$ 表示，记 $P=\{P_1,P_2,\cdots,P_n\}$ 为所有参与方构成的集合. 令 $\mathcal{A}$ 表示混合模型中的敌手，$P_C$ 是一个被敌手腐化的参与方子集合，则 $P_H=P-P_C$ 是诚实参

与方子集合.

对输入 $x_1,x_2,\cdots,x_n$，安全参数 $\lambda$，$\pi$ 运行中第 $i$ 个参与方 $P_i$ 的视图记为

$$\text{HybridView}_{P_i}^{\pi}(x_1,x_2,\cdots,x_n,\lambda)$$

而敌手 $\mathcal{A}$ 的视图记为

$$\text{HybridView}_{\mathcal{A}}^{\pi}(P_C,x_1,x_2,\cdots,x_n,\lambda)$$

该视图包括被腐化参与方子集 $P_C$ 中所有参与方的视图，即

$$\text{HybridView}_{\mathcal{A}}^{\pi}(P_C,x_1,x_2,\cdots,x_n,\lambda)=\{\text{HybridView}_{P_i}^{\pi}(x_1,x_2,\cdots,x_n,\lambda)\}_{P_i\in P_C}$$

对于输入 $x_1,x_2,\cdots,x_n$，安全参数 $\lambda$，$\pi$ 运行中第 $i$ 个参与方 $P_i$ 的输出为

$$\text{HybridOutput}_{P_i}^{\pi}(x_1,x_2,\cdots,x_n,\lambda)$$

协议 $\pi$ 运行中所有参与方的联合输出记为

$$\text{HybridOutput}^{\pi}(x_1,x_2,\cdots,x_n,\lambda)$$

即

$$\begin{aligned}&\text{HybridOutput}^{\pi}(x_1,x_2,\cdots,x_n,\lambda)\\&=(\text{HybridOutput}_{P_1}^{\pi}(x_1,x_2,\cdots,x_n,\lambda),\cdots,\text{HybridOutput}_{P_n}^{\pi}(x_1,x_2,\cdots,x_n,\lambda))\end{aligned}$$

对于输入为 $(x_1,x_2,\cdots,x_n)$ 的功能函数 $g$ 的计算，在理想世界中，$\mathcal{S}$ 只能得到被腐化参与方的输入、输出以及安全参数 $\lambda$，他仅依据这些信息来模拟一个混合模型中协议执行过程中敌手 $\mathcal{A}$ 的视图，记模拟器模拟出的现实协议执行视图为 $\mathcal{S}(\{x_i,f_i(x_1,x_2,\cdots,x_n)\}_{P_i\in P_C},\lambda)$.

**定义 2.8** (半诚实敌手模型下理想世界/混合模型计算不可区分安全) 令 $\lambda$ 是一个安全参数，$p(\lambda)$ 是一个多项式. $g=(g_1,g_2,\cdots,g_n)$ 是一个概率多项式时间的 $n$ 方功能函数，可以分解为一系列顺序执行的子功能函数，设 $f^{(1)},f^{(2)},\cdots,f^{(p(\lambda))}$ 是理想功能模块，它们是概率多项式时间的 $n$ 方功能函数. $\pi$ 是 $(f^{(1)},f^{(2)},\cdots,f^{(p(\lambda))})$-混合模型中计算 $g$ 的协议. 如果对于混合模型中任意概率多项式时间半诚实敌手 $\mathcal{A}$，他腐化了任意一个参与者子集 $P_C$，在理想世界中都存在一个腐化相应参与者集合 $P_C$ 的模拟器 $\mathcal{S}$，使得 $\mathcal{S}$ 模拟的视图与功能函数输出的联合分布，同混合模型中敌手 $\mathcal{A}$ 的视图与真实协议输出的联合分布，计算不可区分，也就是

$$\begin{aligned}&\{\mathcal{S}(\{x_i,f_i(x_1,x_2,\cdots,x_n)\}_{P_i\in P_C},\lambda),g(x_1,x_2,\cdots,x_n)\}_{x_1,x_2,\cdots,x_n,\lambda}\\&\overset{c}{\equiv}\{\text{HybridView}_{\mathcal{A}}^{\pi}(P_C,x_1,x_2,\cdots,x_n,\lambda),\text{HybridOutput}^{\pi}(x_1,x_2,\cdots,x_n,\lambda)\}_{x_1,x_2,\cdots,x_n,\lambda}\end{aligned}$$

其中，$|x_1|=|x_2|=\cdots=|x_n|, \lambda\in\mathbb{N}$，我们说在半诚实敌手存在情况下，协议 $\pi$ 在 $(f^{(1)},f^{(2)},\cdots,f^{(p(\lambda))})$ -混合模型中安全计算功能函数 $g$. ■

3. 恶意敌手模型下的顺序组合定理

**定理 2.2** (恶意敌手模型下的顺序组合定理)　令 $\lambda$ 是一个安全参数，$p(\lambda)$ 是一个多项式. $g=(g_1,g_2,\cdots,g_n)$ 是一个概率多项式时间的 $n$ 方功能函数，可以分解为一系列顺序执行的子功能函数，设 $f^{(1)},f^{(2)},\cdots,f^{(p(\lambda))}$ 是理想功能模块，它们是概率多项式时间的 $n$ 方功能函数. $\rho^{(1)},\rho^{(2)},\cdots,\rho^{(p(\lambda))}$ 是现实 $n$ 方协议，对 $i=1,2,\cdots,p(\lambda),\rho^{(i)}$ 在恶意敌手模型下安全实现功能函数 $f^{(i)}$. 如果在恶意敌手攻击下，$\pi$ 在 $(f^{(1)},f^{(2)},\cdots,f^{(p(\lambda))})$ -混合模型中安全计算功能函数 $g$，那么 $\pi^{\rho^{(1)},\rho^{(2)},\cdots,\rho^{(p(\lambda))}}$ 在恶意敌手模型下安全计算功能函数 $g$. ■

在定理 2.2 中，同样有两个要求：第一，$\rho^{(i)}$ 要在恶意敌手模型下安全实现功能函数 $f^{(i)}$；第二，$\pi$ 要在恶意敌手攻击下，在 $f^{(1)},f^{(2)},\cdots,f^{(p(\lambda))}$ -混合模型中安全计算功能函数 $g$.

对第一个要求，可以直接选择现有的可证明安全密码学协议，或者对新构造的现实协议，按照标准的恶意敌手模型下的安全性，也就是定义 2.6 来证明其安全性. 而第二个要求，则可以仿照定义 2.6 的恶意敌手模型下的理想世界与现实世界不可区分的定义，给出恶意敌手的理想世界与混合模型执行的不可区分的定义.

协议参与方用 $P_1,P_2,\cdots,P_n$ 表示，记 $P=\{P_1,P_2,\cdots,P_n\}$ 为所有参与方的集合. 令 $\mathcal{A}$ 表示混合模型中的敌手，$P_C$ 是一个被敌手腐化的参与方子集合，则 $P_H=P-P_C$ 是诚实参与方子集合. 对输入 $x_1,x_2,\cdots,x_n$，恶意敌手 $\mathcal{A}$ 的辅助输入 $z$，以及安全参数 $\lambda$，记

$$\mathrm{HYBRID}_{\pi,\mathcal{A}(z),P_C}^{f^{(1)},f^{(2)},\cdots,f^{(p(\lambda))}}(x_1,x_2,\cdots,x_n,\lambda)$$

为 $\pi$ 的一个 $f^{(1)},f^{(2)},\cdots,f^{(p(\lambda))}$ -混合执行中诚实参与方及敌手的输出向量.

使用记号

$$\mathrm{IDEAL}_{g,\mathcal{S}(z),P_C}(x_1,x_2,\cdots,x_n,\lambda)$$

表示理想世界协议运行中诚实参与方及敌手的输出向量，其中 $\mathcal{S}$ 是理想世界中拥有辅助输入 $z$ 的恶意敌手，用一个概率多项式时间图灵机 $\mathcal{S}(z)$ 表示，$P_C$ 是被敌手腐化的参与方子集，$x_1,x_2,\cdots,x_n$ 是协议的输入，$\lambda$ 是安全参数.

**定义 2.9** (恶意敌手模型下理想世界/混合模型计算不可区分安全性)　令 $\lambda$ 是

一个安全参数，$p(\lambda)$是一个多项式. $g:(\{0,1\}^*)^n \to (\{0,1\}^*)^n, g=(g_1,g_2,\cdots,g_n)$是一个概率多项式时间的$n$方功能函数，可以分解为一系列顺序执行的子功能函数，设$f^{(1)},f^{(2)},\cdots,f^{(p(\lambda))}$是保留的理想功能模块，它们是概率多项式时间的$n$方功能函数. $\rho^{(1)},\rho^{(2)},\cdots,\rho^{(p(\lambda))}$是现实$n$方协议，对$i=1,\cdots,p(\lambda)$, $\rho^{(i)}$在恶意敌手模型下安全实现功能函数$f^{(i)}$. $\pi$是$(f^{(1)},f^{(2)},\cdots,f^{(p(\lambda))})$-混合模型中计算$g$的协议，如果对于混合模型中任意概率多项式时间恶意敌手$\mathcal{A}$，他腐化了任意一个参与者子集$P_C$，在理想世界中都存在一个概率多项式时间恶意敌手$\mathcal{S}$，使得

$$\{\text{IDEAL}_{g,\mathcal{S}(z),P_C}(x_1,x_2,\cdots,x_n,\lambda)\}_{x_1,x_2,\cdots,x_n,\lambda}$$
$$\stackrel{c}{\equiv}\{\text{HYBRID}_{\pi,\mathcal{A}(z),P_C}^{f^{(1)},f^{(2)},\cdots,f^{(p(\lambda))}}(x_1,x_2,\cdots,x_n,\lambda)\}_{x_1,x_2,\cdots,x_n,\lambda}$$

其中，$|x_1|=|x_2|=\cdots=|x_n|, \lambda\in\mathbb{N}$. 我们说在恶意敌手存在情况下，协议$\pi$在$(f^{(1)},f^{(2)},\cdots,f^{(p(\lambda))})$-混合模型中安全计算功能函数$g$(容忍退出). ■

### 2.6.2 通用可组合安全

2.6.1 节介绍了协议顺序组合定理，可以保证协议在顺序组合执行下的安全性. 在协议顺序组合下，在同一时间内只能有一个安全多方计算协议的实例在运行. 在现实中，我们经常需要同时运行协议的多个实例，这些实例作为子协议与其他协议一起组合，存在平行组合、并发组合等各种其他形式的组合方式. 2001年，Canetti[Can01]提出了一个通用可组合(universal composability, UC)框架，给出了在任意组合方式下保持协议安全性的方法. 在UC框架中，首先定义了一个UC模型，然后给出了一个通用可组合定理.

我们首先来看UC安全模型. UC安全模型是在理想/现实模拟范例上给出的，在UC安全模型中，理想世界与现实世界都增加了一个相同的额外的实体$\mathcal{Z}$，称为环境(environment)，用于模拟协议运行的外部环境. 而理想世界与现实世界协议的运行，都修改为参与方与环境$\mathcal{Z}$合作完成，具体的修改为:

(1) 参与方$P_1,P_2,\cdots,P_n$从$\mathcal{Z}$获得协议输入$x_1,x_2,\cdots,x_n$，诚实的参与方将他们得到的输出发送给环境$\mathcal{Z}$;

(2) 在协议执行过程中，环境可以自由地与敌手(现实敌手$\mathcal{A}$或理想敌手$\mathcal{S}$)通信，用于模拟敌手对系统其他部分的影响.

标准的理想/现实模拟范例通过协议的真实执行与理想模拟执行不可区分来定义安全性，也就是找不到一个区分器可以有效地区分真实执行与理想模拟. 而在UC安全模型中，现实世界和理想世界包含了一个同样的环境$\mathcal{Z}$，我们把理想和现实的区分器合并到环境$\mathcal{Z}$中. 不失一般性，我们把环境的$\mathcal{Z}$输出定义为一个比特，该比特表示环境$\mathcal{Z}$对他自己是在理想世界还是现实世界被实例化的猜测

(也就是 $\mathcal{Z}$ 判断自己是在一个现实协议中运行，还是在一个理想世界的协议中运行).

下面定义 UC 模型下协议的真实执行和理想模拟执行.

令 $f:(\{0,1\}^*)^n \to (\{0,1\}^*)^n, f=(f_1,f_2,\cdots,f_n)$ 是一个概率多项式时间的 $n$ 方功能函数，$\pi$ 是一个在现实世界计算 $f$ 的 $n$ 方协议. $\lambda$是安全参数，协议参与方用 $P_1,P_2,\cdots,P_n$ 表示，记 $P=\{P_1,P_2,\cdots,P_n\}$ 为所有参与方的集合. 令 $\mathcal{A}$ 表示现实世界的敌手，$P_C$ 是一个被敌手腐化的参与方子集合. 基于理想/现实模拟的思想，在理想世界中，与现实敌手对应，存在一个腐化同样参与者子集合 $P_C$ 的理想的敌手 $\mathcal{S}$. $\mathcal{Z}$ 是环境.

在现实协议执行中，$\mathcal{Z}$ 将协议输入 $x_1,x_2,\cdots,x_n$ 发送给参与方 $P_1,P_2,\cdots,P_n$，参与方在敌手 $\mathcal{A}$ 存在的情况下执行现实协议$\pi$, 并得到输出. 诚实的参与方将输出发送给 $\mathcal{Z}$. $\mathcal{Z}$ 根据自己的交互信息(与敌手 $\mathcal{A}$ 的交互信息及诚实方的输出)，判断自己是执行一个真实协议还是一个理想的协议，通过一个输出比特表示，记为 $\mathrm{REAL}_{\pi,\mathcal{A},\mathcal{Z}}(\lambda)$.

在理想世界协议执行中，$\mathcal{Z}$ 将协议输入 $x_1,x_2,\cdots,x_n$ 发送给参与方 $P_1,P_2,\cdots,P_n$，诚实参与方与理想敌手 $\mathcal{S}$ 共同执行一个理想世界功能函数 $f$ 的计算，并得到输出. 诚实的参与方将输出发送给 $\mathcal{Z}$. $\mathcal{Z}$ 根据自己的交互信息(与理想敌手 $\mathcal{S}$ 的交互信息及诚实方的输出)，判断自己是执行一个真实协议还是一个理想协议，通过一个输出比特表示，记为 $\mathrm{IDEAL}_{f,\mathcal{S},\mathcal{Z}}(\lambda)$.

**定义 2.10** (UC 安全)　令 $f:(\{0,1\}^*)^n \to (\{0,1\}^*)^n, f=(f_1,f_2,\cdots,f_n)$ 是一个概率多项式时间的 $n$ 方功能函数，$\pi$ 是一个在现实世界计算 $f$ 的 $n$ 方协议，$\mathcal{Z}$ 是环境. 如果对所有现实敌手 $\mathcal{A}$，腐化任意参与方子集 $P_C$，都存在一个理想世界腐化同样参与方子集的模拟器 $\mathcal{S}$，使得

$$\left|\Pr[\mathrm{REAL}_{\pi,\mathcal{A},\mathcal{Z}}(\lambda)=1]-\Pr[\mathrm{IDEAL}_{f,\mathcal{S},\mathcal{Z}}(\lambda)=1]\right| \leqslant \mathrm{negl}(\lambda)$$

则称协议 $\pi$ UC 安全地计算功能函数 $f$. ■

有了 UC 安全模型下的理想/现实不可区分的安全定义，就可以证明某个协议在 UC 模型下是安全的. 而下面的通用可组合定理则表明，若功能函数$\mathcal{G}$通过调用理想功能函数 $\mathcal{F}$ 实现，$\pi$ 在 $\mathcal{F}$-混合模型中安全计算功能函数$\mathcal{G}$, $\rho$ 是 UC 安全实现功能函数 $\mathcal{F}$ 的现实协议，那么 $\pi^\rho$ 是一个 UC 安全计算功能函数$\mathcal{G}$的现实协议.

**定理 2.3** (通用可组合定理)　令$\mathcal{G}$, $\mathcal{F}$ 是两个功能函数，$\pi$ 是在 $\mathcal{F}$-混合模型中计算$\mathcal{G}$的一个 $n$ 方协议. 令 $\rho$ 是 UC 安全计算 $\mathcal{F}$ 的 $n$ 方现实协议. 那么对任意的现实敌手 $\mathcal{A}$，在 $\mathcal{F}$-混合模型中存在一个敌手 $\mathcal{S}$，使得对任意的环境 $\mathcal{Z}$，有

$$\mathrm{REAL}_{\pi^{\rho},\mathcal{A},\mathcal{Z}} \stackrel{c}{\equiv} \mathrm{HYBRID}^{\mathcal{F}}_{\pi,\mathcal{S},\mathcal{Z}}$$

特别地，如果 $\pi$ 在 $\mathcal{F}$ -混合模型中安全实现理想功能函数 $\mathcal{G}$，则 $\pi^{\rho}$ 在现实世界 UC 安全实现理想功能函数 $\mathcal{G}$. ■

## 参 考 文 献


[Can01] Canetti R. Universally composable security: A new paradigm for cryptographic protocols. Proceedings of the 42nd IEEE Symposium on Foundations of Computer Science (FOCS 2001). Los Alamitos: IEEE Computer Society, 2001: 136-145.

[Gol01] Goldreich O. Foundations of Cryptography: Basic Tools. Cambridge: Cambridge University Press, 2001.

[Gol04] Goldreich O. Foundations of Cryptography: Basic Applications, Volume 2. Cambridge: Cambridge University Press, 2004.

[HL10] Hazay C, Lindell Y. Efficient Secure Two-Party Protocols: Techniques and Constructions. Berlin: Springer, 2010.

[KL20] Katz J, Lindell Y. Introduction to Modern Cryptography. 3rd ed. Boca Raton: CRC Press, 2020.

[Sha48] Shannon C E. A mathematical theory of communication. The Bell System Technical Journal, 1948, 27: 379-423, 623-656.

[Sha49] Shannon C E. Communication theory of secrecy systems. The Bell System Technical Journal, 1949, 28(4): 656-715.

# 第 3 章　相关基本协议与算法

安全多方计算协议的设计, 需要一些基本协议和算法作为基础, 本章选取其中一部分作为基础知识进行简要介绍, 承诺、茫然传输、秘密共享等是安全多方计算协议的基本组件, 是阅读本书后续内容的必备知识. 熟悉这些基本组件, 是进行安全多方计算协议设计的最基本要求.

## 3.1　承　　诺

### 3.1.1　承诺的概念

承诺作为一个日常词汇经常出现在会话之中, 作为密码学术语最早出现于Even[Even81]的合同签署协议中. 但如 Even 所说, 这个思想可能起源于 Blum, 他于 1981 年提到了使用随机难题来承诺某事的思想, 后来将其隐式地用于构造同时掷币协议[Blum81]. 另外, 也可以认为在 Shamir, Rivest 和 Adleman[SRA81]设计的“思想扑克”(mental poker)中就出现了承诺的想法. 但是, 这些先期的工作并没有对这一概念形式化, 最早将承诺形式化的也许是 Brassard, Chaum 和 Crépeau[BCC88], 他们基于承诺协议构造了各种 NP 问题的零知识证明协议.

考虑 Alice 和 Bob 通过电话做掷币游戏[Blum81]的情形. Alice 抛掷硬币, Bob 猜测结果. 如果猜对, Bob 获胜; 反之, Alice 获胜. 这个过程称为电话掷币. 由于这个过程是通过电话执行的, 而不是面对面, 所以会出现一个问题: Alice 和 Bob 谁先宣布结果? 当 Bob 先通过电话声明自己的猜测结果(假设是正面), Alice 总可以说掷币的结果是相反的(即反面), 这时 Bob 并不能通过电话看到真正的抛掷结果, 所以 Alice 可以通过作弊获胜. 同样, 如果 Alice 先声明掷币结果, Bob 再猜, 相当于 Alice 直接将结果告诉了 Bob, Bob 自然总可以“猜对”.

在上面的情景中, 先声明结果的一定会输, 因而是不公平的, 但电话中两人同时声明结果是不可能的, 如何处理这一问题呢? 这需要保证 Alice 在 Bob 给出猜测后不能改变掷币结果. 可以设想这样一种技术方案, Alice 将掷币结果放入一个盒子并用密码锁锁上, 然后将盒子发送给 Bob, Bob 收到盒子后, 电话告诉 Alice 他的猜测, Alice 公布掷币结果并把密码锁的密码告诉 Bob, Bob 可以打开盒子验证抛币结果的真实性. 这样一个方案体现了密码学中“承诺”概念的思想, 它既保证了承诺的内容不能事先被对方知道, 又保证了承诺的内容不可改变.

"承诺"(commitment)作为一个基本密码学原语，是许多安全协议的重要组成部分，比如，安全多方计算、零知识证明、合同签署等，常用来强迫恶意敌手遵循协议.

如上面的例子所显示，直观而言，密码学上的承诺可以视为将秘密装入一个数字信封，当参与方 $P$ 想要向另一参与方 $V$ 承诺一则消息时，$P$ 就把消息放入信封并上锁，然后发送给 $V$. 完成某些约定的操作之后，$P$ 将消息和打开信封的钥匙发送给 $V$，这时 $V$ 可以验证收到的消息与 $P$ 之前承诺的消息是否相同.

密码学承诺方案，分为交互式和非交互式两种类型，但本书只涉及非交互式方案，即所有的通信都是从发送方 $P$ 发给接收方 $V$，接收方并不做出回应. 我们约定，下面提到的承诺方案都是指非交互式方案.

承诺是一个随机化过程. 消息 $m$ 的承诺 $C$，通过引入一个随机串 $r \in \{0,1\}^k$ 计算产生，$C = \mathrm{Commit}_k(m,r)$，$k$ 为安全参数. 作为 $m$ 和 $r$ 的函数，$\mathrm{Commit}_k(m,r)$ 是确定性的，承诺 $C$ 的随机性由 $r$ 提供.

**定义 3.1**　承诺函数 $\mathrm{Commit}_k : \{0,1\}^* \times \{0,1\}^k \to \{0,1\}^*$ 是一个确定性函数，其中 $k$ 为安全参数. 一个承诺方案由发送方(也称承诺方)和接收方之间的承诺协议和打开协议组成.

承诺协议：设 $m$ 是待承诺的消息，发送方随机选取 $r \leftarrow_R \{0,1\}^k$，计算承诺 $C = \mathrm{Commit}_k(m,r)$，并将 $C$ 发送给接收方.

打开协议：发送方向接收方出示被承诺的消息 $m$ 及相关"证据" $r$，接收方验证等式 $C = \mathrm{Commit}_k(m,r)$，若等式成立，输出 1，否则输出 0. ■

承诺方案必须满足两个基本安全属性：隐藏性和绑定性. 隐藏性是保护发送方隐私的，要求承诺 $C$ 不能泄露任何关于 $m$ 的信息. 用 $U_k$ 表示 $\{0,1\}^k$ 上的均匀分布，如果对于任意两个消息 $m_0$ 和 $m_1$，概率系综 $\{\mathrm{Commit}_k(m_0,U_k)\}_k$ 和 $\{\mathrm{Commit}_k(m_1,U_k)\}_k$ 的分布是相同的，称承诺方案是完美隐藏的，如果 $\{\mathrm{Commit}_k(m_0,U_k)\}_k$ 和 $\{\mathrm{Commit}_k(m_1,U_k)\}_k$ 是计算不可区分的，则称方案为计算隐藏的. 绑定性保护接收方不受欺骗，要求承诺的消息不可改变. 对于一个承诺 $C$，如果具有无穷计算资源的发送方(敌手)不能找到两个不同的消息 $m_0$ 和 $m_1$，以及 $r_0$ 和 $r_1$ 使得

$$\mathrm{Commit}_k(m_0,r_0) = \mathrm{Commit}_k(m_1,r_1)$$

称承诺方案是完美绑定的；如果概率多项式时间发送方(敌手) 不能找到两个不同的消息 $m_0$ 和 $m_1$，以及 $r_0$ 和 $r_1$ 使得上式成立，则称承诺方案是计算绑定的. 很明显，由于无穷计算能力的敌手可以枚举$(m,r)$的所有可能，如果方案是完美绑定的，满足 $C = \mathrm{Commit}_k(m,r)$ 的 $m$ 必定是唯一的.

值得注意的是, 完美隐藏性和完美绑定性是无法同时达到的. 这是因为对于无穷计算能力的敌手, 在密码学讨论的背景之下它总能列举出所有可能的二元组 $(m,r)$, 从而计算所有承诺 $\text{Commit}(m,r)$. 如果存在 $(m_0,r_0)$ 和 $(m_1,r_1)$, 使得

$$m_0 \neq m_1, \quad \text{Commit}(m_0,r_0)=\text{Commit}(m_1,r_1)$$

则破坏绑定性; 如果不存在, 则破坏隐藏性.

### 3.1.2　基于密码学 Hash 函数的比特承诺

承诺协议最早考虑的是"比特承诺", 即被承诺的值是一个"比特". 给定一个密码学 Hash 函数 $H:\{0,1\}^* \to \{0,1\}^l$, 定义承诺函数为

$$\text{Commit}(m,r)=H(r\|m)$$

其中 $r\in\{0,1\}^k, m\in\{0,1\}$.

---

**协议 3.1** (基于密码学 Hash 函数的比特承诺)

**公共参数**: 安全参数 $k$, 密码学 Hash 函数 $H:\{0,1\}^* \to \{0,1\}^l$.

**输入**: 发送方的输入为消息 $m\in\{0,1\}$.

**输出**: 接收方的输出为 0 或 1.

**协议过程**:

1. 承诺协议: 发送方持有消息 $m\in\{0,1\}$, 随机选取 $r\leftarrow_R\{0,1\}^k$, 计算承诺 $C=H(r\|m)$, 并将 $C$ 发送给接收方.

2. 打开协议: 发送方将 $(m,r)$ 发送给接收方, 接收方验证等式 $C=H(r\|m)$ 是否成立. 若成立, 输出 1, 否则输出 0.

---

Hash 函数 $H$ 的抗碰撞性保证了承诺者不能有效地找到 $(1-m,r')$ 代替 $(m,r)$, 使得

$$H(r\|m)=H(r'\|1-m)$$

因此, 该方案具有计算绑定性.

但仅仅抗碰撞性并不能保证方案的(计算)隐藏性. 比如, 令

$$H(r\|m)=\text{SHA1}(r)\|m, \quad \forall r\in\{0,1\}^*, m\in\{0,1\}$$

假设 SHA1 是抗碰撞的, 显然 $H$ 必是抗碰撞的, 由 $H$ 构造的方案显然不满足隐藏性.

因此, 若要使该方案满足计算隐藏性, 需要 $H$ 满足所谓的"部分原像稳固性", 即给定 $H$ 的像, 获得关于其原像的任何信息是计算困难的.

### 3.1.3 基于离散对数的 Pedersen 承诺

同前面利用 Hash 函数构造的承诺一样, Pedersen 承诺[Pedersen91]也是一个比特承诺, 被承诺的值 $m \in \{0,1\}$ . 设 $G = \langle g \rangle$ 是一个由 $g$ 生成的 $q$ 阶循环群, 其中 $q$ 是一个大素数. $h \in_R G$ 为一个随机群元素, 收发双方均不知道 $\log_g h$ (假设求解离散对数困难). 承诺函数为

$$\mathrm{Commit}(m,r) = g^m h^r$$

其中, $r \leftarrow_R \mathbb{Z}_q$ .

---

**协议 3.2** (基于离散对数的 Pedersen 承诺)

**公共输入**: 由 $g$ 生成的 $q$ 阶循环群 $G = \langle g \rangle$ , $q$ 是一个大素数, $h \in_R G$, 使得 $\log_g h$ 求解困难.

**输入**: 发送方的输入为消息 $m \in \{0,1\}$ .

**接收方的输出**: 接收方输出 0 或 1.

**协议过程**:

1. 承诺协议: 发送方随机选择 $r \leftarrow_R \mathbb{Z}_q$, 计算对 $m$ 的承诺 $C = g^m h^r$ , 并将 $C$ 发送给接收方.

2. 打开协议: 发送方将 $(m,r)$ 发送给接收方, 接收方验证等式 $C = g^m h^r$ 是否成立. 若成立, 输出 1, 否则输出 0.

---

由于 $gh^r$ 和 $h^r$ 是完美不可区分的, 即 $g^m h^r$ 的分布独立于 $m$, 该方案实现了完美隐藏性.

该方案在离散对数问题困难假设下是计算绑定的. 假设发送者能将两个不同消息 $m$ 和 $m'$ 承诺到同一值 $C$, 则有 $r, r' \in \mathbb{Z}_q$ , 满足 $g^m h^r = g^{m'} h^{r'}$ , 即 $g^m h^r = g^{1-m} h^{r'}$ , 这时必有 $r \neq r'$ , 因此 $\log_g h = (1-2m)/(r-r')$ . 由于 $r$, $r'$ , $m$ 均已知, 这意味着 $\log_g h$ 是易计算的, 与离散对数困难假设矛盾.

承诺方案的基本安全要求是必须具有绑定性和隐藏性. 有时为了某些应用, 可能要求承诺函数满足某些附加的其他性质, 如同态性. Pedersen 承诺方案就具备加法同态性.

对于承诺函数 $\mathrm{Commit}(m,r)=g^m h^r$，其中，$r \leftarrow_R \mathbb{Z}_q$. 对消息 $m$ 和 $m'$，有

$$\begin{aligned}\mathrm{Commit}(m,r)\cdot\mathrm{Commit}(m',r') &= g^m h^r \cdot g^{m'} h^{r'} \\ &= g^{m+m'} h^{r+r'} = \mathrm{Commit}(m+m', r+r')\end{aligned}$$

即两个承诺的乘积就是对被承诺值之和的承诺. 这里所说的加法同态性, 是指可通过两个承诺函数值来计算被承诺值之和的承诺.

同态承诺可在保持被承诺值隐藏的情况下进行某些运算, 例如在安全选举方案中, 在投票阶段, 选民将他们的选票放入同态承诺中, 在计票阶段直接对承诺进行相应计算, 得到对计票结果的承诺, 最后解承诺得到计票结果.

## 3.2　茫 然 传 输

### 3.2.1　茫然传输的概念

茫然传输(oblivious transfer, OT)协议是密码学中最重要的原语之一, 对于构建安全协议有着重要作用. 关于 oblivious transfer 的翻译多种多样, 比如不经意传输、健忘传输、遗忘传输、茫然传输等等, 但按照其密码学本意, 本书建议采用“茫然传输”这一翻译. 由于直接使用 “OT” 在密码学界已被广泛认可, 因此本书中常常直接采用 OT 这一术语.

1981 年, Rabin [Rabin81]首次引入“茫然传输”的概念并基于二次剩余的平方根计算问题构造了一个具体的茫然传输协议. 由于在之后的工作中, 茫然传输协议在概念上有所变化, 为了区别, 我们将把 Rabin 构造的这个起源性协议记为 Rabin-OT. Rabin-OT 协议中, 发送方持有一个消息 $m$, 接收方以 1/2 的概率接收到该消息, 其工作流程为

---

**协议 3.3** (Rabin-OT 协议)

**发送方的输入**: 消息 $m$.

**接收方的输出**: 1/2 的概率获得输出消息 $m$.

**协议过程**:

1. Alice 选择大素数 $p$ 和 $q$ 满足 $p \equiv q \equiv 3 \pmod 4$，计算 $n=pq$, 将 $n$ 发送给 Bob.

2. Bob 随机选择 $x_0 < n$ 并计算 $c = x_0^2 \bmod n$, 将 $c$ 发送给 Alice. 也就是说 $c$ 是 Rabin 加密体制下 $x_0$ 的密文[Rabin79].

3. Alice 根据 $p, q, n$ 可对 $c$ 解密, 根据 Rabin 加密体制的性质, $c$ 有四个对

---

应明文 $\pm x_0, \pm \omega x_0$，其中，$\omega$ 是非平凡模 $n$ 二次单位根. 假设 Alice 解密得到 $x_1$，则 $x_1^2 \equiv c \pmod{n}$，将 $x_1$ 发送给 Bob.

4. 若 $x_1 \not\equiv \pm x_0 \pmod{n}$ (概率为 1/2), Bob 计算 $\gcd(x_0 - x_1, n) = d$，从而得到 $d = p$ 或 $d = q$.

5. Alice 利用 $n$ 加密消息 $m$ (比如使用 RSA 加密方案), 并将密文发送给 Bob.

6. Bob 能以 1/2 概率进行解密, 从而获得消息 $m$.

上述过程中, Bob 有 1/2 概率能够获知整数 $n$ 的分解, 但对于 Alice 而言, 她并不能确定 Bob 是否掌握了 $n$ 的分解, 因此无法确定 Bob 是否获得了消息 $m$, 从而实现了一种"茫然传输"的效果.

1985 年, Even, Goldreich 和 Lempel[EGL85]三人首次提出 2 选 1(1-out-of-2)OT 协议, 改变了 Rabin 最初对"茫然传输"的定义. Even 等提出的 2 选 1 OT 协议中, 发送方持有两个消息 $(m_0, m_1)$，接收方接收到其中一个消息 $m_\sigma$，这里 $\sigma = a \oplus b$，$a$ 和 $b$ 是双方各自本地生成的随机比特. 简言之, Even 等的 2 选 1 OT 协议的功能是让接收方仅能获得来自发送方的两个消息中的一个, 但接收方事先并不能确定将接收到哪一个消息, 发送方也不能知道接收方收到了哪个消息. 此外, 利用该 2 选 1 OT 协议可以很容易地构造出 Rabin-OT 协议, 只需将其中一个消息设置成双方公共消息即可, 因而也可以看成是 Rabin-OT 协议的推广.

1995 年, Beaver [Beaver95]提出选择 2 选 1 OT(chosen 1-out-of-2 OT)的概念, 即接收方能够从发送方的两个消息中"选择"接收到其中一个, 但不能获得另一个消息的任何信息, 而发送方则不能知道接收方的选择. 文章还给出了 Rabin-OT, 1-out-of-2 OT 和 chosen 1-out-of-2 OT 三者之间的相互构造关系. Beaver 提出的选择 2 选 1 OT 概念为密码学界广泛接受, 已经作为 OT 的标准定义使用. 因此按照通常的习惯, 本书中将选择 2 选 1 OT 简称为 2 选 1 OT, 记为 $\mathrm{OT}_2^1$, 其功能函数定义为 $((x_0, x_1), \sigma) \mapsto (\perp, x_\sigma)$，其中，$\sigma \in \{0,1\}$，$\perp$ 表示空字符串. 也就是说, 发送方输入一对消息 $(x_0, x_1)$，接收方输入一个选择比特 $\sigma$，协议的目的是让接收方收到 $x_\sigma$，而不能获得 $x_{1-\sigma}$ 的任何信息, 同时不泄露给发送方关于 $\sigma$ 的任何信息, 如图 3.1 所示.

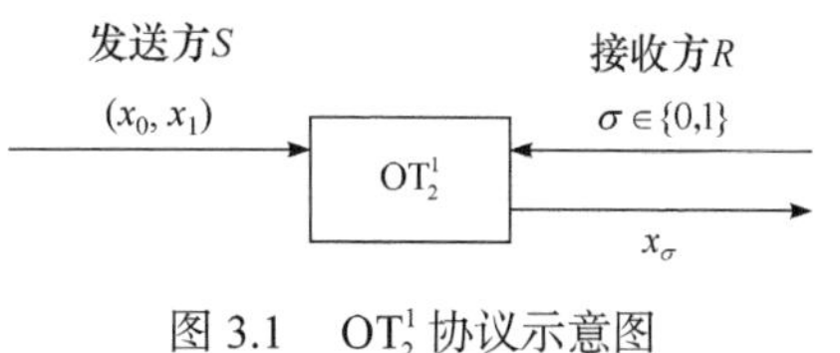

图 3.1　$\mathrm{OT}_2^1$ 协议示意图

此外, 2 选 1 OT 可自然扩展为 $n$ 选 1 OT(chosen 1-out-of-$n$ OT), 记为 $\mathrm{OT}_n^1$，其功能函数定义为 $((x_1, \cdots, x_n), i) \mapsto (\perp, x_i)$，其中，$i \in \{1, 2, \cdots, n\}$，$\perp$ 表示空字符串. 也

就是说，发送方输入一组消息 $(x_1,\cdots,x_n)$，接收方输入一个选择序号 $i$，协议的目的是让接收方收到 $x_i$，而不能获得其他消息的任何信息，同时不泄露给发送方关于 $i$ 的任何信息.

### 3.2.2　基于公钥加密的 2 选 1 OT 协议

下面介绍一个基于公钥加密方案构造的 OT 协议(协议 3.4)，在协议 3.4 中，需要使用一个公钥加密方案 $\varGamma=(G,E,D)$，该方案由密钥生成算法 $G(1^\lambda)\to(\mathrm{pk},\mathrm{sk})$、加密算法 $E_{\mathrm{pk}}:\{0,1\}^k\to\{0,1\}^l$、解密算法 $D_{\mathrm{sk}}:\{0,1\}^l\to\{0,1\}^k$ 组成.

---

**协议 3.4** (基于公钥加密的 2 选 1 OT 协议)

**公共输入**：安全参数 $1^\lambda$，公钥加密方案 $\varGamma=(G,E,D)$，其中 $G$ 为密钥生成算法，$E$ 为加密算法，$D$ 为解密算法.

**输入**：发送方 $S$ 输入消息 $x_0\in\{0,1\}^k$ 和 $x_1\in\{0,1\}^k$，接收方 $R$ 输入选择比特 $\sigma\in\{0,1\}$.

**输出**：接收方 $R$ 获得输出 $x_\sigma$.

**协议过程**：

1. 发送方 $S$ 首先生成一对公私钥 $G(1^\lambda)\to(\mathrm{pk}_S,\mathrm{sk}_S)$，并随机选择两个随机串 $r_0\leftarrow_R\{0,1\}^l$ 和 $r_1\leftarrow_R\{0,1\}^l$ (其中 $l$ 为密文长度)，将 $r_0$，$r_1$，$\mathrm{pk}_S$ 发送给接收者 $R$.

2. 接收方 $R$ 随机选择随机串 $K\leftarrow_R\{0,1\}^k$，计算 $q=E_{\mathrm{pk}_S}(K)\oplus r_\sigma$，并将 $q$ 发送给 $S$.

3. $S$ 使用私钥 $\mathrm{sk}_S$，计算 $\{K_i=D_{\mathrm{sk}_S}(q\oplus r_i)\}_{i=0,1}$，随后计算 $\{C_i=x_i\oplus K_i\}_{i=0,1}$，并将 $C_0$ 和 $C_1$ 发送给 $R$.

4. $R$ 计算 $x_\sigma=C_\sigma\oplus K$，从而得到它选择的消息.

---

在协议 3.4 中，第 1 步，发送方 $S$ 运行密钥生成算法 $G$，生成一个公私钥对 $(\mathrm{pk}_S,\mathrm{sk}_S)$，随后选择两个随机串 $r_0$ 和 $r_1$，并且将 $r_0$，$r_1$，$\mathrm{pk}_S$ 发送给接收者 $R$. 第 2 步，$R$ 随机选择 $K\in\{0,1\}^k$，使用 $\mathrm{pk}_S$ 对 $K$ 进行加密得到 $E_{\mathrm{pk}_S}(K)$，并使用其选择比特 $\sigma$ 对应的随机消息 $r_\sigma$ 与密文 $E_{\mathrm{pk}_S}(K)$ 做逐比特异或运算，即计算 $q=E_{\mathrm{pk}_S}(K)\oplus r_\sigma$，将 $q$ 发送给 $S$. 由于 $E_{\mathrm{pk}_S}(K)=q\oplus r_\sigma$，因此 $S$ 只需调用解密算法 $D_{\mathrm{sk}_S}(q\oplus r_\sigma)$ 即可获得 $K$. 然而，$S$ 并不知道 $R$ 使用了哪个 $r_\sigma\in\{r_0,r_1\}$，因此在第 3 步中，它分别对两种情况进行解密，得到 $K_0=D_{\mathrm{sk}_S}(q\oplus r_0)$ 和 $K_1=D_{\mathrm{sk}_S}(q\oplus r_1)$. 此

时，$K_\sigma$ 为 $R$ 选择的 $K$，而 $K_{1-\sigma}$ 为一个随机串，$S$ 无法对二者进行区分(无法获知 $\sigma$)．$S$ 分别使用 $K_0$ 和 $K_1$ 对 $x_0$ 和 $x_1$ 进行按位异或，即计算 $\{C_i = x_i \oplus K_i\}_{i=0,1}$，并将 $C_0$ 和 $C_1$ 发送给 $R$．第 4 步，接收者 $R$ 计算 $x_\sigma = C_\sigma \oplus K_\sigma$，即可获得 $x_\sigma$．由于 $R$ 仅掌握 $K_\sigma = K$，而不掌握 $K_{1-\sigma}$，因此它仅能获取 $x_\sigma$，而无法获得 $x_{1-\sigma}$．

## 3.3 门限秘密共享

### 3.3.1 门限秘密共享的概念

秘密共享方案旨在将一个秘密分成多份并分配给多个参与者，某些指定的参与者子集可以恢复秘密，这些子集构成的集合称为方案的访问结构，可记为 $\Gamma$．不在访问结构 $\Gamma$ 中的参与者子集不能得到关于秘密的任何信息．秘密共享最初常用于密钥的分享，形成密钥的分布式容错存储机制．在一个秘密共享方案中，秘密一旦恢复，就不再是秘密，因而这种机制对秘密的分享只限于一次．1979 年，Shamir[Shamir79]和 Blakley[Blakley79]分别利用多项式插值和几何方法(或说线性方程组)构造了简单的秘密共享方案，这可能是最早的秘密共享方案，称为$(t, n)$门限秘密共享方案，其中，秘密的持有者称为 Dealer，将秘密分成 $n$ 份(每一份称为一个秘密份额)分发给 $n$ 个参与者，$t$ 个或多于 $t$ 个参与者可以恢复秘密，少于 $t$ 个参与者联合也不能获得关于秘密的任何信息，$t$ 称为门限(值)．也就是说，在一个$(t, n)$门限秘密共享方案中，访问结构是所有参与者个数大于等于 $t$ 的子集构成的集合．秘密共享的研究已经形成密码学领域的一个研究方向，具有丰富的研究内容，但此处只根据我们的需要，对门限秘密共享做一简单介绍．

如果简单地用一个秘密共享方案分享一个加密方案的解密密钥或一个签名方案的签名密钥，解密或签名时需要恢复密钥，则密钥将被泄露．为了解决这个问题，Desmedt 于 1989 年和 1991 年分别提出了$(t, n)$门限加密方案和$(t, n)$门限签名方案[DF89, DF91]，秘密共享方案中任何 $t$ 或更多个参与者组成的子集，可通过自己的秘密份额形成“明文碎片”或“签名碎片”，这些明文碎片或签名碎片不泄露任何密钥信息但可重构明文或签名，从而可在不泄露密钥的条件下完成解密或签名操作．秘密共享与密码方案的这种结合，形成了“门限密码学”．

由于在本书中秘密共享一般采用门限方案，因而，如无特别说明，提到秘密共享方案总是指门限秘密共享方案．

将秘密拆分成多个份额并分发给参与者的过程叫作秘密分享或秘密分发，用份额还原出原始秘密的过程叫作重构．为便于直观理解，下面举一个简单例子．

设有秘密比特 $s \in \{0,1\}$、随机选取比特 $u \leftarrow_R \{0,1\}$，令 $s_1 = s \oplus u, s_2 = u, s_1$ 和 $s_2$

构成秘密 $s$ 的两个份额. 容易看出, 份额 $s_1$ 和份额 $s_2$ 单独来看都是随机比特, 不会泄露有关 $s$ 的任何信息, 而 $s_1$ 和 $s_2$ 放在一起可以重构 $s$,

$$s_1 \oplus s_2 = s \oplus u \oplus u = s$$

这是一个分享秘密比特的(2, 2)门限方案, 可容易地推广为$(n, n)$门限方案.

对于一般情况, 下面给出$(t, n)$门限秘密共享方案的正式描述, 其中 $t \leqslant n$ .

消息空间 $\mathcal{M}$ 上的分享算法($s_1,\cdots,s_n \leftarrow \text{Share}(t,n,s)$)为一个随机算法, 输入为门限值 $t$、份额数量 $n$、秘密 $s \in \mathcal{M}$, $t$和$n$可视为参数, 不做强调时$\text{Share}(t,n,s)$可简写为$\text{Share}(s)$; 输出为 $n$ 个秘密份额 $s_1,\cdots,s_n \in \mathcal{M}$ . 消息空间 $\mathcal{M}$ 上的重构算法($s := \text{Reconstruct}(s_{i_1},\cdots,s_{i_t})$)为一个确定性算法, 输入 $t$ 个秘密份额 $s_{i_1},\cdots,s_{i_t} \in \mathcal{M}$, 输出秘密 $s \in \mathcal{M}$.

消息空间 $\mathcal{M}$ 上的$(t, n)$门限秘密共享方案由以下分享协议和重构协议组成.

分享协议: 在 1 个分发者 $D$ 和 $n$ 个参与者 $P_1,\cdots,P_n$ 之间运行, 分发者 $D$ 持有秘密 $s$, 它运行分享算法$\text{Share}(t,n,s)$, 将秘密 $s$ 拆分 $n$ 个秘密份额 $s_1,\cdots,s_n$, 并分别将每个秘密份额发送给对应的参与者, 即将秘密份额 $s_i$ 发送给参与者 $P_i(i=1,2,\cdots,n)$.

重构协议: 在 1 个重构者 $R$ 和 $t$ 个或更多个参与者之间运行, 这里不妨设为 $t$ 个, 记为 $P_{i_1},\cdots,P_{i_t}$, 重构者可以是参与者之一. 参与者 $P_{i_1},\cdots,P_{i_t}$ 分别将各自的秘密份额发送给重构者 $R$, $R$ 运行重构算法 $\text{Reconstruct}(s_{i_1},\cdots,s_{i_t})$, 恢复出秘密 $s$, 并将 $s$ 发送给参与者 $P_{i_1},\cdots,P_{i_t}$.

$(t, n)$门限秘密共享方案应满足以下正确性要求:

$\forall s \in \mathcal{M}$, $\forall \{i_1,\cdots,i_t\} \subseteq \{1,\cdots,n\}$, 有

$$\Pr[\text{Reconstruct}(s_{i_1},\cdots,s_{i_t}) = s \mid s_1,\cdots,s_n \leftarrow \text{Share}(t,n,s)] = 1$$

即 $t$ 个份额可以恢复秘密. $(t, n)$门限秘密共享方案的安全性, 要求少于 $t$ 个秘密份额无法获取关于秘密的任何信息, 这是信息论意义下的安全性.

为方便, 我们约定对于 $\{1,2,\cdots,n\}$ 的子集 $T$, $(s_i \mid i \in T)$ 表示一个有序组, 其分量的下标以增序排列. 例如, $T = \{1, 3, 6\}$, 则 $(s_i|i \in T) = (s_1, s_3, s_6)$.

**定义 3.2** 一个定义在消息空间 $\mathcal{M}$ 上的$(t, n)$门限秘密共享方案(Share, Reconstruct)是(完美)安全的, 如果

$\forall s, s' \in \mathcal{M}, \forall T \subseteq \{1,\cdots,n\}, |T| < t$, 以下两个分布是相同的:

$$\{(s_i \mid i \in T) \mid s_1,\cdots,s_n \leftarrow \text{Share}(s)\}$$

$$\{(s'_i \mid i \in T) \mid s'_1,\cdots,s'_n \leftarrow \text{Share}(s')\}$$

即对于$\forall \alpha=(\alpha_1,\cdots,\alpha_{|T|})\in \mathcal{M}^{|T|}$，满足

$$\begin{aligned}&\Pr[(s_i|i\in T)=\alpha\mid s_1,\cdots,s_n\leftarrow \text{Share}(s)]\\=&\Pr[(s_i'|i\in T)=\alpha\mid s_1',\cdots,s_n'\leftarrow \text{Share}(s')]\end{aligned}$$ ■

定义中的安全性条件意味着，对于任何秘密 $s$，当给定的秘密份额少于 $t$ 个时，这些份额的概率分布与秘密 $s$ 无关，因而不会泄露秘密的任何信息.

在经典情况下的秘密共享方案中，分发者 $D$(dealer)一般是秘密拥有者. 但在本书讨论的协议中，分发者往往是 $n$ 个参与者之一，且参与者相互分发秘密. 此外，还存在一种秘密分布式生成的情况，被分享的秘密由参与者分布式生成，不存在一个掌握秘密的分发者.

### 3.3.2 简单加法$(n,n)$门限秘密共享方案

作为一个简单例子，上面讨论了一个单比特(2, 2)门限秘密共享方案. 事实上，这个方案很容易推广为$(n, n)$门限方案.

与此类似，下面介绍一个定义在 $\mathbb{Z}_p$ 上的$(n, n)$门限秘密共享方案，其中 $p$ 是一个大素数. 这个方案将在后面章节多次用到.

---

**方案 3.1** ($\mathbb{Z}_p$ 上的 $(n,n)$ 门限秘密共享方案)

**分享算法** ($s_1,\cdots,s_n\leftarrow \text{Share}(n,s)$)：

输入份额数量 $n\geqslant 2$ 、秘密 $s\in\mathbb{Z}_p$ . 均匀随机选取 $s_1,\cdots,s_{n-1}\leftarrow_R \mathbb{Z}_p$ ，计算 $s_n=\left(s-\sum_{i=1}^{n-1}s_i\right)\bmod p$ . 输出秘密份额 $s_1,\cdots,s_n$ .

**重构算法**( $s:=\text{Reconstruct}(s_1,\cdots,s_n)$ ):

输入 $n$ 个秘密份额 $s_1,\cdots,s_n$ ，计算 $s=\sum_{i=1}^{n}s_i \bmod p$ . 输出 $s$.

---

正确性可直接验证.

$$\sum_{i=1}^{n}s_i=\sum_{i=1}^{n-1}s_i+s_n\equiv\sum_{i=1}^{n-1}s_i+s-\sum_{i=1}^{n-1}s_i\equiv s \pmod p$$

对于安全性，我们有:

**定理 3.1** 门限秘密共享方案 3.1 是(完美)安全的.

**证明** 假设 $s,s'\in\mathbb{Z}_p$ 是两个秘密，对任意 $T=\{i_1,i_2,\cdots,i_k\}\subseteq\{1,\cdots,n\}(k<n)$，当 $n\notin T$ 时，秘密 $s$ 的份额 $s_{i_1},s_{i_2},\cdots,s_{i_k}$ 及秘密 $s'$ 的份额 $s_{i_1}',s_{i_2}',\cdots,s_{i_k}'$ 都是在 $\mathbb{Z}_p$ 中均匀随机选取的. 因此,

$$\{(s_i \mid i \in T) \mid s_1, \cdots, s_n \leftarrow \text{Share}(s)\}$$

与

$$\{(s'_i \mid i \in T) \mid s'_1, \cdots, s'_n \leftarrow \text{Share}(s')\}$$

必是同分布的.

当 $n \in T$ 时, 不妨设 $i_k = n$, 这时除 $s_{i_k}$ 和 $s'_{i_k}$ 之外的份额都是在 $\mathbb{Z}_p$ 中独立均匀选取的. 由份额生成过程知 $s_{i_k} = s_n = s - \sum_{i=1}^{n-1} s_i \bmod p, s'_{i_k} = s'_n = s' - \sum_{i=1}^{n-1} s'_i \bmod p$, 由于 $k < n$, 至少有一个份额 $s_j \notin \{s_{i_1}, s_{i_2}, \cdots, s_{i_{k-1}}\}, j < n$, 因而容易证明当 $s$ 给定以后, $s_{i_k} = s - \sum_{i=1}^{n-1} s_i \bmod p$ 与 $s_{i_1}, s_{i_2}, \cdots, s_{i_{k-1}}$ 独立且是均匀分布的, 从而

$$\{(s_i \mid i \in T) \mid s_1, \cdots, s_n \leftarrow \text{Share}(s)\}$$

是 $\mathbb{Z}_p^n$ 上的均匀分布. 类似地

$$\{(s'_i \mid i \in T) \mid s'_1, \cdots, s'_n \leftarrow \text{Share}(s')\}$$

亦然. 总之, 以上两个分布是相同的. ■

此外, 方案 3.1 很容易推广到消息空间 $\mathbb{Z}_2^l$ 上, 只需要将 $\mathbb{Z}_p$ 上的模 $p$ 加法换为 $\mathbb{Z}_2^l$ 上的按位异或即可.

### 3.3.3　Shamir (*t*, *n*)门限秘密共享方案

Shamir[Shamir79]于 1979 年基于拉格朗日多项式插值提出了一个简单有效的$(t, n)$门限秘密共享方案, 其中, $0 < t \leqslant n$. 到目前为止, 该方案依然是应用最广泛的方案.

消息空间 $\mathcal{M}$ 定义为 $\mathbb{Z}_p$ (即秘密 $s \in \mathbb{Z}_p$ 且各参与方获得的份额 $s_i \in \mathbb{Z}_p$, 其中 $p$ 为素数且 $p > n$), Shamir $(t, n)$门限秘密共享方案描述如下.

---

**方案 3.2** (Shamir $(t,n)$ 门限秘密共享方案)

**分享算法** $(s_1, \cdots, s_n \leftarrow \text{Share}(t, n, s))$:

输入门限值 $t$、份额数量 $n$、秘密 $s \in \mathbb{Z}_p$. 均匀随机选取 $u_j \leftarrow_R \mathbb{Z}_p$ $(j = 1, \cdots, t-1)$, 令 $u_0 = s$. 构造 $t-1$ 次多项式 $a(x) = u_0 + u_1 x + \cdots + u_{t-1} x^{t-1} \bmod p$, 并计算 $s_i = a(i)$ $(i = 1, \cdots, n)$, 输出 $n$ 个秘密份额 $s_1, \cdots, s_n$.

**重构算法**($s := \text{Reconstruct}(s_{i_1}, \cdots, s_{i_t})$):

对于任意 $t$ 个秘密份额, 记它们的指标集合为 $Q = \{i_1, \cdots, i_t\}$, 通过拉格朗日

---

插值法恢复秘密 $s$，即

$$s=\sum_{i\in Q}s_i\lambda_{Q,i} \bmod p$$

其中 $\lambda_{Q,i}=\prod_{j\in Q\setminus\{i\}}\frac{j}{j-i} \bmod p$ .

正确性: 基于拉格朗日插值法, 利用 $t$ 个点 $\{(i,s_i)\mid i\in Q\}$ 可以重构 $t-1$ 次多项式 $a(x)$:

$$a(x)=\sum_{i\in Q}s_i\prod_{j\in Q\setminus\{i\}}\frac{x-j}{i-j} \bmod p$$

事实上, 记

$$\widetilde{a(x)}=\sum_{i\in Q}s_i\prod_{j\in Q\setminus\{i\}}\frac{x-j}{i-j} \bmod p$$

$\forall k\in Q, \widetilde{a(k)}=\sum_{i\in Q}s_i\prod_{j\in Q\setminus\{i\}}\frac{k-j}{i-j} \bmod p=s_k$，故 $a(k)=\widetilde{a(k)}$． $a(x)$ 与 $\widetilde{a(x)}$ 均是 $\mathbb{Z}_p$ 上的 $t-1$ 次多项式, 且在 $t$ 个点相等, 因此, $a(x)=\widetilde{a(x)}$. 所以有

$$s=u_0=a(0)=\sum_{i\in Q}s_i\prod_{j\in Q\setminus\{i\}}\frac{0-j}{i-j} \bmod p=\sum_{i\in Q}s_i\lambda_{Q,i} \bmod p$$

对于安全性, 我们给出如下定理.

**定理 3.2** Shamir $(t,n)$门限秘密共享方案(方案 3.2)是完美安全的.

对于任意秘密 $s\in\mathbb{Z}_p$， $\forall\ T=\{i_1,i_2,\cdots,i_k\}\subseteq\{1,\cdots,n\}(k<t)$, 不妨设 $k=t-1$，则该子集对应的秘密份额为 $s_{i_1}=a(i_1),s_{i_2}=a(i_2),\cdots,s_{i_{t-1}}=a(i_{t-1})$, 它们和每一个可能的秘密 $s$ 一起唯一决定 $a(x)$. 也就是说, 当 $s$ 取定以后, 对于任意 $\alpha=(\alpha_{i_1},\alpha_{i_2},\cdots,\alpha_{i_k})\in\mathbb{Z}_p^{t-1}$, 对应存在唯一的 $t-1$ 次随机多项式满足

$$a_s(0)=s,\quad a_s(i_k)=\alpha_{i_k},\quad k=1,2,\cdots,t-1$$

即事件 $(s_i\mid i\in T)=\alpha$ 的出现等价于相应随机多项式的出现, 而随机多项式是均匀随机选取的, 故有

$$\Pr[(s_i\mid i\in T)=\alpha\mid s_1,\cdots,s_n\leftarrow \mathrm{Share}(s)]=\frac{1}{p^{t-1}}$$

此概率与秘密 $s$ 无关, 因而对任意秘密 $s$, 此分布不变. ■

对于 Shamir $(t,n)$门限秘密共享方案还要做两点补充: ①方案的消息空间可以

是任意有限域甚至可以推广到环; ②在计算 $n$ 个秘密份额时, 可以用域中任意元素(公开) $x_i$ 替代 $i$, 因而份额可以写成 $(x_i, a(x_i))$ 的形式, 重构中的拉格朗日插值公式做相应改变.

### 3.3.4　可验证的秘密共享

前面所定义的秘密共享方案仅能抵抗被动攻击, 这意味着其安全性依赖于各参与方均按规定执行协议. 这显然是不够的, 实际应用中, 还需要考虑主动攻击的情况, 下面介绍的可验证秘密共享(verifiable secret sharing, VSS)方案可抵御以下两种主动攻击:

(1) 分发者在分享协议中向一部分或所有参与者发送不正确的秘密份额;

(2) 参与者在重构协议中提交不正确的份额.

显然, Shamir 秘密共享方案不能抵抗这两种主动攻击: 在分享过程中, 不能保证分发者发送的秘密份额是真实的; 在重构过程中, 不能保证参与者 $P_i$ 提供的份额 $s_i$ 是真实的. 如果某个 $P_i$ 使用随机值 $s_i^* \in_R \mathbb{Z}_p$ 代替正确份额 $s_i$, 那么重构的秘密值 $s'$ 将没有意义, 更为严重的是, 如果 $P_i$ 是重构过程中唯一的作弊者, 那么 $P_i$ 将能够使用其他 $t-1$ 个正确的份额单独重构 $s$ 的值.

1991 年, Pedersen[Pedersen91]设计了一个$(t, n)$门限可验证秘密共享方案, 允许参与者对份额进行验证, 具体构造如下:

---

**方案 3.3** (Pedersen $(t,n)$ 门限可验证秘密共享方案)

令 $G=\langle g\rangle$ 为 $p$ 阶循环群, 其中 $p$ 为大素数. 令 $h \in_R \langle g\rangle \setminus \{1\}$ 表示一个随机的群元素($\log_g h$ 未知).

**分享协议:**

1. 分发者持有秘密 $s \in \mathbb{Z}_p$, 构造两个随机多项式

$$a(x)=u_0+u_1x+\cdots+u_{t-1}x^{t-1} \bmod p$$

$$b(x)=v_0+v_1x+\cdots+v_{t-1}x^{t-1} \bmod p$$

其中, $u_0=a(0)=s$ 是秘密, $v_0 \leftarrow_R \mathbb{Z}_p, u_j, v_j \leftarrow_R \mathbb{Z}_p$ ($0<j\leqslant t-1$).

2. 分发者将份额 $s_i=(a(i),b(i))$ 发送给参与者 $P_i$ ($i=1,\cdots,n$), 并广播 $C_j=g^{u_j}h^{v_j}$ ($0\leqslant j\leqslant t-1$).

3. 收到份额 $s_i=(a(i),b(i))$ 后, 参与者 $P_i$ 通过验证以下等式来确认份额的正确性

$$g^{a(i)}h^{b(i)}=\prod_{j=0}^{t-1}C_j^{i^j} \tag{3.1}$$

---

**重构协议**:

1. $t$ 个参与者 $P_{i_1},\cdots,P_{i_t}$ 分别将各自的秘密份额发送给重构者 $R$.

2. $R$ 首先使用等式(3.1)验证每个参与者 $P_{i_k}$ 的份额 $s_{i_k}$. 然后, 按照 Shamir $(t,n)$ 门限秘密共享方案, 从 $t$ 个有效份额中恢复秘密 $s=a(0)$.

份额验证等式的正确性:

如果 $s_i=(a(i),b(i))$, 则

$$g^{a(i)}h^{b(i)}=g^{\sum_{j=0}^{t-1}u_j\cdot i^j}h^{\sum_{j=0}^{t-1}v_j\cdot i^j}$$
$$=\prod_{j=0}^{t-1}g^{u_j\cdot i^j}\cdot\prod_{j=0}^{t-1}h^{v_j\cdot i^j}=\prod_{j=0}^{t-1}(g^{u_j}h^{v_j})^{i^j}=\prod_{j=0}^{t-1}C_j^{i^j}$$

验证等式成立.

分发者广播 $C_0=g^sh^{v_0}$, 易见 $C_0$ 是秘密 $s$ 的 Pedersen 承诺. 由于 Pedersen 承诺满足完美隐藏性, $C_0=g^sh^{v_0}$ 不会泄露关于 $s$ 的任何信息. 同时, 由于 Pedersen 承诺在离散对数困难假设下满足计算绑定性, 分发者一旦广播 $C_j=g^{u_j}h^{v_j}$ ($0\leqslant j\leqslant t-1$), 便承诺了多项式 $a(x)$. 因此, 无论是分发者还是参与者都无法通过伪造份额来通过验证. 事实上, 如果对某个 $i\in\{1,2,\cdots,n\}$ 可以找到另一组 $(a'(i),b'(i)),a'(i)\neq a(i)$ 满足式(3.1), 则可求出 $h$ 关于 $g$ 的离散对数.

## 3.4 同 态 加 密

同态加密(homomorphic encryption, HE)是一种特殊类型的加密方式, 其加密算法具有某种同态性质或说某种保持运算的性质, 因而可以将明文运算保持到密文中的某种运算. 粗略地说, 若 $E_k$ 是一个加密算法, 对于任意两个明文 $m_1,m_2,E_k(m_1*m_2)=E_k(m_1)\#E_k(m_2)$, 其中, “*” 为定义在明文空间上的某种运算, “#” 是定义在密文空间上的某种运算. 这时, 明文的运算可以通过密文运算实现, 这使得我们可以直接在密文状态下对消息进行处理, 为敏感数据的处理带来极大便利. 一些典型的密码方案事实上具备某种同态性质.

### 3.4.1 RSA 与 ElGamal 加密方案的同态性

**方案 3.4** (RSA 加密方案)[RSA78]

**密钥生成算法**:

随机选取大素数 $p$ 和 $q,p\neq q$, 计算 $n=pq$ 和 $\varphi(n)=(p-1)(q-1)$. 选择随

机数 $e\ (1<e<\varphi(n))$，使得 $\gcd(e,\varphi(n))=1$. 计算 $e$ 关于模 $\varphi(n)$ 的乘法逆元 $d$，即 $ed\equiv 1\ (\mathrm{mod}\ \varphi(n))$. 公钥为 $(e,n)$，私钥为 $d$.

**加密算法**:

使用公钥 $(e,n)$，对于消息 $m$ 加密( $m$ 为小于 $n$ 的正整数)，计算密文:

$$c=E(m)=m^e \bmod n$$

**解密算法**:

使用私钥 $d$, 对密文 $c$ 解密，计算明文

$$m=D(c)=c^d \bmod n$$

同态性: 对于消息 $m_1,m_2$，

$$\begin{aligned}E(m_1)\cdot E(m_2)&=(m_1^e \bmod n)\cdot(m_2^e \bmod n)\\&=(m_1\cdot m_2)^e \bmod n=E(m_1\cdot m_2)\end{aligned}$$

明文 $m_1$ 和 $m_2$ 的乘积 $m_1\cdot m_2$ 的密文 $E(m_1\cdot m_2)$ 可以直接由 $m_1$ 的密文的 $E(m_1)$ 和 $m_2$ 的密文 $E(m_2)$ 计算得出，因而说 RSA 加密方案具有乘法同态性.

**方案 3.5** (ElGamal 加密方案)[ElGamal85]

**密钥生成算法**:

设 $p$ 是一个素数，使得 $\mathbb{Z}_p^*$ 上的离散对数问题是求解困难的，令 $\alpha\in\mathbb{Z}_p^*$ 是一个本原元. 随机选择 $x\leftarrow_R \mathbb{Z}_{p-1}$，计算 $\beta=\alpha^x \bmod p$. 公钥为 $(p,\alpha,\beta)$，私钥为 $x$.

**加密算法**:

使用公钥 $(p,\alpha,\beta)$, 对消息 $m$ 加密. 随机选择 $k\leftarrow_R \mathbb{Z}_{p-1}$，计算密文:

$$E(m)=(c_1,c_2)=(\alpha^k \bmod p,\beta^k m \bmod p)$$

**解密算法**:

使用私钥 $x$, 对密文 $(c_1,c_2)$ 进行解密，计算明文

$$m=D(c_1,c_2)=c_2\cdot(c_1^x)^{-1} \bmod p$$

同态性: 对于消息 $m_1,m_2$ (为使符号简洁，下面的运算把 $\bmod p$ 省略),

$$\begin{aligned}E(m_1)\times E(m_2)&=(\alpha^{k_1},\beta^{k_1}m_1)\times(\alpha^{k_2},\beta^{k_2}m_2)\\&=(\alpha^{k_1+k_2},\beta^{k_1+k_2}m_1m_2)=E(m_1\cdot m_2)\end{aligned}$$

其中,“×”表示密文的两个分量对应相乘.

同样地,明文 $m_1$ 和 $m_2$ 的乘积 $m_1 \cdot m_2$ 的密文 $E(m_1 \cdot m_2)$ 可以直接由 $m_1$ 的密文的 $E(m_1)$ 和 $m_2$ 的密文 $E(m_2)$ 计算得出,可见 ElGamal 加密方案同样具有乘法同态性.

### 3.4.2 Paillier 加密方案

前面已经看到, RSA 加密方案、ElGamal 加密方案均属于乘法同态加密方案. 在安全多方计算及一些其他领域安全协议的设计中, Paillier 加密方案[Paillier99]是最常用的方案之一, 其在安全性、效率、可扩展性方面有着较好的综合表现.

设 $m,n$ 为两个正整数, $m,n \geqslant 2, a \in \mathbb{Z}_m^*$, 如果二项同余方程

$$x^n \equiv a \pmod m$$

有解, 就称 $a$ 是模 $m$ 的 $n$ 次剩余, 如果无解, 就称 $a$ 是模 $m$ 的 $n$ 次非剩余. 考虑一个特殊情况, 设 $p$ 和 $q$ 是两个不同大素数, $n = pq$, Paillier 加密方案基于模 $n^2$ 的 $n$ 次剩余判定问题, 即对 $a \in \mathbb{Z}_{n^2}^*$ 判定同余方程

$$x^n \equiv a \pmod{n^2}$$

是否有解, 或说判定 $a$ 是否是模 $n^2$ 的 $n$ 次剩余. 该问题记作 CR[$n$].

下面描述 Paillier 加密方案, 设 $p$ 和 $q$ 是两个不同大素数, $n = pq$, 记 $\lambda(n) = \mathrm{lcm}(p-1, q-1)$, $\lambda$ 称为 Carmichael 数, 它是乘法群 $\mathbb{Z}_n^*$ 中元素的最高阶, 对于任意 $a \in \mathbb{Z}_n^*, a^\lambda \equiv 1 \pmod n$, 由此易得 $a^{n\lambda} \equiv 1 \pmod{n^2}$.

令 $S_n = \{u \in \mathbb{Z}_{n^2} \mid u \equiv 1 \pmod n\}$, 易见 $S_n$ 是 $\mathbb{Z}_{n^2}^*$ 的子群, 定义 $L$ 函数:

$$L: S_n \to \mathbb{Z},\ L(u) = \frac{u-1}{n}$$

Paillier 加密方案描述如下:

---

**方案 3.6** (Paillier 加密方案)

**密钥生成:**

随机选取大素数 $p$ 和 $q$, 计算 $n = pq$ 和 $\lambda = \mathrm{lcm}(p-1, q-1)$. 随机选择 $g \in \mathbb{Z}_{n^2}^*$ 满足 $\gcd(L(g^\lambda \bmod n^2), n) = 1$. 公钥为 $(n, g)$, 私钥为 $\lambda$ (或者为 $(p, q)$).

**加密:**

对于明文 $m \in \mathbb{Z}_n$, 随机选择 $r \leftarrow_R \mathbb{Z}_n^*$, 计算密文

---

$$c_m = g^m r^n \bmod n^2$$

**解密:**

对于密文 $c_m$, 计算明文

$$m = \frac{L(c_m^{\lambda} \bmod n^2)}{L(g^{\lambda} \bmod n^2)} \bmod n$$

加法同态性: 对于两个密文 $c_{m_1}$ 和 $c_{m_2}$, 计算

$$\begin{aligned} c_{m_1} \cdot c_{m_2} \bmod n^2 &= [g^{m_1} \cdot r_1^n \bmod n^2] \cdot [g^{m_2} \cdot r_2^n \bmod n^2] \bmod n^2 \\ &= g^{m_1+m_2}(r_1 \cdot r_2)^n \bmod n^2 = c_{m_1+m_2} \end{aligned}$$

可见, Pailliler 加密方案是加法同态的, 且把明文加法保持为密文乘法, 利用这一特性还可看出, 对于 $m \in \mathbb{Z}_n$ 及正整数 $k$,

$$(c_m)^k \bmod n^2 = c_{km}$$

这对应着对明文进行公开倍数的乘法运算. 除此之外, 还可以进行如下操作:

$$c_m * g^k \bmod n^2 = c_{m+k}$$

这对应着对明文进行公开数的加法运算.

正是由于这些和同态相关的特性, Pailliler 加密方案在安全多方计算协议中经常被使用.

方案正确性: 由于 $\gcd(g,n)=1, \gcd(r,n)=1$, 根据前面的说明, 有

$$g^{\lambda} \equiv 1 \pmod n, \quad r^{n\lambda} \equiv 1 \pmod{n^2}$$

存在 $t \in \mathbb{Z}$, 使得 $g^{\lambda} = 1 + tn$.

$$L(g^{\lambda} \bmod n^2) = \frac{(1+tn) \bmod n^2 - 1}{n} \equiv t \pmod n$$

$$\begin{aligned} c_m^{\lambda} \bmod n^2 &= g^{m\lambda} r^{n\lambda} \bmod n^2 \\ &\equiv g^{m\lambda} \pmod{n^2} \\ &\equiv (1+tn)^m \pmod{n^2} \\ &\equiv (1+mtn) \pmod{n^2} \end{aligned}$$

$$L(c_m^\lambda \bmod n^2) = \frac{(1+mtn) \bmod n^2 - 1}{n} \equiv mt \pmod n$$

由于 $\gcd(L(g^\lambda \bmod n^2), n) = 1$, $L(g^\lambda \bmod n^2)$ 关于模 $n$ 可逆, 故

$$\frac{L(c_m^\lambda \bmod n^2)}{L(g^\lambda \bmod n^2)} \equiv \frac{mt \bmod n}{t \bmod n} \pmod n \equiv m \pmod n$$

$$\frac{L(c_m^\lambda \bmod n^2)}{L(g^\lambda \bmod n^2)} \bmod n = m$$

方案的安全性证明用到较多数论知识, 在此不再详细讨论, 只给出如下结论, 有兴趣的读者可参阅[Paillier99].

**定理 3.3** Pailliler 加密方案是语义安全的, 当且仅当模 $n^2$ 的 $n$ 次剩余判定问题是难解的. ■

### 3.4.3 BGN 加密方案

在 2005 年之前, 所有加密方案的同态性都仅限于加法或乘法一种运算, 即所谓部分同态加密, 2005 年, Boneh, Goh 和 Nissim[BGN05]基于子群判定问题构造了第一个支持任意次加法同态运算和一次乘法同态运算的类同态加密方案, 现在称为 BGN 加密方案.

设 $p$ 和 $q$ 为大素数, $n = pq$, $G$ 和 $G_1$ 均为 $n$ 阶循环群, $g$ 为 $G$ 的生成元, $e: G \times G \to G_1$ 为双线性映射, 即

$$\forall u, v \in G, \quad a, b \in \mathbb{Z}, \quad e(u^a, v^b) = e(u, v)^{ab}$$

这里, 我们还要求 $e(g, g)$ 是 $G_1$ 的生成元, 应用到密码方案则必须要求 $e(u, v)$ 是可以有效计算的.

BGN 加密方案具体构造如下:

---

**方案 3.7** (BGN 加密方案)

**密钥生成:**

令 $G$ 和 $G_1$ 为 $n$ 阶循环群, $n = pq$, $p$ 和 $q$ 为不同大素数, $e: G \times G \to G_1$ 为双线性映射, 随机选择 $G$ 中的两个生成元 $g, u \in G$, 并令 $h = u^q$, 那么 $h$ 是群 $G$ 中的 $p$ 阶元素. 公钥为 $(n, G, G_1, e, g, h)$, 私钥为 $p$ .

---

---

**加密:**

对于明文 $m \in \mathbb{Z}_k$, $k$ 为正整数, 随机选择 $r \leftarrow_R \{0,1,\cdots,n-1\}$, 计算

$$c = g^m h^r$$

**解密:**

对于密文 $c$, 计算 $c' = c^p = (g^m h^r)^p = (g^p)^m$, 令 $g' = g^p$, 计算

$$m = \log_{g'} c'$$

---

注意, 因为离散对数无法快速计算, 为了有效解密, 消息空间应该保持较小, 比如, $k = 1$.

加法同态运算: 使用密文 $c_{m_1}$ 和 $c_{m_2}$ 可同态计算 $m_1 + m_2$ 的密文.

随机选择 $r \leftarrow_R \{0,1,\cdots,n-1\}$, 计算

$$c_{m_1} \cdot c_{m_2} \cdot h^r = (g^{m_1} \cdot h^{r_1})(g^{m_2} \cdot h^{r_2}) \cdot h^r = g^{m_1+m_2} h^{r'} = c_{m_1+m_2}$$

其中, $r' = r_1 + r_2 + r$.

乘法同态运算: 使用密文 $c_{m_1}$ 和 $c_{m_2}$ 可同态计算 $m_1 \cdot m_2$ 的密文.

令 $g_1 = e(g,g), h_1 = e(g,h)$, 记 $u = g^{\alpha}$ ($\alpha$ 未知), $h = g^{\alpha q}$, 则根据双线性变换 $e$ 的假设, $g_1$ 为 $G_1$ 的生成元, 阶为 $n$, $h_1$ 的阶为 $p$. 随机选择 $r \leftarrow_R \{0,1,\cdots,n-1\}$, 计算

$$\begin{aligned} e(c_{m_1}, c_{m_2}) \cdot h_1^r &= e(g^{m_1} h^{r_1}, g^{m_2} h^{r_2}) \cdot h_1^r \\ &= g_1^{m_1 \cdot m_2} \cdot h_1^{r_1 m_2 + r_2 m_1 + \alpha q r_1 r_2 + r} \\ &= g_1^{m_1 \cdot m_2} \cdot h_1^{r'} = \tilde{c}_{m_1 \cdot m_2} \in G_1 \end{aligned}$$

其中, $r' = r_1 m_2 + r_2 m_1 + \alpha q r_1 r_2 + r$.

需要注意的是, 进行过乘法同态运算之后, 密文 $\tilde{c}_{m_1 \cdot m_2}$ 并不是方案第二步加密算法意义上的密文, 而是相同的加密公式用于 $G_1$ 的产物, 因而是 $G_1$ 中的元素, 而非 $G$ 中的元素, 所以无法再一次进行乘法操作. 同时, 群 $G_1$ 中的密文仍然允许无限次加法同态运算.

显然, 如果能够分解大整数 $n$, 就可获得方案的私钥. 进一步地, 可以证明, 如果 $G$ 中的子群判定问题(即在不知道 $n$ 的分解的情况下, 对 $G$ 中的随机元素 $x$ 判定其是否属于 $G$ 的 $p$ 阶子群)是困难的, BGN 加密方案是语义安全的[BGN05].

### 3.4.4 关于同态加密方案的说明

前面讨论的加密方案，虽然有某种同态性质，但不完备. 也就是说这种同态性质仅限于一种运算或运算次数受限，只能对一些特殊情况发挥作用，能否构造一种加密方案，其同态运算不受限制，可以自由用于所有场景？早在 1978 年，Rivest 等就提出了构造全同态加密方案的设想[RAD78]，即寻找能够同时保持加法及乘法的加密方案(或者更一般地说，保持一个运算完备集).

全同态加密方案理论上可以将明文空间中的所有运算转移到密文空间中进行，从而可以在密文状态下对数据进行各种处理，这对数据的安全处理与利用提供了极大方便，但全同态加密方案的构造极其困难. 终于，在 Rivest 等提出构造设想 30 年之后，Gentry 在其博士学位论文中开创性地构造出了一个全同态加密(fully homomorphic encryption, FHE)方案[Gentry09]，该方案能够支持任意次数的加法和乘法同态运算，全同态加密方案的存在性和构造问题得以理论上的解决. Gentry 不仅构造了一个全同态加密(FHE)方案，还给出了构造 FHE 方案的一般性框架.

至此，我们可以将同态加密方案分为以下三种类型：①部分同态加密(partially homomorphic encryption, PHE)，比如 RSA, ElGamal, Paillier 方案，这种方案仅支持加法或乘法一种同态运算，运算次数不受限制；②类同态加密(somewhat homomorphic encryption, SWHE)，比如 BGN 方案，这种方案同时支持加法和乘法两种同态运算，但同态运算的次数有限制；③全同态加密(fully homomorphic encryption, FHE)，同时支持加法和乘法两种同态运算，且运算次数不受限制.

虽然 Gentry 的 FHE 方案具有非常重要的开创性，但存在严重的性能瓶颈，同时复杂的数学构造使其难以实用. 因此，在他的工作之后，许多新的 FHE 方案以及优化技术相继提出，全同态加密方案的设计与优化已经成为密码学中的一个重要研究领域. 鉴于目前全同态加密方案的效率瓶颈，安全多方计算协议设计中很少采用，故在此不再赘述，有兴趣的读者可参阅[SV10, DGHV10, BV11, LTV12].

## 参 考 文 献

[BCC88] Brassard G, Chaum D, Crépeau C. Minimum disclosure proofs of knowledge. Journal of Computer and System Sciences, 1988, 37(2): 156-189.

[BGN05] Boneh D, Goh E J, Nissim K. Evaluating 2-DNF formulas on ciphertexts. Theory of Cryptography Conference – TCC 2005, LNCS 3378. Berlin: Springer-Verlag, 2005: 325-341.

[Beaver95] Beaver D. Precomputing oblivious transfer. Advances in Cryptology – CRYPTO'95 , LNCS 963. Berlin: Springer-Verlag, 1995: 97-109.

[Blakley79] Blakley G R. Safeguarding cryptographic keys. Proceedings of the 1979 National Computer Conference. Montvale: AFIPS Press, 1979: 313-317.

[Blum81] Blum M. Coin flipping by telephone. Advances in Cryptography – CRYPTO'81. New York: IEEE Communications Society, 1981: 133-137.

[BV11] Brakerski Z, Vaikuntanathan V. Fully homomorphic encryption from ring-LWE and security for key dependent messages. Advances in Cryptology – CRYPTO 2011, LNCS 6841. Berlin: Springer, 2011: 505-524.

[DF89] Desmedt Y, Frankel Y. Threshold cryptosystems. Advances in Cryptology – CRYPTO'89, LNCS 435. Berlin: Springer-Verlag, 1989: 307-315.

[DF91] Desmedt Y, Frankel Y. Shared generation of authenticators and signatures (extended abstract). Advances in Cryptology – CRYPTO'91, LNCS 576. Berlin: Springer, 1991: 457-469.

[DGHV10] von Dijk M, Gentry C, Halevi S, et al. Fully homomorphic encryption over the integers. Advances in Cryptology – EUROCRYPT 2010, LNCS 6110. Berlin: Springer, 2010: 24-43.

[EGL85] Even S, Goldreich O, Lempel A. A randomized protocol for signing contracts. Communications of the ACM, 1985, 28(6): 637-647.

[ElGamal85] ElGamal T. A public key cryptosystem and a signature scheme based on discrete logarithms. IEEE Transactions on Information Theory, 1985, 31(4): 469-472.

[Even81] Even S. Protocol for signing contracts. Advances in Cryptography – CRYPTO'81. New York: IEEE Communications Society, 1981: 148-153.

[Gentry09] Gentry C. A fully homomorphic encryption scheme. Ph. D. Thesis. California: Stanford University, 2009.

[LTV12] López-Alt A, Tromer E, Vaikuntanathan V. On-the-fly multiparty computation on the cloud via multikey fully homomorphic encryption. Proceedings of the Forty-Fourth Annual ACM Symposium on Theory of Computing – STOC 2012. New York: ACM Press, 2012: 1219-1234.

[Paillier99] Paillier P. Public-key cryptosystems based on composite degree residuosity classes. Advances in Cryptology – EUROCRYPT'99, LNCS 1592. Berlin: Springer, 1999: 223-238.

[Pedersen91] Pedersen T P. Non-interactive and information-theoretic secure verifiable secret sharing. Advances in Cryptology – CRYPTO'91, LNCS 576. Berlin: Springer, 1991: 129-140.

[Rabin79] Rabin M. Digitalized signatures and public-key functions as intractable as factorization. Cambridge: MIT Laboratory for Computer Science Technical Report, LCS/TR-212, 1979.

[Rabin81] Rabin M. How to exchange secrets by oblivious transfer. Cambridge: Harvard University Technical Aiken Computation Laboratory. Memo TR-81,1981.

[RAD78] Rivest R L, Adleman L, Dertouzos M L. On data banks and privacy homomorphisms. Journal of Foundations of Secure Computation, 1978, 4(11): 169-180.

[RSA78] Rivest R L, Shamir A, Adleman L. A method for obtaining digital signatures and public-key cryptosystems. Communications of the ACM, 1978, 21(2): 120-126.

[Shamir79] Shamir A. How to share a secret. Communications of the ACM, 1979, 22(11): 612-613.

[SRA81] Shamir A, Rivest R L, Adleman L M. Mental poker. The Mathematical Gardner, 1981: 37-43.

[SV10] Smart N P, Vercauteren F. Fully homomorphic encryption with relatively small key and ciphertext sizes. Public Key Cryptography – PKC 2010, LNCS 6056. Berlin: Springer, 2010: 420-443.

# 第 4 章　零知识证明

“证明”是数学中用来说明某个论断为真的基本手段，证明通常由一系列假设和论断按照一定的逻辑结构组成，证明者通过证明使阅读者确信某个论断是成立的. 在这种证明中，原则上证明者与阅读者之间没有交互，阅读者通过阅读证明并运用相关知识就可以断定证明者提出的结论是否成立. 这种证明是静态的，对于任何阅读者是固定不变的. 但是，有时候阅读者可能因为缺乏某方面的知识，或者不够聪明，抑或证明写得不够清楚，阅读者在阅读证明的过程中可能会向证明者发出询问，通过证明者与阅读者之间的交互，阅读者承认或者否认证明者的证明. 尽管这种交互对于一个好的数学证明和掌握足够知识且足够聪明的阅读者不是必要的，但反映出交互能够在一定程度上提高阅读效率. 如果我们跳出传统数学证明的思维，将证明的含义延伸，允许在证明中证明者与阅读者进行交互，则可能会提高阅读效率甚至提高证明能力，将“证明”应用到更加广泛的领域. 事实上，在实际生活或工作中“证明”具有更广泛的含义，我们经常需要通过某种方式“证明”某些事情. 这种证明不必是固定的，而可能是动态的，比如可以通过“测试”或者“辩论”来实现；不必是普适的，更多是特定的，只需要证明某个特定事实，而不必是一个普遍真理；不必是确定的，允许有概率错误，只要错误概率足够小，就可以接受. 我们这里所说的“证明”的本质就是证明者设法使其他人相信其论断是正确的，引用 Simon Even 的话：“证明是能够让我确信某些事情的任何东西”[Gol04].

交互证明系统的概念是 Goldwasser, Micali 及 Rackoff 于 1985 年提出的[GMR85]，这个概念引入了一种新型的证明形式，其最初动机是解决密码学问题，但后来发现这个概念在复杂性理论中也是一个非常重要的理论工具. 交互证明系统是一个两方协议(游戏)，一方称为证明者(prover)，另一方称为验证者(verifier). 通过一系列的消息的交替传送，证明者最终使验证者确信某个论断是正确的. 交互证明系统的形式化定义将在 4.2 节中给出. 在讨论了交互证明系统之后，文献[GMR85]还提出了一种特殊的交互证明系统——零知识交互证明系统(zero-knowledge interactive proof systems)，现在一般简称零知识证明系统. 零知识证明系统除了是一个交互证明系统之外，还要求在交互证明过程之中及结束以后，验证者除了能确信论断的正确性外，不能得到任何其他额外信息. 零知识证明目前已经发展成密码学的基础性理论，可以说是现代密码学的基石之一.

在安全多方计算的研究领域, 零知识证明常用来证明参与者遵守了协议规定, 且不泄露其秘密(隐私)信息, 是一种在隐私保护下证明“诚信”的方法.

为便于理解, 在正式介绍零知识证明之前, 我们先从它的一种最简单的形式入手, 以较为直观的形式进行讨论, 对零知识证明建立一个比较直观的认识, 掌握其形式化定义背后的本质思想, 进而逐步引入零知识及相关概念的形式化定义.

## 4.1　Schnorr 协议

Schnorr 协议[Cha88, Sch91]是一个关于离散对数知识的零知识证明协议, 其结构简单, 易于理解且应用广泛. 我们从 Schnorr 协议开始讨论, 并进一步讨论其一般化形式——Σ-协议, 这是密码学中一类重要的协议, 在密码协议设计中具有重要基础作用.

令 $p,q$ 均为素数, $g$ 是乘法群 $\mathbb{Z}_p^*$ 中的一个 $q$ 阶元素, $h$ 是由 $g$ 生成的循环子群 $\langle g \rangle$ 中的任意元素. 证明者 $P$ 知道以 $g$ 为底 $h$ 的离散对数 $w$, 即知道元素 $w \in \mathbb{Z}_q$ 使得 $h = g^w \bmod p$. 现在, $P$ 可以利用下面的 Schnorr 协议(协议 4.1)使验证者 $V$ 相信, $P$ 确实知道满足 $h = g^w \bmod p$ 的值 $w$, 而不泄露关于 $w$ 的额外信息.

---

**协议 4.1** (Schnorr 零知识协议)[Cha88, Sch91]

**公共输入**: $P$ 和 $V$ 的公共输入为 $(p,q,g,h)$.

**私有输入**: $P$ 输入 $w \in \mathbb{Z}_q$, 满足 $h = g^w \bmod p$.

**协议过程**:

1. 证明者 $P$ 选取一个随机元素 $r \leftarrow_R \mathbb{Z}_q$, 并将 $a = g^r \bmod p$ 发送给 $V$.
2. 验证者 $V$ 选择一个随机挑战比特 $c \leftarrow_R \{0,1\}$ 发送给 $P$.
3. 证明者 $P$ 取

$$z = \begin{cases} r, & c = 0 \\ r + w \bmod q, & c = 1 \end{cases}$$

发送给 $V$, $V$ 检查等式 $g^z \equiv ah^c \pmod p$ 是否成立, 若成立则 $V$ 接受 $P$ 的证明.

---

在这个协议中, 有 3 个消息被发送, 第一个消息 (first massage) $a$ 实际上是证明者 $P$ 对随机数 $r$ 的一个承诺, 起到锁定随机数 $r$ 的作用; 第二个消息 $c$ 称为挑战, 验证者 $V$ 要求证明者 $P$ 对该消息给出正确的应答; 第三个消息 $z$ 则是证明者 $P$ 对验证者 $V$ 发出的挑战 $c$ 做出的应答. 证明者 $P$ 的私有输入 $w$ 称为证据. 我们

称$(a, c, z)$为“会话”(conversation)或“通信副本”(transcript). 作为引入零知识证明系统概念的一个简单例子, 我们直观地分析一下其所具有的相关性质.

一个零知识证明协议, 必须满足三个性质: 完备性、可靠性和零知识性. 完备性(completeness)体现协议的功能, 或说体现证明者的证明能力, 如果论断正确, 协议结束时验证者将会接受. 协议 4.1 的论断即是“$P$ 知道满足 $h = g^w \bmod p$ 的值 $w$”. 可靠性(soundness)体现验证者不受欺骗的能力, 证明者不能欺骗验证者使其接受一个假的断言. 完备性和可靠性是交互证明系统的两个基本性质, 一般要求其在概率意义下成立. 作为一个零知识证明协议, 还需要满足另一个性质, 即零知识性(zero-knowledge). 零知识性是指协议完成后, 验证者 $V$ 除了知道断言为真之外, 不能获得任何额外信息. 如果限定验证者在协议执行中完全遵循协议, 这个性质称为诚实验证者零知识; 如果允许验证者任意违背协议, 则称为恶意验证者零知识. 如不加说明, 零知识通常是指恶意验证者零知识.

在以非形式化的方式介绍了零知识证明系统的三个性质之后, 我们以 Schnorr 协议为例, 在这个具体环境中对完备性、可靠性和零知识性进行初步形式化讨论, 从而获得一些直观认识, 为下面一般性的形式化定义和证明的理解提供一个直观背景.

Schnorr 协议的完备性: 直接验证可知, 对于满足 $h = g^w \bmod p$ 的$w \in \mathbb{Z}_q$, 验证者检查的等式 $g^z \equiv ah^c \pmod p$ 必定成立, 因而验证者必定会接受.

Schnorr 协议的可靠性: 我们注意到, 在不知道证据 $w$ 的情况下, 证明者无法对消息 $a$ 构造出 $c = 0$ 及 $c = 1$ 两个挑战的正确应答. 事实上, 如果对消息 $a$, 证明者能够构造分别对应 $c = 0$ 和 $c = 1$ 的两个正确应答 $z_0$ 和 $z_1$, 则

$$g^{z_0} \equiv a \pmod p, \quad g^{z_1} \equiv ah \pmod p$$

因而

$$h = g^{z_1 - z_0} \bmod p$$

然而, 这意味着 $w = z_1 - z_0 \bmod q$, 或者说, 能够构造出对应 $c = 0$ 和 $c = 1$ 的两个正确应答, 说明证明者是掌握 $w$ 的, 至少他可以用同样的方法自己计算出来. 总之, 如果证明者对于协议的第一个消息 $a$, 能够构造出两个不同挑战的正确应答, 则证明者必定拥有证据 $w$. 然而, 协议中证明者只需对于消息 $a$ 做出与挑战相对应的一个应答, 那么当证明者并不拥有证据 $w$ 时, 是否可以利用这点欺骗验证者呢?

如上所述, 在不知道证据 $w$ 的情况下, 一个作弊的(cheating)证明者不能对验证者的任意挑战都做出正确回答, 尽其所能就是猜测验证者的挑战比特 $c$, 并按照猜测值$c'$构造第一个消息 $a$ 和应答 $z$, 使得验证公式 $g^z \equiv ah^{c'} \pmod p$ 成立.

具体来说，猜测一个$c'$，需要构造 $a$ 和 $z$，满足验证公式 $g^z \equiv ah^{c'} \pmod p$. 由于利用$a$计算$z$是困难的，因此应先选取$z \leftarrow_R \mathbb{Z}_q$，而后构造$a$，若猜测挑战值 $c$ 为 0，即$c'=0$，作弊的证明者令 $a = g^z \bmod p$，若猜测挑战值为 1，即$c'=1$，令 $a = g^z/h \bmod p$. 当猜测正确，即$c'=c$时，发送 $z$ 作为应答将被验证者接受. 在挑战 $c$ 随机选取的情况下，证明者 $P$ 猜测正确的概率为 1/2. 也就是说，证明者在不知道证据 $w$ 的情况下可以通过猜测挑战比特 $c$ 以 1/2 的概率欺骗验证者. Schnorr 协议中证明者是可能欺骗验证者的，可靠性似乎存在瑕疵，但要注意，如前所述，可靠性一般是在概率意义下定义的，因而容许一个可接受的概率误差. 在现在这种情况下，我们说协议 4.1 的可靠性误差为 1/2. 但这个误差概率即使在概率意义下也似乎过大. 为了减少可靠性误差，可以独立执行协议 $n$ 次，从而使作弊证明者猜对的概率降低为$2^{-n}$，因而协议的可靠性误差降低为$2^{-n}$. 当 $n$ 足够大，比如 $n = 128$ 时，协议的可靠性误差可忽略. 因而可以说，尽管 Schnorr 协议的可靠性误差为 1/2，但可以通过多次独立执行使其降低到可忽略.

再来讨论零知识性. 作弊的验证者可能会把协议执行很多次，协议每执行一次，该验证者就会获得相应的一次会话$(a,c,z)$. 这样一来，作弊的验证者就会获得很多会话$\{(a,c,z)\}$. 从会话中各分量的构造形式可以看出，一条会话不会泄露 $w$ 的知识，但当积累了大量会话时，会不会因为其中含有 $w$ 而使得这些会话的概率分布体现出某种特征？若如此，这些会话就泄露 $w$ 的知识. 然而，可以证明，对于上述 Schnorr 协议，即便完全不与证明者进行交互，一个概率多项式时间图灵机 $\mathcal{S}$ (称为模拟器)可以生成同样分布的会话，即生成模拟会话$(a',c',z')$，使其与真实会话服从同一个分布，因而可知这些会话不会体现出证据 $w$ 的特征，不可能从中提取出关于 $w$ 的任何信息，因此不可能让验证者增加任何相关的知识. 更形式化地，我们做如下讨论.

首先，对诚实验证者$V$，考虑协议的零知识性，即验证者根据协议规定从$\{0,1\}$中均匀随机选择挑战$c$. 下面的两个概率多项式时间算法，一个生成真实会话，另一个生成模拟会话.

| **真实会话** | **模拟会话** |
|---|---|
| **输入**：公开参数 $p,q,g,h$；证据 $w$. | **输入**：公开参数 $p,q,g,h$. |
| **输出**：会话$(a,c,z)$. | **输出**：会话$(a',c',z')$. |
| 1. $r \leftarrow_R \mathbb{Z}_q$; | 1. $c' \leftarrow_R \{0,1\}$; |
| 2. $a = g^r \bmod p$; | 2. $z' \leftarrow_R \mathbb{Z}_q$; |
| 3. $c \leftarrow_R \{0,1\}$; | 3. $a' = g^{z'}h^{-c'} \bmod p$; |

| | |
|---|---|
| 4. $z = r + cw \bmod q$; | 4. 输出 $(a', c', z')$. |
| 5. 输出 $(a, c, z)$. | |

根据真实会话的生成算法，真实会话空间为

$$C = \{(a,c,z) | r \leftarrow_R \mathbb{Z}_q, a = g^r \bmod p, c \leftarrow_R \{0,1\}, z = r + cw \bmod q\}$$

$r$ 是在 $\mathbb{Z}_q$ 中均匀选取的，因而 $a = g^r \bmod p$ 在循环子群 $\langle g \rangle$ 中均匀分布，$c$ 在{0, 1}中均匀选取，$z$ 通过确定性计算获得，因此任意真实会话 $(a,c,z)$ 出现的概率均为 $1/(2q)$.

根据模拟 会话的生成算法，模拟会话空间为

$$\{(a',c',z') | c' \leftarrow_R \{0,1\}, z' \leftarrow_R \mathbb{Z}_q, a' = g^{z'} h^{-c'} \bmod p\}$$

令 $a' = g^{r'} \bmod p$，则 $a' = g^{z'} h^{-c'} \bmod p \Leftrightarrow z' = r' + c'w \bmod q$，因而模拟会话空间与真实会话空间(作为两个集合)相同，即

$$\{(a,c,z) | r \leftarrow_R \mathbb{Z}_q, a = g^r \bmod p, c \leftarrow_R \{0,1\}, z = r + cw \bmod q\}$$
$$= \{(a',c',z') | c' \leftarrow_R \{0,1\}, z' \leftarrow_R \mathbb{Z}_q, a' = g^{z'} h^{-c'} \bmod p\}$$

$c'$ 在{0, 1}中均匀选取，$z'$ 在 $\mathbb{Z}_q$ 中均匀选取，$a' = g^{z'} h^{-c'} \bmod p$ 通过确定性计算获得，因而任意模拟会话 $(a',c',z')$ 出现的概率也为 $1/(2q)$.

上面的论证证明了真实会话和模拟会话是完全同分布的.

理解零知识概念的关键在于，模拟会话是在仅给定 $h$ 而完全不使用 $w$ 的任何信息的情况下生成的，因而不含有 $w$ 的任何信息，真实会话与模拟会话分布相同，意味着真实会话中也不能提取关于 $w$ 的任何知识.

接下来，对任意概率多项式时间的作弊验证者 $V^*$，考虑协议的零知识性. 这时的情况比较复杂，主要思想是让一个不掌握证据 $w$ 任何信息的模拟器 $\mathcal{S}$，通过与作弊验证者 $V^*$ 交互，生成一个模拟会话，使得这个模拟会话与真实会话不可区分. 现在的关键点在于，模拟器 $\mathcal{S}$ 不掌握 $w$ 的任何信息，也不与证明者 $P$ 做任何交互，即能通过与作弊验证者 $V^*$ 交互构造出与真实协议执行中验证者的视图不可区分的概率分布，因而 $V^*$ 不可能从真实会话视图中提取出关于 $w$ 的任何信息. 完成这个模拟过程，需要一个“倒带”(rewind，倒回)的技巧.

现在将概率图灵机 $V^*$ 看作一个“可倒带”(rewindable)的黑盒使用，这意味着①只能以黑盒方式调用 $V^*$，仅通过输入和输出带与 $V^*$ 交换消息；②可以将 $V^*$ 重置到任意先前的格局(倒带). 这里所说的概率图灵机的格局是由其有限控制器状态、带(包括随机带)上内容及触头的位置共同决定的. 倒带技巧是零知识学习的一

个难点, 可粗略地理解为一种测试, 通过倒带$V^*$, 我们可以在执行过程的多个点上测试, 直到获得一个预期的输出.

**真实会话**

**输入**: 公开参数 $p,q,g,h$; 证据 $w$.

**输出**: 会话$(a,c,z)$.

1. $r \leftarrow_R \mathbb{Z}_q$;
2. $a = g^r \bmod p$;
3. 把$a$发送给$V^*$;
4. 从$V^*$接收 $c \in \{0,1\}$;
5. $z = r + cw \bmod q$;
6. 把$z$发送给$V^*$;
7. 输出 $(a,c,z)$.

**模拟会话**

**输入**: 公开参数 $p,q,g,h$.

**输出**: 会话$(a,c,z)$.

1. $c \leftarrow_R \{0,1\}$;
2. $z \leftarrow_R \mathbb{Z}_q$;
3. $a = g^z h^{-c} \bmod p$;
4. 把$a$发送给$V^*$;
5. 从$V^*$接收 $c' \in \{0,1\}$;
6. 若$c \neq c'$, 将$V^*$重置到接收$a$之前的格局, 回到步骤 1;
7. 把$z$发送给$V^*$;
8. 输出 $(a,c,z)$.

在模拟会话的第 6 步, 因为 $c \leftarrow_R \{0,1\}$, 所以$c = c'$的概率是 1/2. 因此, 平均执行两次可以生成模拟会话$(a,c,z)$.

同诚实验证者情况类似, 真实会话$(a,c,z)$中 $a$ 在$\langle g \rangle$中的分布是均匀的, 但由于恶意验证者$V^*$不一定遵守协议, 因而挑战 $c$ 的选取可能不是均匀的, 假设$V^*$随意选取$c$形成的概率分布为$\mathcal{D}$, 在分布$\mathcal{D}$下$c \in \{0,1\}$出现的概率为 $d_c$, $z$ 是$a$和$c$给定后确定性计算得到的, 因而满足 $a = g^z h^{-c} \bmod p$ 的任意$(a,c,z) \in \langle g \rangle \times \{0,1\} \times \mathbb{Z}_q$出现的概率为 $d_c/q$.

模拟会话$(a,c,z)$中, $z$ 在$\mathbb{Z}_q$中的分布是均匀的, $c$ 依然是$V^*$产生的, 因而服从分布$\mathcal{D}$, $a$ 通过确定性计算获得, 因而满足 $g^z \equiv ah^c \pmod p$的任意$(a,c,z) \in \langle g \rangle \times \{0,1\} \times \mathbb{Z}_q$出现的概率为 $d_c/q$.

所以, 真实会话与模拟会话的输出是同分布的. 这就说明一个试图从会话中提取有用信息的作弊的验证者$V^*$, 无论采取何种算法(或“策略”), 获得的会话的分布都可以通过证明者不参与、不使用 $w$ 任何信息的算法生成, 因而提取不到任何关于证据 $w$ 的有用信息.

协议 4.1 中验证者的挑战只有一个比特, 因而一次执行会有 1/2 的可靠性误差, 实用中协议需要多次执行, 这大大降低了执行效率. 如果将挑战域扩大, 比如取为 $\mathbb{Z}_q$, 可得到如下变形(协议 4.2). 通常所说 Schnorr 协议即是指该协议.

---

**协议 4.2** (Schnorr 协议)[Schnorr91, Chaum88]

**公共输入**: $P$ 和 $V$ 的公共输入为 $(p,q,g,h)$; 其中, $p$ 和 $q$ 是素数, $g\in\mathbb{Z}_p^*$, $g$ 的阶为 $q$, $h\in\langle g\rangle$ ($g$ 生成的循环子群).

**私有输入**: $P$ 输入证据 $w\in\mathbb{Z}_q$, 满足 $h=g^w \bmod p$.

**协议过程**:

1. 证明者 $P$ 选取一个随机元素 $r\leftarrow_R \mathbb{Z}_q$, 并将 $a=g^r \bmod p$ 发送给 $V$.
2. 验证者 $V$ 选择一个随机挑战 $c\leftarrow\mathbb{Z}_q$ 发送给 $P$.
3. 证明者 $P$ 取

$$z=r+cw \bmod q$$

发送给 $V$, $V$ 检查等式 $g^z\equiv ah^c (\bmod\ p)$是否成立, 若成立则 $V$ 接受 $P$ 的证明.

---

协议 4.2 的完备性可直接验证. 事实上, 对于证明者输入的 $w\in\mathbb{Z}_q$, 满足 $h=g^w \bmod p$, 易验证等式 $g^z\equiv ah^c\ (\bmod\ p)$ 必成立, 因而验证者必会接受.

协议 4.2 的可靠性证明与协议 4.1 完全类似. 在不知道证据 $w$ 的情况下, 证明者无法对一个消息 $a$ 构造出两个不同挑战 $c$ 和 $c'$ 的正确应答. 事实上, 假设对协议中第一个消息 $a$, 证明者能够正确回答两个挑战 $c$ 和 $c', c\neq c'$, 则相应的两个应答 $z$ 和 $z'$ 满足

$$g^z\equiv ah^c\ (\bmod\ p),\quad g^{z'}\equiv ah^{c'} (\bmod\ p)$$

故

$$h=g^{(z-z')/(c-c')} \bmod p$$

因而证明者可计算出 $w=(z-z')/(c-c') \bmod q$.

这就证明了, 如果证明者可以正确回答两个不同挑战, 他实际上一定掌握着 $w$.

与协议 4.1 的情况类似, 如果证明者不掌握证据 $w$, 发出第一个消息 $a$ 以后, 他最多能够正确回答一个挑战, 为使验证通过, 最好的策略就是随机猜测挑战 $c$, 猜中概率为 $1/q$, 这个概率关于 $q$ 的长度 $|q|=\log q$ 是可忽略的, 因此协议 4.2 具有可忽略的可靠性误差.

诚实验证者零知识性的证明, 也与协议 4.1 类似. 考虑模拟器 $\mathcal{S}$ 和真实执行产生的会话的分布. 设证明者 $P$ 输入的证据为 $w$, $P$ 与诚实验证者 $V$ 执行协议的会话分布为

$$\{(a,c,z) \mid r,c \leftarrow_R \mathbb{Z}_q, a = g^r \bmod p, z = r + cw \bmod q\}$$

模拟器输出的会话分布为

$$\{(a',c',z') \mid c',z' \leftarrow_R \mathbb{Z}_q, a' = g^{z'} h^{-c'} \bmod p\}$$

这两个会话空间是相同的, 每个有效会话出现的概率均为$1/q^2$, 因而概率分布是等同的.

因此, 协议 4.2 满足完备性、可靠性(误差为 $1/q$)与诚实验证者零知识性.

但是, 协议 4.2 不是一般意义上的零知识协议. 为了对任意验证者$V^*$做出模拟会话, 我们遇到一个障碍. 我们试用与协议 4.1 中相同的算法, 首先选取$c,z \leftarrow_R \mathbb{Z}_q$, 令 $a = g^z h^{-c} \bmod p$, 发送 $a$ 给$V^*$, 希望$V^*$返回的$c'$与前面随机选取的$c$匹配, 然而, 在现在的情况下, $c = c'$ 的概率为 $1/q$, 这是一个可忽略的概率. 平均来说, 以这种方式找到一个有效会话需要 $q$ 次尝试, 运行时间关于 $q$ 的长度是指数级的, 因而是不可行的.

## 4.2　交互证明与零知识证明

在讨论了 Schnorr 协议之后, 我们现在给出零知识证明的一般概念. 如前所述, 与经典数学中的“证明”不同, 我们这里的“证明”是一个动态过程, 是通过两方的交互建立起来的. 在一个交互证明系统中有两个角色: 一个是证明者 $P$, 在交互过程中使得另一方确信某个断言成立; 另一个是验证者 $V$, 与证明者 $P$ 完成交互证明过程后接受或拒绝所证明的断言. 这里的重点是验证过程必须是有效的, 即 $V$ 是一个概率多项式时间图灵机, 而 $P$ 的计算资源不受限制.

交互证明系统有两个基本要求, 即完备性与可靠性. 完备性是说证明者能够使验证者相信正确的断言, 保证了证明者对正确断言的证明能力; 可靠性是说验证者不可能被误导接受错误的断言, 保证了验证者不受欺骗. 不同于前面对 Schnorr 协议采用直观的观点讨论, 在这里我们将给出这两个性质的形式化定义. 交互证明系统包含两个计算任务: 产生一个证明和验证一个证明. 为了精确描述交互证明系统, 我们先引入交互图灵机的概念.

**定义 4.1**　交互图灵机(ITM)是一个确定性多带图灵机, 包括一个只读输入带、一个只读随机带、一个读写工作带、一对通信带(一个只写带, 用于发送消息; 一个只读带, 用于接收消息)、一个输出带和一个只包含单个比特单元的状态转换带. 每个交互图灵机都有一个单比特标识$\sigma \in \{0,1\}$, 当交互图灵机的标识与状态转换带的内容相同时, 称其为活动的, 否则称其为空闲的. 当一个机器处在空闲状态时, 机器的状态、可写带的内容、各带的触头位置都是不可改变的. ■

交互图灵机输入带上的内容称为输入，随机带上的内容称为随机输入，输出带上的内容称为输出. 只写通信带上的消息称为发出消息，只读通信带上的消息称为接收消息.

交互图灵机永远不会单个出现，而是以组合在一起的一对交互机的形式出现，这种组合是通过共享输入带、通信带和读写转换带实现的. 两台机器具有同一条输入带，一台机器的只读通信带是另一台机器的只写通信带，反之亦然. 两台机器的标识是相反的，因而可以通过改变读写转换带上的比特位转换两台机器的活动和空闲状态. 后面我们提到"一对交互图灵机"总是指这样连接在一起的一对机器.

采用图灵机的方式进行定义，可以清晰地表明交互证明系统中输入、输出、发送消息、接收消息、获取随机数等相关术语的意义. 但为了表达得直观、自然，在后面的表述中，实体、参与者、算法等可以看成是图灵机的直观称谓，交互图灵机也称为交互协议，相应地，交互证明系统也称为交互证明协议.

**定义 4.2** (交互证明系统) 设 $L \subseteq \{0,1\}^*$ 是一个语言，$(P, V)$是一对交互图灵机，称$(P, V)$是一个关于 $L$ 的交互证明系统，如果下面条件成立：

完备性：对于任意 $x \in L$，$V$ 以至少 2/3 的概率接受，即

$$\Pr[(P,V)(x)=1] \geqslant 2/3$$

可靠性：对于任意 $x \notin L$ 和任意图灵机 $P^*$，$V$ 以至多 1/3 的概率接受，即

$$\Pr[(P^*,V)(x)=1] \leqslant 1/3$$

其中，$P$ 称为证明者，具有无限能力，$V$ 称为验证者，是概率多项式时间图灵机，$(P,V)(x)$ 表示交互图灵机的输出，事实上就是验证者的输出. ■

对于该定义，我们说明以下两点.

(1) 完备性条件只涉及证明者 $P$，说明证明者 $P$ 具有相应的证明能力，而可靠性条件涉及所有可能的"证明者"，用 $P^*$ 表示，说明 $V$ 不会受任意可能的证明者的欺骗[Gol04, GMR85].

(2) 有些关于证明系统的定义中，完备性要求"单边误差"，即在完备性中要求对于任意 $x \in L$，$V$ 总是接受的. 这并不影响交互证明系统的证明能力，其定义的语言类与上面具有"双边误差"的交互证明系统是相同的[Gol07].

所有具有交互证明系统的语言构成的语言类记为 IP. 这里有一个复杂类中的重要结论，IP = PSPACE，即 IP 语言类与广为人知的多项式空间语言类相等.

对于定义中给出的完备性界 2/3 和可靠性误差界 1/3，读者可能会有些疑惑，事实上这两个界的选取不是本质的，对于任何 $0<\varepsilon<1/2$，用 $1-\varepsilon$ 代替 2/3，$\varepsilon$ 代替 1/3，定义的语言类 IP 不变.

进一步地，这个定义中对完备性上界和可靠性误差下界的要求可以进行较大的放宽或收紧，而定义的语言类保持不变. 我们引进以下一般化定义[Gol04].

**定义 4.3** (一般化交互证明系统)　设 $c,s:\mathbb{N}\to[0,1]$ 是两个自然数集 $\mathbb{N}$ 到实数区间[0,1]的函数，对于某个非负多项式 $p(\cdot)$ 满足 $c(n)-s(n)>1/p(n)$，一对交互图灵机(*P*, *V*)称为语言 *L* 的一般化交互证明系统，如果下面条件成立：

完备性：对每个 $x\in L$，

$$\Pr[(P,V)(x)=1]\geqslant c(|x|)$$

可靠性：若 $x\notin L$，则对每个交互机 $P^*$，

$$\Pr[(P^*,V)(x)=1]\leqslant s(|x|)$$

其中，*V* 是(概率)多项式时间图灵机，$c(\cdot)$ 称为完备性界，$s(\cdot)$ 称为可靠性误差界，$g(n)=c(n)-s(n)$ 称为(*P*, *S*)的可接受间距(gap)，$e(n)=\max\{1-c(n),s(n)\}$ 称为误差概率. ■

在上面语言 *L* 的一般化交互证明系统的定义中，完备性条件与可靠性条件的要求非常宽松，只要求可接受间距 $g(n)=c(n)-s(n)$ 不可忽略，对于完备性界 $c(n)$ 和可靠性误差界 $s(n)$ 没有任何要求. 如果进一步要求完备性误差 $1-c(n)$ 和可靠性误差 $s(n)$ 均可忽略，比如要求语言 *L* 的交互证明系统对于任意多项式 $p(\cdot)$，当输入 *x* 足够长时误差概率小于 $2^{-p(|x|)}$，则是一个看起来非常苛刻的要求. 但可以证明，这些宽松或严苛条件定义的语言类与定义 4.2 定义的语言类保持不变，即均为 IP. 事实上，要求完备性误差和可靠性误差均可忽略，更接近于 Goldwasser 等在[GMR85]中给出的原始定义，也更加自然. 我们重申，交互证明系统与一般化交互证明系统定义的语言类是相同的，可接受间距越大交互图灵机越高效.

**例 4.1** (非同构图的交互证明系统)

公共输入：$(G_1, G_2)$，其中，$G_1=(V_1, E_1)$，$G_2=(V_2, E_2)$为两个图，不失一般性，设 $|V_1|=|V_2|$.

(1) 验证者 *V*：随机从两个图中选择一个 $G_\sigma,\sigma\in\{1,2\}$，并将该图的一个随机同构图 $G'$ 作为挑战发送给证明者 *P*.

(2) 证明者 *P*：接收到 $G'$ 后，找到 $\tau\in\{1,2\}$，使 $G_\tau$ 与 $G'$ 同构，将 $\tau$ 发送给验证者 *V*.

(3) 验证者 *V*：如果 $\tau=\sigma$，输出 1，否则输出 0.

很明显，这是一个具有完备界为 1 和可靠性误差界 1/2 的交互证明系统，但将该交互图灵机(*P*, *V*)独立串行执行 2 次，不难构造一个符合定义 4.2 的标准交互证明系统. 除非必要，类似情况我们后面将不再特别说明.

上面例子说明非同构图构成的语言 $\mathrm{GNI}=\{(G_1,G_2)|G_1\not\cong G_2\}$ 属于 IP 语言类.

在标准的交互证明系统中，证明者 *P* 具有的资源是不受限制的，但在实际应用中这样的证明者是不存在的. 现实中的证明者往往是由于掌握了某种秘密，比如私钥，才在具体问题中具有某种证明能力，而交互证明的目的恰恰就是让验证

者确信证明者拥有这个秘密或拥有与某个秘密有关的知识; 另外, 当一个交互证明协议被用作一个更大的协议的子协议时, 在交互证明之前, 双方可能就已经具有了某些相关的本地信息. 为了刻画上面的情况, 我们需要对交互证明系统进行扩展, 允许各自具有自己的辅助输入带(私有输入带), 辅助输入带上的内容可以称作辅助输入(私有输入).

**定义 4.4** (带辅助输入的交互证明系统) 假设$(P, V)$是一对具有各自辅助输入带的交互图灵机, $L$ 是一个语言. 如果 $V$ 是概率多项式时间图灵机, 且如下条件成立:

(1) 完备性: 对任意 $x \in L$, 存在 $y \in \{0,1\}^*$ (私有输入) 使得对任意 $z \in \{0,1\}^*$,

$$\Pr[(P(y),V(z))(x)=1] \geqslant 2/3$$

(2) 可靠性: 对于任意 $x \notin L$、任意交互图灵机 $P^*$ 和任意 $y, z \in \{0,1\}^*$,

$$\Pr[(P^*(y),V(z))(x)=1] \leqslant 1/3$$

称$(P, V)$是语言 $L$ 的(带有辅助输入的)交互证明系统. ■

这里, 强调一点, 我们说一个图灵机是多项式时间的, 依然是指其运行时间关于公共输入 $x$ 的长度 $|x|$ 是多项式, 不考虑辅助输入.

在引入交互证明系统的概念后, 我们进入到本节最核心的概念"零知识证明系统"的讨论. 交互证明系统保证了证明者可以使验证者确信某个正确的论断成立(完备性), 但不能欺骗验证者, 即不能使验证者接受一个错误论断(可靠性). 交互证明系统的可靠性保护了验证者, 却没有对相应证明者的保护. 有时, 在证明过程中, 除了论断的正确性, 证明者可能不希望向验证者泄露额外的信息, 这在密码学上是非常常见的情形. 比如, 在身份认证时证明者向验证者证明其拥有某个秘密(私钥), 当然不希望泄露有关秘密的任何信息, 有时证明者才是更需要保护的一方.

不严格地说, 我们说语言 $L$ 的交互证明系统$(P, V)$是零知识的, 意思是说对于输入 $x \in L$, 验证者 $V$ 在与证明者 $P$ 进行交互并接受 $x \in L$ 的过程中, 验证者 $V$ 除了能够确信所接受断言的正确性外, 不能从证明者 $P$ 处提取到任何额外的知识. 或者说, 与证明者交互后能够有效计算的任何东西, 验证者 $V$ 也能通过 $x$ 直接自行计算出来, 因而其"知识"并无增长. "不能提取到任何额外知识"的证明主要采用"模拟范式", 其直观思想为: 验证者 $V$ 与证明者 $P$ 关于" $x \in L$ "证明的交互协议执行结果(或执行中的通信信息)与不含任何 $x \in L$ 有关知识的模拟结果的概率分布不可区分, 意味着从交互过程中提取不到关于 $x \in L$ 的额外"知识".

**定义 4.5** (完美零知识) 假设$(P, V)$是语言 $L$ 的交互证明系统, 如果对于任意概率多项式时间交互图灵机 $V^*$, 存在概率多项式时间图灵机(算法) $\mathcal{M}^*$, 使得随机变量系综 $\{(P,V^*)(x)\}_{x\in L}$ 与 $\{\mathcal{M}^*(x)\}_{x\in L}$ 具有相同分布, 称$(P, V)$是完美零知识(perfect zero-knowledge)交互证明系统. 图灵机 $\mathcal{M}^*$ 称为 $V^*$ 与 $P$ 交互的完美模拟器. ■

该定义中, $\{(P,V^*)(x)\}_{x\in L}$ 与 $\{\mathcal{M}^*(x)\}_{x\in L}$ 同分布的要求可能过于苛刻, 甚至目前不知道有什么非平凡的例子满足该定义, 因此我们引入下面放松的定义, 允许模拟器在一定概率下模拟失败.

**定义 4.5′** (完美零知识的放松定义)　假设$(P, V)$是语言 $L$ 的交互证明系统, 如果对于任意概率多项式时间交互图灵机 $V^*$, 存在概率多项式时间图灵机(算法) $\mathcal{M}^*$, 使得对于任意 $x\in L$, 如下两个条件成立:

(1) 对于输入 $x$, 图灵机 $\mathcal{M}^*$ 以至多 1/2 的概率输出一个记为 $\perp$ 的特殊符号, 即 $\Pr[\mathcal{M}^*(x)=\perp]\leqslant 1/2$.

(2) 随机变量 $(P,V^*)(x)$ 与 $m^*(x)$ 是等分布的, 其中, $(P,V^*)(x)$ 为在共同输入 $x$ 下, 交互图灵机 $V^*$ 与交互图灵机 $P$ 交互之后的输出结果, $m^*(x)$ 为描述 $\mathcal{M}^*(x)\neq\perp$ 条件下 $\mathcal{M}^*(x)$ 的分布的随机变量, 即对任意 $\alpha\in\{0,1\}^*$,

$$\Pr[m^*(x)=\alpha]=\Pr[\mathcal{M}^*(x)=\alpha\mid\mathcal{M}^*(x)\neq\perp]$$

称$(P, V)$是完美零知识(perfect zero-knowledge)交互证明系统. 图灵机 $\mathcal{M}^*$ 称为 $V^*$ 与 $P$ 交互的完美模拟器. ■

该定义放松了对模拟器的要求, 事实上条件(1)还可以加强或减弱. 比如要求 $\mathcal{M}^*$ 输出特殊符号的概率可忽略, 这个加强条件使得定义更加自然; 也可以仅要求 $\mathcal{M}^*$ 输出特殊符号的概率不超过 $1-|x|^{-c}$, 其中 $|x|$ 表示 $x$ 的长度, $c$ 是正常数, 这个减弱条件使得证明非常方便. 做这些改变之后形成的定义都是等价的, 可以通过多次调用上面定义中的模拟器证明这些定义的等价性.

在实际应用中, 有效计算仅限于概率多项式时间, 因此上面讨论的完美模拟可能过于严格, 我们可以放松一点要求, 只要模拟器 $\mathcal{M}^*$ 产生的概率分布与 $V^*$ 输出的概率分布对于有效敌手计算不可区分即可. 为了精确地描述这一概念, 回顾一下前面介绍的概率系综(probability ensemble)或随机变量系综(random variable ensembles)及其计算不可区分的概念. 一个概率系综是一个由指标(index)标识的一组随机变量构成的集合, 其指标集 $I$ 是一个可数集, 比如可以是自然数集 $\mathbb{N}$ 或语言 $L$, 相应的概率系综为 $\{X_i|i\in\mathbb{N}\}$或$\{X_w|w\in L\}$, 这是两种最常用的情况. 本章多是以语言作为随机变量系综的指标集. 假设有两个概率系综 $\{R_x\}_{x\in L}$ 和 $\{S_x\}_{x\in L}$, 我们说 $\{R_x\}_{x\in L}$ 和 $\{S_x\}_{x\in L}$ 是计算不可区分的, 如果对任意概率多项式时间算法 $\mathcal{D}$, 任意多项式 $p(\cdot)$ 和足够长的 $x\in L$, 有下式成立:

$$\left|\Pr[\mathcal{D}(x,R_x)=1]-\Pr[\mathcal{D}(x,S_x)=1]\right|<\frac{1}{p(|x|)}$$

**定义 4.6** (计算零知识) 假设$(P, V)$是语言 $L$ 的交互证明系统，如果对于任意概率多项式时间交互图灵机$V^*$，存在概率多项式时间图灵机(算法)$\mathcal{M}^*$，使得随机变量系综$\{(P,V^*)(x)\}_{x\in L}$与$\{\mathcal{M}^*(x)\}_{x\in L}$计算不可区分，称$(P, V)$是计算零知识(computational zero-knowledge)交互证明系统. 图灵机$\mathcal{M}^*$称为$V^*$与$P$交互的计算模拟器. ■

按照习惯，计算零知识简称零知识.

计算零知识的定义中，如果允许模拟器$\mathcal{M}^*$以小于 1/2 的概率输出特殊符号$\perp$并考虑条件概率

$$\Pr[m^*(x)=\alpha]=\Pr[\mathcal{M}^*(x)=\alpha \mid \mathcal{M}^*(x)\neq\perp]$$

得到的定义是等价的. 同样地，这也等价于要求模拟器以可忽略概率输出特殊符号$\perp$.

计算零知识是完美零知识的弱化，统计零知识则介于两者之间. 将计算零知识定义中的计算不可区分性换为统计不可区分性，则可得到统计零知识的定义.

**定义 4.7** (统计零知识) 假设$(P, V)$是语言 $L$ 的交互证明系统，如果对于任意概率多项式时间交互图灵机$V^*$，存在概率多项式时间图灵机(算法)$\mathcal{M}^*$，使得随机变量系综$\{(P,V^*)(x)\}_{x\in L}$与$\{\mathcal{M}^*(x)\}_{x\in L}$的统计差异

$$\Delta(|x|)=\frac{1}{2}\sum_{\alpha}\left|\Pr[(P,V^*)(x)=\alpha]-\Pr[\mathcal{M}^*(x)=\alpha]\right|$$

关于 $x$ 的长度$|x|$是可忽略的，称$(P, V)$是统计零知识(statistical zero-knowledge)交互证明系统. ■

从定义可以看出，统计零知识稍弱于完美零知识，因而统计零知识也称为几乎完美零知识.

上面关于零知识的定义，均是考虑交互证明系统中任意验证者$V^*$的输出与模拟器输出的差异，但是$V^*$的输出决定于在交互过程中$V^*$的整个本地内部格局(configurations)序列，即在交互中 $V$ 所能见到的所有内容，我们将其称之为$V^*$的“视图”(view)，输出可以说是整个视图的浓缩. 因而有时直接分析视图比分析输出更为方便. 事实上，将零知识定义为可以利用概率多项式时间模拟器模拟出不可区分的视图更为自然. 显然，对于验证者的视图，我们只需要考虑其随机带内容及从证明者处收到的消息序列就够了. 比如在 Schnorr 协议的讨论中，我们考虑第一个消息 $a$、挑战 $c$ 和应答 $z$ 构成的三元组$(a, c, z)$，而不是只考虑$V^*$的输出. 基于此，下面引进零知识概念的另一个形式化定义.

用 $\text{view}_{V^*}^{P}(x)$ 表示对于输入 $x$, $V^*$ 的随机带内容及其在交互计算过程中收到的消息等 $V^*$ 可见的内容, 并称其为视图, 视图有时还可以包含公共输入.

**定义 4.8** (计算零知识的另一定义) 假设$(P, V)$是语言 $L$ 的交互证明系统, 如果对于任意概率多项式时间交互图灵机 $V^*$, 存在概率多项式时间图灵机(算法) $\mathcal{M}^*$, 使得随机变量系综 $\{\text{view}_{V^*}^{P}(x)\}_{x\in L}$ 与 $\{\mathcal{M}^*(x)\}_{x\in L}$ 计算不可区分, 称$(P, V)$是计算零知识(或简称零知识)交互证明系统. ■

这里, $\mathcal{M}^*(x)$ 是模拟器对于 $\text{view}_{V^*}^{P}(x)$ 的模拟, 而不仅仅是对交互图灵机输出 $(P,V^*)(x)$ 的模拟, 这与前面的含义有所不同, 但在符号上并未刻意区别. 容易看出, $(P,V^*)(x)$ 可以由 $\text{view}_{V^*}^{P}(x)$ 在确定多项式时间内计算出来, 但反之不然. 可以证明, 定义 4.8 与定义 4.6 是等价的[Gol04]. 在应用中, 定义 4.8 往往更加方便. 事实上, 直观来看对视图的模拟比仅对输出的模拟更加有说服力, 本书对模拟器的构造一般是对视图进行模拟. 完美零知识、统计零知识也有类似的等价定义, 不再赘述.

最后, 我们考虑一个较弱形式的零知识概念, 即假定验证者是诚实的, 只要求保证在诚实验证者的情况下交互证明系统对于证明者的知识是无泄露的. 这个性质称为诚实验证者零知识. 虽然看起来这个定义对于知识的保护较弱, 但在一些特殊场合特别有用.

**定义 4.9** (诚实验证者零知识) 假设$(P, V)$是语言 $L$ 的交互证明系统, 用 $\text{view}_{V}^{P}(x)$ 表示诚实验证者 $V$ 的视图. 如果存在概率多项式时间图灵机(算法) $\mathcal{M}$, 使得随机变量族 $\{\text{view}_{V}^{P}(x)\}_{x\in L}$ 与 $\{\mathcal{M}(x)\}_{x\in L}$ 计算不可区分, 称$(P, V)$是诚实验证者计算零知识(或诚实验证者零知识)交互证明系统. ■

值得注意的是, 在这个看起来较弱的零知识定义中, 要求模拟器能够模拟诚实验证者的视图而不仅是输出. 在诚实验证者的情形下, 由于 $V$ 必须遵守协议规定, 严格执行协议, $V$ 的视图 $\text{view}_{V}^{P}(x)$ 的可模拟性与输出 $(P,V)(x)$ 的可模拟性并不等价, 这与一般零知识的情形不同. 也就是说, 仅仅在诚实验证者情况下对输出进行模拟对于保证零知识是不够的, 在这个假设下的模拟, 必须要能够保证视图不可区分. 比如, 在一个完备性误差为 0 的交互证明系统中, 对于 $x\in L$, 诚实验证者 $V$ 的输出永远是 1, 因而 $\{(P,V)(x)\}_{x\in L}$ 恒为 1, 对这个输出的模拟显然不能反映出 $V$ 的视图中是否含有额外的知识. 因而定义中要求的是视图的不可区分性, 这点非常重要.

诚实验证者完美零知识、诚实验证者统计零知识的概念也可类似定义.

需要指出, 上面定义的各种关于零知识的概念, 均可以直接平移到带辅助输入的交互证明系统.

前面给出了图非同构语言 GNI 的一个交互证明系统. 对于一个诚实验证者,

按照协议规定的行为不难模拟出与实际执行不可区分的视图, 因而是诚实验证者零知识的, 但这个协议不是一般意义上零知识的(除非 GNI $\in$ BPP). 对于输入($G_1$, $G_2$), 恶意验证者可以使用证明者来测试第三个图 $G_3$ 是否与 $G_1$, $G_2$ 中某个图同构, 进而增长知识. 从模拟器构造的角度来看, 对于诚实验证者 $V$, 由于其行为总是符合协议规定, 模拟器可根据协议模拟 $V$ 的行为, 构造与真实协议执行中 $V$ 的视图 $\mathrm{view}_V^P(x)$ 不可区分的模拟视图. 但对于恶意验证者 $V^*$, 直观地说, 模拟器无法判断 $V^*$ 的行为, 特别是对其背离协议规定的挑战难以处理, 因而无法模拟.

下面考虑 GNI 的补语言 $\mathrm{GI}=\{(G_1,G_2)|G_1\cong G_2\}$, 作为一个例子我们给出关于 GI 的一个完美零知识证明系统.

**例 4.2** (图同构的完美零知识证明)

公共输入: 两个图 $G_1$=($V_1$, $E_1$)和 $G_2$=($V_2$, $E_2$). 不妨设 $V_1 = V_2$.

(1) 证明者 $P$: 令 $\varphi:G_1\cong G_2$ 是 $G_1$ 和 $G_2$ 之间的一个同构映射, 对 $G_2$ 作随机同构变换 $\psi$ 得到同构图 $G'=\psi(G_2)$, 将 $G'$ 发送给验证者 $V$.

(2) 验证者 $V$: 接收到 $G'$ 后, 随机选取 $\sigma\in\{1,2\}$, 要求 $P$ 证明 $G_\sigma\cong G'$.

(3) 证明者 $P$: 若 $\sigma=2$, 将 $\psi$ 发送给验证者 $V$, 否则, 复合 $\varphi:G_1\cong G_2$ 与 $\psi:G_2\cong G'$, 得到 $\psi\circ\varphi:G_1\cong G'$, 将 $\psi\circ\varphi$ 发送给验证者 $V$.

(4) 验证者 $V$: 验证得到的映射, 若是 $G_\sigma$ 与 $G'$ 的同构, 输出 1, 否则输出 0.

以上交互证明系统, 验证者 $V$ 可以在概率多项式时间完成, 如果证明者 $P$ 以 $G_1$ 和 $G_2$ 之间的同构 $\varphi$ 作为辅助输入, 则也可以在概率多项式时间内实现.

不难看出, 如果 $G_1$ 与 $G_2$ 同构, 验证者总会接受, 因而交互证明系统满足完备性; 如果 $G_1$ 与 $G_2$ 不同构, 则不论证明者采取何种策略, 只有猜中验证者的选择才能验证通过, 因此概率不超过 1/2, 因而可靠性误差为 1/2. 通过独立顺序执行 $k$ 次, 可靠性误差可以降低为 $2^{-k}$. 下面考虑完美零知识性, 我们给出一个证明概略.

为了模拟遵守协议规定的诚实验证者的视图, 模拟器可根据协议模拟验证者 $V$, 构造与真实协议执行中 $V$ 的视图不可区分的模拟视图. 这里证明的难点在于模拟一个任意背离协议的验证者 $V^*$ 的输出或视图. 我们考虑视图的模拟.

简单地说, 模拟器 $M^*$ 以 $V^*$ 作为子程序, 对于输入($G_1$, $G_2$), 随机选取 $G_1$, $G_2$ 之一并生成一个随机的同构图 $G'$, 比如, 不妨设生成 $G_1$ 的同构图. 如果 $V^*$ 要求查看 $G_1$ 和 $G'$ 之间的同构, 模拟器可以正确回答, 模拟完成; 如果 $V^*$ 要求查看 $G_2$ 和 $G'$ 之间的同构, 模拟器输出 $\perp$. 具体构造如下:

---

**模拟器 $M^*$** 输入 $x$=($G_1$, $G_2$).

1. 设置 $V^*$ 的随机带: 令 $q(\cdot)$ 为 $V^*$ 的运行时间多项式界, 随机选择

---

---

$r \leftarrow_R \{0,1\}^{q(|x|)}$ 置于 $V^*$ 的随机带.

2. 均匀随机选择 $\tau \in \{1, 2\}$ 和 $G_\tau$ 上的一个同构映射 $\psi$ ,令 $G' = \psi(G_\tau)$.

3. 将公共输入 $x$ 放置在 $V^*$ 的输入带并将 $G'$ 放于 $V^*$ 的接收通信带, 启动 $V^*$ 执行协议, 读取 $V^*$ 发送通信带消息(挑战消息)$\sigma$. 如果 $\sigma \neq 2$, 置 $\sigma = 1$(即是说, 对于收到的任何形式的消息, 包括非法形式的消息, 只要不是 2 均归于 1), 如果 $\sigma = 2$, 则保持不变.

4. 如果 $\sigma = \tau$, 输出 $(x, r, G', \psi)$, 否则输出 $\perp$.

---

由于 $\sigma \in \{1,2\}$, $\tau$ 是从 $\{1, 2\}$ 中独立均匀选取的, 因而易知 $\sigma \neq \tau$ 的概率为 1/2, 因此模拟器输出 $\perp$ 的概率 $\Pr[\mathcal{M}(x) = \perp] \leqslant 1/2$. 剩余需要证明的是模拟器产生的模拟视图与协议实际执行验证者 $V^*$ 的视图是同分布的. 这个证明非常冗长复杂, 我们略去, 感兴趣的读者可参阅[Gol04].

容易看出, 将同构变换 $\psi$ 作为证明者的辅助输入, 上面的交互证明系统也是一个带辅助输入的完美零知识系统. 一般而言, 当零知识性质的证明中模拟器以黑盒形式调用验证者时, 这个论证可以扩展到带辅助输入的零知识.

前面提到过, 关于 GNI 的交互证明系统不是零知识的, 但可以对其进行改造使其成为一个零知识证明系统, 基本思路是要求验证者先向证明者证明其知道问题的答案, 即验证者知道他所询问的图与输入的两个图之一同构, 以防止验证者提供非法的挑战. 这里不再详细讨论, 参阅[Gol04].

本节最后, 我们考虑一个更实际、更自然的情况: 证明者限于只能进行有效计算, 即限制于概率多项式时间图灵机(PPT)的能力.

在零知识交互证明系统的定义中, 考虑到验证者的计算能力, 可以将完美零知识放松为计算零知识, 只要在计算意义下证明者的知识不能被获取, 就可以认为满足了证明过程不泄露额外知识的要求. 交互证明系统的可靠性能否进行类似的处理呢? 实际中的证明者并没有无限资源, 其优势往往来源于掌握了更多的秘密. 现在对模型进行改变, 要求证明者对验证者的欺骗是计算不可行的, 也就是说概率多项式时间证明者不能欺骗验证者, 这样的交互证明系统称为“计算可靠交互证明系统”, 也称“论证”(argument)[BCC88]. 当然, 既然可靠性条件要求证明者是概率多项式时间图灵机, 完备性条件自然保持一致.

**定义 4.10** (计算可靠交互证明系统, 论证) 假设$(P, V)$是语言 $L$ 的交互证明系统, 如果交互图灵机 $P$ 和 $V$ 都是带有辅助输入的概率多项式时间图灵机, 且满足如下条件:

(1) 完备性: 对任意 $x \in L$, 存在 $y \in \{0,1\}^*$ ($P$ 的私有输入) 使得对任意

$z \in \{0,1\}^*$,

$$\Pr[(P(y),V(z))(x)=1] \geqslant 2/3$$

(2) 计算可靠性: 对于任意概率多项式时间交互图灵机 $P^*$, 足够长的串 $x \notin L$ 和任意 $y,z \in \{0,1\}^*$,

$$\Pr[(P^*(y),V(z))(x)=1] \leqslant 1/3$$

称交互图灵机$(P, V)$是关于语言 $L$ 的计算可靠证明系统(论证). ■

该定义中证明者 $P$ 和验证者 $V$ 都是概率多项式时间图灵机, $P$ 的证明能力来源于其掌握的私有输入, 比如某个元素的离散对数、某个认证协议的密钥等等.

另外, 需要指出一个有意思的结论, 可靠性与零知识性相互之间存在一种制约与平衡. 可以证明, NP 中的任何语言, 都存在计算零知识下的零知识证明系统, 但对于完美零知识, 类似结论不能成立, 但 NP 中的任何语言都存在完美零知识下的计算可靠零知识证明系统(零知识论证).

## 4.3 知识证明与知识的零知识证明

上面的零知识证明系统, 可以在不泄露知识的条件下证明某个论断的正确性, 比如证明某两个图同构, 或者证明两个图不同构, 又或者证明某图是哈密顿图等. 这种证明是对成员身份的证明, 或说知识的"存在性证明", 能使验证者确信某个论断的正确性, 确认某个成员对于某个语言的成员资格, 却不能保证证明者拥有论断成立的证据. 本节介绍知识的零知识证明. 一个知识证明是说证明者向验证者证明, 他拥有某个"知识"而不仅仅知道知识的存在.

对于"拥有知识", 我们这里的逻辑是如果一个证明者能够通过有效计算得到一个问题的解答(证据), 则认为他知道这个证据. 这样就把一个认知意义上的"知道", 表达成了计算意义上的"知道". 本书中常用的形式是: 如果一个证据能够在概率多项式时间通过调用 $P^*$ 有效计算出来, 则意味着 $P^*$ 知道这个证据.

令 $R=\{(v,w)\} \subseteq \{0,1\}^* \times \{0,1\}^*$ 是一个二元关系, 如果存在多项式 $p(\cdot)$, 对于 $(v,w) \in R$, $w$ 的长度 $|w|$ 不超过 $p(|v|)$, 称 $R$ 是多项式界的(polynomially bounded), 我们约定, 在知识证明的讨论中, 关系都是多项式界的, 且其成员资格都是确定多项式时间可判定的.

由于知识证明会涉及"拥有证据", 而不仅仅是对成员资格的判断, 因此需要考虑问题实例与其解答构成的有序对, 这就需要把讨论对象设定为语言中的成员(实例)与其解答(证据)所形成的关系. 事实上, 本书中所关心的关系 $R$ 总是对应一个计算复杂性问题, 对于 $(v,w) \in R$, $v$ 对应一个问题实例, $w$ 对应该问题实例的一个解答, 关系是多项式界的且其成员资格可在确定多项式时间判定则反映了对应的问题属于 NP. 例如, 群 $G$ 中以元素 $g$ 为底的离散对数问题 DL, 相对应的关系 $R_{\mathrm{DL}}$ 为

$$R_{\mathrm{DL}}=\{((G,q,g,h),w)|h=g^{w}\}$$

其中, $G$ 是一个群, $g$ 是 $G$ 中的 $q$ 阶元素, $h$ 是子群 $\langle g\rangle$ 中的元素, $w\in\mathbb{Z}_q$.

RSA 型整数分解问题对应的关系为

$$R_1=\{(n,(p,q))|n,p,q\in\mathbb{N},p,q\text{为素数},n=pq\}$$

图同构问题对应的关系为

$$R_2=\{((G_1,G_2),\varphi)|\varphi:G_1\cong G_2\}$$

一般地, 对于关系 $R\subseteq V\times W$, 令

$$L_R=\{v\in V|\exists w\in W,(v,w)\in R\}$$

$L_R$ 称为对应关系 $R$ 的语言, 实际上就是关系 $R$ 的定义域.

为了刻画证明者对拥有知识的证明, 下面引入知识证明系统的概念.

关于知识证明系统的定义, 似乎没有形成一个广泛认可的、简洁明晰的定义, 20 世纪 80 年代以来多篇文献对此进行了讨论[BG93], 给出多种定义, 这些定义各有特色但并不等价. 为便于理解, 我们先给出一个比较直观、易于理解的定义.

**定义 4.11a** (知识证明系统第一个定义)　令 $\kappa:\{0,1\}^*\to[0,1]$ 是一个函数, $(P, V)$ 是一个交互协议, $R$ 是一个关系, 如果下列条件成立, 称$(P, V)$为关于关系 $R$ 的具有知识误差 $\kappa$ 的知识证明系统:

(1) 完备性: 对于公共输入 $x$, $P$ 的私有输入 $w$, 其中 $w$ 满足 $(x,w)\in R$,

$$\Pr[(P,V)(x)=1]=1$$

(2) 知识可靠性: 存在期望多项式时间概率神谕图灵机(oracle Turing machine) $\mathcal{K}$, 对任意证明者 $P^*$和任意$x$, 有

$$\Pr[(x,w)\in R,w\leftarrow\mathcal{K}^{P^*}(x)]\geqslant\Pr[(P^*,V)(x)=1]-\kappa(x)$$ ■

$\mathcal{K}$ 称为知识抽取器, 符号 $\mathcal{K}^{P^*}$ 表示 $\mathcal{K}$ 以黑盒形式调用 $P^*$ 且可对 $P^*$ 倒带.

根据定义 4.11a, 一个知识误差为 $\kappa$ 的知识证明系统, 知识抽取器通过模拟系统运行, 利用公共输入和任意证明者 $P^*$ 抽取到证据 $w$ 的概率, 与验证者接受证明的概率最多相差一个 $\kappa$. 直观上可以理解为对于一个输入, 抽取到证据的概率与交互证明系统接受的概率差不多.

如果将知识证明系统视为一个关于语言 $L_R$ 的交互证明系统, 其可靠性误差不超过 $\kappa$. 事实上, 若 $x\notin L_R$, 则不存在 $w$ 满足 $(x,w)\in R$, 因此

$$\Pr[(x,w)\in R,w\leftarrow\mathcal{K}^{P^*}(x)]=0$$

$$\Pr[(P^*,V)(x)=1]\leqslant\kappa+\Pr[(x,w)\in R,w\leftarrow\mathcal{K}^{P^*}(x)]=\kappa(x)$$

上述知识证明的定义较为简洁, 直观意义也比较明确, 类似的定义形式在文献

中广为引用. 但是, 从一般意义而言, 知识证明的定义有许多细节值得探讨[BG93], Goldreich 在深入分析了知识证明各种定义以后, 提出如下定义[HL10, Gol04]:

**定义 4.11b** (知识证明系统第二个定义) 令 $\kappa:\{0,1\}^* \to [0,1]$ 是一个函数, $(P, V)$ 是一个交互协议, $R$ 是一个关系, 如果下列条件满足, 称 $(P, V)$ 是一个具有知识误差 $\kappa$ 的关于关系 $R$ 的知识证明系统:

(1) 完备性: 对于公共输入 $x$, $P$ 的私有输入 $w$, 其中 $w$ 满足 $(x,w)\in R$,

$$\Pr[(P,V)(x)=1]=1$$

(2) 知识可靠性(有效性): 存在常数 $c>0$ 及概率神谕图灵机 $\mathcal{K}$, 使得对任意证明者 $P^*$ 及任意 $x\in L_R$, 图灵机 $\mathcal{K}$ 满足如下条件.

如果 $\varepsilon(x)=\Pr[(P^*,V)(x)=1]>\kappa(x)$, 则对于输入 $x$, 以 $P^*$ 为神谕(oracle)的图灵机 $\mathcal{K}$ 输出满足 $(x,w)\in R$ 的串 $w$ 的期望时间为 $\dfrac{|x|^c}{\varepsilon(x)-k(x)}$. ■

同定义 4.11a 类似, 定义中的 $\mathcal{K}$ 称为知识抽取器.

上述两个定义中, 完备性条件要求接受概率是 1, 同前面交互证明系统的情况类似, 这并不是本质的, 放松完备性要求, 容许一定的完备性误差, 比如将条件改为 $\Pr[(P,V)(x)=1]\geqslant 2/3$, 定义仍是等价的. 关于知识可靠性, 定义 4.11a 与定义 4.11b 所选取的视角有所不同, 定义 4.11a 对任意 $x$ 考虑抽取到证据的概率, 而定义 4.11b 则关心对于 $x\in L_R$ 在什么样的时间内可抽取到证据. 值得注意的是, 定义 4.11b 的知识可靠性不关心 $x\notin L_R$ 的情况, 因而并不蕴含该证明系统作为 $L_R$ 的交互证明系统的可靠性. 有兴趣的读者可参阅[BG93], 这篇文章对知识证明各种版本的定义做了详尽的分析、比较与讨论.

采用定义 4.11a 的观点, 我们约定, 提到关于关系 $R$ 的知识证明系统, 总假定它是一个关于语言 $L_R$ 的交互证明系统. 如果它同时也是关于 $L_R$ 的零知识证明系统, 我们称其为关于 $R$ 的知识的零知识证明系统.

**例 4.3** Schnorr 零知识协议(协议 4.1)是一个关于离散对数的知识的零知识证明协议.

该例中知识证明相应的关系为

$$R_{\mathrm{DL}}=\{((p,q,g,h),w)|h=g^w \bmod p\}$$

前面已经证明了协议 4.1 是一个零知识证明协议. 为证这是一个知识的零知识证明协议, 需要证明其知识可靠性, 这就需要构造一个概率多项式时间知识提取器满足定义 4.11a. 事实上, 前面对该协议的可靠性证明, 已经比较直观地描述了知识提取器的构造思想, 现在给出其形式化的构造.

**知识提取器** $\mathcal{K}$:

(1) 调用(可能是恶意的)证明者 $P^*$，得到 $a$.

(2) 如果 $a \notin \langle g \rangle$，返回第一步(通过检测 $a^q \bmod p = 1$ 可判定是否有 $a \in \langle g \rangle$).

(3) 发送挑战 $c = 0$，直到获得 $P^*$ 的接受应答 $z_0$.

(4) 倒带图灵机 $P^*$ 到发送 $a$ 后的格局(图灵机格局由各磁带内容、控制器状态、各读/写头位置等决定).

(5) 发送挑战 $c=1$，直到获得 $P^*$ 的接受应答 $z_1$.

(6) 计算离散对数 $w = z_1 - z_0$.

记 $x = (p,q,g,h)$，由 $\mathcal{K}$ 的构造可知,

$$\Pr[(x,w) \in R_{\mathrm{DL}}, w \leftarrow \mathcal{K}^{P^*}(x)] \geqslant (\Pr[(P^*,V)(x) = 1])^2$$

因而，取 $\kappa(x)$ 满足

$$1 > \kappa(x) > \Pr[(P^*,V)(x) = 1] - (\Pr[(P^*,V)(x) = 1])^2$$

则定义 4.11a 中的知识可靠性成立. 协议 4.1 是一个知识的零知识证明协议.

显然，只要 $P^*$ 给出接受应答的概率不可忽略，即 $\Pr[(P^*,V)(p,q,g,h) = 1]$ 不可忽略，知识提取器 $\mathcal{K}$ 在多项式时间可提取到证据 $w$.

零知识证明目前已经成为密码学理论与应用研究的基础性工具，基于经典数论问题的研究逐渐成熟，正在逐步建立起完整的理论体系. 随着抗量子密码的发展，对抗量子问题(比如 LWE(learning with errors), SIS(short integer solution))的零知识证明也开始引起人们的关注[Lyu08, BLS19, YAZX19, LNSW13]，但目前研究还处于初级阶段，还有许多问题值得探讨.

## 4.4　Σ-协议

### 4.4.1　概念

Σ-协议是前面讨论的 Schnorr 协议等多个类似结构协议的一般化，涵盖了 Fiat-Shamir, Feige-Fiat-Shamir, Guillou-Quisquater 等众多著名协议[FS87, FFS88, GQ88]. Σ-协议是一类特殊的知识的零知识证明协议，比之一般零知识证明协议在性质上有一些特殊要求. “Σ-协议”由 Cramer 命名[Cra97]，这是一个三趟协议，形成“之”字形(zigzag)，同时在计算复杂性理论中，这是一个 Merlin-Arthur 型协议，故取名“sig-ma”协议. 下面是Σ-协议的形式模板.

---

**协议 4.3** (关于关系 $R$ 的 Σ-协议模板)

**公共输入**：证明者 $P$ 和验证者 $V$ 都持有 $v$.

---

**私有输入**: $P$ 持有 $w$, 满足 $(v, w) \in R$ .

**协议过程**:

1. $P$ 给 $V$ 发送消息 $a(v, w, u)$ (后面说到第一个消息特指该消息), 其中 $u$ 为一个随机串.

2. $V$ 给 $P$ 发送一个随机挑战 $c$.

3. $P$ 给 $V$ 发送应答 $z$, $V$ 根据本地及收到的消息$(v, a, c, z)$进行验证, 决定接受或者拒绝.

其中, $(a, c, z)$是双方的通信内容, 称为协议的通信副本或会话, 也可以理解为前面所讲的验证者 $V$ 的视图. 利用协议 4.3, 我们给出 Σ-协议的定义.

同前面一样, 对任意二元关系 $R \subseteq V \times W$, 假设$v \in V$ 是公共输入, $w \in W$ 满足 $(v,w) \in R$ 是证明者 $P$ 的私有输入, $L_R = \{v \in V | \exists w(v,w) \in R\}$ 为关系 $R$ 对应的语言, 满足 $(v,w) \in R$ 的 $w$ 称为 $v$ 属于 $L_R$ 的一个证据.

**定义 4.12** (Σ-协议) 证明者 $P$ 和验证者 $V$ 之间, 形如协议 4.3 且满足下列条件的协议, 称为关于关系 $R$ 的 Σ-协议.

完备性: 如果 $(v,w) \in R$ , $P$ 和 $V$ 均遵守协议, 则 $V$ 必定会接受.

特殊可靠性(special soundness): 存在一个概率多项式时间算法(抽取器) $\mathcal{K}$, 给定任意 $v \in V$ 和两个接受会话 $(a,c,z)$ 和 $(a,c',z')$ , 其中 $c \neq c'$ , 总可以计算出 $w$, 满足 $(v,w) \in R$ .

特殊诚实验证者零知识性(special honest-verifier zero-knowledgeness): 存在一个概率多项式时间模拟器 $\mathcal{S}$ , 对给定的输入 $v \in L_R$ 及挑战 $c$, $\mathcal{S}$ 产生的会话 $(a',c,z')$ 与诚实 $P$ 和 $V$ 关于输入 $v \in V$ 及挑战 $c$ 产生的会话 $(a,c,z)$ 同分布, 其中 $P$ 使用任意满足 $(v,w) \in R$ 的证据 $w$. 进一步地, 对任意 $v \in V \setminus L_R$ , 模拟器 $\mathcal{S}$ 仅要求对任意给定的挑战 $c$ 输出任意的接受会话 $(a,c,z)$ . ■

特殊诚实验证者零知识性要求, 模拟会话是在给定的挑战串 $c$ 上形成的, 而不是模拟器随机选取. 然而在一般的诚实验证者零知识的概念中, 要求模拟器仅以公共输入为输入, 可自行选取挑战串.

**定理 4.1** 关于关系 $R$ 的Σ- 协议, 如果挑战串是长度为 $t$ 的比特串, 则是一个语言 $L_R$ 的交互证明系统, 可靠性误差不超过 $2^{-t}$ .

**证明** 作为交互证明系统的完备性可根据定义直接得知. 下面讨论可靠性. 反证法, 如果可靠性误差大于 $2^{-t}$ , 则对某个 $v \notin L_R$ , 证明者成功欺骗验证者的概率大于 $2^{-t}$ , 则必存在发自 $P$ 的第一个消息 $a$ 和至少两个挑战串 $c,c'$ ($c \neq c', V$ 随机选取的 $t$ 长比特串)可产生接受会话 $(a,c,z)$ 和 $(a,c',z')$ . 这是因为, 如果对任意消息 $a$ 只有一个或更少挑战串可产生接受会话, 这个挑战串被随机选到的概率小于

等于 $2^{-t}$，因而作弊证明者猜到挑战串从而欺骗验证者的概率就会小于 $2^{-t}$．现在，利用 $(a,c,z)$ 和 $(a,c',z')$ 这两个接受会话，由特殊可靠性可知，必可计算出证据 $w$ 使得 $(v,w)\in R$，即 $v\in L_R$，矛盾．■

上面的定理证明了Σ- 协议是语言 $L_R$ 的交互证明系统，下面我们指出，它也是关系 $R$ 的知识证明系统．

**定理 4.2**　假设 $\pi$ 是一个关于关系 $R$ 的Σ- 协议，挑战长度为 $t$，则 $\pi$ 是一个知识证明系统，知识误差为 $2^{-t}$．■

该定理的证明非常复杂，有兴趣的读者可参阅[HL10]．

尽管Σ- 协议是交互证明系统，同时也是知识证明系统，满足特殊诚实验证者零知识，但与协议 4.2 的情况类似，当挑战域足够大时 Σ-协议不是一般意义上的零知识协议，读者自己可以将协议 4.2 的讨论平移过来．

协议 4.1 和协议 4.2 都是Σ- 协议，我们对协议 4.2 给出证明．

**例 4.4**　Schnorr 协议(协议 4.2)是一个 $\mathbb{Z}_p$ 上 $q$ 阶子群 $\langle g\rangle$ 中离散对数关系 $R_{\mathrm{DL}}$ 的Σ-协议，其中

$$R_{\mathrm{DL}}=\{((p,q,g,h),w)\mid h=g^w \bmod p\}$$

$p,q$ 为素数，$g\in\mathbb{Z}_p, h\in\langle g\rangle, w\in\mathbb{Z}_p$．

**证明**　完备性可以直接验证．

$$z=r+cw \bmod q,\qquad g^z\equiv g^{r+cw}\equiv g^r(g^w)^c\equiv ah^c \pmod p$$

特殊可靠性事实上已经在前面证明过了，给定两个接受会话 $(a,c,z)$ 和 $(a,c',z')$，其中 $c\neq c'$，可以计算出 $w=(z-z')/(c-c') \bmod q$．

最后，为了证明特殊诚实验证者零知识性，考虑模拟器 $\mathcal{S}$ 和真实执行的会话的分布．设对任意输入 $x$，证明者 $P$ 输入的证据为 $w$，对任意挑战串 $c$，$P$ 与诚实验证者 $V$ 执行协议的会话分布为

$$\{(a,c,z)\mid r\leftarrow_R \mathbb{Z}_q, a=g^r \bmod p, z=r+cw \bmod q\}$$

模拟器输出的会话分布为

$$\{(a,c,z)\mid z\leftarrow_R \mathbb{Z}_q, a=g^z h^{-c} \bmod p\}$$

容易看出，协议的真实会话与模拟器的会话形成的集合是相同的，任意给定一个挑战 $c$，这两个会话分布中，每个会话出现的概率均为 $1/q$，因而概率分布是等同的．

总之，Σ-协议的三个性质，协议 4.2 均满足．■

下面再引进一个有用的例子．这个例子与前面 Schnorr 协议关系密切，但我们在一个更一般的群中考虑．设 $G$ 是一个 $q$ 阶循环群，$q$ 为素数．对于 $G$ 上的四元组

$(g,h,u,v)\in G^4$，如果存在 $w\in\mathbb{Z}_q$ 满足 $u=g^w,v=h^w$，称 $(g,h,u,v)$ 为 DH 四元组. 定义关系:

$$R_{\mathrm{DH}}=\{((g,h,u,v),w)|g,h,u,v\in G,w\in\mathbb{Z}_q,u=g^w,v=h^w\}$$

---

**协议 4.4** (DH 四元组 Σ- 协议)

**公共输入**: $G, q, g, h, u, v$.

**私有输入**: $P$ 具有隐私输入 $w\in\mathbb{Z}_q$，满足 $u=g^w,v=h^w$.

**协议过程**:

1. 证明者 $P$ 随机选取 $r\leftarrow_R\mathbb{Z}_q$，计算 $a=g^r,b=h^r$，发送$(a, b)$给验证者 $V$.
2. $V$ 随机选取挑战 $c\leftarrow_R\{0,1\}^t$，其中 $2^t<q$，发送给 $P$.
3. $P$ 发送 $z=r+cw \bmod q$ 给 $V$.
4. $V$ 验证 $g^z=au^c,h^z=bv^c$,验证通过则接受.

---

**例 4.5** 协议 4.4 是关于关系 $R_{\mathrm{DH}}$ 的 Σ-协议.

**证明** 完备性可直接验证.

$$g^z=g^{r+cw}=g^rg^{wc}=au^c$$

类似地，$h^z=bv^c$ . 对于特殊可靠性，假设 $((a,b),c,z)$ 和 $((a,b),c',z')$ 是两个接受会话，则由

$$g^z=au^c,g^{z'}=au^{c'};\quad h^z=bv^c,h^{z'}=bv^{c'}$$

不难计算

$$g^{z-z'}=u^{c-c'},\quad h^{z-z'}=v^{c-c'}$$

因而,

$$u=g^{(z-z')/(c-c')},\quad v=h^{(z-z')/(c-c')}$$

从而求出，$w=(z-z')/(c-c') \bmod q$ .

最后，特殊诚实验证者零知识证明与例 4.4 几乎完全相同，不再赘述.

以上协议，将问题的背景结构设定为一般 $q$ 阶群 $G$，而在之前介绍 Schnorr 协议时，将背景结构设定为 $\mathbb{Z}_p$ 的 $q$ 阶子群 $\langle g\rangle$，这事实上并无本质不同. 讨论 Schnorr 协议的这种特殊背景设定，仅仅是为了引入比较直观，以后引用 Schnorr 协议我们也经常采用一般循环群 $G$ 的形式. 进一步地，为了方便，本章下面的内容，总是约定 $G$ 是一个 $q$ 阶循环群,$q$ 是一个素数,$g$ 是 $G$ 的一个生成元,$h$ 是 $G$ 的任意元素(事实上，由于 $q$ 是素数，只要 $h\in G$ 不是单位元，它必是生成元). 如

无必要将不再做专门说明.

### 4.4.2　Σ-协议的组合性

Σ-协议是密码协议设计中一个常用的基础协议, 经常被用作安全协议的基础模块, 也经常会组合使用, 因而有必要讨论 Σ-协议对于各种组合执行的封闭性. 下面讨论 Σ-协议的相等(EQ)、与(AND)、或(OR)等组合, 并以 $q$ 阶循环群 $G$ 中的离散对数关系为例给出 Schnorr 协议的相应组合.

1. EQ-组合

Σ-协议的 EQ-组合即通过关系 $R_1=\{(v_1,w_1)\}$和$R_2=\{(v_2,w_2)\}$ 的 Σ-协议, 组合成证明对公共输入 $(v_1,v_2)$ 拥有相同证据 $w$ 使 $(v_1,w)\in R_1,(v_2,w)\in R_2$ 的 Σ-协议, 即关系

$$R=\{((v_1,v_2),w)\mid(v_1,w)\in R_1,(v_2,w)\in R_2\}$$

的 Σ-协议.

前面讨论的DH四元组问题, 事实上就是离散对数问题的EQ-组合, 即对 $q$ 阶群 $G$ 和不同生成元 $g,h\in G$ , 元素 $u,v\in G$ 具有相同离散对数 $w=\log_g u=\log_h v$ . 用关系描述即为

$$R_{\mathrm{DH}}=\{((g,h,u,v),w)|g,h,u,v\in G,w\in\mathbb{Z}_q,u=g^w,v=h^w\}$$

协议 4.4 利用相同的随机串 $r$, 不同的消息 $a,b$, 相同的挑战串 $c$, 相同的证据与应答, 组合了两个 Schnorr 协议.

2. AND-组合

Schnorr 协议的 AND-组合, 是利用关于 $R_1=\{(u_1,w_1)\}$和$R_2=\{(u_2,w_2)\}$ 的 Σ-协议构造一个新的 Schnorr 协议, 证明对于给定的公共输入 $(u_1,u_2)$ , 证明者 $P$ 同时拥有 $(u_1,w_1)\in R_1$和$(u_2,w_2)\in R_2$ 的证据 $(w_1,w_2)$ , 即拥有关系

$$R_1\wedge R_2=\{((u_1,u_2),(w_1,w_2))\mid(u_1,w_1)\in R_1\wedge(u_2,w_2)\in R_2\}$$

的证据 $(w_1,w_2)$ .

AND-组合是最简单的组合方式, 给定关系 $R_1=\{(v_1,w_1)\},R_2=\{(v_2,w_2)\}$ 的 Σ-协议, 使用相同的挑战串平行执行两个 Σ-协议, 可得到关系 $R_1\wedge R_2$ 的 Σ-协议.

下面是两个 Schnorr 协议的 AND-组合.

**例 4.6**　设 $G$ 是一个 $q$ 阶循环群, $q$ 是素数, $g$ 是 $G$ 的生成元, 协议 4.5 是如下关系 $R$ 的 Σ-协议.

$$R=\{((u,v),(w_1,w_2))|u,v\in G,w_1,w_2\in\mathbb{Z}_q,u=g^{w_1}\wedge v=g^{w_2}\}$$

---

**协议 4.5** (Schnorr 协议 AND-组合)

**公共输入**: $G;q\in\mathbb{Z}_q;g,u,v\in G$.

**私有输入**: $P$ 具有隐私输入 $w_1,w_2\in\mathbb{Z}_q$，满足 $u=g^{w_1},v=g^{w_2}$.

**协议过程**:

1. 证明者 $P$ 随机选取 $r_1,r_2\leftarrow_R\mathbb{Z}_q$，计算 $a_1=g^{r_1},a_2=g^{r_2}$，发送给验证者 $V$.
2. $V$ 随机选取挑战 $c\leftarrow_R\{0,1\}^t$，其中 $2^t<q$，发送给 $P$.
3. $P$ 发送 $z_1=r_1+cw_1 \bmod q,z_2=r_2+cw_2 \bmod q$ 给 $V$.
4. $V$ 验证 $g^{z_1}=a_1u^c,g^{z_2}=a_2v^c$，验证通过则接受.

---

**证明** 完备性可直接验证. 对于特殊可靠性, 假定有两个接受会话 $(a_1,a_2,c,z_1,z_2)$, $(a_1,a_2,c',z_1',z_2')$，其中 $c\neq c'$，我们有

$$g^{z_1}=a_1u^c,\ g^{z_1'}=a_1u^{c'}$$

得到

$$g^{z_1-z_1'}=u^{c-c'},\quad u=g^{(z_1-z_1')/(c-c')}$$

同理

$$v=g^{(z_2-z_2')/(c-c')}$$

从而得到证据 $w_1=(z_1-z_1')/(c-c') \bmod q$, $w_2=(z_2-z_2')/(c-c') \bmod q$. 最后, 为证明特殊诚实验证者零知识性, 随机选取挑战 $c$, 诚实验证者执行的会话分布为

$$\{(a_1,a_2,z_1,z_2)|r_1,r_2\leftarrow_R\mathbb{Z}_q,a_1=g^{r_1},a_2=g^{r_2},z_1=r_1+cw_1 \bmod q,\\ z_2=r_2+cw_2 \bmod q\}$$

$r_1,r_2$ 均匀选取, 每个元组出现的概率均为 $1/q^2$.

模拟会话分布为

$$\{(a_1,a_2,z_1,z_2)|z_1,z_2\leftarrow_R\mathbb{Z}_q,a_1=g^{z_1}u^{-c},a_2=g^{z_2}v^{-c}\}$$

这里, $z_1,z_2$ 均匀选取, 每个元组出现的概率也均为 $1/q^2$.

真实执行会话分布与模拟会话分布是等同的. ■

3. OR-组合

OR-组合比前面两种组合稍微复杂些. 设 $R_1=\{(u_1,w_1)\}$和$R_2=\{(u_2,w_2)\}$是两个关系, 给定对于关系 $R_1,R_2$ 的Σ-协议, 我们来构造Σ-协议, 证明对于给定的公共输入$(u_1,u_2)$, 证明者 $P$ 拥有 $u_1\in R_1$ 或 $u_2\in R_2$ 的证据, 即拥有如下关系的证据 $w$:

$$R_1\vee R_2=\{((u_1,u_2),w)\mid(u_1,w)\in R_1\vee(u_2,w)\in R_2\}$$

现在证明者需要证明, 对于公共输入$(u_1,u_2)$, 他持有一个证据 $w$ 使得$(u_1,w)\in R_1$ 或$(u_2,w)\in R_2$. 现在就以证明者持有的 $w$ 满足$(u_1,w)\in R_1$ 的情况为例进行分析(这个证据可以满足也可以不满足$(u_2,w)\in R_2$). 这种情况下证明者需要通过运行证明$(u_1,w)\in R_1$ 的 Σ-协议使验证者接受, 但不能让验证者察觉到证明者事实上掌握哪个证据. 解决这个问题的思路是, 对于 $u_2$, 先随机"猜测"一个挑战, "伪造"一个应答, 当接收到真正挑战以后, 从中"拆分"出猜测的挑战, 另一部分作为对证明$(u_1,w)\in R_1$ 的挑战, 因为证明者掌握这个 $w$, 因而可正确给出应答. 这就产生了一个额外的要求, 即验证者的挑战允许分解成两个挑战使用.

---

**协议 4.6** (Schnorr 协议 OR-组合)

**公共输入:** $G;q\in\mathbb{Z}_q;g,u_1,u_2\in G$.

**私有输入:** $P$ 具有隐私输入 $w\in\mathbb{Z}_q,\sigma\in\{1,2\}$, 满足 $u_\sigma=g^w$.

**协议过程:** 令 $\tau=\begin{cases}1, & \sigma=2,\\ 2, & \sigma=1,\end{cases}$

1. 证明者 $P$ 随机选取 $c_\tau,z_\tau\in\mathbb{Z}_q$, 计算 $a_\tau=g^{z_\tau}u_\tau^{-c_\tau}$.
2. $P$ 随机选取 $r_\sigma\in\mathbb{Z}_q$, 计算 $a_\sigma=g^{r_\sigma}$, 将 $a_1,a_2$ 发送给验证者 $V$.
3. $V$ 随机选取挑战 $c\in\mathbb{Z}_q$, 发送给 $P$.
4. $P$ 计算 $c_\sigma=c-c_\tau \bmod q, z_\sigma=r_\sigma+c_\sigma w \bmod q$, 发送 $c_1,c_2,z_1,z_2$ 给 $V$.
5. $V$ 验证 $c=c_1+c_2 \bmod q, g^{z_1}=a_1u_1^{c_1}, g^{z_2}=a_2u_2^{c_2}$, 验证通过则接受.

---

协议 4.6 中的第 1 步, 相当于对于$u_\tau$猜测挑战$c_\tau$, 随机选取应答$z_\tau$, "伪造"消息$a_\tau$, 从而得到关于$u_\tau$的接受会话$(a_\tau,c_\tau,z_\tau)$; 第 2 步是 Schnorr 协议中证明拥有 $w$ 满足$u_\sigma=g^w$的标准步骤, 即计算消息$a_\sigma$并发送, 当然现在的情况是同时发送两个消息$a_\tau$和$a_\sigma$. 第 3 步和第 4 步为接收挑战 $c$ 并将其按照之前对$u_\tau$挑战的猜测拆分成$c=c_\sigma+c_\tau$, 计算对挑战$c_\sigma$的正确应答, 因而获得接受会话$(a_\sigma,c_\sigma,z_\sigma)$, 将两个应答发送给验证者. 最后验证者进行验证.

**例 4.7** 设 $G$ 是一个 $q$ 阶群, $g$ 是 $G$ 的生成元, 协议 4.6 是关系

$$\{((u_1,u_2),w)|u_1,u_2\in G,w\in\mathbb{Z}_q,u_1=g^w\vee u_2=g^w\}$$

的 Σ-协议.

**证明** 完备性可直接验证:

$$c_1+c_2=c_\sigma+c_\tau\equiv c-c_\tau+c_\tau\equiv c\ (\mathrm{mod}\ q)$$

若 $\tau=1$, 则 $\sigma=2$, $u_2=g^w$. 由 $a_\tau$ 的选取 $a_1=g^{z_1}u_1^{-c_1}$, 显然 $g^{z_1}=a_1u_1^{c_1}$, 又 $z_2=r_2+c_2w \mod q$, 因而 $g^{z_2}=g^{r_2+c_2w}=g^{r_2}g^{c_2w}=a_2u_2^{c_2}$. 验证条件成立. $\tau=2$ 的情况完全类似.

下面证特殊可靠性, 设有两个接受会话 $(a_1,a_2,c,c_1,c_2,z_1,z_2)$, $(a_1,a_2,c',c_1',c_2',z_1',z_2')$ 其中, $c\neq c'$, 必有 $c_1\neq c_1'$ 或 $c_2\neq c_2'$, 不妨设 $c_1\neq c_1'$, 这时 $g^{z_1}=a_1u_1^{c_1}$, $g^{z_1'}=a_1u^{c_1'}$, $g^{z_1-z_1'}=u^{c_1-c_1'}$,

$$w=(z_1-z_1')/(c_1-c_1')\mod q$$

最后, 讨论特殊诚实验证者零知识性, 对于任意挑战 $c$, 实际执行产生的会话分布为(不妨设 $\tau=2$):

$$\{(a_1,a_2,c,c_1,c_2,z_1,z_2)\,|\,r_1,c_2,z_2\leftarrow_R\mathbb{Z}_q,a_1=g^{r_1},a_2=g^{z_2}u_2^{-c_2},$$
$$c_1=c-c_2\mod q,z_1=r_1+c_1w\mod q\}$$

模拟器随机选取 $c_2,z_1,z_2$ 并构造相应的会话, 其分布为

$$\{(a_1,a_2,c,c_1,c_2,z_1,z_2)\,|\,c_2,z_1,z_2\leftarrow_R\mathbb{Z}_q,c_1=c-c_2\mod q,a_1=g^{z_1}u_1^{-c_1},a_2=g^{z_2}u_2^{-c_2}\}$$

实际执行产生的会话中, $r_1$ 与 $z_1$ 的均匀分布性质是等价的, $r_1$ 的均匀选取可用 $z_1$ 的均匀选取代换, 因而两个分布都可视为独立随机取值于 $\mathbb{Z}_q$ 的基本随机变量 $c_2,z_1,z_2$ 导致的均匀分布, 每个元组被取到的概率为 $1/q^3$, 概率分布是相同的. ■

### 4.4.3 由 Σ-协议构造零知识证明协议

在这一小节, 我们将介绍如何利用 Σ-协议构造一般性的零知识证明协议. Σ-协议之所以不是一般性零知识的, 是因为在模拟证明的过程中, 模拟器 $\mathcal{S}$ 无法在给出第一个消息 $a$ 之前猜测出敌手 $V^*$ 的挑战 $c$, 如前所述, 重复执行以得到匹配的挑战是不可行的, 为了解决这一问题, 可以令验证者 $V$ 在协议开始之前先使用完美隐藏承诺协议对挑战 $c$ 进行承诺, 并把承诺发送给 $P$, 收到 $a$ 之后 $V$ 再把承诺打开. 这种方法最早在文献[GK96]中提出. 值得注意的是, 虽然通过这种方法构造的协议能够实现零知识, 但却不再是一个知识证明了. 我们在后面会讨论其原因并介绍如何在此基础上改造协议使其成为知识的零知识证明协议.

设 com 是一个完美隐藏承诺协议，$\pi$ 是一个关于 $R$ 的 $\Sigma$-协议，关于语言 $L_R$ 的零知识证明协议具体构造如下：

---

**协议 4.7** (基于 $\Sigma$-协议 $\pi$ 和承诺协议 com 构造零知识协议框架)

**公共输入**：证明者 $P$ 和验证者 $V$ 都持有 $v$.

**私有输入**：$P$ 持有证据 $w$，满足 $(v,w)\in R$.

**协议过程**：

1. $V$ 选择一个 $t$ 比特长的随机挑战 $c$，然后使用承诺方案 com 对 $c$ 进行承诺，并把承诺发送给 $P$.

2. $P$ 根据 $(v,w)\in R$ 计算 $\Sigma$-协议 $\pi$ 的第一个消息 $a$，并将 $a$ 发送给 $V$.

3. $V$ 为 $P$ 打开 $c$ 的承诺.

4. $P$ 验证 $V$ 的承诺，如果承诺无效则终止协议. 若承诺有效，则根据 $(v,w,c)$ 计算协议 $\pi$ 中关于 $c$ 的应答 $z$ 并发送给 $V$.

5. 当 $V$ 收到的应答被 $\pi$ 接受时，$V$ 接受.

---

**定理 4.3** 如果 $\pi$ 是一个关于关系 $R$ 的 $\Sigma$-协议，com 是一个完美隐藏承诺协议，则协议 4.7 是一个可靠性误差为 $2^{-t}$ 的关于 $L_R$ 的零知识协议.

**证明** 完备性可直接验证. 根据承诺协议的完美隐藏性，不掌握证据的作弊证明者收到对挑战 $c$ 的承诺不能获得关于 $c$ 的任何信息，因而在发送 $a$ 之前仍然对挑战 $c$ 一无所知，最好的应答只能随机猜测挑战，猜中的概率为 $2^{-t}$. 因而协议的可靠性误差为 $2^{-t}$. 为了证明零知识性，下面构造模拟器 $\mathcal{S}$.

**模拟器 $\mathcal{S}$**:

(1) 对于输入 $v$，调用 $V^*$，得到对挑战串的承诺.

(2) 随机选取一个长度为 $t$ 的串 $c'$ (作为对挑战串的猜测)，构造相应于 $c'$ 的随机消息 $a'$，将其发送给 $V^*$.

(3) 接收 $V^*$ 的解承诺. 如果解承诺无效，返回第 2 步，直到得到解承诺值 $c$.

(4) 产生相应于挑战 $c$ 的随机消息 $a$，倒带 $V^*$ 至接收第一个消息前状态，发送消息 $a$，重复直至收到 $V^*$ 的解承诺再次为 $c$，输出$(a, c, z)$，停机.

如果 $V^*$ 成功解承诺的概率不可忽略，模拟器 $\mathcal{S}$ 可在多项式时间停机，且因为 $a$ 是均匀随机选取的，输出$(a, c, z)$与真实执行时 $V^*$ 的视图不可区分. ■

直观而言，当使用承诺协议 com 后，$V^*$ 每次在协议开始就通过 com 确定了挑战 $c$，因此模拟器 $\mathcal{S}$ 可以调用 $V^*$获得挑战串的承诺，然后随机选取挑战串 $c'$ 并计算与之相应的消息 $a'$，发送给 $V^*$，在 $V^*$收到 $a'$ 后会打开承诺，模拟器获得挑战串

$c$, 构造出相应的 $a$ 和 $z$, 倒带 $V^*$重复发送 $a$ 至再次得到解承诺值 $c$, 从而取得与实际执行不可区分的会话$(a, c, z)$, 模拟 $P$ 与 $V^*$之间的会话成功.

上面证明了在 Σ-协议中加入完美隐藏承诺构造的协议 4.7 是零知识的. 但是, 由于协议开始首先固定了挑战 $c$, 对于同一个消息 $a$, 无法获取两个不同挑战 $c$ 和 $c'$ 对应的会话$(a, c, z)$和$(a, c', z')$, 因此前面构造知识抽取器的方法不能用于现在的情况. 因而无法套用前面的方法证明协议 4.7 是关于关系 $R$ 的知识证明. 为了解决这个问题, 引入"完美隐藏陷门承诺方案". 所谓完美隐藏陷门承诺方案, 是指一个完美隐藏承诺方案具有一个陷门, 当知道这个陷门时承诺者能够生成与常规承诺分布完全相同的特殊承诺值, 但在解承诺阶段可以打开到任何值. 利用这一特性, 知识抽取器可以获取同一个消息对两个不同挑战的接受会话, 使知识抽取得以完成.

设 com 是一个完美隐藏陷门承诺协议, $\pi$ 是一个 Σ-协议, 关于关系 $R$ 的知识的零知识证明协议具体构造如下:

---

**协议 4.8** (基于 Σ-协议 $\pi$ 和陷门承诺协议 com 构造知识的零知识证明框架)

**公共输入**: 证明者 $P$ 和验证者 $V$ 都持有 $v$.

**私有输入**: $P$ 持有证据 $w$, 满足 $(v,w)\in R$.

**协议过程**:

1. $V$ 选择一个 $t$ 比特长的随机挑战 $c$, 然后使用承诺方案 com 对 $c$ 进行承诺, 并把承诺发送给 $P$.
2. $P$ 根据 $(v,w)\in R$ 计算 Σ-协议 $\pi$ 的第一个消息 $a$, 并将 $a$ 发送给 $V$.
3. $V$ 为 $P$ 打开 $c$ 的承诺.
4. $P$ 验证 $V$ 的承诺, 如果承诺无效则 $P$ 终止协议. 若承诺有效, 则 $P$ 根据 $(v,w,c)$ 计算协议 $\pi$ 中关于 $c$ 的应答 $z$ 并发送 $z$ 及 com 的陷门给 $V$.
5. 当 $V$ 收到的陷门有效且应答 $z$ 被 $\pi$ 接受时, $V$ 接受.

---

该协议与协议 4.7 完全类似, 只是给 com 增加了陷门及相应的发送、验证环节.

**定理 4.4** 如果 $\pi$ 是一个关于关系 $R$ 的 Σ-协议, com 是一个完美隐藏陷门承诺协议, 则协议 4.8 是一个知识误差为 $2^{-t}$ 的关于 $R$ 的知识的零知识证明协议. ■

类似于定理 4.3 易证协议 4.8 是一个零知识证明协议, 协议 4.8 是一个关于 $R$ 的知识证明协议的论述较为烦琐, 可参阅[HL10].

上面协议的知识性, 依赖于完美隐藏陷门承诺协议的存在性, 下面说明 Pedersen 承诺协议是一个完美隐藏的陷门承诺协议.

与以前一样, 假设 $G$ 是一个群, $g$ 是 $G$ 中的 $q$ 阶元素.

---

**协议 4.9** (Pedersen 承诺协议)

**公共输入**: 承诺者 $C$ 和接收者 $R$ 共同持有参数 $t, 2^t < q$.

**私有输入**: $C$ 持有值 $x \in \{0,1\}^t$.

**承诺阶段**:

1. 接收者 $R$ 选择随机数 $a \leftarrow_R \mathbb{Z}_q$, 计算 $h = g^a$, 发送 $h$ 给承诺者 $C$.
2. $C$ 选择随机数 $r \leftarrow_R \mathbb{Z}_q$, 计算 $c = g^r h^x$, 并将 $c$ 发送给 $R$.

**解承诺阶段**:

$C$ 发送$(r, x)$给 $R$, $R$ 验证 $c = g^r h^x$.

---

Pedersen 承诺协议的完美隐藏性前面已经讨论过, 不再重复, 这里只考虑其陷门. 如果承诺者 $C$ 知道 $h$ 的离散对数 $a$, 他便可以解承诺 $c$ 到任何值, 比如对 $x$ 的承诺 $c = g^r h^x$ ,可以解承诺为 $x'$ ,只需要取 $r' = r + ax - ax'$ ,则 $r' + ax' = r + ax$ , 因此验证等式 $c = g^{r'} h^{x'}$ 成立, 意味着 $(r', x')$ 是一个合法的对 $c$ 的解承诺, $a$ 则是所说的"陷门".

## 4.5　非交互零知识证明

在安全多方计算中, 零知识证明作为一个子协议往往需要是非交互的, 也就是说协议交互只有一轮, 证明者发出信息后, 验证者进行验证并输出接受或拒绝. 因此, 本节考虑非交互零知识证明系统. 一个交互证明协议是一个证明者使验证者相信某个论断正确性的两方协议, 一个非交互证明协议则包含两个算法, 其中一个算法用于产生对某个论断的证明, 另一个算法则用于验证证明.

为了使交互零知识证明系统非交互化, 需要有一个辅助装置均匀产生随机比特串, 因此在一个非交互零知识证明系统中需要引入一个均匀分布的公开随机带. 这样, 一个非交互证明系统由三个实体组成: 证明者、验证者和公共均匀随机带, 证明者和验证者都可以读取公共随机带, 同时, 证明者和验证者都可以有自己的掷币机制或说私有随机带. 需要特别说明, 非交互证明系统的证明者和验证者除了具有公共输入和可以获得均匀分布随机串之外, 可以认为是普通概率图灵机.

我们先定义非交互证明系统, 而后考虑零知识性.

**定义 4.13** (非交互证明系统)　一对交互概率图灵机$(P, V)$称为关于语言 $L$ 的非交互证明系统, 如果 $V$ 是概率多项式时间图灵机, 且满足下述条件.

(1) 完备性: 对于任意 $x \in L$,

$$\Pr[V(x,R,P(x,R))=1]\geqslant 2/3$$

其中, $R$ 是一个 $\{0,1\}^{\text{poly}(|x|)}$ 上的均匀分布随机变量, $P(x,R)$ 是 $P$ 以 $x$ 和 $R$ 为输入时的输出.

(2) 可靠性: 对于任意 $x\notin L$ 和任意证明者 $P^*$,

$$\Pr[V(x,R,P^*(x,R))=1]\leqslant 1/3$$

其中, $R$ 是一个 $\{0,1\}^{\text{poly}(|x|)}$ 上的均匀分布随机变量, $P^*(x,R)$ 是 $P^*$ 以 $x$ 和 $R$ 为输入时的输出. ■

均匀选取的随机串 $R$ 称为公共参考串.

和通常一样, 通过独立重复执行这个过程足够多次, 上面两个条件的错误概率可以降到可忽略. 在这里, $P$ 和 $V$ 没有交互, $V$ 根据输入 $x$、公共随机串 $R$ 及 $P$ 发送的消息 $P(x, R)$决定接受或拒绝.

在非交互证明系统中, 零知识的定义变得简单, 这种情况下验证者的视图由公共随机串和证明者发送的消息产生, 验证者不能对此有任何影响, 因而只需考虑一个诚实验证者视图的可模拟性即可.

**定义 4.14** (非交互零知识) 一个关于语言 $L$ 的非交互证明系统$(P, V)$是零知识的, 如果存在一个多项式 $p(\cdot)$ 和概率多项式时间算法 $\mathcal{M}$ 使得随机变量系综 $\{x,U_{p(|x|)},P(x,U_{p(|x|)})\}_{x\in L}$ 和 $\{\mathcal{M}(x)\}_{x\in L}$ 计算不可区分, 其中, $U_{p(|x|)}$是$\{0, 1\}_{p(|x|)}$上的均匀分布随机变量. ■

自然地, 非交互论证系统也可类似定义.

在非交互证明系统中, 引入了一条公共随机带, 这在实用中造成了一定困扰. 实际中处理该问题的方法有多种, 比如, 假设有一个可信中心产生随机串, 或者利用公开掷币协议产生随机串, 又或者假设密码学 Hash 函数的值是随机的并利用 Hash 函数产生随机串等, 但都难以达到理想的效果, 对此有很多文献进行了讨论.

一个将交互证明系统转化为非交互版本的著名技巧, 称作 Fiat-Shamir 转换(FS 转换), 是由 Fiat 和 Shamir 于 1987 年提出的[FS87], 他们提出该方法的初衷是将所设计的身份识别协议转化为一个数字签名协议, 但该方法却引起了极大关注, 成为一个在理论与实用中都非常重要的基础性工具. Fiat-Shamir 转换的一个最典型的应用是将 Σ- 协议转化为非交互版本. 事实上, Σ- 协议中验证者的作用除验证证明并输出接受或者拒绝的本地操作外, 在会话中只有发送均匀选取的随机串作为挑战一个操作, 所谓 Fiat-Shamir 转换就是用一个 Hash 函数(理想的情况是一个完全的随机函数)替代验证者产生挑战, 从而得到一个非交互证明(论证).

具体来说, 令 $h$ 是一个密码学 Hash 函数, $R\subseteq V\times W$ 是一个关系, 对关于 $R$ 的 Σ- 协议 $\Pi$, 假设其输入为$(v, w)$, 其中 $v$ 是公共输入, $w$ 是证明者的私有输入. 对协议

$\Pi$ 进行 Fiat-Shamir 转换得到的关于 $R$ 的非交互证明(论证) $\mathrm{FS}(\Pi)$ 包含以下两个算法.

**证明生成算法**: 对于输入$(v, w)$, 证明者构造消息 $a=a(v,w,u)$, 其中 $u$ 为均匀选取的随机串, 对挑战 $h=h(v,a)$ 生成应答 $z=z(v,w,h,u)$, 有序对$(a, z)$称为 $\mathrm{FS}(\Pi)$ 的证明.

**证明验证算法**: 对于 $v \in V$, 验证者接受证明$(a, z)$当且仅当$(v, a, c, z)$满足 $\Pi$ 的验证方程.

在交互系统 $\Pi$ 转化为非交互系统 $\mathrm{FS}(\Pi)$ 的过程中, 利用 Hash 函数代替了公共随机带, 这是否还能保证安全特别是可靠性值得研究. Fiat-Shamir 转换在随机谕言模型(random oracle model, ROM, RO 模型)下是安全的[PS96, Roth19], 但在对 RO 进行实例化时, 情况复杂, 会有一些正面和负面结果, 对此已有大量讨论[JLL12], 在此不再展开.

作为本节的结束, 我们给出一个 Fiat-Shamir 转换的具体例子, 考虑 Schnorr 协议的 Fiat-Shamir 转换.

对 Schnorr 协议(协议 4.2)进行 Fiat-Shamir 转换, 将挑战用协议的第一个消息 $a$ 和待签名消息 $m$ 的 Hash 值代替, 得到以下签名协议(协议 4.10). 事实上, Schnorr 协议最初是作为身份识别协议提出的, 而后利用 Fiat-Shamir 转换转化为签名方案.

---

**协议 4.10** (Schnorr 签名)

令 $p, q$ 为素数, $g$ 是 $\mathbb{Z}_p^*$ 中的一个 $q$ 阶元素, $H:\{0,1\}^* \to \mathbb{Z}_q$ 是一个安全 Hash 函数.

**密钥生成算法**:

随机选取 $x \leftarrow_R \mathbb{Z}_q$, 计算 $h=g^x \bmod p$, $x$ 为签名密钥(私钥), $(p, q, g, h, H)$ 为验证密钥(公钥).

**签名算法(证明生成)**:

输入待签名消息 $m \in \mathbb{Z}_p$、私钥 $x$, 随机选取 $r \leftarrow_R \mathbb{Z}_q$, 计算 $a=g^r \bmod p$, $c=H(a,m), z=r+cx \bmod q$, $m$ 的签名为$(c, z)$.

**验证算法(证明验证)**:

输入消息 $m$, 签名$(c, z)$和公钥$(p, q, g, h, H)$, 接受$(c, z)$为 $m$ 的签名, 当且仅当 $c=H(g^z h^{-c}, m)$.

---

注: 签名中不包含消息 $a$, 因此, 将 $c=H(a,m), g^z \equiv ah^c \pmod p$ 两个关系式合并成一个式子 $c=H(g^z h^{-c}, m)$.

可以证明, 在 RO 模型下, 假设离散对数问题难解, Schnorr 签名方案是自适应选择消息攻击下存在性不可伪造的[PS96]. 事实上, 这个结论可以推广到一大类经典的身份识别协议的 Fiat-Shamir 转换[Katz12].

## 参 考 文 献


[AFK22] Attema T, Fehr S, Klooβ M. Fiat-shamir transformation of multi-round interactive proofs. Theory of Cryptography Conference−TCC 2022, LNCS 13747. Cham: Springer, 2022: 113-142.

[BCC88] Brassard G, Chaum D, Crépeau C. Minimum disclosure proofs of knowledge. Journal of Computer and System Science, 1988, 37(2): 156-189.

[BG93] Bellare M, Goldreich O. On defining proofs of knowledge. Advances in Cryptology−CRYPTO' 92, LNCS 740. Heidelberg: Springer, 1993: 390-420.

[BLS19] Bootle J, Lyubashevsky V, Seiler G. Algebraic techniques for short(er) exact lattice-based zero-knowledge proofs. Advances in Cryptology−CRYPTO 2019, LNCS 11692. Cham: Springer, 2019: 176-202.

[CCHL19] Canetti R, Chen Y, Holmgren J, et al. Fiat-Shamir: From practice to theory. 51st Annual ACM Symposium on Theory of Computing (STOC 2019). New York: Association for Computing Machinery, 2019: 1082-1090.

[Cha88] Chaum D, Evertse J H, Graaf J. An improved protocol for demonstrating possession of discrete logarithms and some generalizations. Advances in Cryptology−EUROCRYPT' 87, LNCS 304. Heidelberg: Springer, 1988: 127-141.

[Cra97] Cramer R. Modular design secure yet practical cryptographic protocols. Amsterdam: Universiteit van Amsterdam, 1997.

[DJK13] Bitansky N, Dachman-Soled D, Garg S, et al. Why "fiat-shamir for proofs" lacks a proof. Theory of Cryptography−TCC 2013, LNCS 7785. Heidelberg: Springer, 2013: 182-201.

[EGL85] Even S, Goldreich O, Lempel A. A randomized protocol for signing contracts. Communications of the ACM, 1985, 28(6): 637-647.

[Fel87] Feldman P. A practical scheme for non-interactive verifiable secret sharing.28th Annual Symposium on Foundations of Computer Science (FOCS' 87). Los Alamitos: IEEE Computer Society, 1987: 427-438.

[FFS88] Feige U, Fiat A, Shamir A. Zero-knowledge proofs of identity. Journal of Cryptology, 1988, 1(2): 77-94.

[FS87] Fiat A, Shamir A. How to prove yourself: Practical solutions to identification and signature problems. Advances in Cryptology−CRYPTO' 86, LNCS 263. Heidelberg: Springer, 1987: 186-194.

[Gol09] Goldreich O. Foundations of Cryptography: Basic Applications, Volume2. Cambridge: Cambridge University Press, 2009.

[Gol07] Goldreich O. Probabilistic proof systems: A primer. Foundations and Trends in Theoretical Computer Science, 2007, 3(1): 1-91.

[GK96] Goldreich O, Kahan A. How to construct constant-round zero knowledge proof systems for NP. Journal of Cryptology, 1996, 9(3): 167-189.

[GQ88] Guillou L C, Quisquater J J. A practical zero-knowledge protocol fitted to security microprocessor minimizing both transmission and memory. Advances in Cryptology-EUROCRYPT' 88, LNCS 330. Heidelberg: Springer, 1988: 123-128.

[GMR85] Goldwasser S, Micali S, Rackoff C. The knowledge complexity of interactive proof systems. Proceedings of the 17th Annual ACM Symposium on Theory of Computing (STOC' 85). New York: Association for Computing Machinery, 1985: 291-304.

[HL10] Hazay C, Lindell Y. Efficient Secure Two-Party Protocols. Berlin: Springer, 2010.

[JLL12] 贾小英, 李宝, 刘亚敏. 随机谕言模型. 软件学报, 2012, 23(1): 140-151.

[Katz12] Katz J. 数字签名. 任伟, 译. 北京: 国防工业出版社, 2012.

[LNSW13] Ling S, Nguyen K, Stehlé D, et al. Improved zero-knowledge proofs of knowledge for the ISIS problem, and Applications. Public key Cryptography-PKC 2013, LNCS 7778. Heidelberg: Springer, 2013: 107-124.

[Lyu08] Vadim Lyubashevsky. Lattice-based identification schemes secure under active attacks. Public Key Cryptography-PKC 2008, LNCS 4939. Heidelberg: Springer, 2008: 162-179.

[PS96] Pointcheval D, Stern J. Security proofs for signature schemes. Advances in Cryptology-EUROCRYPT' 96. Berlin: Springer, 1996: 387-398.

[Roth19] Rothblum R. Non-interactive zero-knowledge. Proceedings of the 9th BIU Winter School on Cryptography, BIU Cyber Center, 2019.

[Sch91] Schnorr C. Efficient signature generation by smart cards. Journal of Cryptology, 1991, 4(3): 161-174.

[YAZX19] Yang R, Au M, Zhang Z, Xu Q, et al. Efficient lattice-based zero-knowledge arguments with standard soundness: Construction and applications. Advances in Cryptology-CRYPTO 2019, LNCS 11692. Cham: Springer, 2019: 147-175.

# 第 5 章 安全多方计算基础方案

## 5.1 百万富翁问题

安全多方计算起源于姚期智在 1982 年 FOCS 会议上的一个报告[Yao82]. 在该报告中, 安全多方计算的概念第一次被提出, 并被赋予了极其一般化的基础性意义. 此外, 该报告提出了发展安全协议基础理论、认识单向函数的本质能力等科学理论问题的设想; 指出正确性和隐私性是安全多方计算协议中需要保证的最基本的安全性质; 对满足隐私约束条件下可行协议的存在性进行了研究.

作为一般问题的引导, 文献[Yao82]一开始便提出了著名的百万富翁问题. 两个百万富翁 Alice 和 Bob 想知道他们谁更富有, 但又不想暴露自己拥有财产的具体数值, 如果不借助可信中心, 他们应该如何进行比较? 这个问题可以看成是数值大小比较的一个特例. 数值大小比较是现代密码学中一个非常基础的问题, 应用广泛. 将这个问题进行一般化, 可以得到一般安全多方计算协议的概念. 如前所述, $n$ 个参与者 $P_1,P_2,\cdots,P_n$, 想要共同完成一个计算任务或过程, 每个参与方 $P_i$ 持有自己的隐私输入 $x_i$, $i\in\{1,2,\cdots,n\}$, 经过参与方共同参与的交互与计算之后, 各自得到约定的输出 $f_i(x_1,x_2,\cdots,x_n)$, 且除此(及可由此推出的信息)之外不能获得任何其他有用的信息(比如, 其他方的输入).

为了更直观地理解安全多方计算协议的概念及相关问题, 作为一个入门的简单例子, 我们先来介绍[Yao82]中提出的百万富翁问题的解决方案.

设 Alice 拥有的财产数是 $i$, Bob 拥有的财产数为 $j$, $1\leqslant i,j\leqslant 10$.

---

**协议 5.1** (Yao-百万富翁协议)

**输入**: Alice 输入 $i$, Bob 输入 $j$, $1\leqslant i,j\leqslant 10$.

**输出**: 是否满足 $j\leqslant i$ 的比较结果.

**协议过程**:

1. Alice 选取并建立一个公钥密码系统(比如 RSA), 并将公钥 $e$ 发送给 Bob.

2. Bob 选取一个适当长的随机数 $r$, 并用 Alice 发来的公钥加密, 得到密文 $c=E_e(r)$, 然后将 $(c-j)$ 发送给 Alice.

---

3. 令 $u=1,2,\cdots,10$，Alice 利用私钥 $d$ 计算 $Y_u=D_d(c-j+u)$，得到 $Y_1,Y_2,\cdots,Y_{10}$. 选取适当小的随机素数 $p$ (比如长度为 RSA 模 $n$ 的一半), 对 $Y_u$ 关于 $p$ 取模, 得到 $Z_u=Y_u \bmod p$，若有相邻 $Z_u$ 相差小于 2, 则重新选取 $p$. 将 $Z_1,\cdots,Z_i,Z_{i+1}+1,\cdots,Z_{10}+1$ 以及 $p$ 发送给 Bob.

4. Bob 验证接收到的第 $j$ 个数是否为 $r \bmod p$，若成立则有 $j\leqslant i$，否则 $j>i$，并将验证结果发送给 Alice.

先看协议的正确性. 由于 $Y_j=D_d(c-j+j)=r$，当 $j\leqslant i$ 时, Alice 发送给 Bob 的第 $j$ 个数是 $Z_j$，而 $Z_j=Y_j \bmod p=r \bmod p$，即 Bob 收到的第 $j$ 个数是 $r \bmod p$；当 $j>i$ 时, Alice 发送给 Bob 的第 $j$ 个数是 $Z_j+1$, 此时该数不等于 $r \bmod p$. 因此, 如果 Bob 收到的第 $j$ 个数是 $r \bmod p$，则意味着 $j\leqslant i$；否则 $j>i$. 协议的结果是正确的.

再看安全性. 除了最终的输出结果外, 协议中 Alice 能够得到的信息只有 $c-j$，假设采用的加密体制是安全的, $c$ 对于 Alice 来说就是一个随机数, 因而 $c-j$ 也是随机数. 因此, 假如加密体制是安全的, Alice 不会获得任何信息. Bob 得到的信息为 $Z_u$ 或 $Z_u+1$, 他知道 $Y_j$ 也就知道 $Z_j$，但对收到的其他值, Bob 并不能区分 $Z_u$ 和 $Z_u+1$, 也无法从中得到关于 $i$ 的信息. 这里注意, 如果 Alice 不对 $Y_u$ 取模 $p$，直接发送 $Y_u$ 或 $Y_u+1$, 在确定性加密的情况下 Bob 可通过加密操作测试出哪些 $Y_u$ 被加了 1, 从而得到 $i$.

对于以上协议, 我们再作两点说明:

(1) 这个协议考虑的敌手是半诚实的.

(2) 这个方案需要遍历整个输入空间, 从复杂性角度说是一个不可行的方案. 比如, 若输入变量 $i$，$j$ 的长度为 128 比特, 遍历就是不可能的.

## 5.2 混淆电路与 Yao 协议

作为安全多方计算领域最基础的方案之一, Yao 协议可以使两个参与方安全地计算任意可计算函数[Yao86]. 计算前需要将所要计算的函数表示成布尔电路, 然后由其中一方(称为混淆电路构造方)对布尔电路进行“混淆”操作, 得到混淆电路, 然后由另一方(称为混淆电路计算方)对混淆电路以一种茫然的方式进行计算, 在不获取构造方输入信息的情况下完成安全两方计算任务. Yao 协议的主要核心部件是混淆电路和茫然传输. 前面我们已经介绍了茫然传输的主要功能和基本方案, 下面我们来讨论混淆电路.

### 5.2.1 混淆电路

混淆电路是对布尔电路进行混淆操作产生的一种“加密”电路. 布尔电路是由“与”门、“或”门、“非”门、“与非”门、“异或”门等逻辑电路门组合而成的. 在布尔电路中, 每条布尔电路导线上有两个可能的取值, 0 或 1. 对应到混淆电路上, 每条电路导线有两个混淆密钥, 一个混淆密钥对应 0, 另一个混淆密钥对应 1. 通过混淆密钥, 可以茫然地、逐层地计算该混淆电路, 过程中不泄露关于电路真实输入的任何信息.

1. 生成混淆门和混淆电路

我们先以一个“或”(OR)门(图 5.1)为例来详细描述如何构造一个混淆电路门. 展示了单个混淆门之后, 我们再介绍混淆电路的构造. 首先定义一个满足语义安全的对称加密方案 $\Pi=(\text{Gen},\text{Enc},\text{Dec})$, 其中 Gen 为密钥生成算法, 该算法以安全参数 $\lambda$ 作为输入, 输出密钥 $k$; Enc 为加密算法, 用 $\text{Enc}_k(m)$ 来表示密钥 $k$ 下对明文 $m$ 的加密, 如果加密算法中使用的随机数 $r$ 需要明确指出, 则用 $\text{Enc}_k(m;r)$ 表示; Dec 为解密算法, 用 $\text{Dec}_k(c)$ 来表示密钥 $k$ 下对密文 $c$ 的解密. 假定当前需要混淆的电路门为“或门 $G$”, 其两条输入导线用 $w_1$ 和 $w_2$ 表示, 输出导线用 $w_3$ 表示. $w_1$ 与 $w_2$ 上的输入分别为 $u,v\in\{0,1\}$, $w_3$ 上的输出记为 $u$ OR $v$. 或门 $G$ 的混淆版本构造如下:

(1) 为每一条电路导线分配两个混淆密钥. 具体说来, 对于电路导线 $w_1$($w_2$, $w_3$), 调用密钥生成算法 Gen, 随机生成两个密钥 $k_1^0$, $k_1^1\leftarrow_R\{0,1\}^\lambda$($k_2^0$, $k_2^1\leftarrow_R\{0,1\}^\lambda$, $k_3^0$, $k_3^1\leftarrow_R\{0,1\}^\lambda$), $\lambda$ 为安全参数, 其中第一个密钥对应比特 0, 第二个密钥对应比特 1(图 5.2).

图 5.1 或门　　图 5.2 每条导线分配一对混淆密钥

(2) 根据该门的真值表(表 5.1(a)), 我们可以利用分配的密钥来构造加密后的混淆表(表 5.1(d)). 具体来说, 对于表 5.1(b) 中的每一行, 利用第 1 列和第 2 列的密钥对第 3 列密钥进行双重加密. 即给定密钥 $k_1^u,k_2^v$, 计算 $\text{Enc}_{k_1^u}(\text{Enc}_{k_2^v}(k_3^{u\text{ OR }v}))$. 将表 5.1(b) 中的每条记录进行双重加密操作, 可以得到如表 5.1(c) 所示中的四个密文. 注意, 混淆表的构造是为了保护该门输入的隐私性, 但表 5.1(c) 的排序方式会带来输入信息的泄露, 即如果解密者知道应该解密表 5.1(c) 中的哪一行, 则意味着解密者能够获得两条输入导线上的真实输入. 因此, 我们需要通过随机置换来打乱混淆表中 4 个密文的顺序(见表 5.1(d)), 置换后的混淆表称为置换混淆表.

**表 5.1　混淆“或”(OR)门 $G$ 的构造**

| (a) 或门 $G$ 的真值表 | | |
|---|---|---|
| 输入导线 $w_1$<br>(输入值 $u$ ) | 输入导线 $w_2$<br>(输入值 $v$ ) | 输出导线 $w_3$<br>(输出值 $u$ OR $v$ ) |
| 0 | 0 | 0 |
| 0 | 1 | 1 |
| 1 | 0 | 1 |
| 1 | 1 | 1 |
| (b) 带混淆密钥的或门 $G$ | | |
| $k_1^0$ | $k_2^0$ | $k_3^0$ |
| $k_1^0$ | $k_2^1$ | $k_3^1$ |
| $k_1^1$ | $k_2^0$ | $k_3^1$ |
| $k_1^1$ | $k_2^1$ | $k_3^1$ |
| (c) 混淆表(密文顺序与真值表一致) | | |
| $\mathrm{Enc}_{k_1^0}(\mathrm{Enc}_{k_2^0}(k_3^{0\,\mathrm{OR}\,0}))$ | | |
| $\mathrm{Enc}_{k_1^0}(\mathrm{Enc}_{k_2^1}(k_3^{0\,\mathrm{OR}\,1}))$ | | |
| $\mathrm{Enc}_{k_1^1}(\mathrm{Enc}_{k_2^0}(k_3^{1\,\mathrm{OR}\,0}))$ | | |
| $\mathrm{Enc}_{k_1^1}(\mathrm{Enc}_{k_2^1}(k_3^{1\,\mathrm{OR}\,1}))$ | | |
| (d) 置换混淆表(密文顺序被随机置换) | | |
| $\mathrm{Enc}_{k_1^1}(\mathrm{Enc}_{k_2^0}(k_3^{1\,\mathrm{OR}\,0}))$ | | |
| $\mathrm{Enc}_{k_1^0}(\mathrm{Enc}_{k_2^0}(k_3^{0\,\mathrm{OR}\,0}))$ | | |
| $\mathrm{Enc}_{k_1^1}(\mathrm{Enc}_{k_2^1}(k_3^{1\,\mathrm{OR}\,1}))$ | | |
| $\mathrm{Enc}_{k_1^0}(\mathrm{Enc}_{k_2^1}(k_3^{0\,\mathrm{OR}\,1}))$ | | |

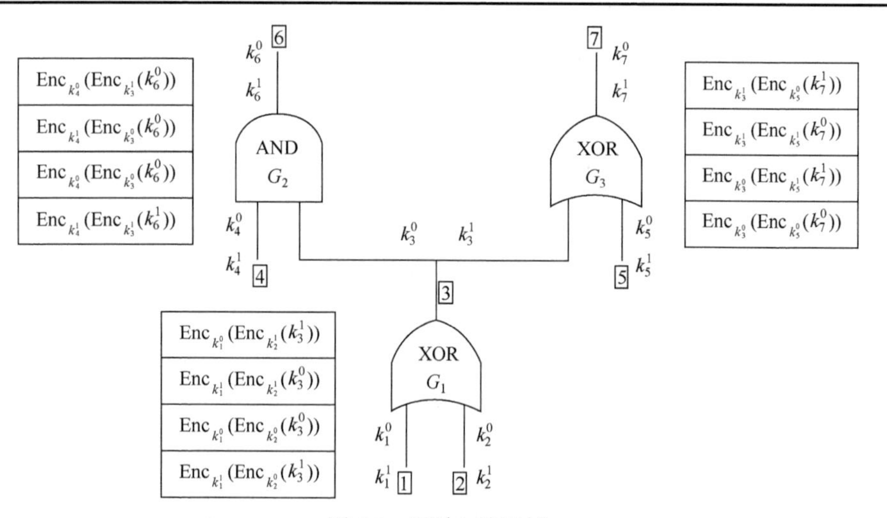


图 5.3　混淆电路示例

使用置换混淆表替换真值表就得到了该电路门的混淆门. 有了单个混淆门的构造方法, 将布尔电路的每个门进行混淆就可以得到混淆电路. 以图 5.3 为例, 该布尔电路是由两个异或(XOR)门 $G_1, G_3$ 和一个与(AND)门 $G_2$ 组成的, 其中 $G_1$ 的输出导线是 $G_2$ 和 $G_3$ 的输入导线. 我们为所有 7 条电路导线分别分配两个混淆密钥, 并以门为单位构造每个门的混淆版本, 得到 3 个置换混淆表. 使用这 3 个置换混淆表替换真值表就得到了该布尔电路的混淆电路.

上述即为混淆门和混淆电路的构造示例, 下面来看如何对混淆门和混淆电路进行计算.

2. 计算混淆门和混淆电路

我们先看如何计算混淆门. 给定表 5.1(d)的置换混淆表, 以及该门的每条输入导线上的一个密钥, $k_1^u$ 和 $k_2^v$, 如何对该混淆表进行解密获取正确的 $k_3^{u \text{ OR } v}$ 呢? 也就是说, 在不知道 $k_1^u$ 和 $k_2^v$ 对应混淆表中哪一项的情况下, 如何正确找到应该解密哪一项呢? 一个比较直接的方法是, 我们在对输出导线上的混淆密钥加密时, 在其后面添加 $\kappa$ 个 0 ($\kappa$ 为安全参数). 这样, 当需要计算混淆门时, 可以尝试对混淆表中的每一个密文进行解密, 错误的解密一般会产生一堆乱码, 而如果解密出的明文后缀为 $\kappa$ 个 0, 则可以极大的概率断定该明文就是 $k_3^{u \text{ OR } v}$, 该方法出现错误的概率是关于 $\kappa$ 指数级小的. 不过, 这种方法对于计算而言比较低效, 每个门平均需要尝试解密 2.5 个密文才能获得正确的混淆密钥. 我们将在本章 5.5 节介绍如何通过点置换(Point-and-Permute)技术[BMR90]帮助解密方直接确定应该解密混淆表中的哪一个密文. 关于单个混淆门解密过程的直观说明, 见图 5.4. 给定混淆或门, 假设其两条输入导线上的真实值分别为 1 和 0. 只有通过与该真实值相对应的两个密钥 $k_1^1$, $k_2^0$, 才能对混淆表中的密文 $\text{Enc}_{k_1^1}(\text{Enc}_{k_2^0}(k_3^{1 \text{ OR } 0}))$ 进行正确解密, 从而得到输出导线上的密钥值 $k_3^1$. 该密钥值与或门的输出值 1 相对应. 这里, 真实值 $u$, $v$ 及 $u$ OR $v$ 都是不可见的.

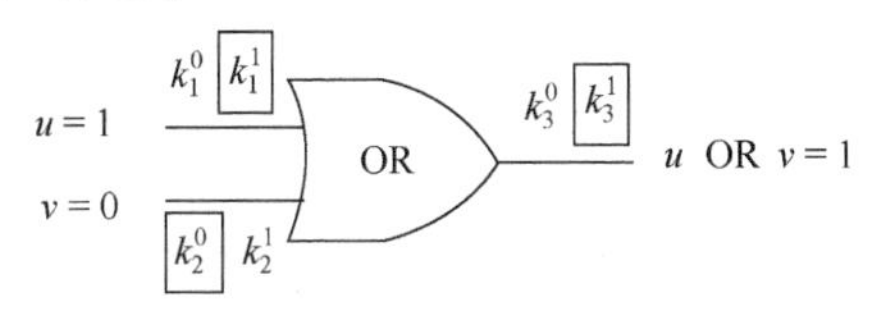


图 5.4 混淆或门解密示例

有了计算单个混淆门的过程, 我们进一步来看如何逐层地计算混淆电路. 给定每条电路输入导线上的一个混淆密钥, 电路的第一层即可被成功计算. 第一层中的每一个混淆门被成功计算所得到的结果即为该门输出导线上的混淆密钥, 而这些输出密钥也是第二层混淆门的输入密钥，所以混淆电路的解密可以逐层进行，最后得到电路输出导线上的密钥. 举例来看，如图 5.5 所示的混淆电路，给定 XOR 门 $G_1$ 两条输入导线 $w_1$，$w_2$ 上的两个随机密钥 $k_1^0$ 和 $k_2^1$，以及该门的混淆表，可以计算获得 $G_1$ 输出导线 $w_3$ 上的 $k_3^1$. 由于 $G_1$ 门的输出是 AND 门 $G_2$ 和 XOR 门 $G_3$ 的输入，因此，给定 $G_2$ 输入导线上的随机密钥 $k_4^1$，以及刚才计算获得的 $k_3^1$，可以解密 $G_2$ 的混淆表，得到输出导线上的 $k_6^1$；同理，给定 $G_3$ 输入导线上的随机密钥 $k_5^0$，以及刚才计算获得的 $k_3^1$，可以解密 $G_3$ 的混淆表，得到输出导线上的 $k_7^1$. 如果能拿到电路输出导线上的解码表(该解码表中存有电路输出密钥和明文值之间的对应关系，由电路构造方构造并发送给电路计算方)，找到 $k_6^1$ 和 $k_7^1$ 与明文比特之间的对应关系，就可以成功获得混淆电路的计算结果.

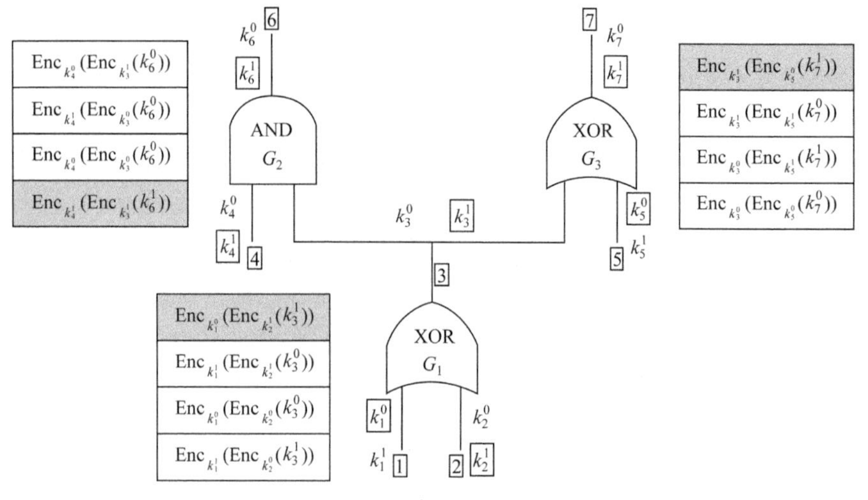


图 5.5　混淆电路解密示例

### 5.2.2　Yao 协议

基于混淆电路和 OT 可以构造通用的安全两方计算协议——Yao 协议. 假定两个参与方是 $P_1$ 和 $P_2$，$P_1$ 持有 $x\in\{0,1\}^n$，$P_2$ 持有 $y\in\{0,1\}^n$，$n$ 为输入长度，双方想要通过运行一个安全协议计算出函数值 $f(x,y)$，计算过程中不向对方泄露关于各自输入的任何信息.

首先，将函数 $f$ 表示成布尔电路 $C$，对于电路中的每一个门，让 $P_1$ 基于 5.2.1 节中的方法构造出整个混淆电路 GC，并将混淆电路及电路输出导线的解码表发送给 $P_2$，后面将由 $P_2$ 完成电路计算. $P_1$ 称为混淆电路构造方，$P_2$ 称为混淆电路计算方. 作为电路构造方，$P_1$ 知道混淆电路中密钥与真实值的对应关系. 为了进行计算，$P_2$ 需要获得所有电路输入导线上真实输入所对应的密钥. 对于 $P_1$ 的输入所对应的密钥，$P_1$可以直接将密钥发送给$P_2$，这不会泄露$P_1$的输入；而对于$P_2$的输入所对应的密钥，需要在$P_1$不知道$P_2$真实输入的情况下将密钥传输给$P_2$，这可以通过一个 2 选 1 OT 协议来实现. 在收到混淆电路和对应两方输入的密钥之后，$P_2$对混淆电路进行逐层计算，最终获得电路输出导线上的密钥. 然后$P_2$对照解码表获得每条电路输出导线上的真实输出值，从而完成对函数 $f$ 的安全计算. 通过以上方法，在双方不知道对方私有输入的情况下，我们能够安全计算函数 $f(x,y)$.

下面给出 Yao 协议的一个较为形式化的描述:

---

**协议 5.2** (Yao 协议)

**辅助输入**: 布尔电路$C$，满足对每个$x,y\in\{0,1\}^n$，有$C(x,y)=f(x,y)$，其中$f:\{0,1\}^n\times\{0,1\}^n\to\{0,1\}^n$(为简洁，这里考虑单值函数，只有计算方获得输出的情况).

**输入**: $P_1$输入$x=x_1x_2\cdots x_n, P_2$输入$y=y_1y_2\cdots y_n$，其中$n\in\mathbb{N},n>0,x_i$和$y_i\ (i=1,2,\cdots,n)$分别是输入$x$和$y$的第$i$个比特.

**输出**: $P_2$获得输出$f(x,y)$.

**协议过程**:

1. $P_1$构造混淆电路$\mathrm{GC}$.

2. 令$w_1,w_2,\cdots,w_n$为对应$x$的输入导线，$w_{n+1},w_{n+2},\cdots,w_{2n}$为对应$y$的输入导线，$k_i^0,k_i^1$为电路输入导线$w_i$上的一对混淆密钥($i=1,2,\cdots,2n$). $P_1$和$P_2$执行如下操作:

(1) $P_1$把与自己输入对应的密钥值$k_1^{x_1},k_2^{x_2},\cdots,k_n^{x_n}$发送给$P_2$.

(2) 对每个 $j$，$P_1$和$P_2$执行一次 2 选 1 OT 协议，其中$P_1$的输入是$(k_{n+j}^0, k_{n+j}^1)$，$P_2$的输入是$y_j, j=1,2,\cdots,n$. OT 协议结束后，$P_2$获得其对应于电路输入的密钥$k_{n+j}^{y_j}$.

上述 OT 可以并行执行.

3. $P_1$将混淆电路$\mathrm{GC}$以及电路输出导线上的解码表发送给$P_2$.

4. 给定了混淆电路、电路输出导线上的解码表以及步骤 2 中所获得的 $2n$ 条输入导线上的密钥，$P_2$计算混淆电路，最终得到$f(x,y)$.

---

直观上来看，这种基于混淆电路的构造在半诚实模型中是安全的. 因为对于$P_1$而言，其在协议执行过程中获取不到关于$P_2$输入的任何信息(假设 OT 是安全的)；而对于$P_2$，由于其不知道混淆电路中输入导线上的输入值与密钥的对应关

系, 因此不能通过密钥获取 $P_1$ 输入的任何信息. 我们将在第 6 章给出 Yao 协议在半诚实敌手模型下的形式化安全性证明.

如果两方都需要获得相应的输出, 电路构造方只需要发送计算方对应输出导线的解码表, 而电路计算方则需要将电路构造方对应输出导线上的密钥发送给电路构造方.

## 5.3 GMW 协议

文献[GMW87]是一篇安全多方计算基石性质的文章, 所提出的 GMW 协议与 Yao 协议一起构成了通用安全多方计算理论的基础. 在该文中引入并增强的 Yao-组合茫然传输协议与 GC 结构极为相似. GMW 协议以逻辑电路或算术电路为基础, 构造了一个基础性的多方计算协议. 该协议的原始形态非常复杂低效, 与现在通用的版本完全不同. 在原始 GMW 协议中, 为使 $n$ 个参与方在保证各自输入隐私的条件下计算 $n$ 元函数 $f$ 的值, 首先将 $f$ 转换为等效电路 $C$, 然后将电路 $C$ 转化为线程, 该线程本质上与 $C$ 同等大小, 其中运算数 0, 1 被编码成两个特殊选定的 5 次置换, 每条指令由两个 5 次置换 $\sigma, \tau$ 的乘积构成. 协议开始, 各方将自己的每个私有输入比特, 根据 Barrington 引理用一个 5 次置换 $\sigma$ 编码, 然后进行分享: 随机选取 $n-1$ 个 5 次置换, $\sigma_1, \sigma_2, \cdots, \sigma_{n-1}$, 令 $\sigma_n = (\sigma_1\sigma_2\cdots\sigma_{n-1})^{-1}\sigma$, 发送 $(i, \sigma_i)$ 给第 $i$ 方. 这样, $\sigma = \sigma_1\sigma_2\cdots\sigma_n$ 被 $n$ 个参与者分享. 线程中每条指令的执行要做两个 5 次置换的乘积, 这是非常低效的, 特别是两个以分享状态存在的置换 $\tau = \tau_1\tau_2\cdots\tau_n, \sigma = \sigma_1\sigma_2\cdots\sigma_n$ 的乘积尤为低效, 这需要利用复杂的技术将 $\tau\sigma = (\tau_1\tau_2\cdots\tau_n)(\sigma_1\sigma_2\cdots\sigma_n)$ 转化为各方可以本地计算所持份额的形式 $\tau\sigma = (\tilde{\tau}_1\tilde{\sigma}_1)(\tilde{\tau}_2\tilde{\sigma}_2)\cdots(\tilde{\tau}_n\tilde{\sigma}_n)$, 其中 $\tilde{\tau}_i$ 和 $\tilde{\sigma}_i$ 分别是经过变换后第 $i$ 方掌握的 $\tau$ 和 $\sigma$ 的份额. 这种形式的原始协议完全没有实用的可能性, 但具有重要理论价值, 它提出了与混淆电路并列的安全多方计算协议的另一种通用机制.

本节主要参考 Goldreich 在 *Foundations of Cryptography:Basic Applications, Volume2*[Gol04]第 7 章中所给出的协议构造, 对 GMW 协议进行介绍. 该协议是算术电路 GF(2) 上的多方计算协议, 也可以看作布尔电路(包含 NOT, XOR, AND 门)上的多方计算协议. 在该版本的 GMW 协议中, 每条电路导线上的值被分成两个份额, 每个参与方持有一个份额, 这些份额相加(模 2 加法, 也即异或(XOR)操作)就等于导线上的真实值. GMW 协议中用到 4 选 1 茫然传输协议来计算 AND 门输出导线上的份额. 在介绍 GMW 协议之前, 我们先介绍 4 选 1 OT.

### 5.3.1 4 选 1 茫然传输

在 4 选 1 OT 协议中, 发送方拥有 4 个值, 接收方只能获得这些值中的 1 个, 而不知道另外 3 个值, 发送方不知道接收方选择了哪个值.

前面第 3 章已经介绍了 2 选 1 OT 协议的构造. 在一个标准的 2 选 1 OT 功能函数 $\mathcal{F}_{\mathrm{OT}_2^1}$ 中, 发送方 $S$ 的输入为两个长度为 $n$ 的比特串 $x_0,x_1$, 接收方 $R$ 的输入为一个选择比特 $b\in\{0,1\}$. 该任务执行完成后, $R$ 获得 $x_b$, 而不知道 $x_{1-b}$ 的值; $S$ 没有输出, 且不知道 $R$ 获得了 $x_0,x_1$ 中的哪一个.

通过黑盒调用两次 2 选 1 OT 可以获得一个 4 选 1 OT 协议. 假设用 $(x_{00},x_{01},x_{10},x_{11})$ 表示 4 选 1 OT 协议中发送方 $S$ 的 4 条消息, 接收方 $R$ 使用 2 个选择比特 $(b_0,b_1)$, 通过执行两次 2 选 1 OT 协议从这些消息中选择其中 1 条. 下面给出一个 4 选 1 OT 协议的形式化描述.

---

**协议 5.3** (4 选 1 OT 协议 $\mathrm{OT}_4^1$)

**输入**: 发送方 $S$ 的输入为 4 个长度为 $n$ 的比特串 $(x_{00},x_{01},x_{10},x_{11})$, 接收方 $R$ 的输入为 2 个比特 $(b_0,b_1)$.

**输出**: 发送方 $S$ 没有输出; 接收方 $R$ 获得输出 $x_{b_0b_1}$.

**协议过程**:

1. $S$ 随机选取 $k_1^0,k_1^1,k_2^0,k_2^1\leftarrow\{0,1\}^\lambda$, $\lambda$ 是安全参数, 并计算:

$$\alpha_0=x_{00}\oplus H(k_1^0,k_2^0)$$

$$\alpha_1=x_{01}\oplus H(k_1^0,k_2^1)$$

$$\alpha_2=x_{10}\oplus H(k_1^1,k_2^0)$$

$$\alpha_3=x_{11}\oplus H(k_1^1,k_2^1)$$

其中, $H$ 是随机谕言.

2. $S$ 与 $R$ 一起调用两次理想功能函数 $\mathcal{F}_{\mathrm{OT}_2^1}$ (执行 2 选 1 OT), $R$ 根据自己的选择比特 $(b_0,b_1)$ 获得 $(k_1^{b_0},k_2^{b_1})$. 具体来说, 在第一次调用中, $S$ 的输入为 $(k_1^0,k_1^1)$, $R$ 的输入为 $b_0$. 结束后 $R$ 获得 $k_1^{b_0}$. 在第二次调用中, $S$ 的输入为 $(k_2^0,k_2^1)$, $R$ 的输入为 $b_1$. 结束后 $R$ 获得 $k_2^{b_1}$.

3. $S$ 将计算获得的密文 $(\alpha_0,\alpha_1,\alpha_2,\alpha_3)$ 发送给 $R$.

4. $R$ 在本地计算 $H(k_1^{b_0},k_2^{b_1})$, 与发送方发送的 4 条消息 $(\alpha_0,\alpha_1,\alpha_2,\alpha_3)$ 中的 $\alpha_{2b_0+b_1}$ 进行异或, 解密出消息 $x_{b_0b_1}$.

---

关于利用 2 选 1 OT 协议构造 4 选 1 OT, 图 5.6 给出了一个图示.

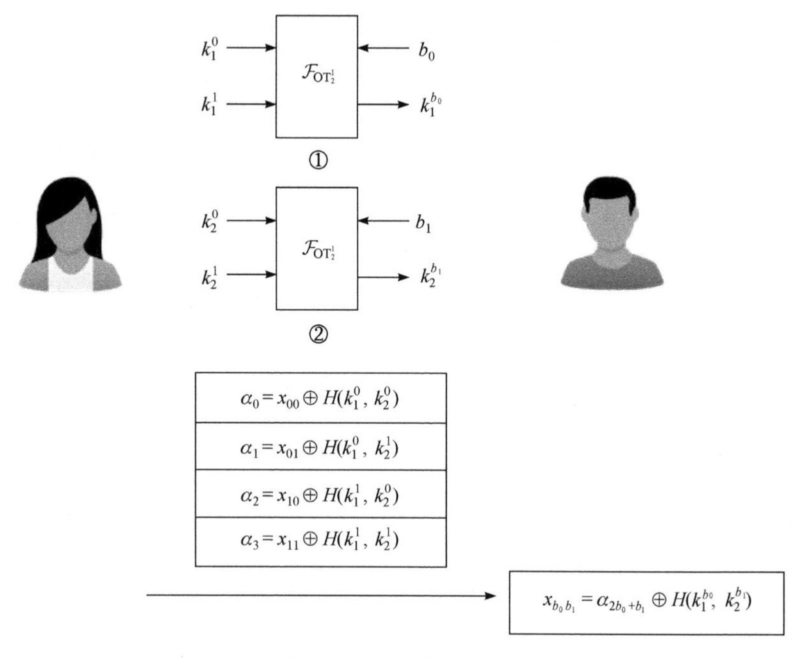


图 5.6　4 选 1 OT

### 5.3.2　两方场景

GMW 协议适用于参与方数目 $m \geqslant 2$ 的安全多方计算场景. 为了便于表述与理解, 在介绍多方 GMW 协议之前, 我们先看一下两方场景下的 GMW 协议如何构造.

假设两个参与方 $P_1$ 和 $P_2$ 分别拥有相同长度的输入 $x_1$ 和 $x_2$, $|x_1|=|x_2|=n$, $P_1$ 和 $P_2$ 要计算的函数 $f$ 用布尔电路 $C$ 表示. 不失一般性, 假设该布尔电路由 NOT 门、XOR 门和 AND 门组成, NOT 门有 1 条输入导线、1 条输出导线; XOR 门和 AND 门有 2 条输入导线、1 条输出导线. 每个门每次计算 1 个比特.

整个 GMW 协议的执行可以分成三个阶段: 输入分享阶段、电路计算阶段和输出重构阶段.

1. 输入分享阶段

为了进行安全计算, 每一方将其输入分成两部分, 将其中一部分分发给另一方, 另一部分留给自己. 具体来说, 令 $P_1$ 的输入 $x_1 = x_1^1 x_1^2 \cdots x_1^n, x_1^k$ 表示 $x_1$ 的第 $k$ 个比特; 令 $P_2$ 的输入 $x_2 = x_2^1 x_2^2 \cdots x_2^n, x_2^k$ 表示 $x_2$ 的第 $k$ 个比特. $P_1$ 按照以下方式对 $x_1$ 进行分割: 对于第 $k$ 个比特 $x_1^k, k \in \{1,2,\cdots,n\}, P_1$ 随机选取 $r_1^k \leftarrow \{0,1\}$ 并发送给 $P_2$,

计算 $x_1^k \oplus r_1^k$，将 $x_1^k \oplus r_1^k$ 作为自己的份额，$P_1$ 完成对 $x_1^k$ 的秘密分享. 类似地，$P_2$ 随机选取 $r_2^k \leftarrow \{0,1\}$，按照相同的方式对 $x_2^k$ 进行秘密分享.

2. 电路计算阶段

在对每一条电路输入导线上的输入进行了上述秘密分享之后，$P_1$ 和 $P_2$ 便可以逐门地对布尔电路 $C$ 进行计算. 在计算每个门之后，每一方应该持有该门输出结果的秘密份额. 换言之，门的每根导线上的值由两个份额构成，每一方应当拥有其中一个份额. 对于每一根导线 $w$，其上的数值用 $v_w$ 表示. $v_w = a_{1,w} \oplus a_{2,w}$, $P_1$ 拥有份额 $a_{1,w}$, $P_2$ 拥有份额 $a_{2,w}$.

下面先以单个逻辑门为单位介绍如何利用上述秘密共享方案进行份额上的计算，然后进一步以一个简单的电路为例进行介绍.

(1) 对于 NOT 门 $G$，输入导线记为 $w_x$，输出导线记为 $w_z$，我们希望计算一个特定输入 $v_{w_x}$ 的反相. 如图 5.7 所示，对于 NOT 门的输入导线 $w_x$，参与方 $P_1$ 和 $P_2$ 都持有一个份额，用 $a_{1,w_x}$ 表示 $P_1$ 所持有的份额，$a_{2,w_x}$ 表示 $P_2$ 所持有的份额. 因此，有 $v_{w_x} = a_{1,w_x} \oplus a_{2,w_x}$，门的输出结果为 $\neg v_{w_x}$. 为了实现NOT门，仅让参与方 $P_1$ 在本地对自己所持有的份额进行翻转即可，$P_2$ 不需要执行任何操作. 用 $\neg a_{1,w_x}$ 表示 $P_1$ 的新份额，可以看出，

$$(\neg a_{1,w_x}) \oplus (a_{2,w_x}) = \neg(a_{1,w_x} \oplus a_{2,w_x}) = \neg v_{w_x}$$

正确性成立.

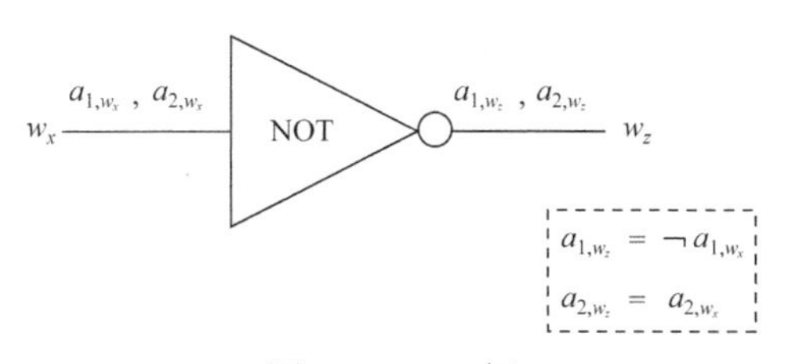


图 5.7 NOT 门

(2) 对于 2 条输入导线的逻辑门 $G$，输入导线记为 $w_x, w_y$，输出导线记为 $w_z$，输入导线 $w_x$ 上的输入 $v_{w_x}$ 被分成 $a_{1,w_x}$ 和 $a_{2,w_x}$，满足 $a_{1,w_x} \oplus a_{2,w_x} = v_{w_x}$, $w_y$ 上的输入 $v_{w_y}$ 被分成 $a_{1,w_y}$ 和 $a_{2,w_y}$，满足 $a_{1,w_y} \oplus a_{2,w_y} = v_{w_y}$ · $P_1$ 持有两个份额 $a_{1,w_x}$ 和 $a_{1,w_y}$, $P_2$ 持有两个份额 $a_{2,w_x}$ 和 $a_{2,w_y}$. 对于给定的门 $G$，我们希望计算 $v_{w_z} = G(v_{w_x}, v_{w_y})$，计算过程中要求 $P_1$ 和 $P_2$ 不会获得关于 $v_{w_x}, v_{w_y}, v_{w_z}$ 的任何信息，$v_{w_z}$ 以份额的形式存在于两方. 我们分以下两种情况进行讨论:

(i) XOR 门.

为了计算 $v_{w_z}=v_{w_x}\oplus v_{w_y}$ 的份额, 如图 5.8 所示, 只要让两个参与方各自本地计算所掌握的两个份额的异或即可. 即 $P_1$ 本地计算 $a_{1,w_x}\oplus a_{1,w_y}$, $P_2$ 本地计算 $a_{2,w_x}\oplus a_{2,w_y}$, 令

$$a_{1,w_z}=a_{1,w_x}\oplus a_{1,w_y},\quad a_{2,w_z}=a_{2,w_x}\oplus a_{2,w_y}$$

则 $v_{w_z}=v_{w_x}\oplus v_{w_y}$ 被分解成了分别由 $P_1, P_2$ 掌握的份额 $a_{1,w_z}$ 与 $a_{2,w_z}$. 事实上,

$$\begin{aligned}a_{1,w_z}\oplus a_{2,w_z}&=(a_{1,w_x}\oplus a_{1,w_y})\oplus(a_{2,w_x}\oplus a_{2,w_y})\\&=(a_{1,w_x}\oplus a_{2,w_x})\oplus(a_{1,w_y}\oplus a_{2,w_y})=v_{w_x}\oplus v_{w_y}\end{aligned}$$

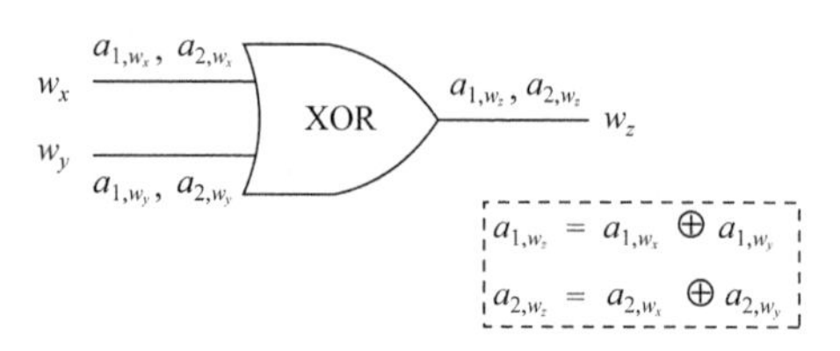


图 5.8　XOR 门

(ii) AND 门.

对于 NOT 门和 XOR 门, $P_1$ 和 $P_2$ 可以在没有任何交互的情况下进行计算, 各方分别本地处理所持有的份额即可获得该门输出导线上各自的份额. 但是, 在计算 AND 门时, 则要麻烦得多, 需要 $P_1$, $P_2$ 进行交互, 并执行一个 4 选 1 OT. 事实上, 对于输入导线 $w_x$ 和 $w_y$ 上的值 $v_x$ 和 $v_y$, 令 $P_1$ 持有秘密份额 $a_{1,w_x}$ 和 $a_{1,w_y}$, $P_2$ 持有秘密份额 $a_{2,w_x}$ 和 $a_{2,w_y}$, 我们希望计算

$$v_{w_z}=v_{w_x}\wedge v_{w_y}=(a_{1,w_x}\oplus a_{2,w_x})\wedge(a_{1,w_y}\oplus a_{2,w_y})$$

的份额. 将此式展开可以看出, 其中含有交叉项, 不能像上面两个门一样通过各自的本地计算得到输出导线上数值的份额, 因此看起来计算 AND 门交互是必须的.

为了能够安全计算 AND 门, 我们先构造一个函数, 令

$$\text{AND}_{a_{1,w_x},a_{1,w_y}}(a_{2,w_x},a_{2,w_y})=(a_{1,w_x}\oplus a_{2,w_x})\wedge(a_{1,w_y}\oplus a_{2,w_y})$$

这是一个以 $P_1$ 的份额为参数, $P_2$ 的份额为变量, 计算 AND 门的输出值的函数. 即给定 AND 门输入导线上 $P_1$ 的份额, 自变量取 $P_2$ 的份额, 函数值即为 AND 门的输出值. 例如,

$$\text{AND}_{1,0}(1,1)=(1\oplus 1)\wedge(0\oplus 1)=0,\quad \text{AND}_{0,1}(1,0)=(0\oplus 1)\wedge(1\oplus 0)=1$$

$P_2$ 的份额 $a_{2,w_x}$ 和 $a_{2,w_y}$ 可能的取值分为 4 种情况, 分别为

$$a_{2,w_x}=0, a_{2,w_y}=0, \quad a_{2,w_x}=0, a_{2,w_y}=1$$

$$a_{2,w_x}=1, a_{2,w_y}=0, \quad a_{2,w_x}=1, a_{2,w_y}=1$$

为了计算 AND 门的输出值的份额，$P_1$随机生成一个掩码$\sigma \leftarrow_R \{0,1\}$，该掩码作为 AND 门计算结果中 $P_1$ 的份额，则 $P_2$ 的份额应为

$$\sigma \oplus \mathrm{AND}_{a_{1,w_x},a_{1,w_y}}(a_{2,w_x},a_{2,w_y})$$

但 $P_1$ 和 $P_2$ 都无法计算该函数值. 根据 $P_2$ 份额的四种情况，$P_1$ 构造四个值:

$$s_0=\sigma \oplus \mathrm{AND}_{a_{1,w_x},a_{1,w_y}}(0,0), \quad s_1=\sigma \oplus \mathrm{AND}_{a_{1,w_x},a_{1,w_y}}(0,1)$$

$$s_2=\sigma \oplus \mathrm{AND}_{a_{1,w_x},a_{1,w_y}}(1,0), \quad s_3=\sigma \oplus \mathrm{AND}_{a_{1,w_x},a_{1,w_y}}(1,1)$$

注意，$(s_0,s_1,s_2,s_3)$ 中对应于 $P_2$ 输入导线上份额 $(a_{2,w_x},a_{2,w_y})$ 的一项即为 $P_2$ 在 AND 门输出导线上的份额. $P_1$ 作为 4 选 1 OT 协议的发送方，将 $(s_0,s_1,s_2,s_3)$ 作为输入；$P_2$ 作为 OT 协议的接收方，基于其输入份额 $(a_{2,w_x},a_{2,w_y})$ 计算 $2a_{2,w_x}+a_{2,w_y}$ 作为 OT 的输入，OT 协议执行后，$P_2$ 获得 $(s_0,s_1,s_2,s_3)$ 中的第 $2a_{2,w_x}+a_{2,w_y}$ 项(从第 0 项算起)

$$s_{2a_{2,w_x}+a_{2,w_y}}=\sigma \oplus \mathrm{AND}_{a_{1,w_x},a_{1,w_y}}(a_{2,w_x},a_{2,w_y})$$

从而，输出导线 $w_z$ 上的数值以份额形式被 $P_1$ 和 $P_2$ 掌握，$P_1$ 的份额为 $\sigma$，$P_2$ 的份额为

$$\sigma \oplus \mathrm{AND}_{a_{1,w_x},a_{1,w_y}}(a_{2,w_x},a_{2,w_y})$$

表 5.2 展示 $P_2$ 基于输入导线上不同的份额通过 OT 协议获得了不同的输出份额.

**表 5.2 $P_2$ 在 OT 协议中的输入与输出**

| $a_{2,w_x}$ | $a_{2,w_y}$ | $2a_{2,w_x}+a_{2,w_y}$ | $\sigma \oplus \mathrm{AND}_{a_{1,w_x},a_{1,w_y}}(a_{2,w_x},a_{2,w_y})$ |
|---|---|---|---|
| 0 | 0 | 0 | $\sigma \oplus \mathrm{AND}_{a_{1,w_x},a_{1,w_y}}(0,0)$ |
| 0 | 1 | 1 | $\sigma \oplus \mathrm{AND}_{a_{1,w_x},a_{1,w_y}}(0,1)$ |
| 1 | 0 | 2 | $\sigma \oplus \mathrm{AND}_{a_{1,w_x},a_{1,w_y}}(1,0)$ |
| 1 | 1 | 3 | $\sigma \oplus \mathrm{AND}_{a_{1,w_x},a_{1,w_y}}(1,1)$ |

关于 AND 门的计算，图 5.9 给出了一个直观描述.

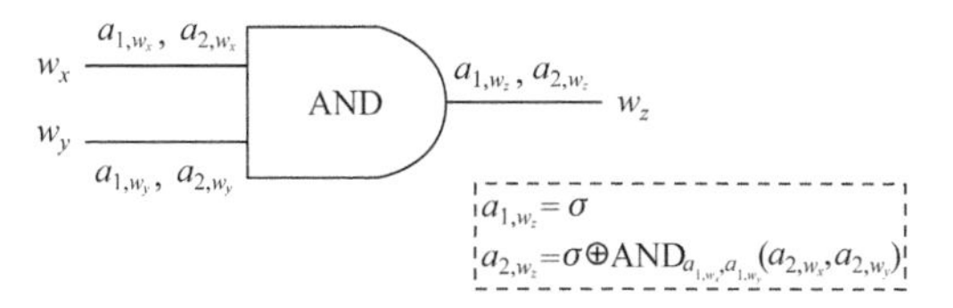


图 5.9 AND 门

在上述 4 选 1 OT 的执行过程中，如果调用的 2 选 1 OT 是安全的，$P_2$ 作为 OT 接收方，只接收到根据持有份额所选择的特定消息，而对其他三个输入消息一无所知. 即 $P_2$ 唯一知道的是 OT 的输出，且该输出是 AND 门输出结果的一个秘密份额，不会泄露关于电路导线上明文值的任何信息. 此外，$P_1$ 不知道任何有关 $P_2$ 输入的选择信息，$P_2$ 持有的份额也不会泄露.

3. 输出重构阶段

在计算阶段完成以后，双方将持有所有电路输出导线上输出值的份额. 为了获得实际输出，双方将对应于对方输出导线的份额发送给对方，各自本地计算重构出输出导线上的数值. 具体地说，如果给定的输出导线对应 $P_1$ 的输出，那么 $P_2$ 将自己关于该导线数值的份额发送给 $P_1$,$P_1$ 将接收到的份额与自己持有的份额进行异或，得到实际的输出值；如果给定的输出导线对应 $P_2$ 的输出，类似处理.

### 5.3.3　两方场景示例

下面以一个简单的电路为例，详细解释一下两方如何在秘密份额上进行安全计算. 如图 5.10 所示，该布尔电路是由两个 XOR 门 $G_1,G_3$ 和一个 AND 门 $G_2$ 组成的，其中 $G_1$ 的输出导线是 $G_2$ 和 $G_3$ 的输入导线，$w_1,w_2,w_4,w_5$ 为电路的输入导线，$w_6,w_7$ 为电路的输出导线. 假设 $P_1$ 的输入导线为 $w_1$ 和 $w_4$,$P_2$ 的输入导线为 $w_2$ 和 $w_5$.

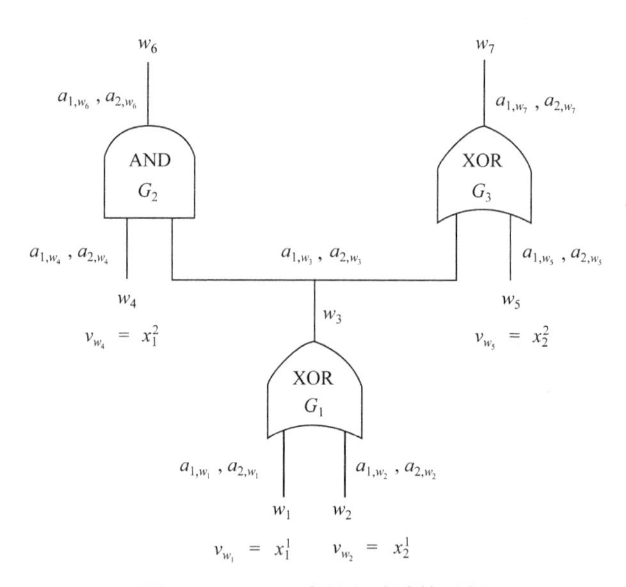


图 5.10　GMW 中的电路计算示例

1. 输入分享阶段

$P_1$ 将自己在输入导线 $w_1$ 上的输入比特 $x_1^1$ 分成两个份额 $a_{1,w_1}, a_{2,w_1}$，将在输入导线 $w_4$ 上的输入比特 $x_1^2$ 分成两个份额 $a_{1,w_4}, a_{2,w_4}$; $P_2$ 将在输入导线 $w_2$ 上的输入比特 $x_2^1$ 分成两个份额 $a_{1,w_2}, a_{2,w_2}$，在输入导线 $w_5$ 上的输入比特 $x_2^2$ 分成两个份额 $a_{1,w_5}, a_{2,w_5}$. 发送相应的份额, 所有第一下标为 1 的份额 $a_{1,w_i}$ 都由 $P_1$ 持有, 所有第一下标为 2 的份额 $a_{2,w_i}$ 都由 $P_2$ 持有.

2. 电路计算阶段

对于 XOR 门 $G_1$, $P_1$ 本地计算 $a_{1,w_1} \oplus a_{1,w_2}$, 得到输出导线 $w_3$ 上的份额 $a_{1,w_3}$; $P_2$ 本地计算 $a_{2,w_1} \oplus a_{2,w_2}$, 得到输出导线 $w_3$ 上的份额 $a_{2,w_3}$. 计算完 XOR 门 $G_1$ 后，$P_1$ 持有门 $G_2$ 输入导线上的两个份额 $a_{1,w_3}, a_{1,w_4}$, $P_2$ 则持有另外两个份额 $a_{2,w_3}, a_{2,w_4}$，因此, 双方可以运行 4 选 1 OT 协议进行门 $G_2$ 的计算, 从而获得门 $G_2$ 输出导线 $w_6$ 上各自的份额 $a_{1,w_6}$ 和 $a_{2,w_6}$. 对于 XOR 门 $G_3$，$P_1$ 本地计算 $a_{1,w_3} \oplus a_{1,w_5}$，作为输出导线 $w_7$ 上的份额 $a_{1,w_7}$； $P_2$ 本地计算 $a_{2,w_3} \oplus a_{2,w_5}$，作为输出导线 $w_7$ 上的份额 $a_{2,w_7}$.

3. 输出重构阶段

根据此前计算的结果，$P_1$ 持有 $a_{1,w_6}$ 和 $a_{1,w_7}$, $P_2$ 持有 $a_{2,w_6}$ 和 $a_{2,w_7}$. 假设 $w_7$ 的值对应 $P_1$ 的输出，$w_6$ 的值对应 $P_2$ 的输出, 双方将自己所持有的对方输出导线上的份额发送给对方, 即 $P_1$ 将自己在输出导线 $w_6$ 上的份额 $a_{1,w_6}$ 发送给 $P_2$, $P_2$ 将自己在输出导线 $w_7$ 上的份额 $a_{2,w_7}$ 发送给 $P_1$. 双方根据所获得的份额进行输出重构, 即 $P_1$ 计算 $a_{1,w_7} \oplus a_{2,w_7}$, $P_2$ 计算 $a_{1,w_6} \oplus a_{2,w_6}$，即可获得各自的输出.

### 5.3.4 多方场景

有了两方情况下的协议描述, 下面介绍如何将上述的两方 GMW 协议自然地推广到 $m$ 个参与方 $P_1, P_2, \cdots, P_m$. 注意, 多方场景下用到的符号表示与两方协议有所不同.

1. 输入分享阶段

假设 $P_i$ 持有输入 $x_i$，对于输入 $x_i$ 的第 $k$ 个比特 $x_i^k \, (k \in \{1,2,\cdots,n\})$, $P_i$ 为每一个其他参与方 $P_j$ 随机生成一个 $r_{i,j}^k \leftarrow \{0,1\} (i \neq j)$，并将其发送给 $P_j$. 此外，$P_i$ 为自己生成份额

$$r_{i,i}^k = x_i^k \oplus (\oplus_{i \neq j} r_{i,j}^k)$$

我们将$\{r_{i,1}^k, r_{i,2}^k, \cdots, r_{i,m}^k\}$称为对$x_i^k$的秘密分享.

2. 电路计算阶段

与两方场景相同, 多方场景下计算 XOR 门和 NOT 门不需要参与方进行交互, 而在计算 AND 门时, 每两个参与方都需要执行一次 4 选 1 OT 协议.

考虑一个逻辑门$G$, 由输入导线$w_x, w_y$以及输出导线$w_z$组成(NOT 门则由输入导线$w_x$和输出导线$w_z$组成). 输入导线$w_x$上的输入$v_{w_x}$被分成$a_{i,w_x}$, 满足$\oplus_{i=1}^m a_{i,w_x} = v_{w_x}$, $w_y$上的输入$v_{w_y}$被分成$a_{i,w_y}$, 满足$\oplus_{i=1}^m a_{i,w_y} = v_{w_y}$. 每个参与方$P_i$持有两个份额$a_{i,w_x}$和$a_{i,w_y}$. 对于给定的门$G$, 我们希望计算$v_{w_z} = G(v_{w_x}, v_{w_y})$, 计算过程中要求$P_i$不会获得关于$v_{w_x}, v_{w_y}, v_{w_z}$的任何信息, $v_z$以份额的形式存在于各参与方. 我们分以下三种情况进行讨论:

(1) NOT 门.

对于 NOT 门, 我们希望计算一个特定输入$v_{w_x}$的反相. 由于对 NOT 门的输入导线, 每个参与方$P_i$都持有一个份额$a_{i,w_x}$, 有$v_x = \oplus_{i=1}^m a_{i,w_x}$, 门的输出结果为$\neg v_{w_x}$. 让参与方$P_1$在本地对自己所持有的份额进行翻转即可, 其他参与方不需要任何操作. 用$\neg a_{1,w_x}$表示$P_1$的新份额, 可以看出,

$$\neg a_{1,w_x} \oplus (\oplus_{i=2}^m a_{i,w_x}) = \neg(a_{1,w_x} \oplus (\oplus_{i=2}^m a_{i,w_x})) = \neg \oplus_{i=1}^m a_{i,w_x} = \neg v_{w_x}$$

因此正确性成立.

(2) XOR 门.

对于 XOR 门, 为了计算输出导线的输出值$v_{w_x} \oplus v_{w_y}$, 可以让参与方$P_i$各自本地计算$a_{i,w_x} \oplus a_{i,w_y}$, 作为输出导线上自己持有的份额. 因为

$$\oplus_{i=1}^m (a_{i,w_x} \oplus a_{i,w_y}) = (\oplus_{i=1}^m a_{i,w_x}) \oplus (\oplus_{i=1}^m a_{i,w_y}) = v_{w_x} \oplus v_{w_y}$$

所以, $a_{i,w_x} \oplus a_{i,w_y}$即为$P_i$在 XOR 门输出导线上的份额.

(3) AND 门.

对于 AND 门, 每个参与方$P_i$持有该 AND 门输入导线上的两个份额$a_{i,w_x}$和$a_{i,w_y}$, 由于

$$\begin{aligned} v_{w_x} \wedge v_{w_y} &= (a_{1,w_x} \oplus a_{2,w_x} \oplus \cdots \oplus a_{m,w_x}) \wedge (a_{1,w_y} \oplus a_{2,w_y} \oplus \cdots \oplus a_{m,w_y}) \\ &= (\oplus_{i=1}^m a_{i,w_x} \wedge a_{i,w_y}) \oplus (\oplus_{i \neq j} a_{i,w_x} \wedge a_{j,w_y}) \end{aligned}$$

$$=(\oplus_{i=1}^{m} a_{i,w_x} \wedge a_{i,w_y}) \oplus (\oplus_{1 \leqslant i<j \leqslant m}((a_{i,w_x} \wedge a_{j,w_y}) \oplus (a_{j,w_x} \wedge a_{i,w_y})))$$

每个参与方 $P_i$ 需要获得一个份额 $a_{i,w_z}$，使得 $\oplus_{i=1}^{m} a_{i,w_z} = v_{w_x} \wedge v_{w_y}$.

上述表达式可以拆分为两部分, 第一部分 $\oplus_{i=1}^{m} a_{i,w_x} \wedge a_{i,w_y}$，可以由每个参与方 $P_i$ 本地计算 $a_{i,w_x} \wedge a_{i,w_y}$，第二部分 $\oplus_{1 \leqslant i<j \leqslant m}((a_{i,w_x} \wedge a_{j,w_y}) \oplus (a_{j,w_x} \wedge a_{i,w_y}))$，需要 $P_i$ 和 $P_j (i<j)$ 利用两方场景中的方法, 通过执行 4 选 1 OT 协议计算 $(a_{i,w_x} \wedge a_{j,w_y}) \oplus (a_{j,w_x} \wedge a_{i,w_y})$. 最后, 每个参与方 $P_i$ 将自己持有的所有份额进行异或, 得到的异或值就是 AND 门输出导线上的输出值 $v_{w_z} = v_{w_x} \wedge v_{w_y}$ 的一个份额 $a_{i,w_z}$.

3. 输出重构阶段

在计算阶段完成以后, 各参与方将持有所有输出导线上数值的份额, 各方将这些份额发送给输出导线对应的参与方, 各参与方将可以重构自己的输出.

### 5.3.5 GMW 协议整体描述

下面给出 GMW 协议的一个整体描述. 为了使协议直观、清晰, 我们定义一个安全计算 AND 门(由输入导线 $w_x$，$w_y$ 和输出导线 $w_z$ 组成)的功能函数 $\mathcal{F}_{\text{AND}}$:

$$\mathcal{F}_{\text{AND}}((a_{1,w_x}, a_{1,w_y}), (a_{2,w_x}, a_{2,w_y}), \cdots, (a_{m,w_x}, a_{m,w_y})) = (a_{1,w_z}, a_{2,w_z}, \cdots, a_{m,w_z})$$

其中, $\oplus_{i=1}^{m} a_{i,w_z} = (\oplus_{i=1}^{m} a_{i,w_x}) \wedge (\oplus_{i=1}^{m} a_{i,w_y})$.

$\mathcal{F}_{\text{AND}}$ 是安全计算 AND 门的功能性描述, 可以利用前面介绍的安全计算 AND 门的算法实现.

---

**协议 5.4** (GMW 协议)

**辅助输入**: 正整数 $m$, 布尔电路 $C, C(x_1, x_2, \cdots, x_m) = f(x_1, x_2, \cdots, x_m)$.

**输入**: 每个参与方 $P_i$ 持有输入 $x_i \in \{0,1\}^n, i=1,2,\cdots,m$.

**输出**: 每个参与方 $P_i$ 获得输出 $z_i \in \{0,1\}^n, i=1,2,\cdots,m$.

**协议过程**:

1. 输入分享阶段: 每个参与方 $P_i$ $(i=1,2,\cdots,m)$ 对于自己的输入 $x_i$ 的每一个比特 $x_i^k$ $(k \in \{1,2,\cdots,n\})$，为每个其他参与方 $P_j (j=1,2,\cdots,m,\ j \neq i)$ 随机生成一个随机比特 $r_{i,j}^k \leftarrow_R \{0,1\} (i \neq j)$，并将其发送给 $P_j$ 作为其掌握的 $x_i^k$ 的份额. 此外, $P_i$ 为自己生成份额

---

$$r_{i,i}^k = x_i^k \oplus (\oplus_{i \neq j} r_{i,j}^k)$$

每个参与方 $P_i$ 记录其收到的随机比特 $r_{i,j}^k$.

2. 电路计算阶段: 假设门 $G_1, G_2, \cdots, G_l$ 是按照电路中门的拓扑顺序进行排列的, 对于 $d = 1, 2, \cdots, l$, 各参与方按照以下步骤执行协议.

(1) $G_d$ 是一个 XOR 门: 假设 $a_{i,w_x}$ 和 $a_{i,w_y}$ 是参与方 $P_i$ 持有的关于输入导线 $w_x$, $w_y$ 上数值的份额, 那么 $P_i$ 获得的关于输出导线 $w_z$ 上数值的份额为 $a_{i,w_z} = a_{i,w_x} \oplus a_{i,w_y}$.

(2) $G_d$ 是一个 NOT 门: $a_{i,w_x}$ 是参与方 $P_i$ 持有的关于输入导线 $w_x$ 上数值的份额, 那么除 $P_1$ 外, $P_i$ $(i = 2, 3, \cdots, m)$ 关于输出导线 $w_z$ 上数值的份额为 $a_{i,w_z} = a_{i,w_x}$. $P_1$ 的份额为 $a_{1,w_z} = \neg a_{1,w_x}$.

(3) $G_d$ 是一个 AND 门: 假设 $a_{i,w_x}$ 和 $a_{i,w_y}$ 是参与方 $P_i$ 持有的关于输入导线 $w_x$, $w_y$ 上数值的份额, $P_i$ 将 $(a_{i,w_x}, a_{i,w_y})$ 作为理想功能函数 $\mathcal{F}_{\text{AND}}$ 的输入, 得到的输出为 $a_{i,w_z}$, 该值即为 $P_i$ 关于 AND 门输出的份额.

各参与方逐门地计算电路, 得到电路输出导线上各自的份额.

3. 输出重构阶段: 对参与方 $P_i$ $(i = 1, 2, \cdots, m)$ 的所有输出导线, 其他各方将各自所持有的份额发送给 $P_i$, 最终由 $P_i$ 计算获得实际输出.

直观上, 协议 5.4 在半诚实敌手模型下是安全的, 没有泄露诚实方的私有输入, 并且整个协议的计算过程全都是以秘密份额的形式进行的, 不存在中间值泄露. 形式化的安全性证明将在第 6 章给出.

## 5.4　BGW 协议

BGW 协议[BGW88]是另一种经典的多方计算协议, 可对有限域 $\mathbb{F}$ 上的算术电路进行安全多方求值. 作为安全多方计算领域最重要的理论成果之一, BGW 协议在保密信道模型下是完美安全的. 假设有 $m$ 个参与方 $P_1, P_2, \cdots, P_m$, BGW 协议在半诚实模型下能够容忍敌手控制至多 $t$ 个参与方, $t < m/2$; 而在恶意模型下可以达到 $t < m/3$ 的安全性. 本节介绍半诚实模型下的 BGW 协议.

在本节中, 假设有 $m$ 个参与方 $P_1, P_2, \cdots, P_m$, 他们共同计算 $m$ 元函数 $f: \mathbb{F}^m \to \mathbb{F}^m$ 在 $(x_1, x_2, \cdots, x_m)$ 点的值 $f(x_1, x_2, \cdots, x_m)$, 其中 $\mathbb{F}$ 是一个有限域, $x_1, x_2, \cdots, x_m \in \mathbb{F}$ 分别是参与方 $P_1, P_2, \cdots, P_m$ 的私有输入. 假设函数 $f$ 被转化成算术电

路 $C$, 电路上的所有算术操作均是在域 $\mathbb{F}$ 中的, 且电路 $C$ 由三种不同类型的门组成: 加法门、乘法门、与常数相乘的乘法门.

### 5.4.1 秘密份额状态下电路计算

与 GMW 协议一样, 假设函数 $f$ 已经转化为算术电路 $C$, 考虑电路 $C$ 的安全计算, 整个 BGW 协议的执行也分成三个阶段.

1. 输入分享阶段

在该阶段, 每个参与方 $P_i$ $(i=1,2,\cdots,m)$ 使用 Shamir $(t+1,m)$ 门限秘密共享方案对其输入 $x_i$ 进行秘密分享, 并将与输入有关的份额发送给其他所有的参与方 $P_j$ $(j=1,2,\cdots,m; j\neq i)$. 具体来说, 各参与方共同选取公开向量 $\boldsymbol{\alpha}=(\alpha_1,\alpha_2,\cdots,\alpha_m)$, 其中所有的 $\alpha_j$ $(j=1,2,\cdots,m)$ 是各不相同的非零元素, 这个向量用于产生秘密份额. 每个参与方 $P_i$ 对自己的私有输入 $x_i$ $(i=1,2,\cdots,m)$ 构造随机 $t$ 次多项式

$$f_{x_i}(x)=x_i+a_1\cdot x+a_2\cdot x^2+\cdots+a_t\cdot x^t,\quad a_1,a_2,\cdots,a_t\leftarrow_R\mathbb{F}$$

计算 $f_{x_i}(\alpha_j)\,(j=1,2,\cdots,m)$, 将 $f_{x_i}(\alpha_j)$ 发送给相应其他各参与方 $P_j$ $(j=1,2,\cdots,m;$ $j\neq i)$, 作为 $P_j$ 所持有的关于 $P_i$ 私有输入 $x_i$ 的秘密份额. 注意, 这里的 $\alpha_j$ $(j=1,2,\cdots,m)$ 是任意选取的 $\mathbb{F}$ 中非零互异元素, 在第 3 章 Shamir 方案的介绍中选取 $\alpha_j=j(j=1,2,\cdots,m)$, 本节的选取更为一般, 但并无本质区别.

该阶段完成后, 每个参与方将持有其他参与方私有输入的一个份额.

需要说明的是, 对于任意秘密 $s\in\mathbb{F}$, 任意常数项为 $s$ 的 $t$ 次多项式

$$f_s(x)=s+b_1x+b_2x^2+\cdots+b_tx^t,\quad b_1,b_2,\cdots,b_t\in\mathbb{F}$$

都可利用 $t+1$ 个点的值 $f_s(\beta_i)(i=1,2,\cdots,t+1)$ 作为秘密份额恢复秘密 $s$, 这个 $t$ 次多项式将称为 $s$ 的 Shamir $(t+1,m)$ 门限秘密共享多项式, 简称 $s$ 的 Shamir 秘密共享多项式或秘密共享多项式, 如不特殊说明, 本节中提到的秘密共享多项式都是指 $t$ 次多项式. 当然, 这个多项式必须保持秘密状态.

2. 电路计算阶段

在对每一条电路输入导线上的输入进行了上述秘密分享之后, 在该阶段, $m$ 个参与方逐门地共同完成算术电路 $C$ 的计算. 对于门 $G$, 假设其输入导线为 $w_a$ 和 $w_b$, 输出导线为 $w_c$. 导线 $w_x$ 上的数值用 $v_{w_x}$ 表示. 假设各参与方持有门 $G$ 的输入导线上数值的份额, 利用这些份额进行计算. 对该门计算完成后各参与方获得该门输出导线上的新的份额.

(1) 加法门.

这时 $v_{w_c}=v_{w_a}+v_{w_b}$. 每个参与方在本地将其持有的份额相加, 即可完成对 $G$ 的计算, 形成对 $v_{w_c}=v_{w_a}+v_{w_b}$ 的秘密份额, 不需要与其他参与方交互. 事实上, 假设 $G$ 的两个输入是 $v_{w_a}$ 和 $v_{w_b}$, 参与方 $P_i$ 持有 $f_{v_{w_a}}(\alpha_i)$ 和 $f_{v_{w_b}}(\alpha_i)$, 将两个份额相加, $f_{v_{w_a}}(\alpha_i)+f_{v_{w_b}}(\alpha_i)$ 为多项式

$$f_{v_{w_a}+v_{w_b}}(x)=f_{v_{w_a}}(x)+f_{v_{w_b}}(x)$$

在 $\alpha_i$ 点的函数值 $f_{v_{w_a}+v_{w_b}}(\alpha_i), f_{v_{w_a}+v_{w_b}}(x)$ 为 $t$ 次多项式, 常数项为 $v_c=v_{w_a}+v_{w_b}$, 因而构成秘密 $v_{w_c}=v_{w_a}+v_{w_b}$ 的 Shamir 秘密共享多项式, $f_{v_{w_a}+v_{w_b}}(\alpha_i)$ 即为秘密 $v_c=v_{w_a}+v_{w_b}$ 的共享份额.

(2) 与公开常数相乘的乘法门.

与加法门一样, 这种类型的门同样不需要交互就能完成计算. 同上, 假设该门的输入是 $v_{w_a}, f_{v_{w_a}}(x)$ 为其 Shamir 秘密共享多项式, 参与方 $P_i$ 持有份额 $f_{v_{w_a}}(\alpha_i)$, 各参与方希望能够得到关于 $c\cdot v_{w_a}$ 的份额, $c$ 是该门的常数(公开). 参与方 $P_i$ 将持有的份额 $f_{v_{w_a}}(\alpha_i)$ 与 $c$ 相乘, $c\cdot f_{v_{w_a}}(\alpha_i)$ 为多项式 $f_{c\cdot v_{w_a}}(x)=c\cdot f_{v_{w_a}}(x)$ 在 $\alpha_i$ 点的函数值 $f_{c\cdot v_{w_a}}(\alpha_i), f_{c\cdot v_{w_a}}(x)$ 是常数项为 $c\cdot v_{w_a}$ 的 $t$ 次多项式, 因而构成秘密 $c\cdot v_{w_a}$ 的 Shamir 秘密共享多项式, $f_{c\cdot v_{w_a}}(\alpha_i)=c\cdot f_{v_{w_a}}(\alpha_i)$ 即为 $c\cdot v_{w_a}$ 的秘密共享份额.

(3) 乘法门.

假设输入是 $v_{w_a}$ 和 $v_{w_b}$, 则输出 $v_c=v_{w_a}\cdot v_{w_b}$. 分别用 $f_{v_{w_a}}(x)$ 和 $f_{v_{w_b}}(x)$ 表示其秘密共享多项式. 若仿照加法门和常数乘法门的做法, 各参与方在本地将各自的份额相乘 $f_{v_{w_a}}(\alpha_i)\cdot f_{v_{w_b}}(\alpha_i)$, 并定义 $h(x)=f_{v_{w_a}}(x)\cdot f_{v_{w_b}}(x)$, 则 $h(x)$ 是常数项为 $h(0)=v_{w_a}\cdot v_{w_b}$ 的多项式, $h(x)$ 在 $\alpha_i$ 点的值为 $h(\alpha_i)=f_{v_{w_a}}(\alpha_i)\cdot f_{v_{w_b}}(\alpha_i)$, 但 $h(x)$ 的次数是 $2t$, 因而不是我们前面定义的 $v_{w_a}\cdot v_{w_b}$ 的 $(t+1,m)$ 门限秘密共享多项式. 若以 $h(\alpha_i)$ 为份额, 将无法通过 $(t+1)$ 个份额重构. 另外, 经过多次乘法以后, 这种操作得到的多项式次数将会越来越大, 最后所有参与方的份额( $m$ 个)也无法重构输出. 因此, 让参与方在本地对输入份额进行乘法计算并不能直接适用于乘法门.

为了解决这个问题, 需要利用秘密份额的二次分享将秘密共享多项式的次数降到 $t$ 次. 为此, 我们先按照现在的背景和符号重述一下 Shamir $(t+1,m)$ 门限方案.

秘密分发: 设有秘密 $s\in\mathbb{F}$, 均匀随机选取 $u_j\leftarrow_R\mathbb{F}(j=1,2,\cdots,t)$, 令 $u_0=s$. 构造 $t$ 次多项式

$$f(x)=u_0+u_1x+\cdots+u_tx^t$$

并计算 $s_i = f(\alpha_i)(i=1,2,\cdots,m)$, 发送秘密份额 $s_i$ 给相应参与者 $P_i$ $(i=1,2,\cdots,m)$.

秘密重构: 对于任意 $(t+1)$ 个秘密份额, 记它们的指标集合为 $Q=\{i_1,i_2,\cdots,i_{t+1}\}$, 通过拉格朗日插值法重构秘密 $s$, 即

$$s=\sum_{i\in Q} s_i\lambda_{Q,i}, \quad 其中, \lambda_{Q,i}=\prod_{j\in Q\setminus\{i\}}\frac{\alpha_j}{\alpha_j-\alpha_i}$$

事实上, 任何一个元素个数大于等于 $(t+1)$ 的份额子集都可恢复秘密 $s$, 比如, 取所有份额的集合, 即所有参与者参加对秘密的重构, 这时指标集合为 $Q=\{1,2,\cdots,m\}$, 省去下标中的 $Q$, 这时有

$$s=\sum_{i=1}^{m}\lambda_i s_i=\sum_{i=1}^{m}\lambda_i f(\alpha_i), \quad 其中, \lambda_i=\prod_{\substack{j=1\\ j\neq i}}^{m}\frac{\alpha_j}{\alpha_j-\alpha_i}, \ i=1,2,\cdots,m$$

即利用拉格朗日插值法, 秘密 $s$ 可以表示为份额的线性组合, 且组合系数是公开的.

回到多项式

$$h(x)=f_{v_{w_a}}(x)\cdot f_{v_{w_b}}(x)$$

回顾一下我们的问题, $h(x)$ 是乘法门两个输入值 $v_{w_a}$ 与 $v_{w_b}$ 的 Shamir 共享多项式的乘积, 次数为 $2t$, 常数项为 $v_{w_a}v_{w_b}$, 参与者 $P_i$ $(i=1,2,\cdots,m)$ 计算其持有的两个份额的乘积 $f_{v_{w_a}}(\alpha_i)\cdot f_{v_{w_b}}(\alpha_i)=h(\alpha_i)$, 由于 $h(x)$ 是 $2t$ 次多项式, 直接重构 $v_{w_c}=v_{w_a}v_{w_b}$ 需要至少 $(2t+1)$ 个份额, 不符合 $(t+1,m)$ 门限的要求. 我们现在要解决的问题是利用 $(t+1)$ 个份额重构 $v_{w_c}=v_{w_a}v_{w_b}$.

假设 $m>2t$, 利用所有份额( $m$ 个)可以重构 $h(0)=f_{v_{w_a}}(0)\cdot f_{v_{w_b}}(0)=v_{w_a}v_{w_b}$:

$$h(0)=\sum_{i=1}^{m}\lambda_i h(\alpha_i), \quad 其中, \lambda_i=\prod_{\substack{j=1\\ j\neq i}}^{m}\frac{\alpha_j}{\alpha_j-\alpha_i}$$

为了能使 $(t+1)$ 个份额可重构乘法门的输出 $h(0)=v_{w_a}v_{w_b}$, 每个参与者 $P_i$ 将份额 $h(\alpha_i)$ 用 $(t+1,m)$ 门限共享到参与者集合, 即选取 $t$ 次多项式

$$H_i(x)=h(\alpha_i)+u_{i1}x+\cdots+u_{it}x^t$$

将 $H_i(\alpha_j)$ 分发给 $P_j(j=1,2,\cdots,m; j\neq i)$ (即所谓二次分享), 此操作完成后, 每个 $P_i$ 将持有 $H_k(\alpha_i)$ $(k=1,2,\cdots,m)$, 且对任意 $i\in\{1,2,\cdots,m\}$, $(t+1)$ 或更多个份额可重构 $H_i(0)=h(\alpha_i)$. 为了表达简洁、明确, 我们以 $m$ 个份额重构的公式为例, 则

$$h(\alpha_i)=H_i(0)=\sum_{j=1}^{m}\lambda_j H_i(\alpha_j),\quad 其中,\ \lambda_j=\prod_{\substack{k=1\\k\neq j}}^{m}\frac{\alpha_k}{\alpha_k-\alpha_j}$$

于是，在原理上任意 $(t+1)$ 或更多个参与者可利用其掌握的 $(t+1)$ 个份额 $H_i(\alpha_j)$ 重构 $h(\alpha_i)=H_i(0)$ $(i=1,2,\cdots,m)$，再利用重构得到的 $(2t+1)$ 个份额 $h(\alpha_i)$ 重构 $h(0)=v_{w_a}\cdot v_{w_b}$.

为了将上述过程表示为 Shamir 秘密共享的形式，令

$$H(x)=\lambda_1 H_1(x)+\lambda_2 H_2(x)+\cdots+\lambda_m H_m(x),\quad 其中,\ \lambda_i=\prod_{\substack{j=1\\j\neq i}}^{m}\frac{\alpha_j}{\alpha_j-\alpha_i}$$

则 $H(x)$ 是 $t$ 次多项式，且

$$\begin{aligned}H(0)&=\lambda_1 H_1(0)+\lambda_2 H_2(0)+\cdots+\lambda_m H_m(0)\\&=\lambda_1 h(\alpha_1)+\lambda_2 h(\alpha_2)+\cdots+\lambda_m h(\alpha_m)\\&=h(0)\\&=v_{w_a}v_{w_b}\end{aligned}$$

因此 $H(x)$ 是 $v_{w_a}v_{w_b}$ 的($t$ 次)秘密共享多项式. 其份额为

$$H(\alpha_i)=\lambda_1 H_1(\alpha_i)+\lambda_2 H_2(\alpha_i)+\cdots+\lambda_m H_m(\alpha_i)$$

因在二次分享中 $P_i$ 持有 $H_j(\alpha_i)$ $(j=1,2,\cdots,m)$，$H(\alpha_i)$ 可以本地计算.

综上，将乘法门的计算总结如下，假设输入值 $v_{w_a}$ 和 $v_{w_b}$ 的秘密共享多项式为 $f_{v_{w_a}}(x)$ 和 $f_{v_{w_b}}(x)$，参与方 $P_i$ 持有份额 $f_{v_{w_a}}(\alpha_i)$ 和 $f_{v_{w_b}}(\alpha_i)$ $(j=1,2,\cdots,m)$，记 $h(x)=f_{v_{w_a}}(x)\cdot f_{v_{w_b}}(x)$，每个参与方 $P_i$ 本地计算 $h(\alpha_i)$，然后随机选取一个新的以 $h(\alpha_i)$ 为常数项的 $t$ 次多项式 $H_i(x)$，这时 $H_i(0)=h(\alpha_i)$，利用该多项式对 $h(\alpha_i)$ 进行秘密分享，即发送 $H_i(\alpha_j)$ 给参与方 $P_j$ $(j=1,2,\cdots,m)$ 作为其对 $h(\alpha_i)$ 的共享份额，这时 $P_i$ 将持有 $H_1(\alpha_i),H_2(\alpha_i),\cdots,H_m(\alpha_i)$. 令 $H(x)=\lambda_1\cdot H_1(x)+\lambda_2\cdot H_2(x)+\cdots+\lambda_m\cdot H_m(x)$，则 $H(x)$ 是 $v_{w_a}v_{w_b}$ 的秘密共享多项式，$P_i$ 本地计算 $H(\alpha_i)=\lambda_1\cdot H_1(\alpha_i)+\lambda_2\cdot H_2(\alpha_i)+\cdots+\lambda_m\cdot H_m(\alpha_i)$，该值作为 $P_i$ 对乘法门运算结果所持有的份额. 到此，每个参与者 $P_i$ 持有份额 $H(\alpha_i)$，且其中任何 $t+1$ 个份额可重构输出 $H(0)=v_{w_c}=v_{w_a}\cdot v_{w_b}$，即门 $G$ 的输出 $v_{w_c}$ 以 $(t+1,m)$ 门限方案份额的形式存在于参与者之中.

3. 输出重构阶段

在逐门完成电路计算以后，各参与方将持有电路所有输出导线上数值的

$(t+1,m)$门限方案份额. 为了获得实际输出, 所有的参与方将各自的份额发送给相应的参与方, 并重构出输出导线上的数值. 具体地说, 如果给定的输出导线对应 $P_i$ 的输出, 那么所有的参与方都要将他们的关于该导线数值的份额发送给 $P_i$, 由 $P_i$ 重构出其输出.

### 5.4.2 BGW 协议的整体描述

下面给出 BGW 协议的一个整体描述. 与 GMW 协议的描述一样, 为了简化协议描述, 获得一个更直观、更具模块化的协议, 定义以下乘法功能函数 $\mathcal{F}_{\text{mult}}$:

$$\mathcal{F}_{\text{mult}}((f_{v_{w_a}}(\alpha_1),f_{v_{w_b}}(\alpha_1)),(f_{v_{w_a}}(\alpha_2),f_{v_{w_b}}(\alpha_2)),\cdots,(f_{v_{w_a}}(\alpha_m),f_{v_{w_b}}(\alpha_m)))$$
$$=(f_{v_{w_a}\cdot v_{w_b}}(\alpha_1),f_{v_{w_a}\cdot v_{w_b}}(\alpha_2),\cdots,f_{v_{w_a}\cdot v_{w_b}}(\alpha_m))$$

其中, $f_{v_{w_a}}(x),f_{v_{w_b}}(x),f_{v_{w_a}\cdot v_{w_b}}(x)$ 分别是 $v_{w_a},v_{w_b},v_{w_a}\cdot v_{w_b}$ 的秘密共享多项式. 乘法函数 $\mathcal{F}_{\text{mult}}$ 可以由上述乘法门算法实现.

---

**协议 5.5** (BGW 协议)

**辅助输入**: 正整数 $m>2$, 算术电路 $C, C(x_1,x_2,\cdots,x_m)=f(x_1,x_2,\cdots,x_m)$, 门限 $t$ (满足 $2t<m$), $\mathbb{F}$ 上 $m$ 个互异非零元素 $\alpha_1,\alpha_2,\cdots,\alpha_m$.

**输入**: 每个参与方 $P_i$ 具有输入 $x_i\in\mathbb{F}$ $(i=1,2,\cdots,m)$.

**输出**: 每个参与方 $P_i$ 获得输出 $z_i\in\mathbb{F}$ $(i=1,2,\cdots,m)$.

**协议过程**:

1. 输入分享阶段: 每个参与方 $P_i$ $(i=1,2,\cdots,m)$ 均匀地选取一个常数项为 $x_i$ 的 $t$ 次多项式 $f_{x_i}$, 对于每个 $j\in\{1,2,\cdots,m\}$, $P_i$ 将 $f_{x_i}(\alpha_j)$ 发送给 $P_j$. 每个参与方 $P_j$ $(j=1,2,\cdots,m)$ 记录下其收到的数值 $f_{x_1}(\alpha_j),f_{x_2}(\alpha_j),\cdots,f_{x_m}(\alpha_j)$.

2. 电路计算阶段: 假设门 $G_1,G_2,\cdots,G_l$ 是按照电路中门的拓扑顺序进行排列的, 对于 $d=1,2,\cdots,l$, 各参与方按照以下步骤执行协议.

(1) $G_d$ 是一个加法门: 假设 $a_{i,w_a}$ 和 $a_{i,w_b}$ 是参与方 $P_i$ 持有的关于输入导线 $w_a$, $w_b$ 上数值的份额, 那么 $P_i$ 关于输出导线 $w_c$ 上数值的份额为 $a_{i,w_c}=a_{i,w_a}+a_{i,w_b}$.

(2) $G_d$ 是一个与常数 $c$ 相乘的乘法门: 设 $a_{i,w_a}$ 是参与方 $P_i$ 持有的关于输入导线 $w_a$ 上数值的份额, 那么 $P_i$ 关于输出导线 $w_c$ 上数值的份额为 $a_{i,w_c}=c\cdot a_{i,w_a}$.

(3) $G_d$ 是一个乘法门: 假设 $a_{i,w_a}$ 和 $a_{i,w_b}$ 是参与方 $P_i$ 持有的关于输入导线 $w_a$, $w_b$ 上数值的份额, $P_i$ 将 $(a_{i,w_a},a_{i,w_b})$ 作为理想功能函数 $\mathcal{F}_{\text{mult}}$ 的输入, 并能

---

够得到一个输出 $a_{i,w_c}$，该输出即为 $P_i$ 得到的关于输出导线 $w_c$ 上数值的份额.

3. 输出重构阶段: 假设 $w_{c_1}, w_{c_2}, \cdots, w_{c_m}$ 是输出导线，$P_i$ 获得的输出是在导线 $w_{c_i}$ 上的数值. 每个参与方 $P_i$ 将其持有的导线 $w_{c_j}$ 上数值的份额 $a_{i,c_j}$ 发送给 $P_j$ $(i, j=1,2,\cdots,m)$. 一旦收到至少 $t+1$ 份额，$P_j$ 就可以通过拉格朗日插值重构输出.

直观上, BGW 协议在半诚实敌手模型下是安全的, 没有泄露诚实方的私有输入, 并且整个协议的计算过程全都是以 Shamir 秘密份额的形式进行的, 没有中间值泄露. 本书不再给出 BGW 协议的形式化证明, 感兴趣的读者可以参考文献[AL17].

## 5.5　BMR 协议

在 GMW 协议和 BGW 协议中, 参与方之间的通信轮数与目标电路的深度成正比. 与之相比, Yao 协议通信轮数与电路深度无关, 或说关于电路深度是常数, Beaver, Micali 和 Rogaway 提出的 BMR 协议[BMR90], 作为 Yao 协议在多方场景下的推广, 也是一个常数轮协议.

回顾在 Yao 协议中, 一方负责构造混淆电路, 另一方负责对混淆电路进行计算. 一种直接将 Yao 协议推广到多方协议的构造方法是由一方构造混淆电路并发送给其他参与方, 其他参与方通过 OT 协议获取各自隐私输入对应的混淆密钥后, 共同对电路进行计算. 但是这种构造方法是不安全的, 混淆电路构造方和其中任意一个电路计算方合谋可能获取其他参与者的隐私信息. 这是由于混淆电路构造方知道混淆电路的所有构造细节, 包括每条导线上密钥与数值的对应关系、每个混淆表的构造细节等, 当混淆电路构造方与任意一个电路计算方合谋时, 就可以获取某些参与方的部分输入信息. 举例来说, 假设电路构造方为 $A$, 对于电路计算方 $B$ 输入导线关联的某个门 $G$, $A$ 和 $B$ 合谋, 双方可以通过电路计算方 $B$ 的输入密钥和该门输出导线上计算所得的密钥推测出电路门 $G$ 另一条输入导线上的密钥, 从而可推测出该输入导线所对应参与方 $C$ 的输入比特的信息. 因此, 简单地仿照 Yao 协议仅由一方生成混淆电路是不可行的.

为了解决上述问题, 需要防止参与方掌握混淆电路的构造信息. BMR 协议的解决方法是让所有参与方分布式地共同生成混淆电路, 即让所有的参与方通过执行一个 MPC 协议共同生成所有导线的混淆密钥和电路门的混淆表, 使任何参与方甚至所有参与方集合的真子集都无法获得混淆电路的秘密信息. 混淆电路生成过程可以表达成为一个电路, 记为 $C_{\text{GEN}}$. 该电路由所有参与方通过 MPC 协议来计算,MPC 协议执行结束, 所有参与方即可得到待计算电路$C(x_1,x_2,\cdots,x_m)$的混淆电路. 由于所有导线的混淆密钥可以独立并行生成, 所有门的混淆表也可以独立并行构造, 因此混淆电路生成过程的通信复杂度与待计算电路$C$(即目标电路)的深度是独立的. 也就是说, 不论目标电路有多复杂, 混淆电路生成电路$C_{\mathrm{GEN}}$的深度都是一个常数. 因此, 整体上来看 BMR 协议总的通信轮数是个常数.

以上是 BMR 协议的主要设计思路. 通过上述方法构造的多方协议虽然是常数轮的, 但是底层的 MPC 协议可能具有很高的计算复杂度, 该协议需要使用 MPC 对混淆表中涉及的加密函数进行计算. 现在的背景之下该加密函数一般由伪随机函数 PRF 或 Hash 函数来实现. 为了优化这部分计算代价, 可以考虑将 PRF 和 Hash 函数求值的部分从 MPC 协议中抽离出来, 各参与方在本地计算 PRF 或 Hash 函数之后, 将这部分求值结果作为输入直接提供给 MPC 协议. 下面具体来看如何进行这样的巧妙构造.

这种构造的基本思想是让每条导线的密钥由不同参与方各自生成的子密钥级联而成. 具体来说, 每个参与方独立随机地生成每条导线的子密钥, 之后本地将自己生成的子密钥通过伪随机函数 PRF 进行掩盖隐藏. 以图 5.3 中的电路为例, 对于每一条导线$w_i$, 各参与方$P_j$生成该导线混淆密钥的子密钥$k_{i,j}^0$和$k_{i,j}^1$, 并计算$F(k_{i,j}^0)$和$F(k_{i,j}^1)$, $F$为伪随机函数. 所有参与方将各自生成的子密钥$k_{i,j}^0$和$k_{i,j}^1$, 以及所计算得到的伪随机函数值$F(k_{i,j}^0)$和$F(k_{i,j}^1)$输入到 MPC 协议中, MPC 协议将在保证子密钥及计算结果不泄露的情况下将每个参与者提交的关于同一条导线$w_i$的所有子密钥进行级联, 得到该条导线的密钥值$k_i^0$和$k_i^1$. 对输入导线为$w_x$和$w_y$、输出导线为$w_z$的门$G$, 协议按照如下公式构造该门的混淆表:

$$e_{v_{w_x},v_{w_y}}(k_z^{v_{w_z}})=k_z^{v_{w_z}}\oplus_{j=1,2,\cdots,m}(F(k_{x,j}^{v_{w_x}})\oplus F(k_{y,j}^{v_{w_y}}))$$

其中, $v_{w_x},v_{w_y},v_{w_z}$分别表示导线$w_x,w_y,w_z$上的值, $k_z^{v_{w_z}}$表示输出线$w_z$上值$v_{w_z}$的密钥, $k_z^{v_{w_z}}=k_{z,1}^{v_{w_z}}\parallel k_{z,2}^{v_{w_z}}\parallel\cdots\parallel k_{z,m}^{v_{w_z}}$, $F:\{0,1\}^\lambda\to\{0,1\}^{m\cdot\lambda}$为伪随机函数, $e_{v_{w_x},v_{w_y}}(k_z^{v_{w_z}})$表示输入为$v_{w_x},v_{w_y}$时密钥$k_z^{v_{w_z}}$的密文. 通过这种方式, 本来需要由 MPC 协议计算的$F(k_x^{v_{w_x}})$和$F(k_y^{v_{w_y}})$, 转变为可以由各参与方$P_j$本地计算的$F(k_{x,j}^{v_{w_x}})$和$F(k_{y,j}^{v_{w_y}})$, 从而大大减少了 MPC 协议的计算复杂度.

为表达简洁, $e_{v_{w_x},v_{w_y}}(k_z^{v_{w_z}})$常常简记为$e_{v_{w_x},v_{w_y}}$, 比如在图 5.11 的 AND 门中, $e_{0,0}(k_6^0)$简记为$e_{0,0}$, $e_{1,1}(k_6^1)$简记为$e_{1,1}$. 在逻辑门确定的条件下, $v_{w_x},v_{w_y}$确定了$v_{w_z}$, 故不会引发异议. 图 5.3 中电路的多方混淆版本如图 5.11 所示(图中所示混

淆表未做置换处理).

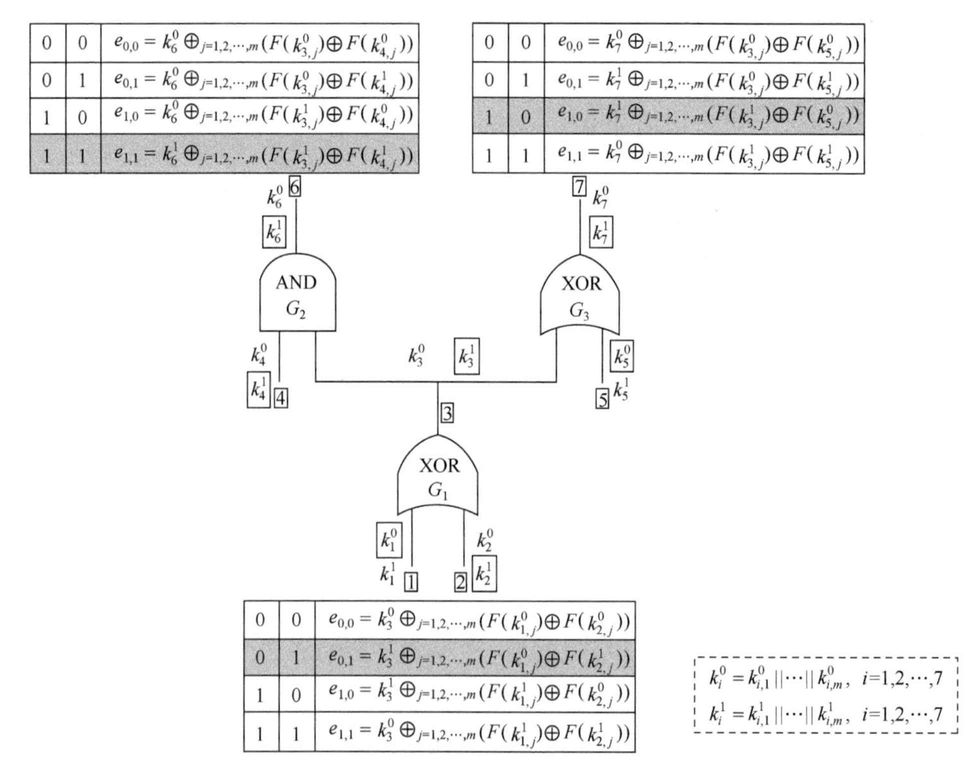


图 5.11　BMR 中混淆表的构造

上述 MPC 协议执行结束后，所生成的混淆电路可以交给其中一个参与方(如 $P_1$)进行计算. 为了完成电路计算，剩余需要解决的主要问题是如何让该混淆电路计算方拿到所有参与方隐私输入所对应的混淆密钥. 一个最简单的方法是把这部分过程作为混淆电路生成过程的一部分，即在上述 MPC 协议执行过程中，直接把参与方输入所对应的混淆密钥发送给指定的混淆电路计算方即可. 然而，该方法有一个安全性问题. 由于每次计算混淆门时，混淆电路计算方 $P_1$ 都会获得输出导线上的密钥值，而该密钥值中有一段是 $P_1$ 自己所贡献的子密钥. 因此，$P_1$ 可以根据该信息得知该输出导线的值是 0 还是 1，从而可进一步推导出各参与方输入的有用信息. 所以，需要让 $P_1$ 在获得密钥值后无法判断该密钥值与导线真实值的对应关系. 为解决该问题，让每个参与方 $P_j$ 在生成每条导线 $w_i$ 子密钥值的同时，再生成一个翻转比特 $f_{i,j}\in\{0,1\}$. 所有参与方 $P_j$ 所贡献的翻转比特 $f_{i,j}$ 的异或值 $f_i=\oplus_{j=1,2,\cdots,m}f_{i,j}$ 为导线 $w_i$ 的翻转比特，决定密钥值与导线真实值的对应关系. 若 $f_i$ 为 0，表示两个密钥值与真实值的对应关系不变；若 $f_i$ 为 1，表示两个密钥值与真实值的对应关系交换. 翻转比特的引入使得任何参与方都无法从密钥得知真实输入比特的值是 0 还是 1, 所以即便能从密钥值中识别到自己的子密钥, 也无法确定该密钥值对应的是 0 还是 1, 从而保护了参与方的输入隐私.

在给出完整的 BMR 协议构造之前, 我们还需要介绍 BMR 协议中所提出的一个电路优化技术——Point-and-Permute 技术. 回顾 5.2 节的 Yao 协议, $P_2$ 收到混淆表后, 可以利用输入密钥进行解密. 然而 $P_2$ 怎么知道对哪一行进行解密呢? 显然, 最直接的方法就是对混淆表逐行解密, 找到正确的那一行. $P_2$ 只有一对密钥, 只能够正确解密出一行. 但是, 这种逐行解密的方法要求每个混淆表都要平均执行 2.5 次解密操作, 效率比较低. 而采用 Point-and-Permute 技术, 可以帮助电路计算方快速找到混淆表中应该解密的密文, 无须对混淆表逐行解密.

**Point-and-Permute 技术** 我们先以两方计算为例对该技术进行介绍. $P_1$ 负责构造混淆电路, $P_2$ 负责计算混淆电路. 对于电路 $C$ 中的每一条导线 $w_x$, 除了让 $P_1$ 分配两个密钥 $k_x^0$ 和 $k_x^1$ 之外, $P_1$ 再随机选择一个比特 $p_x^0$,令 $p_x^1=1-p_x^0$, 这时对应于导线 $w_x$, 密钥与随机比特形成有序对 $(k_x^0,p_x^0)$ 和 $(k_x^1,p_x^1)$, 其中的随机比特决定混淆表的置换规则. 对于 $v_{w_x}\in\{0,1\}$ 的两个可能值, $p_x^{v_{w_x}}$ 是不同的, 且并没有揭示任何有关 $v_{w_x}$ 的信息. 当计算如图 5.12 中的或门时, 假设 $w_1$ 为 $P_1$ 的输入导线, 输入为 $u, w_2$ 为 $P_2$ 的输入导线, 输入为 $v$. $P_1$ 在构造混淆表时将 $\mathrm{Enc}_{k_1^u,k_2^v}(k_3^{u\text{ OR }v})$ 放在混淆表中的第$(2p_1^u+p_2^v)$个位置(从第 0 个位置开始算). 密钥传输阶段, $P_1$ 直接发送 $q_1^u=(k_1^u,p_1^u)$给 $P_2$, 而通过茫然传输使 $P_2$ 获得 $q_2^v=(k_2^v,p_2^v)$. 根据 $(p_1^u,p_2^v)$ 的值, $P_2$ 可以直接对应到混淆表的第$(2p_1^u+p_2^v)$条密文, 然后利用 $k_1^u$ 和 $k_2^v$ 对该位置的密文进行解密, 获得正确的 $k_3^{u\text{ OR }v}$.

Point-and-Permute 技术可以很自然地扩展到多方. 对每条导线 $w_i$, 我们只需要让每个参与方 $P_j$ 随机生成 $p_{i,j}^0$, 并计算 $p_{i,j}^1=1-p_{i,j}^0$. 计算所有参与方 $P_j$ 所贡献的比特 $p_{i,j}^0$ 的异或值 $p_i^0=\oplus_{j=1,2,\cdots,m}p_{i,j}^0$, 以及所贡献的比特 $p_{i,j}^1$ 的异或值 $p_i^1=\oplus_{j=1,2,\cdots,m}p_{i,j}^1$. 每条导线有了 $q_i^0=(k_i^0,p_i^0)$ 和 $q_i^1=(k_i^1,p_i^1)$, 就可以按照上述两方场景相同的方法, 将混淆表中的密文 $e_{v_{w_x},v_{w_y}}=q_z^{v_{w_z}}\oplus_{j=1,2,\cdots,m}(F(q_{x,j}^{v_{w_x}})\oplus F(q_{y,j}^{v_{w_y}}))$ 放在混淆表中的第$(2p_1^{v_{w_x}}+p_2^{v_{w_y}})$个位置. 如表 5.3 所示, 假定该门为一个 XOR 门, 输入值为 $v_{w_x}=0$, $v_{w_y}=1$. 对该门的混淆表应用 Point-and-Permute 技术前, 解密时需要逐行对混淆表进行解密, 找到输出导线上的正确的密钥值(为了直观, 表中未将混淆表进行置换处理); 对该门应用 Point-and-Permute 技术后, 四个密文的位

置由$(2p_1^{v_{w_x}}+p_2^{v_{w_y}})$计算获得, 四个位置标号为 0, 1, 2, 3. 这些位置标号对应着在混淆表中行的位置. 举例来说, 令 $p_1^0=0$, $p_1^1=1$, $p_2^0=1$, $p_2^1=0$, 则 $e_{0,0}$ 应放在位置 1, 即混淆表的第二行; $e_{0,1}$ 应放在位置 0, 即混淆表的第一行; $e_{1,0}$ 应放在位置 3, 即混淆表的第四行; $e_{1,1}$ 应放在位置 2, 即混淆表的第三行.

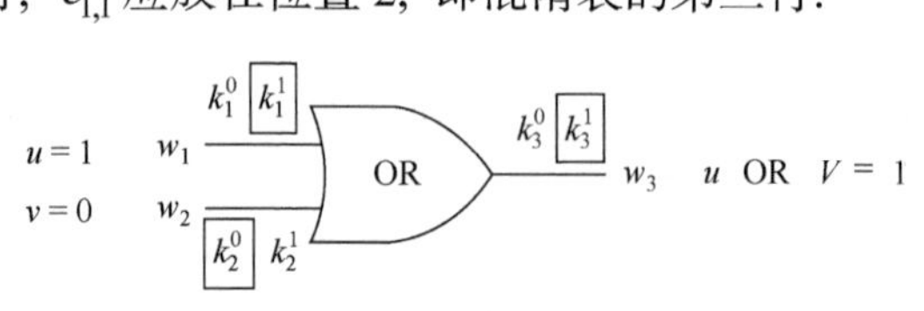


图 5.12　混淆或门解密示例

**表 5.3　利用 Point-and-Permute 技术构造的混淆表**

| 应用 Point-and-Permute 技术前 | 应用 Point-and-Permute 技术后 |
| --- | --- |
| $e_{0,0}=k_3^{0\oplus f_3}\oplus_{j=1,2,\cdots,m}(F(k_{1,j}^{0\oplus f_1})\oplus F(k_{2,j}^{0\oplus f_2}))$ | $e_{0,1}=q_3^{1\oplus f_3}\oplus_{j=1,2,\cdots,m}(F(q_{1,j}^{0\oplus f_1})\oplus F(q_{2,j}^{1\oplus f_2}))$ |
| $e_{0,1}=k_3^{1\oplus f_3}\oplus_{j=1,2,\cdots,m}(F(k_{1,j}^{0\oplus f_1})\oplus F(k_{2,j}^{1\oplus f_2}))$ | $e_{0,0}=q_3^{0\oplus f_3}\oplus_{j=1,2,\cdots,m}(F(q_{1,j}^{0\oplus f_1})\oplus F(q_{2,j}^{0\oplus f_2}))$ |
| $e_{1,0}=k_3^{1\oplus f_3}\oplus_{j=1,2,\cdots,m}(F(k_{1,j}^{1\oplus f_1})\oplus F(k_{2,j}^{0\oplus f_2}))$ | $e_{1,1}=q_3^{0\oplus f_3}\oplus_{j=1,2,\cdots,m}(F(q_{1,j}^{1\oplus f_1})\oplus F(q_{2,j}^{1\oplus f_2}))$ |
| $e_{1,1}=k_3^{0\oplus f_3}\oplus_{j=1,2,\cdots,m}(F(k_{1,j}^{1\oplus f_1})\oplus F(k_{2,j}^{1\oplus f_2}))$ | $e_{1,0}=q_3^{1\oplus f_3}\oplus_{j=1,2,\cdots,m}(F(q_{1,j}^{1\oplus f_1})\oplus F(q_{2,j}^{0\oplus f_2}))$ |

以上即为 BMR 协议中需要注意的技术细节. 下面给出完整 BMR 协议的构造.

---

**协议 5.6** (BMR 协议)

**辅助输入**: 正整数 $m>2$, 布尔电路 $C, C(x_1,x_2,\cdots,x_m)=f(x_1,x_2,\cdots,x_m)$, 随机函数 $F:\{0,1\}^{\lambda}\times\{0,1\}\to\{0,1\}^{m\cdot\lambda+1}$.

**输入**: 协议参与方 $P_1, P_2,\cdots, P_m$, 输入分别为 $x_1$, $x_2,\cdots$, $x_m\in\{0,1\}^n$.

**输出**: 协议参与方 $P_1, P_2,\cdots, P_m$, 输出分别为 $z_1$, $z_2,\cdots$, $z_m\in\{0,1\}^n$.

**协议过程**:

1. 协议根据要实现的目标函数生成布尔电路 $C$, 并向所有的参与方公开. 将协议的参与方记为 $P_1, P_2,\cdots, P_m$, 其输入分别为 $x_1$, $x_2,\cdots$, $x_m\in\{0,1\}^n$. 对于电路 $C$ 中的每一条导线 $w_i$, 参与方 $P_j$ 随机生成子密钥

$$q_{i,j}^b=(k_{i,j}^b,p_{i,j}^b)\leftarrow_R\{0,1\}^{\kappa}\times\{0,1\},\quad b=0,1$$

其中, $p_{i,j}^b=1-p_{i,j}^{1-b}$, 然后生成一个翻转比特 $f_{i,j\leftarrow R}\{0,1\}$, $f_{i,j}$ 用来隐藏 $w_i$ 对应

的真实值. 对于每一条导线 $w_i, P_j$ 计算

$$S_{i,j}=(F(q_{i,j}^0),F(q_{i,j}^1),p_{i,j}^0,f_{i,j})$$

作为底层 MPC 协议的输入.

2. 对于电路 $C$ 中的每一个门 $G_i$，所有参与方共同参与一个生成混淆表的 $m$ 方 MPC 协议 $\pi$，从而得到混淆电路及解密表. 协议 $\pi$ 的输入为各参与方的输入 $x_1$，$x_2,\cdots$，$x_m$，以及步骤 1 中所计算的 $S_{i,j}$. 该 MPC 协议执行以下步骤:

(1) 假定 $G_i$ 由输入导线 $w_x, w_y$ 以及输出导线 $w_z$ 组成. 协议计算

$$p_x^0 = \oplus_{j=1,2,\cdots,m} p_{x,j}^0, \quad p_y^0 = \oplus_{j=1,2,\cdots,m} p_{y,j}^0, \quad p_z^0 = \oplus_{j=1,2,\cdots,m} p_{z,j}^0$$

并设置

$$p_x^1=1-p_x^0, \quad p_y^1=1-p_y^0, \quad p_z^1=1-p_z^0$$

同样, 对所有参与方输入的翻转比特进行异或, 得到

$$f_x=\oplus_{j=1,2,\cdots,m} f_{x,j}, \quad f_y=\oplus_{j=1,2,\cdots,m} f_{y,j}, \quad f_z=\oplus_{j=1,2,\cdots,m} f_{z,j}$$

(2) 假设 $w_x, w_y$ 的输入分别是 $v_{w_x}, v_{w_y} \in \{0,1\}$，计算

$$e_{v_{w_x},v_{w_y}} = q_z^{v_{w_z}\oplus f_z} \oplus_{j=1,2,\cdots,m} \left(F\left(q_{x,j}^{v_{w_x}\oplus f_x}\right)\oplus F\left(q_{y,j}^{v_{w_y}\oplus f_y}\right)\right)$$

得到 4 个密文: $e_{0,0}, e_{0,1}, e_{1,0}, e_{1,1}$，其中,

$$q_z^0 = q_{z,1}^0 \| q_{z,2}^0 \| \cdots \| q_{z,n}^0 \| p_z^0, \quad q_z^1 = q_{z,1}^1 \| q_{z,2}^1 \| \cdots \| q_{z,n}^1 \| p_z^1$$

将密文 $e_{v_{w_x},v_{w_y}}$ 放在混淆表中第$(2p_x^{v_{w_x}}+p_y^{v_{w_y}})$个位置上. 逐门处理, 形成混淆电路, 上面的计算通过 MPC 协议 $\pi$ 实现, 因此除输出的混淆表之外不泄露其他额外信息.

(3) 假定 $P_1$ 负责计算 GC，将生成的 GC 和各个参与方的输入 $x_1$，$x_2,\cdots$，$x_m$ 所对应的密钥安全发送给 $P_1$.

3. 给定混淆电路 GC 以及各个参与方输入 $x_1$，$x_2,\cdots$，$x_m$ 所对应的密钥，$P_1$ 计算混淆电路, 并把计算结果发送给其他参与方.

直观上, BMR 协议在半诚实敌手模型下是安全的, 所有的参与方通过执行一个 MPC 协议来共同生成所有导线的混淆密钥和电路门的混淆表, 任何参与方甚至参与方集合的任何真子集都无法获得导线上的真实值与密钥的对应关系, 因此不会泄露诚实参与方的私有输入和中间计算结果. 本书不再给出 BMR 协议安全性的形式化证明, 感兴趣的读者可以参考文献[BMR90].

## 参 考 文 献

[AL17] Asharov G, Lindell Y. A full proof of the BGW protocol for perfectly secure multiparty computation. Journal of Cryptology, 2017, 30(1): 58-151.

[BMR90] Beaver D, Micali S, Rogaway P. The round complexity of secure protocols. Proceedings of the 22nd Annual ACM Symposium on Theory of Computing. New York: ACM Press, 1990: 503-513.

[BGW88] Ben-Or M, Goldwasser S, Wigderson A. Completeness theorems for non-cryptographic fault-tolerant distributed computation. Proceedings of the 20th Annual ACM Symposium on the Theory of Computing. New York: ACM Press, 1988: 1-10.

[GMW87] Goldreich O, Micali S, Wigderson A. How to play any mental game, or a completeness theorem for protocols with honest majority. Proceedings of the 19th Annual ACM Symposium on Theory of Computing(STOC'87). New York: ACM Press, 1987: 218-229.

[Gol04] Goldreich O. Foundations of Cryptography: Basic Applications, Volume 2. Cambridge: Cambridge University Press, 2004.

[Yao82] Yao A C. Protocols for secure computations. Proceedings of the 23rd Annual Symposium on Foundations of Computer Science(FOCS'82). Los Alamitos: IEEE Computer Society, 1982: 160-164.

[Yao86] Yao A C. How to generate and exchange secrets. Proceedings of the 27th Annual Symposium on Foundations of Computer Science(STOC'86). New York: ACM Press, 1986: 162-167.

# 第 6 章　半诚实敌手模型安全性证明

一个安全的协议需要在相应的安全模型下给出形式化的安全性证明，这是现代密码学可证明安全的基本要求. 对于安全多方计算协议的安全性定义和证明，主要使用理想/现实模拟范式，通过理想与现实两个世界协议执行的不可区分来证明协议的安全性. 在安全多方计算的安全模型中，半诚实敌手模型是最基本和最简单的，其要求参与方必须严格按照协议要求来执行协议，敌手唯一能做的就是试图通过协议中所接收到的消息推测出某些额外信息. 虽然这一模型相对简单，但是它是实现更复杂的安全模型的基石，是安全性证明的起点. 在半诚实敌手模型下设计安全协议，并给出形式化的证明是学习与研究安全多方计算的基础.

本章主要针对半诚实敌手模型，描述协议安全性证明的一般步骤和形式化过程. 为了更直观地理解半诚实敌手模型下的安全性证明，我们首先通过 $\mathrm{OT}_2^1$ 协议给出一个简单、直观的证明实例. 这是一个具体的安全两方协议，较之于通用安全多方计算协议比较好理解，且证明过程更加清晰. 在此基础之上，我们将形式化证明扩展至通用协议，对 Yao 协议和 GMW 协议这两个安全多方计算最基础的通用协议给出形式化证明. 上述两个协议均是基于电路构造的通用协议，Yao 协议只适用于两方而 GMW 协议可适用于多方，在证明技巧和形式化描述中也体现出不同的特点.

## 6.1　证明实例——OT 协议

### 6.1.1　一个基于 DDH 问题的 OT 协议

首先给出一个半诚实敌手模型下安全 $\mathrm{OT}_2^1$ 协议的形式化安全性证明，为后面复杂的安全多方计算协议证明做铺垫. 在前面章节我们已经看到，OT 协议自 1981 年 Rabin[Rabin81]提出之后，已经发展出各种不同形式，成为一个重要的密码学基础协议，被广泛应用于诸多安全方案的构造中. $\mathrm{OT}_2^1$ 协议本身是一个典型的两方协议，其涉及发送方(sender)和接收方(receiver)两个参与方. 其中发送方每次向接收方发送两个有序消息 $(x_0,x_1)$，接收方输入一个选择比特 $\sigma$. 在协议结束时，接收方仅获得消息 $x_\sigma$，不会得知关于另一消息的信息，而发送方不会得知接收方最后获得的是哪一个消息.

下面给出一个基于 DDH (decisional Diffie-Hellman, 决策性 Diffie-Hellman)假设构造的 $OT_2^1$ 协议 [PVW08, HL10]. 首先定义群 $G$ 中的 DH 四元组. 假设群 $G$ 是一个 $q$ 阶循环群, $q$ 为素数, $g$ 为其生成元. 对于四元组 $(g,h,u,v)$, 如果存在 $w\in\mathbb{Z}_q$, $w\neq 0$, 满足 $u=g^w$ 且 $v=h^w$, 即 $\log_g u=\log_h v\neq 0$, 我们称四元组 $(g,h,u,v)$ 为 DH 四元组, 且称 $w$ 是该 DH 四元组的证据. 如果不存在 $w$ 满足上述性质, 则 $(g,h,u,v)$ 被称为非 DH 四元组. 容易验证, 四元组$(g, h, u, v)$是一个 DH 四元组, 当且仅当存在 $t\in\mathbb{Z}_q$, $t\neq 0$, 满足 $h=g^t, v=u^t$,即$\log_g h=\log_u v\neq 0$.

假设 $G$ 中的 DDH 问题是困难的, 一个 DH 四元组和一个随机四元组, 是计算不可区分的.

令 $X_0=(g,h,g^r,h^r)$, $X_1=(g,h,g^r,h^s)$,其中 $r,s$ 是随机数, 这时 $X_0$ 是 DH 四元组, $X_1$ 是非 DH 四元组. 用 $\mathcal{D}$ 表示有效区分器,

$$\forall\mathcal{D},\quad |\Pr[\mathcal{D}(X_0)=1]-\Pr[\mathcal{D}(X_1)=1]|\leqslant \text{negl}$$

恰是 DDH 假设.

进一步地, 特殊形状的非 DH 四元组 $X_2=(g,h,g^r,h^r\cdot g)$, 与 DH 四元组也是计算不可区分的, 事实上,

$$\begin{aligned}|\Pr[\mathcal{D}(X_0)=1]-\Pr[\mathcal{D}(X_2)=1]|\leqslant&|\Pr[\mathcal{D}(X_0)=1]-\Pr[\mathcal{D}(X_1)=1]|\\&+|\Pr[\mathcal{D}(X_1)=1]-\Pr[\mathcal{D}(X_2)=1]|\end{aligned}$$

令 $X_1'=(g,h,g^r,h^s/g)$, 则区分 $X_1$ 与 $X_2$ 等价于区分 $X_1'$ 与 $X_0$, 而 $X_1'$ 仍是一个随机四元组, 因而与 $X_0$ 是计算不可区分的. 综上, 对于任意有效区分器 $\mathcal{D}$, 上式是可忽略的.

下面给出的协议主要基于上述性质. 具体地, 接收方构造群中的两个四元组 $T_0$ 和 $T_1$, 其中与接收方输入 $\sigma$ 对应的 $T_\sigma$ 是 DH 四元组, 而另一个 $T_{1-\sigma}$ 是非 DH 四元组. 发送方使用这两个四元组“加密”自己的输入并发送给接收方, 接收方只能“解密”对应 DH 四元组加密的消息, 即只能获得自己选择的值.

首先定义一个随机变换 $\text{RAND}:G^4\to G^2$,

$$\text{RAND}(a, b, x, y)=(u, v)$$

其中, $u=a^s\cdot x^t, v=b^s\cdot y^t, s,t\leftarrow_R \mathbb{Z}_q$.

容易验证, 该变换具备以下性质:

对 DH 四元组$(a, b, x, y)$, 如果 $b=a^r$, 即 $\log_a b=\log_x y=r$, 则 RAND 的输出$(u, v)$满足 $v=u^r$, 即 $\log_u v=\log_a b=r$.

基于 RAND 的上述特性, 下面给出一个半诚实敌手模型下 $OT_2^1$ 协议的具体构造.

**协议 6.1** (一个基于 DDH 问题的 $OT_2^1$ 协议)

**公共参数**: 群 $G$ 是一个 $q$ 阶循环群, $q$ 为素数, $g_0$ 为生成元.

**输入**: Sender 输入 $(x_0,x_1)\in G$, Receiver 输入选择比特 $\sigma\in(0,1)$.

**输出**: 接收方 Receiver 获得输出 $x_\sigma$.

**协议过程**:

1. 接收方 Receiver 随机选取 $\alpha,\alpha_0,\alpha_1\leftarrow_R\mathbb{Z}_q,\alpha_0\neq\alpha_1$, 计算

$$g_1=(g_0)^\alpha,\quad h_0=(g_0)^{\alpha_0},\quad h_1=(g_1)^{\alpha_1}$$

则 $(g_0,g_1,h_0,h_1)$ 是非 DH 四元组.

2. Receiver 随机选取 $r\leftarrow_R\mathbb{Z}_q$, 并根据自己的输入选择比特 $\sigma$ 计算

$$g=(g_\sigma)^r,\quad h=(h_\sigma)^r$$

然后, 生成两个四元组

$$T_0=(g_0,g,h_0,h),\quad T_1=(g_1,g,h_1,h)$$

并将其发送给发送方 Sender.

3. Sender 计算 RAND($T_0$)=$(U_0,V_0)$和RAND($T_1$)$=(U_1,V_1)$, 需要注意的是对每一个四元组在计算 RAND 时要选取不同的随机数.

4. Sender 使用 $(U_0,V_0)$ 和 $(U_1,V_1)$ 分别"加密"自己的输入 $x_0,x_1$. 具体地, Sender 计算 $W_0=V_0\cdot x_0$ 和 $W_1=V_1\cdot x_1$, 并将$(U_0,W_0)$和$(U_1,W_1)$有序发送给接收方.

5. Receiver 计算 $x_\sigma=W_\sigma/(U_\sigma)^r$.

在上述协议中, 接收方 Receiver 首先构造了一个非 DH 四元组 $(g_0,g_1,h_0,h_1)$, 为了确保 $(g_0,g_1,h_0,h_1)$ 确实是一个非 DH 四元组, 接收方在选择 $\alpha_0$ 和 $\alpha_1$ 时要保证 $\alpha_0\neq\alpha_1$. 之后, 接收方 Receiver 根据自己的输入选择比特 $\sigma$ 计算 $g=(g_\sigma)^r$ 和 $h=(h_\sigma)^r$, 并使用之前的四元组 $(g_0,g_1,h_0,h_1)$ 生成两个四元组 $T_0=(g_0,g,h_0,h)$ 和 $T_1=(g_1,g,h_1,h)$. 很容易验证, 如果 $(g_0,g_1,h_0,h_1)$ 是一个非 DH 四元组, 则四元组 $T_0$ 和 $T_1$ 中只有 $T_\sigma$ 是 DH 四元组, 而 $T_{1-\sigma}$ 是非 DH 四元组, 事实上它是一个随机四元组. 之后, 发送方Sender使用RAND分别计算RAND($T_0$)$=(U_0,V_0)$, RAND($T_1$)$=(U_1,V_1)$, 并使用$(U_0,V_0)$, $(U_1,V_1)$ 分别"加密" $x_0$, $x_1$ 得到$(U_0,W_0)$, $(U_1,W_1)$, 其中$W_0=V_0\cdot x_0$, $W_1=V_1\cdot x_1$. 最后, 接收方使用其选择的随机数 $r$ 计算 $x_\sigma=W_\sigma/(U_\sigma)^r$.

该协议的正确性容易验证.

对于$\sigma=0$时, 有

$$g=(g_0)^r,\quad h=(h_0)^r$$

因而四元组

$$T_0=(g_0,g,h_0,h)=(g_0,(g_0)^r,h_0,(h_0)^r)$$

是 DH 元组, 其证据为$\alpha_0$, 且$g$关于$g_0$的离散对数为$r$, 则$V_0=(U_0)^r$; 而四元组$T_1=(g_1,g,h_1,h)$ 中, $h_1$关于$g_1$的离散对数是$\alpha_1$, $h$关于$g$的离散对数是$\alpha_0$, 因此$T_1$不是 DH 四元组.

$\sigma=1$的情况类似.

一般而言, $T_0,T_1$中只有$T_\sigma$是 DH 四元组, 因此经过 RAND 之后, $U_\sigma$和$V_\sigma$满足$V_\sigma=(U_\sigma)^r$, 则接收方 Receiver 可以通过计算$W_\sigma/(U_\sigma)^r$获得自己选择的值$x_\sigma$. 而对于非 DH 四元组(随机四元组)$T_{1-\sigma}$, 经过 RAND 之后, $U_{1-\sigma}$和$V_{1-\sigma}$是群中两个随机元素, $V_{1-\sigma}$关于$U_{1-\sigma}$的离散对数对于 Receiver 是未知的, $W_{1-\sigma}/(U_{1-\sigma})^r$是$G$中的一个随机元素, 因此 Receiver 无法像计算$x_\sigma$那样得到$x_{1-\sigma}$.

下面主要探讨该协议的安全性, $\mathrm{OT}_2^1$函数是一个确定性功能函数, 因此我们基于视图不可区分给出形式化的安全性证明.

### 6.1.2 OT 协议安全性证明

首先, 由于$g=(g_\sigma)^r$, $h=(h_\sigma)^r$, 根据 DH 四元组的等价条件, $T_\sigma=(g_\sigma,g,h_\sigma,h)$是一个 DH 四元组, 而另一个四元组$T_{1-\sigma}$是一个随机四元组, 因而区分$T_\sigma$与$T_{1-\sigma}$即是区分 DH 四元组与随机四元组, 而我们已经知道在 DDH 困难的假设下, 这个问题是困难的.

鉴于 DDH 问题的困难性, 上述$\mathrm{OT}_2^1$协议在半诚实敌手模型下是安全的. 直观来看, 就隐私性而言, 半诚实敌手模型下接收方发送的两个四元组必是正确产生的, 利用解密公式验证可知只有对应选择比特的消息能够解密, 另一消息不会泄露. 比如假设$\sigma=0$, 计算可知在 DDH 难解的假设之下, $W_1/U_1^r=V_1\cdot x_1/U_1^r$是一个$G$中的随机元素, 因而不能得到关于$x_1$的任何信息, 保证了发送方的隐私性. 另一方面, 如上所述, 在 DDH 问题难解的假设之下, 发送方无法区分$T_0$和$T_1$两个四元组结构的不同, 因此也就不能得知接收方选择比特的信息, 保证了接收方的输入隐私性. 下面给出具体的形式化证明. 我们证明对于现实协议中的敌手$\mathcal{A}$, 存在一个理想世界的模拟器$\mathcal{S}$, 在给定被腐化参与方的输入和输出后, 模拟器$\mathcal{S}$要模拟敌手$\mathcal{A}$在现实协议中的视图, 使得理想世界模拟器$\mathcal{S}$的输出和现实协议中敌手$\mathcal{A}$的视图是计算不可区分的. 正如第 2 章所说, 这意味着现实协议与理想世界的协议“一样安全”, 因而它不仅包含隐私性, 而且是一个更全面的安全性概念, 包含了理想协议所具有的所有安全性, 比如也包含了正确性. 后面类似情况不再一一说明.

**定理 6.1** 如果 DDH 问题在群 $G$ 中是困难的, 则上述协议 6.1 在半诚实敌手模型下安全计算功能函数 $\mathcal{F}_{\mathrm{OT}_2^1}$ .

**证明** 因为 $\mathrm{OT}_2^1$ 协议是一个两方协议, 讨论两方都被腐化没有意义, 因此我们分别证明接收方和发送方被腐化这两种情况.

Sender 被腐化. 假设现实协议中敌手 $\mathcal{A}$ 腐化了发送方 Sender, 我们需要构造模拟器 $\mathcal{S}$ 根据理想世界中发送方的输入和输出来模拟敌手 $\mathcal{A}$ 的视图, 也就是说, 对应于现实世界, 在理想世界中存在一个敌手(模拟器) $\mathcal{S}$ 腐化理想世界中的发送方 Sender, $\mathcal{S}$ 根据理想世界中发送方的输入和输出来模拟敌手 $\mathcal{A}$ 的视图. 在现实协议中, 敌手 $\mathcal{A}$ 的输入是 $x_0,x_1$, 输出为 $\perp$, 其接收到 Receiver 发来的消息是两个四元组 $T_0,T_1$, 因此敌手 $\mathcal{A}$ 在协议中的视图为

$$\mathrm{view}_{\mathcal{A}}^{\pi} = ((x_0,x_1),(T_0,T_1),r_s)$$

其中 $r_s$ 是随机数.

为了模拟敌手 $\mathcal{A}$ 的真实视图, 模拟器需要模拟在现实协议中接收方发过来的消息( $T_0,T_1$ ). 虽然不知道诚实接收方的输入值 $\sigma$ , 模拟器不可能按照现实协议要求那样执行, 但由于 DH 四元组与随机四元组是计算不可区分的, 模拟器随机选择两个四元组 $(T_0',T_1')$ , 并输出

$$\mathrm{output}_{\mathcal{S}} = ((x_0,x_1),(T_0',T_1'),r_s')$$

由于 DH 四元组和随机四元组的不可区分性则知上述两个分布 $\mathrm{view}_{\mathcal{A}}^{\pi}$ 和 $\mathrm{output}_{\mathcal{S}}$ 是计算不可区分的.

Receiver 被腐化. 假设现实协议中敌手 $\mathcal{A}$ 腐化了接收方 Receiver, 则在理想世界中存在一个敌手(模拟器) $\mathcal{S}$ 腐化理想世界中的接收方 Receiver, 根据理想世界中接收方的输入和输出 $(\sigma,x_\sigma)$ 来模拟敌手 $\mathcal{A}$ 的视图. 在现实协议中, 敌手 $\mathcal{A}$ 的输入和输出是 $(\sigma,x_\sigma)$ , 其接收到发送方 Sender 发来的消息是 $(U_0,W_0)$ 和 $(U_1,W_1)$ , 因此敌手 $\mathcal{A}$ 在现实协议中的视图表示为

$$\mathrm{view}_{\mathcal{A}}^{\pi} = (\sigma,(U_0,W_0),(U_1,W_1),r_r)$$

其中 $r_r$ 是随机数.

为了模拟敌手 $\mathcal{A}$ 的真实视图, 模拟器需要模拟在现实协议中发送方 Sender 发过来的消息 $(U_0,W_0)$ 和 $(U_1,W_1)$ . 在现实协议中, 这些数值是诚实发送方 Sender 使用自己的输入 $(x_0,x_1)$ 生成的. 虽然模拟器 $\mathcal{S}$ 不知道发送方的两个输入 $(x_0,x_1)$, 但掌握了其中的一个值 $x_\sigma$ , 因此模拟器可以利用 $x_\sigma$ 按照同样分布生成

$(U'_\sigma, W'_\sigma)$. 将$(U_{1-\sigma}, W_{1-\sigma})$的表达式展开可以看出, 这是一个随机元素对, 模拟器$\mathcal{S}$只需要随机选取群 $G$ 中两个元素作为$(U'_{1-\sigma}, W'_{1-\sigma})$即可. 模拟器$\mathcal{S}$按照上述方式生成的两个数对表示为$(U'_0, W'_0)$和$(U'_1, W'_1)$, 则模拟器$\mathcal{S}$的输出表示如下

$$\text{output}_{\mathcal{S}} = (\sigma, (U'_0, W'_0), (U'_1, W'_1), r'_r)$$

由生成过程可知, $\{\text{view}^\pi_{\mathcal{A}}\}$和$\{\text{output}_{\mathcal{S}}\}$是计算不可区分的.

至此, 完成对定理 6.1 的证明. ■

## 6.2　Yao 协议安全性证明

上述$\text{OT}_2^1$协议是一个具体的安全两方协议, 其构造和证明并不具备一般性和通用性. 姚期智提出的通用两方协议[Yao86]基于对电路的隐私化处理, 之后学术界称之为混淆电路或 Yao-混淆电路. Yao 协议的一般步骤是将任意的计算任务转化成一般的布尔电路, 然后对电路进行隐私性处理形成所谓混淆电路, 最后实现函数的安全计算. 关于混淆电路的具体细节在第 5 章已经介绍, 本节主要介绍 Yao 协议在半诚实敌手模型下的形式化安全性证明.

### 6.2.1　Yao 协议描述

Yao 协议主要基于混淆电路和$\text{OT}_2^1$协议两个基本工具设计, 其将任意的功能函数$f$转化为相应的布尔电路$C$表示, 具有通用性. 该协议已在第 5 章中给出(协议 5.2), 为阅读方便我们在此进行重述.

---

**协议 6.2** (Yao 协议)

**辅助输入**: 布尔电路$C$, 满足对每个$x, y \in \{0,1\}^n$, 有$C(x,y) = f(x,y)$, 其中$f: \{0,1\}^n \times \{0,1\}^n \to \{0,1\}^n$.

**输入**: $P_1$输入$x = x_1x_2\cdots x_n$, $P_2$输入$y = y_1y_2\ldots y_n$, 其中$n \in \mathbb{N}$, $x_i$和$y_i(i=1,2,\cdots,n)$分别是输入$x$和$y$的第$i$个比特.

**输出**: $P_2$获得输出$f(x,y)$.

**协议过程**:

1. $P_1$构造混淆电路$\text{GC}$.

2. 令$w_1, w_2, \cdots, w_n$为相对于$x$的输入线, $w_{n+1}, w_{n+2}, \cdots, w_{2n}$为相对于$y$的输入线, $k_i^0$, $k_i^1$为电路输入线$w_i$上的一对混淆密钥($i=1,\cdots,2n$). $P_1$和$P_2$执行如下操作.

---

(1) $P_1$把与自己输入相关的密钥值$k_1^{x_1}, k_2^{x_2}, \cdots, k_n^{x_n}$发送给$P_2$.

(2) 对每个$j$, $P_1$和$P_2$执行一次 2 选 1 OT 协议$\mathrm{OT}_2^1$, 其中$P_1$的输入是$(k_{n+j}^0, k_{n+j}^1)$, $P_2$的输入是$y_j, j=1,\cdots,n$. OT 协议结束后, $P_2$获得其对应于电路输入的密钥$k_{n+j}^{y_j}$.

上述$\mathrm{OT}_2^1$协议可以并行执行.

3. $P_1$将混淆电路GC以及电路输出线上的解码表发送给$P_2$.

4. 给定混淆电路、电路输出线上的解码表以及步骤 2 中所获得的 $2n$ 条输入线路上的密钥, $P_2$计算混淆电路, 最终得到输出$f(x,y)$.

### 6.2.2 Yao 协议安全性证明

在形式化证明 Yao 协议的安全性之前, 我们先从直观上分析一下协议是如何达到半诚实安全的. 就隐私性而言, 首先考虑参与方$P_2$的输入隐私性, 从协议中不难看出$P_2$仅在使用$\mathrm{OT}_2^1$协议获取与自己输入相关的混淆密钥时, 才使用到自己的真实输入 $y$. 由于假设所使用的$\mathrm{OT}_2^1$协议是半诚实安全的, 因此电路构造方$P_1$无法从$\mathrm{OT}_2^1$协议中获得参与方$P_2$的输入信息, 这样$P_2$的输入隐私性就得以保障. 下面考虑$P_1$输入的隐私性, 从协议描述可以看到$P_1$唯一能泄露自己输入信息的地方就是将输入线上与自己的输入信息相关的密钥值发送给$P_2$, 然而, 这些密钥值都是$P_1$在构造混淆电路时随机选取的, 只有其自己才知道相对应的关系, 因此$P_2$并不能从接收到的这些随机密钥中推导出$P_1$的输入信息. 除此之外, 可以看出参与方$P_2$在每个电路输入线路上仅仅得到一个密钥, 根据混淆电路门构造中的双加密方案的安全性, 在每个门上只能唯一解密出一个合法值, 而且$P_2$根据自己解密出的值无法推出$P_1$的输入信息, 因此$P_2$在计算电路过程中并没有得到除自己输出外的其他信息. 下面将给出上述协议安全性的形式化证明. 该证明可以利用混合模型, 将其中的 OT 协议视为理想功能函数, 通过复合定理来简化, 后面的恶意敌手模型下的证明将采用这种方法. 但对于协议 6.2 及下面的协议 6.3 等半诚实敌手模型, 我们将给出直接的证明.

**定理 6.2** 令$f:\{0,1\}^n \times \{0,1\}^n \to \{0,1\}^n$是一个多项式时间的两方单输出函数, 我们假设, $\mathrm{OT}_2^1$协议在半诚实敌手模型下是安全的, 混淆电路构造过程所使用的双加密方案在选择明文攻击(CPA)下是安全的. 则上述协议 6.2 在半诚实敌手模型下可以安全计算函数$f$.

**证明** 将上述协议记为$\pi$, 我们分别对$P_1$被腐化和$P_2$被腐化两种情况进行证明.

$P_1$ 被腐化. 假设现实协议中的敌手 $\mathcal{A}$ 控制了参与方 $P_1$, 则存在一个理想世界的模拟器 $\mathcal{S}_1$, 根据理想世界中参与方 $P_1$ 的输入和输出 $(x,\perp)$ 来模拟现实协议中敌手 $\mathcal{A}$ 的视图. 可以看出, 参与方 $P_1$ 在执行 Yao 协议时的视图, 仅仅包括它在 $\mathrm{OT}_2^1$ 协议中的视图, 因此可以表示为

$$\mathrm{view}_1^{\pi}(x,y)=(x,r_C,R_1^{\mathrm{OT}_2^1}((k_{n+1}^0,k_{n+1}^1),y_1),\cdots,R_1^{\mathrm{OT}_2^1}((k_{2n}^0,k_{2n}^1),y_n)) \tag{6.1}$$

其中, $x$ 是参与方 $P_1$ 的输入, $R_1^{\mathrm{OT}_2^1}((k_{n+i}^0,k_{n+i}^1),y_i)$ 是敌手在执行第 $i$ 次 $\mathrm{OT}_2^1$ 协议时所接收到的消息, $r_C$ 是生成混淆电路时所使用的随机数.

下面对模拟器 $\mathcal{S}_1$ 进行形式化描述. 给定输入 $(x,\perp)$, 模拟器 $\mathcal{S}_1$ 利用均匀随机带 $r_{\mathcal{S}_1}$ 生成混淆电路 GC. 令 $k_{n+1}^0,k_{n+1}^1,\cdots,k_{2n}^0,k_{2n}^1$ 作为参与方 $P_2$ 在混淆电路中输入导线所对应的密钥, 并令 $\mathcal{S}_1^{\mathrm{OT}_2^1}$ 作为在 $\mathrm{OT}_2^1$ 协议中针对现实协议中参与方 $P_1$ 的模拟器. 对于每个 $i=1,\cdots,n$, 模拟器 $\mathcal{S}_1$ 以 $(k_{n+i}^0,k_{n+i}^1)$ 为输入调用 $\mathcal{S}_1^{\mathrm{OT}_2^1}$, 得到 $P_1$ 在第 $i$ 次 $\mathrm{OT}_2^1$ 协议中的视图(因为 $P_1$ 在 $\mathrm{OT}_2^1$ 协议中没有输出, 因此模拟器 $\mathcal{S}_1$ 调用时仅使用其输入 $(k_{n+i}^0,k_{n+i}^1)$). 这里模拟器 $\mathcal{S}_1^{\mathrm{OT}_2^1}$ 生成的视图也是由输入、随机数和接收到的消息序列组成, 为了简化描述, 将参与方 $P_1$ (敌手 $\mathcal{A}$ )在 $\mathrm{OT}_2^1$ 协议中的视图作为一个整体来表示, 因此模拟器 $\mathcal{S}_1$ 的输出表示为

$$\mathcal{S}_1(x,\perp)=(x,r_{\mathcal{S}_1},\mathcal{S}_1^{\mathrm{OT}_2^1}(k_{n+1}^0,k_{n+1}^1),\cdots,\mathcal{S}_1^{\mathrm{OT}_2^1}(k_{2n}^0,k_{2n}^1)) \tag{6.2}$$

现在需要证明 $\{\mathcal{S}_1(x,\perp)\}_{x,y\in\{0,1\}^n}\overset{c}{\equiv}\{\mathrm{view}_1^{\pi}(x,y)\}_{x,y\in\{0,1\}^n}$, 其中 $\mathcal{S}_1(x,\perp)$ 如(6.2)式所述, 表示模拟器 $\mathcal{S}_1$ 的输出, $\mathrm{view}_1^{\pi}(x,y)$ 如(6.1)式所述表示现实协议中敌手 $\mathcal{A}$ 的视图.

为了证明上述两个分布的计算不可区分性, 引入针对 $\mathrm{OT}_2^1$ 协议模拟视图的混合论证技术, 即定义一个混合分布 $H_i(x,y,r_{\mathcal{S}_1})$, 其中前 $i$ 次 $\mathrm{OT}_2^1$ 协议是被模拟出来的, 后 $n-i$ 次 $\mathrm{OT}_2^1$ 协议是真实执行的, 即

$$H_0(x,y,r_{\mathcal{S}_1})=\left(x,r_{\mathcal{S}_1},R_1^{\mathrm{OT}_2^1}((k_{n+1}^0,k_{n+1}^1),y_1),\cdots,R_1^{\mathrm{OT}_2^1}((k_{2n}^0,k_{2n}^1),y_n)\right)$$

$$H_1(x,y,r_{\mathcal{S}_1})=\left(x,r_{\mathcal{S}_1},\mathcal{S}_1^{\mathrm{OT}_2^1}(k_{n+1}^0,k_{n+1}^1),\ R_1^{\mathrm{OT}_2^1}((k_{n+2}^0,k_{n+2}^1),y_2),\cdots,R_1^{\mathrm{OT}_2^1}((k_{2n}^0,k_{2n}^1),y_n)\right)$$

$$\vdots$$

$$H_i(x,y,r_{\mathcal{S}_1})=\Big(x,r_{\mathcal{S}_1},\mathcal{S}_1^{\mathrm{OT}_2^1}(k_{n+1}^0,k_{n+1}^1),\cdots,\mathcal{S}_1^{\mathrm{OT}_2^1}(k_{n+i}^0,k_{n+i}^1),$$
$$R_1^{\mathrm{OT}_2^1}((k_{n+i+1}^0,k_{n+i+1}^1),y_{i+1}),\cdots,R_1^{\mathrm{OT}_2^1}((k_{2n}^0,k_{2n}^1),y_n)\Big)$$
$$\vdots$$
$$H_n(x,y,r_{\mathcal{S}_1})=\Big(x,r_{\mathcal{S}_1},\mathcal{S}_1^{\mathrm{OT}_2^1}(k_{n+1}^0,k_{n+1}^1),\cdots,\mathcal{S}_1^{\mathrm{OT}_2^1}(k_{2n}^0,k_{2n}^1)\Big)$$

其中 $R_1^{\mathrm{OT}_2^1}((k_{n+i}^0,k_{n+i}^1),y_i)$ 表示从真实 $\mathrm{OT}_2^1$ 协议中接收到的消息，这些消息是参与方 $P_1$在第 $i$ 次$\mathrm{OT}_2^1$ 协议执行中的视图 $\mathrm{view}_1^{\mathrm{OT}_2^1}((k_{n+i}^0,k_{n+i}^1),y_i)$ 的一部分. 此处的密钥 $k_{n+i}^0,k_{n+i}^1$ 即为根据随机带所生成的混淆电路中所使用的密钥. 当 $r_{\mathcal{S}_1}$ 是均匀选取时，可以看出 $\{H_n(x,y,r_{\mathcal{S}_1})\}\overset{c}{\equiv}\{\mathcal{S}_1(x,\perp)\}$，而 $\{H_0(x,y,r_{\mathcal{S}_1})\}\overset{c}{\equiv}\{\mathrm{view}_1^{\pi}(x,y)\}$.

现在只需证明 $\{H_0(x,y,r_{\mathcal{S}_1})\}\overset{c}{\equiv}\{H_n(x,y,r_{\mathcal{S}_1})\}$ 即可. 利用反证法，假设存在一个概率多项式时间区分器 $\mathcal{D}$ 能够区分 $\{H_0(x,y,r_{\mathcal{S}_1})\}$ 与 $\{H_n(x,y,r_{\mathcal{S}_1})\}$，即存在一个多项式 $p(\cdot)$，对于无穷多 $x,y\in\{0,1\}^n$ 满足

$$\Pr[\mathcal{D}(H_0(x,y,r_{\mathcal{S}_1}))=1]-\Pr[\mathcal{D}(H_n(x,y,r_{\mathcal{S}_1}))=1]>\frac{1}{p(n)}$$

则一定存在某一个 $i$，区分器 $\mathcal{D}$ 能够区分 $\{H_i(x,y,r_{\mathcal{S}_1})\}$ 与 $\{H_{i+1}(x,y,r_{\mathcal{S}_1})\}$，即对某一个 $i$，有无限多的 $x,y,r_{\mathcal{S}_1}$ 满足

$$\Pr[\mathcal{D}(H_i(x,y,r_{\mathcal{S}_1}))=1]-\Pr[\mathcal{D}(H_{i+1}(x,y,r_{\mathcal{S}_1}))=1]>\frac{1}{np(n)}$$

根据定义，$H_i$ 与 $H_{i+1}$ 仅有的差别为，在 $H_i$ 中第 $i+1$ 步 $\mathrm{OT}_2^1$ 协议为真实执行得到的 $R_1^{\mathrm{OT}_2^1}((k_{n+i+1}^0,k_{n+i+1}^1),y_{i+1})$，而在 $H_{i+1}$ 中第 $i+1$ 步 $\mathrm{OT}_2^1$ 协议为模拟器模拟得到的 $\mathcal{S}_1^{\mathrm{OT}_2^1}(k_{n+i+1}^0,k_{n+i+1}^1)$. 那么可以推出，$P_1$ 在真实 $\mathrm{OT}_2^1$ 协议过程中的视图和它被模拟的视图能够被区分开的概率，等同于 $\{H_i(x,y,r_{\mathcal{S}_1})\}$ 和 $\{H_{i+1}(x,y,r_{\mathcal{S}_1})\}$ 能够被区分开的概率. 而根据 $\mathrm{OT}_2^1$ 协议的安全性，$P_1$ 在真实 $\mathrm{OT}_2^1$ 协议过程中的视图和它在理想世界中被模拟出来的视图应是不可区分的，因此 $\{H_i(x,y,r_{\mathcal{S}_1})\}$ 和 $\{H_{i+1}(x,y,r_{\mathcal{S}_1})\}$ 是不可区分的，与假设矛盾. 因此有

$$\{H_0(x,y,r_{\mathcal{S}_1})\}\overset{c}{\equiv}\{H_n(x,y,r_{\mathcal{S}_1})\}$$

进而得出

$$\{\mathcal{S}_1(x,\perp)\}_{x,y\in\{0,1\}^n}\overset{c}{\equiv}\{\mathrm{view}_1^{\pi}(x,y)\}_{x,y\in\{0,1\}^n}$$

$P_2$ 被腐化. 假设 $P_2$ 被现实协议中的敌手 $\mathcal{A}$ 腐化, 我们构造一个模拟器 $\mathcal{S}_2$, 给定理想世界中参与方 $P_2$ 的输入和输出 $(y, f(x,y))$, 生成和敌手 $\mathcal{A}$ 在现实协议中的视图不可区分的分布. 可以看出, 在现实协议中, 敌手 $\mathcal{A}$ 的视图包括参与方 $P_1$ 发送来的混淆电路 GC, 输入导线中与参与方 $P_1$ 的输入相关的密钥值 $k_1^{x_1},\cdots,k_n^{x_n}$, 以及敌手 $\mathcal{A}$ 在执行第 $i$ 次 $\mathrm{OT}_2^1$ 协议时所接收到的消息 $R_2^{\mathrm{OT}_2^1}((k_{n+i}^0,k_{n+i}^1),y_i)$. 因此, 敌手 $\mathcal{A}$ 在现实协议中的视图可以表示为

$$\mathrm{view}_2^{\pi}(x,y)=\left(y,\mathrm{GC},k_1^{x_1},\cdots,k_n^{x_n},R_2^{\mathrm{OT}_2^1}((k_{n+1}^0,k_{n+1}^1),y_1),\cdots,R_2^{\mathrm{OT}_2^1}((k_{2n}^0,k_{2n}^1),y_n)\right)$$

下面对模拟器 $\mathcal{S}_2$ 进行形式化描述.

首先, 模拟器 $\mathcal{S}_2$ 需要模拟敌手 $\mathcal{A}$ 从诚实方 $P_1$ 处接收到的混淆电路 GC, 该混淆电路必须满足 $P_2$ 在根据协议进行计算后能够得到正确的结果 $f(x,y)$. 由于模拟器 $\mathcal{S}_2$ 不知道参与方 $P_1$ 的真实输入 $x$, 也就无法得知 $P_1$ 输入导线上的密钥 $k_1^0,k_1^1,\cdots,k_n^0,k_n^1$ 中哪些应该被发送给 $P_2$, 因此, 模拟器 $\mathcal{S}_2$ 并不能像参与方 $P_1$ 那样诚实生成混淆电路. 鉴于此, 模拟器 $\mathcal{S}_2$ 需要构造一个"假"混淆电路 $\widetilde{\mathrm{GC}}$, 无论参与方的输入是什么, 总是输出结果 $f(x,y)$. 具体地, 对于电路 $C$ 中的每一条线路 $w_i$, 模拟器 $\mathcal{S}_2$ 随机选择两个密钥值 $k_i$ 和 $k_i'$, 然后按照如下方式生成每个门上的混淆值. 假设门 $g$ 的两条输入线为 $w_i,w_j$, 输出线为 $w_l$. 模拟器 $\mathcal{S}_2$ 使用门 $g$ 输入线 $w_i,w_j$ 上密钥值 $k_i,k_i',k_j,k_j'$ 的四种组合方式均加密输出线 $w_l$ 的同一个密钥值 $k_l$, 即模拟器 $\mathcal{S}_2$ 计算如下四个值,

$$c_{0,0}=E_{k_i}(E_{k_j}(k_l)),\quad c_{0,1}=E_{k_i}(E_{k_j'}(k_l))$$

$$c_{1,0}=E_{k_i'}(E_{k_j}(k_l)),\quad c_{1,1}=E_{k_i'}(E_{k_j'}(k_l))$$

并将其顺序打乱. 这样模拟器 $\mathcal{S}_2$ 就完成了对电路中每个门上混淆值的构造. 除此之外, 模拟器 $\mathcal{S}_2$ 还要构造输出线上的解密表. 假设输出结果 $f(x,y)$ 的 $n$ 比特表示为 $z_1\cdots z_n$, 电路输出导线表示为 $w_{m-n+1},\cdots,w_m$ (假设电路一共有 $m$ 条导线, 其中最后 $n$ 条为输出导线), 且每条输出导线 $w_{m-n+i}$ 上被加密的密钥表示为 $k_{m-n+i}$ (该线路上另一个密钥值 $k'_{m-n+i}$ 未被使用), 其中 $i=1,\cdots,n$. 模拟器 $\mathcal{S}_2$ 按照如下方式构造输出导线 $w_{m-n+i}$ 的输出解密表:

(1) 如果 $z_i=0$, 则解密表为 $[(0,k_{m-n+i}),(1,k'_{m-n+i})]$;

(2) 如果 $z_i=1$, 则解密表为 $[(0,k'_{m-n+i}),(1,k_{m-n+i})]$.

至此, 模拟器 $\mathcal{S}_2$ 完成对"假"混淆电路 $\widetilde{\mathrm{GC}}$ 的构造.

接下来, 模拟器 $\mathcal{S}_2$ 需要模拟敌手 $\mathcal{A}$ 在接收密钥阶段的视图.

对于参与方 $P_2$ 从 $P_1$ 处得到的与 $P_1$ 的真实输入相关的密钥值, 模拟器 $\mathcal{S}_2$ 将其

设置为 $k_1,\cdots,k_n$ (注意, 针对 $P_1$ 的每条输入导线 $w_i$, 模拟器选取了两个密钥值 $k_i,k_i'$, 这里模拟器 $\mathcal{S}_2$ 选择了 $k_1,\cdots,k_n$, 但是也可以选取 $k_1',\cdots,k_n'$ 或者其他组合. 无论如何选择, 均不会产生影响, 因为"假"混淆电路 $\widetilde{\mathrm{GC}}$ 不管输入是什么, 都会输出正确结果 $f(x,y)$).

对于参与方 $P_2$ 从 $\mathrm{OT}_2^1$ 协议中得到的与自己输入相关的密钥值, 为了获得 $P_2$ 在第 $i$ 次 $\mathrm{OT}_2^1$ 协议中的视图, 令 $\mathcal{S}_2^{\mathrm{OT}_2^1}$ 作为 $\mathrm{OT}_2^1$ 协议针对参与方 $P_2$ (敌手 $\mathcal{A}$)的模拟器, 模拟器 $\mathcal{S}_2$ 使用输入 $(y_i,k_{n+i})$ 调用模拟器 $\mathcal{S}_2^{\mathrm{OT}_2^1}$. 其中, $y_i$ 是参与方 $P_2$ 输入的第 $i$ 比特, $k_{n+i}$ 是模拟器 $\mathcal{S}_2$ 在构造"假"混淆电路时使用的针对 $P_2$ 输入导线上的某一个密钥值. 这里模拟器 $\mathcal{S}_2^{\mathrm{OT}_2^1}$ 生成的视图也是由输入、随机数和接收到的消息序列组成, 为了简化描述, 我们将参与方 $P_2$ 在 $\mathrm{OT}_2^1$ 协议中的视图作为一个整体来表示, 因此模拟器 $\mathcal{S}_2$ 的输出表示为

$$\mathcal{S}_2(y,f(x,y))=\left(y,\widetilde{\mathrm{GC}},k_1,\cdots,k_n,\mathcal{S}_2^{\mathrm{OT}_2^1}(y_1,k_{n+1}),\cdots,\mathcal{S}_2^{\mathrm{OT}_2^1}(y_n,k_{2n})\right)$$

接下来我们证明

$$\{\mathcal{S}_2(y,f(x,y))\}_{x,y\in\{0,1\}^n}\overset{c}{\equiv}\{\mathrm{view}_2^{\pi}(x,y)\}_{x,y\in\{0,1\}^n}$$

首先定义混合分布 $H_{\mathrm{OT}}$, 其中真实的 $\mathrm{OT}_2^1$ 协议使用模拟器模拟出来的 $\mathrm{OT}_2^1$ 协议替换, 即

$$H_{\mathrm{OT}}(x,y)=\left(y,\mathrm{GC},k_1^{x_1},\cdots,k_n^{x_n},\mathcal{S}_2^{\mathrm{OT}_2^1}(y_1,k_{n+1}^{y_1}),\cdots,\mathcal{S}_2^{\mathrm{OT}_2^1}(y_n,k_{2n}^{y_n})\right)$$

我们强调在混合分布 $H_{\mathrm{OT}}$ 中, 混淆电路 GC 仍为真实构造的, 而 $\mathrm{OT}_2^1$ 协议为模拟器模拟所得. 根据 $\mathrm{OT}_2^1$ 协议的安全性, 真实执行的 $\mathrm{OT}_2^1$ 协议与模拟器模拟出来的是计算不可区分的, 因此我们可以得出如下两个分布是计算不可区分的:

$$\{H_{\mathrm{OT}}(x,y)\}_{x,y\in\{0,1\}^n}\overset{c}{\equiv}\{\mathrm{view}_2^{\pi}(x,y)\}_{x,y\in\{0,1\}^n} \tag{6.3}$$

对于(6.3)式的形式化证明与 $P_1$ 被腐化的情况基本类似, 读者可以参考前面的证明过程.

接下来定义混合分布 $H_i(x,y)$, 在该分布中, 参与方 $P_2$ 在 $\mathrm{OT}_2^1$ 协议中的视图如 $H_{\mathrm{OT}}(x,y)$ 中那样模拟生成. 但是, 混淆电路的构造则有所不同, 即 $H_i(x,y)$ 中混淆电路的前 $i$ 个门被替换成模拟器构造的"假门"(即属于 $\widetilde{\mathrm{GC}}$), 而之后的所有门仍是真实构造的(即属于 GC).

首先, 证明 $\{H_0(x,y)\}$ 与 $\{H_{\mathrm{OT}}(x,y)\}$ 是计算不可区分的. 在 $H_0(x,y)$ 中混淆电路中所有的门都是真实构造的, 因此很容易得到

$$\{H_0(x,y)\} \stackrel{c}{\equiv} \{H_{\mathrm{OT}}(x,y)\} \tag{6.4}$$

再考虑 $H_{|C|}(x,y)$ (其中 $|C|$ 表示电路 $C$ 中所有门的个数), 该分布中混淆电路中所有的门均被模拟出来的“假门”替换, 因此可以表示为

$$H_{|C|}(x,y)=\left(y,\widetilde{\mathrm{GC}},k_1^{x_1},\cdots,k_n^{x_n},\mathcal{S}_2^{\mathrm{OT}_2^1}(y_1,k_{n+1}^{y_1}),\cdots,\mathcal{S}_2^{\mathrm{OT}_2^1}(y_n,k_{2n}^{y_n})\right)$$

比较上述分布 $H_{|C|}(x,y)$ 与 $\mathcal{S}_2(y,f(x,y))$ 的不同之处, 在 $\mathcal{S}_2(y,f(x,y))$ 中模拟器使用的是密钥值 $k_1,\cdots,k_n,k_{n+1},\cdots,k_{2n}$ (与 $P_1$ 和 $P_2$ 的输入无关), 而在 $H_{|C|}(x,y)$ 中出现的是与 $P_1$ 和 $P_2$ 的输入相关的密钥 $k_1^{x_1},\cdots,k_n^{x_n},k_{n+1}^{y_1},\cdots,k_{2n}^{y_n}$. 根据模拟器构造“假”混乱电路 $\widetilde{\mathrm{GC}}$ 的策略, 这对于最终计算得到 $f(x,y)$ 没有影响. 因此, 密钥值 $k_1,\cdots,k_n,k_{n+1},\cdots,k_{2n}$ 和 $k_1^{x_1},\cdots,k_n^{x_n},k_{n+1}^{y_1},\cdots,k_{2n}^{y_n}$ 在“假”混乱电路 $\widetilde{\mathrm{GC}}$ 中的分布是一致的. 鉴于此, 我们得到

$$\{\mathcal{S}_2(y,f(x,y))\}_{x,y\in\{0,1\}^n} \stackrel{c}{\equiv} \{H_{|c|}(x,y)\}_{x,y\in\{0,1\}^n} \tag{6.5}$$

通过上式(6.3)～(6.5)可以得出, 若要证明

$$\{\mathcal{S}_2(y,f(x,y))\}_{x,y\in\{0,1\}^n} \stackrel{c}{\equiv} \{\mathrm{view}_2^{\pi}(x,y)\}_{x,y\in\{0,1\}^n}$$

只需要证明 $\{H_0(x,y)\}$ 和 $\{H_{|c|}(x,y)\}$ 是计算不可区分的.

下面, 我们希望证明 $\{H_0(x,y)\}$ 和 $\{H_{|C|}(x,y)\}$ 是计算不可区分的. 可以看出这两个分布中唯一不同的就是混淆电路的生成方式, 其中 $H_0(x,y)$ 的混淆电路是真实构造的, 而 $H_{|C|}(x,y)$ 中的混淆电路是模拟器模拟得到的. 根据构造混淆电路所使用的双加密方案的 CPA 安全性, 敌手无法区分混淆表中的密文是否对输出导线上同一个密钥加密所得. 具体的证明可以使用混合模型论证技术, 类似于 $P_1$ 被腐化时的情况, 通过证明 $\{H_i(x,y)\}$与$\{H_{i+1}(x,y)\}$ 不可区分得到, 此处不再赘述. 因此我们得到 $\{H_0(x,y)\} \stackrel{c}{\equiv} \{H_{|C|}(x,y)\}$.

综上所述, 我们得出

$$\{\mathcal{S}_2(y,f(x,y))\}_{x,y\in\{0,1\}^n} \stackrel{c}{\equiv} \{\mathrm{view}_2^{\pi}(x,y)\}_{x,y\in\{0,1\}^n}$$

至此, 我们完成对上述定理 6.2 的证明. ■

## 6.3　GMW 协议安全性证明

Yao 协议主要针对两方计算场景, 且其中的电路是布尔电路. 在此之后,

GMW 协议[GMW87]被提出, 该协议可以从两方计算场景扩展至多方计算场景, 并可适用于二元域上的算术电路. 由于两方计算只是安全多方计算中的一个特殊情况, GMW 协议所考虑的多方计算场景对于研究安全计算的一般性质更有指导作用. 此外, GMW 协议中所使用到的秘密共享技术也是多方计算场景中使用比较多的技术之一, 即参与方将自己的输入通过秘密分享的方式以份额形式发送给其他参与方, 每个参与方通过输入份额进行相应计算, 然后将输出的份额集合在一起得到最终的输出. 而就安全性证明而言, 在证明多方计算场景时, 通常会假设敌手能够腐化参与方的个数上限. 与上一节中讨论两方的 Yao 协议相比, 本节主要描述 GMW 多方协议的具体构造, 并给出形式化安全性证明.

### 6.3.1 GMW 协议描述

GMW 协议是二元域 $\mathbb{Z}_2$ 上算术电路的多方计算协议, 也可以看作布尔电路(包含 NOT, XOR, AND 门)上的多方计算协议. 在 GMW 协议中, 对每一条导线, 每个参与方持有一个份额, 这些份额相加(模 2 加法, 也即异或操作)就等于线路上的真实值. 而对于电路中的乘法操作, 由于参与方手中掌握的份额不能本地完成乘法运算, 因此必须借助一个 $\mathrm{OT}_4^1$ 协议来实现.

为阅读方便, 我们在此重述第 5 章给出的 GMW 多方协议(协议 5.4).

---

**协议 6.3** (GMW 多方协议)

**辅助输入**: 正整数 $m$, 布尔电路 $C, C(x_1, x_2, \cdots, x_m) = f(x_1, x_2, \cdots, x_m)$.

**输入**: 每个参与方 $P_i$ 持有输入 $x_i \in \{0,1\}^n, i = 1, \cdots, m$.

**输出**: 每个参与方 $P_i$ 获得输出 $z_i \in \{0,1\}^n, i = 1, \cdots, m$.

**协议过程**:

1. 输入分享阶段: 每个参与方 $P_i$ $(i = 1, \cdots, m)$ 对于自己的输入 $x_i$ 的每一个比特 $x_i^k$ $(k \in \{1, 2, \cdots, n\})$, 为每个其他参与方 $P_j$ $(j = 1, \cdots, m, j \neq i)$ 随机生成一个随机比特 $r_{i,j}^k \leftarrow_R \{0,1\}$, 并将其发送给 $P_j$ 作为其掌握的 $x_i^k$ 的份额. 此外, $P_i$ 为自己生成份额 $r_{i,i}^k = x_i^k \oplus (\oplus_{i \neq j} r_{i,j}^k)$. 每个参与方 $P_i$ 记录其收到的随机比特 $r_{i,j}^k$.

2. 电路计算阶段: 假设门 $G_1, \cdots, G_l$ 是按照电路中门的拓扑顺序进行排列的, 对于 $d = 1, 2, \cdots, l$, 各参与方按照以下步骤执行协议:

(1) $G_d$ 是一个 XOR 门: 假设 $a_{i,w_x}$ 和 $a_{i,w_y}$ 是参与方 $P_i$ 持有的关于输入线 $w_x$, $w_y$ 上数值的份额, 那么 $P_i$ 获得的关于输出线 $w_z$ 上数值的份额为

$$a_{i,w_z} = a_{i,w_x} \oplus a_{i,w_y}$$

---

(2) $G_d$ 是一个 NOT 门: $a_{i,w_x}$ 是参与方 $P_i$ 持有的关于输入线 $w_x$ 上数值的份额, 那么除 $P_1$ 外, $P_i$ $(i=2,\cdots,m)$ 关于输出线 $w_z$ 上数值的份额为 $a_{i,w_z}=a_{i,w_x}$. $P_1$ 的份额为 $a_{1,w_z}=\neg a_{1,w_x}$.

(3) $G_d$ 是一个 AND 门: 假设 $a_{i,w_x}$ 和 $a_{i,w_y}$ 是参与方 $P_i$ 持有的关于输入线 $w_x$, $w_y$ 上数值的份额, $P_i$ 将 $(a_{i,w_x},a_{i,w_y})$ 作为理想功能函数 $\mathcal{F}_{\text{AND}}$ 的输入, 得到的输出为 $a_{i,w_z}$, 该值即为 $P_i$ 关于 AND 门输出的份额.

各参与方逐门地计算电路, 得到电路输出线上各自的份额.

3. 输出重构阶段: 对参与方 $P_i$ $(i=1,\cdots,m)$ 的所有输出线, 其他各方将各自所持有的份额发送给 $P_i$, 最终由 $P_i$ 计算获得实际输出.

### 6.3.2 GMW 协议安全性证明

考虑 GMW 协议的安全性, 从直观上来看, 由于每个参与方的输入都是通过简单模 2 加法$(m, m)$门限秘密共享方案分享出去的, 第 3 章中已经证明该方案是信息论安全的, $m$ 个份额可以恢复秘密, 但即使得到 $m-1$ 个份额, 仍不能获得秘密输入的任何信息. 在之后的证明过程中, 假设敌手最多腐化 $m-1$ 个参与方.

下面分析电路计算过程中是否会泄露参与方的输入信息. 以布尔电路为例, 模 2 算术电路完全类似. 注意到, 电路中的加法门(异或门)和非门操作都是参与方使用所掌握的份额本地计算的, 因此不泄露任何信息. 而整个电路计算过程中唯一需要参与方交互的就是乘法(AND)运算, 为了实现乘法操作, 两个参与方使用各自的分享份额执行一个 $\text{OT}_4^1$ 协议, 并最终获得乘法结果的分享份额. 通过 $\text{OT}_4^1$ 协议的安全性, 可以保证参与方的输入不泄露且得到正确的分享份额.

下面通过理想/现实模拟范式给出协议的形式化安全性证明.

**定理 6.3**　令 $f:\{0,1\}^n\times\cdots\times\{0,1\}^n\to\{0,1\}^n\times\cdots\times\{0,1\}^n$ 是一个多项式时间的 $m$ 方函数. 假设使用的 $\text{OT}_4^1$ 协议在半诚实敌手模型下是安全的, 且敌手至多控制 $t$ 个参与方 $t<m$, 则 GMW 多方协议 6.3 在半诚实敌手模型下安全计算函数 $f$.

**证明**　为了简单起见, 假设敌手 $\mathcal{A}$ 控制了 $m-1$ 个参与方(除了诚实参与方 $P_i$), 被腐化参与方的集合用 $\mathcal{J}$ 表示. 我们构造一个理想世界的模拟器 $\mathcal{S}$, 给定理想世界中被腐化参与方的输入和输出 $(x_j,z_j), j=1,2,\cdots,m, j\neq i$, 生成敌手 $\mathcal{A}$ 在现实协议中不可区分的视图.

敌手在现实协议中的视图 $\text{view}_{\mathcal{A}}$ 应该包含所腐化参与方的输入、从诚实参与方 $P_i$ 处接收到的消息以及随机数. 其中接收到的信息在每个阶段均有出现, 具体如下:

(1) 在输入分享阶段, 敌手 $\mathcal{A}$ 接收到关于诚实方 $P_i$ 输入 $x_i$ 的每一个比特 $x_i^k(k\in\{1,2,\cdots,n\})$ 的秘密份额 $r_{i,j}^k\leftarrow\{0,1\}$, 其中 $P_j\in\mathcal{J}$ 是敌手腐化的参与方.

(2) 在电路计算阶段, 敌手 $\mathcal{A}$ 接收到的信息来自计算乘法门时使用的 $\mathrm{OT}_4^1$ 协议, 其中敌手 $\mathcal{A}$ 的角色可能是 $\mathrm{OT}_4^1$ 协议中的接收方或发送方. 如果敌手 $\mathcal{A}$ 是发送方, 根据 $\mathrm{OT}_4^1$ 协议的安全性, 敌手得不到新的消息; 反之若敌手 $\mathcal{A}$ 是接收方, 对于一个 AND 门, 其从 $\mathrm{OT}_4^1$ 协议中接收到

$$(a_{i,w_x}\wedge a_{j,w_y})\oplus(a_{j,w_x}\wedge a_{i,w_y})\oplus\sigma_i$$

其中, $(a_{i,w_x}a_{i,w_y})$ 和 $(a_{j,w_x}a_{j,w_y})$ 分别是参与方 $P_i$ 和 $P_j$ 持有的关于输入线 $w_x$, $w_y$ 上数值的份额, $\sigma_i$ 是诚实方 $P_i$ 随机选取的掩码.

(3) 在输出重构阶段, 对于被腐化的参与方 $P_j\in\mathcal{J}$, 假设其输出 $z_j$ 对应的每条输出线上的比特表示为 $z_j^k(k\in\{1,2,\cdots,n\})$, 则敌手 $\mathcal{A}$ 接收到诚实方 $P_i$ 发送的针对每一个比特 $z_j^k$ 的分享份额 $r_{i,j}^k\in\{0,1\}$.

下面详细介绍模拟器 $\mathcal{S}$ 的模拟过程.

(1) 对于诚实方 $P_i$ 输入 $x_i$ 的每一个比特 $x_i^k$, 模拟器随机选择 $m-1$ 个比特 $r_{i,j}^k\leftarrow_R\{0,1\}$, 作为现实协议中敌手从诚实参与方 $P_i$ 处接收到的输入分享份额. 由于在现实协议中敌手得到的诚实方输入分享份额也是诚实参与方 $P_i$ 随机选取的, 因此模拟器完成这一阶段的模拟.

(2) 对于电路计算阶段, 由于异或门和非门可以使用分享份额本地计算完成, 并无信息交互, 因此无须模拟. 而对于电路中的每一个乘法门, 在现实协议中每两个参与方均执行 $\mathrm{OT}_4^1$ 协议. 针对一个 AND 门, 假设 $a_{i,w_x}$ 和 $a_{i,w_y}$ 是参与方 $P_i$ 持有的关于输入线 $w_x$, $w_y$ 上数值的分享份额. 由于敌手的角色有可能是 $\mathrm{OT}_4^1$ 协议中的发送方或者接收方, 因此下面分别讨论这两种情况下模拟器 $\mathcal{S}$ 的模拟过程.

第一种情况下, 敌手 $\mathcal{A}$ 是 $\mathrm{OT}_4^1$ 协议中的接收方.

在调用 $\mathrm{OT}_4^1$ 理想功能函数时, 敌手 $\mathcal{A}$ 的输入是使用自己掌握的份额 $(a_{j,w_x},a_{j,w_y})$ 计算得到的 $2a_{j,w_x}+a_{j,w_y}$, 输出是

$$(a_{i,w_x}\wedge a_{j,w_y})\oplus(a_{j,w_x}\wedge a_{i,w_y})\oplus\sigma_i$$

其中, $a_{i,w_x}$ 和 $a_{i,w_y}$ 是诚实参与方 $P_i$ 持有的份额, $\sigma_i$ 是 $P_i$ 随机选取的掩码. 在现实协议执行中, 敌手 $\mathcal{A}$ 接收到发送方计算的四个数值, 并最终根据自己掌握的份额得到相对应的输出. 对于其他三个未解出的值, 从敌手的视角来说肯定是随机的.

而对于敌手得到的值

$$(a_{i,w_x} \wedge a_{j,w_y}) \oplus (a_{j,w_x} \wedge a_{i,w_y}) \oplus \sigma_i$$

由于诚实方 $P_i$ 使用随机数 $\sigma_i$ 盲化了，所以对于敌手而言也是随机的. 鉴于此，模拟器 $\mathcal{S}$ 可以选择一个随机数，模拟敌手 $\mathcal{A}$ 从理想 $\mathrm{OT}_4^1$ 功能函数中得到的输出值，并完成模拟过程.

第二种情况下，敌手 $\mathcal{A}$ 是 $\mathrm{OT}_4^1$ 协议中的发送方.

在调用 $\mathrm{OT}_4^1$ 理想功能函数时，诚实方 $P_i$(即接收方)的输入是根据自己掌握的共享份额 $a_{i,w_x}$ 和 $a_{i,w_y}$ 计算出来的值 $2a_{i,w_x}+a_{i,w_y}$，但发送方(被腐化方)不获得任何输出，不产生视图中的信息，因而无需模拟.

注意，上面仅考虑对于一个 AND 门，诚实方 $P_i$ 和某一个被腐化方 $P_j$ 执行 $\mathrm{OT}_4^1$ 协议的模拟情况，更为一般的情况可以利用理想功能函数通过混合论证的方法逐门进行处理.

(3) 在输出重构阶段，模拟器 $\mathcal{S}$ 需要模拟从诚实方 $P_i$ 处接收到的对于每个被腐化参与方输出的分享份额. 注意到，在真实协议执行中对于一条输出线，每个参与方接收到其他参与方发送的输出份额，并使用自己掌握的份额，最后相加得到最终的输出. 就模拟器而言，对于每一个被腐化的参与方 $P_j \in \mathcal{J}$，假设 $P_j$ 的输出 $z_j$ 的第 $k$ 比特为 $z_j^k$ $(k \in \{1,2,\cdots,n\})$，模拟器作为理想世界的敌手掌握了 $P_j$ 的输出 $z_j$ 以及关于 $z_j^k$ 的 $m-1$ 个分享份额(除了诚实方 $P_i$ 持有的那一个分享份额). 诚实方 $P_i$ 持有的分享份额，要保证与其他 $m-1$ 个分享份额的异或值恰好等于 $z_j^k$. 因此，模拟器只需取其掌握的 $m-1$ 个分享份额与 $z_j^k$ 的异或值作为接收到的诚实方 $P_i$ 的份额即可.

综上所述，完成对模拟器的构造过程，且模拟器的输出与敌手在现实协议中的视图是计算不可区分的.

至此，完成对定理 6.3 的证明. ■

## 参 考 文 献


[GMW87] Goldreich O, Micali S, Wigderson A. How to play any mental game or a completeness theorem for protocols with honest majority. Proceedings of the 19th Annual ACM Symposium on Theory of Computing (STOC' 87). New York: ACM Press, 1987: 218-229.

[HL10] Hazay C, Lindell Y. Efficient Secure Two-Party Protocols: Techniques and Constructions. Berlin: Springer, 2010.

[PVW08] Peikert C, Vaikuntanathan V, Waters B. A framework for efficient and composable oblivious transfer. Advances in Cryptology-CRYPTO'08, LNCS 5157. Berlin: Springer, 2008: 554-571.

[Rabin81] Rabin M. How to exchange secrets by oblivious transfer. Cambridge: Harvard University Technical Aiken Computation Laboratory. Memo TR-81, 1981.

[Yao82] Yao A C. Protocols for secure computations. Proceedings of the 23rd Annual Symposium on Foundations of Computer Science (FOCS' 82). Los Alamitos: IEEE Computer Society, 1982: 160-164.

[Yao86] Yao A C. How to generate and exchange secrets. Proceedings of the 27th Annual Symposium on Foundations of Computer Science (STOC' 86). New York: ACM Press, 1986: 162-167.

# 第 7 章　恶意敌手模型安全性证明

上一章讲述了半诚实敌手模型下的安全性证明, 本章介绍比半诚实敌手模型更加复杂、安全性要求更高的一类安全模型, 即恶意敌手模型. 在该模型下, 敌手可以违背协议的要求实施任意的恶意行为, 较之于半诚实敌手模型, 该模型赋予敌手更多、更强且更为复杂的能力. 因此, 在恶意敌手模型下设计安全高效的协议具有一定的难度和挑战. 一个恶意敌手模型下安全的协议能够抵抗敌手任意的恶意行为, 相应的安全证明变得更加复杂且晦涩难懂. 为了迫使恶意敌手严格按照协议规定执行, 一些密码学工具和技术, 譬如零知识证明、承诺、可验证秘密分享、分割-选择(cut-and-choose)技术等被应用到恶意敌手模型下安全协议的构造中, 这使得恶意敌手安全协议的效率较之于半诚实敌手安全协议大大降低.

本章主要介绍恶意敌手模型下安全性证明的形式化方法. 首先介绍恶意敌手模型下著名的 GMW 编译器. 作为一个启发式通用构造, GMW 编译器可以将一个半诚实敌手模型下安全的协议转化成恶意敌手模型下安全的协议. 之后, 给出一个恶意敌手模型下安全协议的简单示例, 将第 6 章的半诚实敌手安全的 $\mathrm{OT}_2^1$ 协议, 加入知识的零知识证明协议, 迫使参与方严格按照协议规定执行, 从而转变成恶意敌手安全协议. 最后, 考虑基于 Yao 混淆电路的安全两方协议, 基于 cut-and-choose 技术实现恶意敌手安全.

## 7.1　GMW 编译器概述

回顾一下第 2 章所讲的用于安全多方计算协议安全性证明的理想/现实模拟范式. 理想世界给出协议的安全目标, 如果敌手在真实协议执行中的行为, 能够被理想世界的模拟器模拟, 则它在现实世界中对协议所造成的破坏不大于理想世界的敌手在理想世界造成的破坏, 我们就认为这个协议是安全的. 注意到, 在半诚实敌手模型中, 敌手在腐化参与方之后获得参与方的私有输入, 因为敌手的半诚实特性, 在半诚实敌手模型的理想模拟过程中, 理想世界的模拟器可以获得被腐化方的输入和输出信息, 模拟敌手在现实协议中的视图. 然而, 在恶意敌手模型下, 敌手在腐化参与方之后, 可以使用任意的输入与诚实方交互, 这就使得敌手的真实输入与给定模拟器的被腐化方的输入信息可能是不一致的, 因而使得模拟视图与敌手视图可区分. 因此, 必须引入相应密码学技术, 使得模拟器和敌手在“内部”模拟过程中，能够抽取到敌手在现实协议中使用到的真实输入，从而继续完成余下的模拟过程，这也是恶意敌手模型下安全协议设计过程中所必须考虑的问题.

GMW 编译器[GMW87]是一种将任意半诚实敌手模型下安全的协议转化为恶意敌手模型下安全协议的启发式通用构造方法. 协议参与方在执行安全协议的过程中，使用相关技术强迫恶意方以半诚实敌手的方式执行协议，从而避免其恶意行为的发生. GMW 编译器的核心是零知识证明技术，即参与方在执行协议的每一步时都要证明自己是按照协议要求执行的，同时又不会造成私有信息的泄露.

假设有一个半诚实敌手安全的协议$\pi$，GMW 编译器将其转化为一个恶意敌手安全协议$\pi'$的步骤表述如下.

(1) **输入承诺**: 参与方对其输入进行承诺，协议后续的零知识证明需要依赖这个公开承诺，从而解决输入一致性的问题. 具体地说，每个参与方 $P_i$ 承诺其隐私输入$x_i$，并将承诺值$c=\text{Commit}(x_i,r)$公开，其中$r$是随机数. 参与方$P_i$同时要使用一个知识的零知识证明协议证明自己知道上述被承诺的隐私输入值$x_i$.

(2) **掷币**: 协议参与方通过掷币协议共同生成随机数. 一个安全的协议一定不是确定性的，GMW 编译器必须确保每个参与方选取的随机数独立分布于其接收到的来自其他参与方的消息，因此在 GMW 编译器构造中引入如下掷币方法. 当参与方$P_i$需要使用随机数时，他随机选择一个随机数并对其承诺，其他参与方各自选择一个随机数并广播，最终$P_i$在协议中所使用的随机数是所有参与方随机数的异或值.

(3) **协议执行**: 各方执行协议过程中，利用承诺、零知识证明等工具，保证每一个发送的消息都是诚实按照协议执行的.

GMW 编译器从理论上给出了一个完美的结论，任何一个半诚实敌手安全的协议均可以通过其编译成为一个恶意敌手安全的协议. 然而直接使用这种通用方法转化得到的协议一般来说效率低下，不适用于实际场景. 当前存在的将半诚实敌手安全协议转化为恶意敌手安全协议的方法，大都采用 GMW 编译器的思想，并引入了更为高效的密码学技术，从而得到更多实用化或接近实用化的安全多方计算协议.

## 7.2 恶意敌手模型安全性证明简单示例

在第 6 章我们介绍了一个半诚实敌手模型下安全的$\text{OT}_2^1$协议的构造及安全性证明. 为了达到恶意敌手模型下的安全，在上述协议 6.1 的基础上，引入知识的零知识证明，用以控制敌手的恶意行为，从而构造出一个恶意敌手模型下安全的 $\mathrm{OT}_2^1$ 协议，并给出形式化证明.

### 7.2.1　知识的零知识证明——DH 四元组

为了将第 6 章半诚实敌手模型下安全的 $\mathrm{OT}_2^1$ 协议(协议 6.1)，转化为恶意敌手模型安全的协议，需要先给出一个 DH 四元组的知识的零知识证明协议[LP11].

设 $G$ 是一个 $q$ 阶群，$g$ 为其生成元，$q$ 为素数. 对应于 DH 四元组，定义关系:

$$R_{\mathrm{DH}}=\{((g,h,u,v),w)|g,h,u,v\in G,\ w\in\mathbb{Z}_q,\ u=g^w,\ v=h^w\}$$

第 4 章例 4.5 证明了协议 4.4 是一个关于关系 $R_{\mathrm{DH}}$ 的 Σ-协议，根据定理 4.4 可利用 Pedersen 协议将其转化为一个知识的零知识证明协议.

下面给出对关系 $R_{\mathrm{DH}}$ 的知识的零知识证明协议构造.

---

**协议 7.1** (DH 元组的知识的零知识证明协议)[LP11]

**共同输入**: $G,q,g,h,u,v$，其中 $G$ 为 $q$ 阶循环群，$q$ 为素数，$g,h$ 为其两个不同生成元，$u,v\in G$.

***P*的输入**: $w\in\mathbb{Z}_q$ 满足 $u=g^w$，$v=h^w$.

**协议过程**:

1. $P$ 随机选择一个值 $a\in\mathbb{Z}_q$ 并计算 $\alpha=g^a$，然后将 $\alpha$ 发送给验证者 $V$.

2. $V$ 随机选择 $s,t\in\mathbb{Z}_q$，并计算 $c=g^s\cdot\alpha^t$，然后将 $c$ 发送给 $P$.

3. $P$ 随机选择一个值 $r\in\mathbb{Z}_q$，计算 $A=g^r$ 和 $B=h^r$，然后将$(A,B)$发送给 $V$.

4. $V$ 将上面所选的 $s,t$ 发送给 $P$.

5. $P$ 首先验证 $c=g^s\cdot\alpha^t$，如果不满足，中止；否则，$P$ 把 $z=s\cdot w+r$ 发送给 $V$；除此之外，并将第 1 步选择的值 $a$ 发送给 $V$.

6. $V$ 验证以下三个条件 $\alpha=g^a,A=g^z/u^s$ 且 $B=h^z/v^s$，若成立则接受.

---

我们将协议 7.1 实现的理想功能函数记为 $\mathcal{F}_{\mathrm{ZKPOK}}^{\mathrm{DH}}$，并在下述 $\mathrm{OT}_2^1$ 协议中使用该理想功能函数.

### 7.2.2　OT 协议描述

基于第 6 章中半诚实敌手安全的 $\mathrm{OT}_2^1$ 协议，并结合上述 DH 四元组的知识的零知识证明协议 7.1，下面介绍在恶意敌手模型下安全的 $\mathrm{OT}_2^1$ 协议构造.

协议具体描述如下:

---

**协议 7.2** (恶意敌手模型下安全的 $\mathrm{OT}_2^1$ 协议)[HL10]

**公共参数**: 安全参数 $1^n$, $q$ 阶循环群 $G=\langle g_0\rangle$, 其中 $q$ 为素数.

**输入**: 发送方 Sender 的输入是 $(x_0,x_1)\in G$, 接收方 Receiver 的输入是一个选择比特 $\sigma\in\{0,1\}$.

**输出**: 接收方得到输出 $x_\sigma$.

**协议过程**:

1. 接收方随机选择值 $\alpha,\alpha_0\leftarrow_R\mathbb{Z}_q$, 并设置 $\alpha_1=\alpha_0+1$. 然后, 接收方计算 $g_1=(g_0)^{\alpha},h_0=(g_0)^{\alpha_0},h_1=(g_1)^{\alpha_1}$, 并将 $(g_1,h_0,h_1)$ 发送给发送方.

2. 接收方使用安全的知识的零知识证明协议(如协议 7.1)向发送方证明 $(g_0,\ g_1,h_0,h_1/g_1)$ 是一个 DH 四元组.

3. 接收方选择一个随机值 $r\leftarrow_R\mathbb{Z}_q$ 并计算 $g=(g_\sigma)^r,h=(h_\sigma)^r$, 然后将 $(g,h)$ 发送给发送方.

4. 发送方使用接收到的值计算 $(U_0,V_0)=\mathrm{RAND}(g_0,g,h_0,h),(U_1,V_1)=\mathrm{RAND}(g_1,g,h_1,h)$, 其中 RAND 如第 6 章所定义. 然后发送方计算 $W_0=V_0\cdot x_0$ 和 $W_1=V_1\cdot x_1$, 并将值 $(U_0,W_0)$ 和 $(U_1,W_1)$ 按顺序发送给接收方.

5. 接收方计算 $x_\sigma=W_\sigma/(U_\sigma)^r$.

---

不难看出上述协议与第 6 章中协议 6.1 的区别仅在于增加了一步对于 DH 四元组的知识的零知识证明, 其目的在于阻止恶意接收方在参数构造方面的恶意行为, 比如使得 $(g_0,g,h_0,h)$ 和 $(g_1,g,h_1,h)$ 都是 DH 四元组, 从而在第 4 步中由 $(U_0,W_0)$ 和 $(U_1,W_1)$ 分别解密出消息 $x_0$ 和 $x_1$. 下面给出上述协议的安全性证明.

### 7.2.3 OT 协议安全性证明

直观上来看, 知识的零知识证明协议的引入使得接收方必须按照协议要求去做, 否则将会被发现作弊并中止协议, 因此恶意的接收方并不能获得发送方的额外信息. 此外, 因为 DDH 问题的困难性, 发送方依然无法推测接收方的选择比特是什么. 为了证明上述协议的安全性, 引入以下定理.

**定理 7.1** 如果 DDH 困难问题假设在群 $G$ 中成立, 协议 7.1 是对 DH 四元组的知识的零知识证明协议, 则上述协议 7.2 在恶意敌手模型下安全计算功能函数 $\mathcal{F}_{\mathrm{OT}_2^1}$.

**证明**　我们在混合模型下证明协议 7.2 的安全性, DH 四元组的知识的零知识证明通过一个可信方计算理想功能函数 $\mathcal{F}_{\text{ZKPOK}}^{\text{DH}}$ 来实现. 下面分别从接收方 Receiver 被腐化和发送方 Sender 被腐化两种情况展开证明.

接收方 Receiver 被腐化. 令 $\mathcal{A}$ 为现实世界的协议中腐化接收方的敌手, 我们需要构造一个理想世界的敌手(即模拟器) $\mathcal{S}$, 其可以调用敌手 $\mathcal{A}$, 并以发送方的身份与敌手 $\mathcal{A}$ 交互(虚拟出一个协议执行环境)来模拟现实的协议, 具体构造如下.

1. 模拟器 $\mathcal{S}$ 调用敌手 $\mathcal{A}$ 并接收 $(g_1,h_0,h_1)$, 验证 $g_1,h_0,h_1\in G$.

(1) 如果未通过验证, 模拟器 $\mathcal{S}$ 发送 $\perp$ 给理想世界的可信第三方, 模拟接收方退出协议, 输出敌手 $\mathcal{A}$ 的输出内容, 终止协议执行.

(2) 如果验证成功, 模拟器 $\mathcal{S}$ 获取 $\mathcal{A}$ 调用理想可信方计算零知识功能函数 $\mathcal{F}_{\text{ZKPOK}}^{\text{DH}}$ 的输入 $((g_0,g_1,h_0,h_1/g_1),\ \alpha_0)$, 这一步由 $\mathcal{F}_{\text{ZKPOK}}^{\text{DH}}$ 是一个 DH 四元组知识的零知识证明理想功能函数保证, 如果输出不是 1, 模拟器发送 $\perp$ 给理想世界的可信方并退出; 否则, 模拟器 $\mathcal{S}$ 从敌手 $\mathcal{A}$ 处接收到 $g$ 和 $h$, 计算 $\alpha_1=\alpha_0+1$, 若 $h=g^{\alpha_0}$ 则 $\sigma=0$, 若 $h=g^{\alpha_1}$ 则 $\sigma=1$.

2. 模拟器 $\mathcal{S}$ 将得到的敌手 $\mathcal{A}$ 在现实协议中的输入 $\sigma$ 发送给理想世界的可信方, 并从可信第三方那里得到相应的输出 $x_\sigma$.

3. 模拟器 $\mathcal{S}$ 模拟诚实发送方给敌手 $\mathcal{A}$ 发送 $(U_0,W_0)$, $(U_1,W_1)$. 注意到在上一步中, $\mathcal{S}$ 仅从可信方那里得到一个值 $x_\sigma$, 并不能像诚实发送方那样计算这两个数对. 然而, 敌手 $\mathcal{A}$ 在现实协议中只能得到他选取的那一个值 $x_\sigma$, 而并不知道 $x_{1-\sigma}$. 因此, 模拟器 $\mathcal{S}$ 可以诚实地计算 $(U_\sigma,W_\sigma)$, 而对于 $(U_{1-\sigma},W_{1-\sigma})$ 只需要将它们设置为群中的随机元素即可. 最后, $\mathcal{S}$ 将计算的 $(U_\sigma,W_\sigma)$ 和 $(U_{1-\sigma},W_{1-\sigma})$ 根据 $\sigma$ 值, 按照 0 在前 1 在后有序地发送给敌手 $\mathcal{A}$, 并输出 $\mathcal{A}$ 的输出内容.

我们要证明诚实参与方和模拟器理想执行的输出联合分布与诚实参与方和敌手混合执行的输出联合分布是计算不可区分的. 由于在 $\text{OT}_2^1$ 协议中发送方是没有输出的, 因此这里只需要考虑接收方的输出分布. 将协议 7.2 记作 $\pi$, 严格地说我们需要证明以下关系式成立:

$$\text{IDEAL}_{\mathcal{F}_{\text{OT}_2^1},\mathcal{S}(z),R}((x_0,x_1),\sigma)\overset{c}{\equiv}\text{HYBRID}_{\pi,\mathcal{A}(z),R}^{\text{ZKPOK}}((x_0,x_1),\sigma)$$

分析以上模拟器 $\mathcal{S}$ 的模拟过程, 与现实协议不同的地方主要体现在第 3 步中. 在真实协议 $\pi$ 的混合执行中, 诚实发送方使用自己的两个输入以及从敌手那里得到的真实四元组计算 $(U_0,W_0)$ 和 $(U_1,W_1)$. 但在模拟器的模拟过程中, 模拟器 $\mathcal{S}$ 仅从可信第三方那里得到 $x_\sigma$, 因此只能诚实生成 $(U_\sigma,W_\sigma)$ 而不能诚实生成 $(U_{1-\sigma},W_{1-\sigma})$, 然而, 发送方接收到的两个四元组中只有 $(g_\sigma,g,h_\sigma,h)$ 是 DH 四元组，而$(g_{1-\sigma},g,h_{1-\sigma},h)$是非DH四元组，因此易证$(U_{1-\sigma},W_{1-\sigma})$在$G\times G$中均匀分布. 鉴于此，模拟器$\mathcal{S}$可以将$(U_{1-\sigma},W_{1-\sigma})$的值选成是群中的任意两个随机元素，并根据已经获得的值$x_\sigma$诚实生成$(U_\sigma,W_\sigma)$. 这样整个模拟过程就和真实协议执行是计算不可区分的，因而理想执行与协议混合执行的输出分布计算不可区分.

发送方Sender被腐化. 令$\mathcal{A}$为现实世界的协议中腐化发送方的敌手，构造一个理想世界的敌手(即模拟器)$\mathcal{S}$，其调用敌手$\mathcal{A}$，并以诚实接收方的身份与敌手$\mathcal{A}$交互来模拟现实的协议. 模拟器$\mathcal{S}$的模拟过程如下:

(1) 模拟器$\mathcal{S}$随机选择值$\alpha,\alpha_0\leftarrow\mathbb{Z}_q$，并设置$\alpha_1=\alpha_0$. 然后，像诚实接收方一样计算$g_1=(g_0)^\alpha,h_0=(g_0)^{\alpha_0},h_1=(g_1)^{\alpha_1}$，最后将$(g_1,h_0,h_1)$发送给敌手$\mathcal{A}$(注意到模拟器并没有像诚实接收方一样计算这些值，而是采用一种作弊的形式，目的是在后续步骤中生成两个DH四元组).

(2) 模拟器$\mathcal{S}$从敌手$\mathcal{A}$那里接收到其发送给理想功能函数$\mathcal{F}_{\mathrm{ZKPOK}}^{\mathrm{DH}}$的输入$(g_0,g_1,h_0,h_1/g_1)$，验证这些值，如果正确则模拟$\mathcal{F}_{\mathrm{ZKPOK}}^{\mathrm{DH}}$的可信方返回1(表示DH四元组的零知识证明通过); 否则返回0.

(3) 模拟器$\mathcal{S}$选择一个随机值$r\leftarrow\mathbb{Z}_q$并计算$g=(g_0)^r,h=(h_0)^r$，然后将$(g,h)$发送给敌手$\mathcal{A}$.

(4) 模拟器$\mathcal{S}$从敌手$\mathcal{A}$接收到$(U_0,W_0)$和$(U_1,W_1)$，然后计算出$(x_0,x_1)$这两个值，即敌手在现实协议中的真实输入. 模拟器可以计算出这两个值，因为其构造的两个四元组$(g_0,g,h_0,h)$和$(g_1,g,h_1,h)$全都是DH四元组. 最后模拟器$\mathcal{S}$将$(x_0,x_1)$发送给理想世界的可信第三方，并输出敌手的输出内容，然后终止协议.

现在需要证明，协议$\pi$的混合执行中敌手$\mathcal{A}$与诚实接收方的联合输出分布，与理想执行中模拟器$\mathcal{S}$与诚实接收方的联合输出分布是计算不可区分的，即证明如下关系式成立:

$$\mathrm{IDEAL}_{\mathcal{F}_{\mathrm{OT}_2^1},\mathcal{S}(z),S}((x_0,x_1),\sigma)\overset{c}{\equiv}\mathrm{HYBRID}_{\pi,\mathcal{A}(z),S}^{\mathrm{ZKPOK}}((x_0,x_1),\sigma)$$

通过比较上述模拟过程和真实协议执行，可以看出唯一的不同在于模拟器生成四元组的方式. 在真实协议中，$(g_0,g,h_0,h)$和$(g_1,g,h_1,h)$这两个四元组中只有$(g_\sigma,g,h_\sigma,h)$是DH四元组. 而模拟器在模拟过程中将两个元组均设置成DH四元组. 但在DDH问题困难的假设下，敌手没有能力区分这两种情况.

在模拟过程中，模拟器获得了敌手在协议运行中的所有真实输入$x_0$和$x_1$并将这两个值发送给理想世界的可信方，可信方根据诚实接收方的输入$\sigma$将$x_\sigma$发送给接收方作为输出，这与接收方在协议$\pi$的混合执行中的输出是一致的.

综上所述，我们证明了发送方Sender被腐化的情况下的安全性.

至此，完成对定理7.1的证明. ■

## 7.3　Yao 协议的恶意敌手模型安全性证明

在第 6 章中我们给出了半诚实敌手模型下 Yao 协议的具体构造及安全性证明. 在考虑恶意敌手模型时, 由于 GMW 编译器的低效性, 其编译所得的恶意敌手安全协议并不实用. 文献[MNP+04]首次将 cut-and-choose 技术引入安全多方计算协议以防止恶意电路构造方构造假电路, 之后 Lindell 和 Pinkas 等[LP07, LP11, Lin13]对基于 cut-and-choose 技术构造恶意敌手模型下安全的 Yao 协议进行了深入研究. 本节主要介绍基于 cut-and-choose 技术的 Yao 协议, 并在恶意敌手模型下给出具体的形式化安全性证明.

### 7.3.1　基于 cut-and-choose 技术的 Yao 协议

cut-and-choose 技术的主要思想是让协议中的电路构造方($P_1$)构造多个混淆电路副本, 并发送给电路计算方($P_2$). 注意到, 在半诚实敌手模型下的 Yao 协议中, 电路构造方仅构造一个混淆电路并发送给电路计算方. 因为半诚实模型的要求, 混淆电路必须是正确构造的. 然而, 当考虑恶意敌手模型时, 电路构造未必正确, 且可能存在诸多恶意行为. 鉴于此, 按照 cut-and-choose 的经典思想, 电路计算方要求电路构造方发送多个混淆电路副本, 且在收到这些混淆电路后随机选取部分混淆电路要求电路构造方 “打开”, 即将这些混淆电路所使用的所有密钥值公开, 用以验证这些混淆电路是否是正确构造的. 如果这些打开的混淆电路均通过正确性验证, 则可以认为剩余未打开的混淆电路中绝大多数都是正确构造的. 最后, 两个参与方联合计算余下的混淆电路, 如果其中存在错误构造的电路, 则可能得到多个结果, 电路计算方选取出现次数占大多数的结果作为最终计算结果.

如果电路构造方没有作弊, 即诚实构造所有的混淆电路, 则所有电路必定输出正确结果. 然而, 如果恶意的电路构造方构造部分错误混淆电路, 则这些混淆电路可能在检测阶段被打开检测, 此时电路计算方发现电路构造方的恶意行为, 并随即中止协议; 也有可能这些“坏的”混淆电路同时都未被打开检测, 而都用于之后的计算并导致错误结果, 其中的概率是和构造电路的总数 $s$ 以及需要打开检测的电路个数相关. 为了使得电路构造方作弊未被发现的概率是可忽略的, 一般可将电路总数 $s$ 作为安全参数, 并要求错误概率关于 $s$ 呈指数级小, 譬如文献[LP07]中的 $2^{-s/17}$ 、文献[LP11]中的 $2^{-0.32s}$ 以及文献[Lin13]中的最优概率 $2^{-s}$ . 很显然, 若要达到相同的错误概率 $2^{-40}$, 所要求的安全参数 $s$ 依次为 680, 128, 40, 因此前述文献中协议效率逐步提升.

接下来分析一下引入 cut-and-choose 技术之后恶意敌手可能存在的恶意行为以及所造成的危害.

(1) **输入一致性**: 因为两个参与方之间要计算多个混淆电路, 因此这会出现参与方输入的一致性问题, 即如何保证计算时, 参与方在每个混淆电路中使用的输入是一致的. 很明显, 如果参与方在混淆电路中所使用的输入不一致, 则计算结果没有意义.

(2) **选择失败攻击**: 选择失败攻击是发生在茫然传输阶段的一种攻击方式, 使用该攻击方式 $P_1$ 可以非法获取 $P_2$ 输入的一个比特信息. 其基本攻击方法是 $P_1$ 在通过 OT 协议向 $P_2$ 传输密钥时, 在两个密钥值之中设置其中一个为错误密钥值(即不同于构造混淆电路时与 $P_2$ 输入相关的某输入线上所使用的两个密钥值), 这样 $P_2$ 在得到相应的"密钥值"并计算电路时就会出现两种情况. ① $P_1$ 设置的错误密钥恰好与 $P_2$ 在该条线路上的输入值相对应, 则 $P_2$ 会得到一个错误密钥, 计算中会发现错误并中止协议; ② $P_1$ 设置的错误密钥不与 $P_2$ 在该条线路上的输入值相对应, $P_2$ 得到了正确密钥, 会继续正常执行协议. 因此, $P_1$ 可以根据 $P_2$ 在协议中的行为来获取 $P_2$ 的某一个输入比特信息. 比如, $P_1$ 在通过 OT 传输密钥的过程中, 将每个混淆电路副本中与 $P_2$ 的第一个输入比特相关的所有"0"密钥值设置为错误值, 而将所有的"1"密钥值设置为之前使用的正确密钥值. 这样一来, 当 $P_2$ 的第一个输入比特为 0 时, $P_2$ 就无法正常解密混淆表并中止协议; 而当 $P_2$ 的第一个输入比特为 1 时, $P_2$ 就正常执行协议. $P_1$ 就根据 $P_2$ 是否正常得到输出来判定其第一个输入比特的值.

解决输入一致性问题对于参与方 $P_2$(即电路计算方)而言是很简单的, 因为 $P_2$ 是通过 OT 协议提供自己的输入, 所以只需让 $P_2$ 在所有混淆电路中一次性提供输入即可. 然而, 对于参与方 $P_1$ 来说, 解决这个问题就困难得多. 回想一下 Yao 协议, $P_1$ 是将与自己输入相关的密钥值直接发送给参与方 $P_2$, 因此在考虑多个混淆电路时, $P_1$ 可以在每个混淆电路中都使用完全不同的输入, 这样就打破了输入一致性的要求. 为了解决这个问题, 需要求参与方 $P_1$ 使用承诺、零知识等技术证明其输入的一致性. 注意到, 这里所使用的承诺及零知识证明协议等均是针对某些特定问题而言的, 因此存在相对高效的构造来实现这些技术.

对于选择失败攻击, 造成这一攻击行为的原因主要在于 cut-and-choose 电路检测与茫然传输是分开进行的, 敌手在检测阶段完成后实施上述攻击. 为了解决这个问题, 文献[LP11]提出了一种新的茫然传输变种形式, cut-and-choose 茫然传输(CCOT). 该原语将 cut-and-choose 电路检测技术与茫然传输结合在一起, 将检测电路与计算电路中的混淆密钥值同时传输. 假设电路构造方构造 $s$ 个混淆电路 $\mathrm{GC}_1, \mathrm{GC}_2, \cdots, \mathrm{GC}_s$, 为了简化, 任取 $\mathrm{GC}_i$ 上 $P_2$ 的一条输入线, 在此输入线上 $P_2$ 的真实输入为 $\sigma_i$, 两个混淆密钥值记为 $(x_0^i, x_1^i)$. 令 $\mathcal{J} \subset \{1,2,\cdots,s\}$ 为检测电路的下标集, 即对任一 $j \in \mathcal{J}$, 电路 $\mathrm{GC}_j$ 是检测电路, 否则为计算电路. 对于检测电路

$\mathrm{GC}_j$，电路是需要公开的，因此 $P_1$ 必须传输 $P_2$ 每一条输入线上的两个密钥值 $(x_0^j, x_1^j)_{j\in\mathcal{J}}$；对于计算电路 $\mathrm{GC}_j$，只传输与 $P_2$ 输入 $\sigma_j$ 对应的一个密钥值 $(x_{\sigma_j}^j)_{j\notin\mathcal{J}}$. 下面给出[LP11]中提出的 CCOT 功能函数描述.

---

**茫然传输功能函数 $\mathcal{F}_{\mathrm{CCOT}}$**

**输入**：发送方 Sender 输入一个数对向量 $\boldsymbol{X}=\{(x_0^j,x_1^j)\}_{j=1}^s$(其中 $s$ 为电路总数，为偶数)；接收方 Receiver 输入 $\sigma_1,\cdots,\sigma_s\in\{0,1\}$，以及一个大小为 $s/2$ 的索引集合 $\mathcal{J}\subset\{1,2,\cdots,s\}$.

**输出**：如果集合 $\mathcal{J}$ 的大小不为 $s/2$，则输出为 $\perp$. 否则，对于每一个 $j\in\mathcal{J}$，接收方 Receiver 输出数对 $(x_0^j,x_1^j)$ (此时用于检测电路)；对于每一个 $j\notin\mathcal{J}$，接收方 Receiver 输出 $x_{\sigma_j}^j$ (此时用于计算电路).

---

这里，为了符号清晰，我们用花括号表示向量，后面类似情况不再说明.

由于只有电路计算方 $P_2$ 的密钥需要通过 OT，下面所说的输入线均指 $P_2$ 的输入线. $\mathcal{F}_{\mathrm{CCOT}}$ 用来传输 $s$ 个电路副本中同一条输入线的密钥值(严格说是处在各电路副本同一位置的 $s$ 条输入线)，这里考虑到功能函数定义的一般性，接收方有 $s$ 个输入 $\sigma_1,\cdots,\sigma_s$，但在我们的场景下，这 $s$ 个输入是相同的，可以将上述 CCOT 进行改造，将接收方的输入规定为一个值 $\sigma$，即只允许接收方做单一选择(single-choice)，从而得到单一选择 CCOT，其功能函数记为 $\mathcal{F}_{\mathrm{CCOT}}^S$.

$\mathcal{F}_{\mathrm{CCOT}}^S$ 功能函数只考虑了电路中的一条输入线，为了提高效率，可以同时考虑电路计算方的所有 $n$ 条输入线. 具体地，可以将 $\mathcal{F}_{\mathrm{CCOT}}^S$ 功能函数中发送方的输入由一个向量 $\boldsymbol{X}=\{(x_0^j,x_1^j)\}_{j=1}^s$ 扩展为由 $n$ 个向量构成的矩阵 $\boldsymbol{X}=\{(x_0^{i,j},x_1^{i,j})\}_{i=1,\cdots,n;j=1,\cdots,s}$. 这时，可得到批量单一选择(batch single-choice)CCOT，其功能函数记为 $\mathcal{F}_{\mathrm{CCOT}}^{S,B}$ [LP11].

为了更好地理解批量单一选择 CCOT 的功能，我们通过图 7.1 中电路构造方(即 OT 协议中的发送方)的输入信息，对功能函数 $\mathcal{F}_{\mathrm{CCOT}}^{S,B}$ 做一个直观说明. 假设电路计算方的输入长度为 $n$，电路构造方共生成 $s$ 个混淆电路副本，$x_0^{i,j}$ 和 $x_1^{i,j}$ 分别表示第 $j$ 个电路副本中第 $i$ 条输入线上对应 0 和 1 的混淆密钥值，这些所有的密钥值即为电路构造方在批量单一选择 CCOT 协议中作为发送方的输入. 而作为电路计算方(即 OT 协议中的接收方)，其仅提供用于安全两方计算任务的真实输入，即一个 $n$ 比特长的输入值 $y$，以及一个大小为 $s/2$ 的随机检测标号集合

$\mathcal{J} \subset \{1,2,\cdots,s\}$. 接收方的第 $i$ 个输入比特 $y_i$, 作用于图 7.1 中第 $i$ 行计算电路(电路标号 $j \notin \mathcal{J}$, 即列号 $j \notin \mathcal{J}$)的所有密钥值, 即作用于各计算电路副本的第 $i$ 条输入线, 从而保证电路计算方在各个计算电路副本的输入一致性. 比如 $y_i$=0, 则在第 $i$ 行中电路计算方得到的关于第 $i$ 行的密钥值是 $(x_0^{i,j})_{j=1,2,\cdots,s,j\notin\mathcal{J}}$, 均对应于比特 0; 若 $y_i$=1, 情况类似. 而对于标号 $j \in \mathcal{J}$ 的检测电路, 电路计算方需要得到第 $j$ 个电路所有输入线上与 0 比特和 1 比特相关的所有混淆密钥值, 即得到 $(x_0^{1,j},x_1^{1,j}),(x_0^{2,j},x_1^{1,j}),\cdots(x_0^{n,j},x_1^{n,j})$ 这些值.

$$
\begin{pmatrix}
(x_0^{1,1},x_1^{1,1}) & (x_0^{1,2},x_1^{1,2})\cdots(x_0^{1,j},x_1^{1,j})\cdots & (x_0^{1,s},x_1^{1,s}) \\
(\boldsymbol{x_0^{2,1}},x_1^{2,1}) & (\boldsymbol{x_0^{2,2}},\boldsymbol{x_1^{2,2}})\cdots(\boldsymbol{x_0^{2,j}},x_1^{2,j})\cdots & (\boldsymbol{x_0^{2,s}},\boldsymbol{x_1^{2,s}}) \\
\vdots & \vdots \qquad\qquad \vdots & \vdots \\
(x_0^{i,1},x_1^{i,1}) & (x_0^{i,2},x_1^{i,2})\cdots(x_0^{i,j},x_1^{i,j})\cdots & (x_0^{i,s},x_1^{i,s}) \\
\vdots & \vdots \qquad\qquad \vdots & \vdots \\
(\boldsymbol{x_0^{n,1}},x_1^{n,1}) & (\boldsymbol{x_0^{n,2}},\boldsymbol{x_1^{n,2}})\cdots(\boldsymbol{x_0^{n,j}},x_1^{n,j})\cdots & (\boldsymbol{x_0^{n,s}},\boldsymbol{x_1^{n,s}})
\end{pmatrix}
$$

图 7.1 批量单一选择 CCOT 协议中发送方输入消息

比如, 计算方在第 2 条和第 $n$ 条输入线上的输入值为 0, 第 2 个电路和第 $s$ 个电路被选为检测电路, 则计算方得到的第 2 条和第 $n$ 条输入线上的密钥在图 7.1 中用黑体表示.

下面引入一个 CCOT 协议的具体构造.

---

**协议 7.3** (恶意敌手模型下安全的 CCOT 协议)[LP11]

**公共参数**: 安全参数 $1^n$, 正偶数 $s$, $q$ 阶循环群 $G=\langle g_0\rangle$, 其中 $q$ 为长度为 $n$ 的素数.

**输入**: 发送方 $S$ 的输入是 $s$ 个元素对 $(x_0^j,x_1^j)\in G$ 组成的向量, 其中, $j=1,2,\cdots,s$; 接收方 $R$ 的输入是 $s$ 个选择比特 $\sigma_1,\sigma_2,\cdots,\sigma_s\in\{0,1\}$, 一个 $s/2$ 元子集 $\mathcal{J}\subset\{1,2,\cdots,s\}$.

**输出**: 对于 $j\in\mathcal{J}$, 接收方 $R$ 得到输出 $x_0^j,x_1^j$, 对于 $j\notin\mathcal{J}$, $R$ 得到输出 $x_{\sigma_j}^j$.

**协议过程**:

1. 接收方 $R$ 随机选择 $\alpha\leftarrow_R\mathbb{Z}_q$, 计算 $g_1=(g_0)^\alpha$.

对于每一个 $j\in\mathcal{J}$, $R$ 随机选取 $\alpha_j\leftarrow_R\mathbb{Z}_q$, 计算 $h_0^j=(g_0)^{\alpha_j},h_1^j=(g_1)^{\alpha_j}$.

---

对于每一个 $j \notin \mathcal{J}$，$R$ 随机选取 $\alpha_j \leftarrow_R \mathbb{Z}_q$，计算 $h_0^j = (g_0)^{\alpha_j}, h_1^j = (g_1)^{\alpha_j + 1}$.

将 $(g_1, h_0^1, h_1^1, \cdots, h_0^s, h_1^s)$ 发送给发送方 $S$.

2. 接收方 $R$ 使用安全的知识的零知识证明协议向发送方 $S$ 证明 $s/2$ 个 $(g_0, g_1, h_0^j, h_1^j/g_1)$ 是 DH 四元组(这个证明可以利用下面的协议 7.4).

3. 接收方 $R$ 选择一个随机值 $r_j \leftarrow_R \mathbb{Z}_q$ 并计算 $\tilde{g}_j = (g_{\sigma_j})^{r_j}, \tilde{h}_j = (h_{\sigma_j}^j)^{r_j}$，然后将 $(\tilde{g}_j, \tilde{h}_j), j = 1,2,\cdots,s$，发送给发送方 $S$.

4. 发送方 $S$ 使用接收到的值计算 $(U_0^j, V_0^j) = \mathrm{RAND}(g_0, \tilde{g}_j, h_0^j, \tilde{h}_j)$, $(U_1^j, V_1^j) = \mathrm{RAND}(g_1, \tilde{g}_j, h_1^j, \tilde{h}_j)$，其中 RAND 如第 6 章所定义，计算 $W_0^j = V_0^j \cdot x_0^j$ 和 $W_1^j = V_1^j \cdot x_1^j$ 并将值 $(U_0^j, W_0^j)$ 和 $(U_1^j, W_1^j)$ 按顺序发送给接收方，$j = 1,2,\cdots,s$.

5. 对于每一个 $j$，接收方 $S$ 计算 $x_{\sigma_j}^j = W_{\sigma_j}^j / (U_{\sigma_j}^j)^{r_j}$, $j = 1,2,\cdots,s$.

对于每一个 $j \in \mathcal{J}$，接收方 $S$ 计算 $x_{1-\sigma_j}^j = W_{1-\sigma_j}^j / (U_{\sigma_j}^j)^{r_j \cdot \beta_j}$，其中，若 $\sigma_j = 0$, $\beta_j = \alpha^{-1}$，若 $\sigma_j = 1, \beta_j = \alpha$.

该协议是协议 7.2 的推广，对于计算电路(标号 $j \notin \mathcal{J}$)相当于 OT 协议 7.2 对 $s/2$ 个副本并行执行，而对于检测电路(标号 $j \in \mathcal{J}$)则是发送方将两个输入都传送给接收方. 将接收方 $R$ 的输入从 $s$ 个选择比特 $\sigma_1, \sigma_2, \cdots, \sigma_s \in \{0,1\}$，改为一个比特 $\sigma$ 可实现单一选择 CCOT，在此基础上对 $R$ 的 $n$ 条输入线并行执行可实现批量单一选择 CCOT.

协议 7.3 中的第 2 步，需要证明 $s/2$ 个 $(g_0, g_1, h_0^j, h_1^j/g_1)$ 是 DH 四元组，可用下面协议实现.

**协议 7.4** (DH 四元组子集的知识的零知识证明协议)[HL10]

**共同输入**：正偶数 $s$，素数 $q$ 阶循环群 $G$，$G$ 的两个不同生成元 $g_0, g_1$，以及 $s$ 个元素对 $(h_0^1, h_1^1), (h_0^2, h_1^2), \cdots, (h_0^s, h_1^s) \in G^2$.

***P* 的输入**：$s/2$ 元指标集 $I \subset \{1,2,\cdots,s\}$，证据集合 $W = \{(i, w_i) \mid i \in I, w_i \in \mathbb{Z}_q$ 满足 $h_0^i = (g_0)^{w_i}, h_1^i = (g_1)^{w_i}\}$.

**协议过程**：

1. 证明者 $P$ 随机选择一个值 $a \in \mathbb{Z}_q$ 并计算 $\alpha = (g_0)^a$，然后将 $\alpha$ 发送给验证者 $V$.

2. 验证者 $V$ 随机选择 $c, t \leftarrow_R \mathbb{Z}_q$，计算 $C = (g_0)^c \cdot \alpha^t$，然后将 $C$ 发送给 $P$.

3. 对于每个 $i \notin I$，$P$ 随机选择 $c_i, z_i \leftarrow_R \mathbb{Z}_q$，令

$$A_i = (g_0)^{z_i}/(h_0^i)^{c_i}, B_i = (g_1)^{z_i}/(h_1^i)^{c_i}$$

对于每个 $i \in I$，$P$ 随机选择一个值 $\rho_i \leftarrow_R \mathbb{Z}_q$，计算 $A_i = (g_0)^{\rho_i}$ 和 $B_i = (g_1)^{\rho_i}$.

将 $(A_1, B_1), (A_2, B_2), \cdots, (A_s, B_s)$ 发送给 $V$.

4. $V$ 将上面所选的 $(c,t)$ 发送给 $P$.

5. $P$ 首先验证 $C = (g_0)^c \cdot \alpha^t$，如果不满足，中止；否则，将 $c$ 作为验证者的挑战. 以 $\{c_i\}_{i \notin I}$ 为 $s/2$ 个份额, $c$ 为秘密，构造($s/2+1, s$)门限秘密共享方案，其余 $s/2$ 个份额由这些数值完全确定. 将 $c_1, c_2, \cdots, c_s$ 发送给验证者.

对于 $i \notin I$，将第 3 步中选取的 $z_i$ 发送给 $V$，对于 $i \in I$，发送 $z_i = c_i \cdot w_i + \rho_i$ 给 $V$；将第 1 步选择的值 $a$ 发送给 $V$.

6. $V$ 验证以下三个条件: (1) $\alpha = g^a$, (2) $c_1, c_2, \cdots, c_s$ 是秘密 $c$ 的($s/2+1, s$)门限秘密共享份额, (3)对于 $i = 1, 2, \cdots, s, A_i = (g_0)^{z_i}/(h_0^i)^{c_i}, B_i = (g_1)^{z_i}/(h_1^i)^{c_i}$.

由于在构造 $\{c_i\}_{i \notin I}$ 时 $c$ 是未知的，$c_1, c_2, \cdots, c_s$ 是秘密 $c$ 的($s/2+1, s$)门限秘密共享份额，保证了证明者最多只能对 $s/2$ 个 $c_i$ 任意选取并伪造 $z_i$ 使其满足验证公式，或者说至少 $s/2$ 个 $c_i$ 证明者不能控制且能够做出正确应答，因而证明者掌握至少 $s/2$ 个证据.

上面的协议在 $s = 2$ 时的特殊情况具有独立的意义，称为 2 选 1 成立的证明，这时的秘密共享方案使用简单加和秘密分享即可，这也类似于第 4 章Σ-协议的“或”组合.

在详细介绍基于 cut-and-choose 技术的 Yao 协议之前，我们先简单介绍一下协议每一步的操作及其目的，从而对协议的大体流程有初步的了解.

**基于 cut-and-choose 技术的 Yao 协议步骤概述**

1. 电路构造方 $P_1$ 构造 $s$ 份用于计算函数 $f$ 的 Yao 混淆电路副本. 这些电路中所有线路上的混淆密钥，除了与 $P_1$ 自己输入线路相关的密钥值之外均为随机选取的. 而对 $P_1$ 自己的密钥，需要通过一个特殊的方式选取，以便在后续协议中使用零知识证明协议证明自己输入的一致性. 具体地，$P_1$ 随机选择值 $(a_1^0, a_1^1, \cdots, a_n^0, a_n^1)$ 和 $(r_1, \cdots, r_s)$，并将在第 $j$ 个电路中与自己第 $i$ 个输入比特对应线路上的两个混淆密钥值设为 $g^{a_i^0 \cdot r_j}$ 和 $g^{a_i^1 \cdot r_j}$. 注意到，对上述 $2ns$ 个密钥值 $g^{a_1^0}, g^{a_2^0}, \cdots, g^{a_n^0}, g^{a_1^1}, g^{a_2^1}, \cdots, g^{a_n^1}$ 及 $g^{r_1}, g^{r_2}, \cdots, g^{r_s}$ 本质上构成了承诺.

2. 两个参与方执行批量单一选择 CCOT 协议. 其中，电路构造方 $P_1$ 充当

CCOT 的发送方，输入计算方 $P_2$ 电路输入线相关的所有密钥对，$P_2$ 充当 CCOT 的接收方，输入一个大小为 $s/2$ 的随机集合 $\mathcal{J} \subset \{1,2,\cdots,s\}$ 以及自己的真实输入 $y$. 茫然传输的结果是 $P_2$ 接收到下标在集合 $\mathcal{J}$ 中的电路(即检测电路)上与自己输入相关的线路上的两个密钥，以及在其他电路(即计算电路)中的这些线路上与自己真实输入对应的一个密钥值.

3. $P_1$ 将这些混淆电路以及上述 $g^{a_1^0},g^{a_2^0},\cdots,g^{a_n^0},g^{a_1^1},g^{a_2^1},\cdots,g^{a_n^1}$, $g^{r_1},g^{r_2},\cdots,g^{r_s}$ 值发送给 $P_2$，这些值是对与 $P_1$ 输入相关的线路上混淆密钥值的承诺，不会泄露其真实输入. 到这一步，电路构造方 $P_1$ 本质上已经对所有 $s$ 个混淆电路进行承诺，但是它不知道哪些电路将被“打开”用于检测.

4. 电路计算方 $P_2$ 将自己用于选择检测电路的集合 $\mathcal{J}$ 发送给 $P_1$，并证明此集合确实是其在 CCOT 协议中使用的集合. 具体地，$P_2$ 将每个检测电路中与自己第一个输入比特相关的所有线路上的两个混淆密钥值都发送给 $P_1$. 注意到，$P_2$ 仅知道检测电路中这些线路上的两个密钥值，如果 $P_2$ 作弊发送一个假的集合，由于它不知道计算电路中这些线路上的两个密钥值，因此一定会被发现作弊.

5. 为了全部解密所有的检测电路用以检测它们是否是正确构造的，$P_2$ 还需要知道与 $P_1$ 输入相关的线路上的所有混淆密钥值. 具体地，如果第 $j$ 个电路被选作检测电路，$P_1$ 将第 1 步中选取的值 $r_j$ 发送给 $P_2$. 使用 $g^{a_i^0},g^{a_i^1}$ 以及 $r_j$，$P_2$ 可以计算出密钥值 $g^{a_i^0\cdot r_j}$ 和 $g^{a_i^1\cdot r_j}$ . 注意这些值并不会泄露计算电路中的密钥值信息.

6. 使用检测电路中所有的密钥值，$P_2$ 检验这 $s/2$ 个电路是否是正确构造的. 如果电路构造方 $P_1$ 生成了许多假混淆电路，则这一步 $P_2$ 能够以很高的概率发现其作弊行为. 此外，除非 $P_2$ 检测到作弊，这样操作还保证了在计算电路中大多数电路(超过 1/2)都是正确构造的.

7. 接下来 $P_1$ 需要将计算电路中与自己真实输入相关的密钥值都发送给 $P_2$ 用以完成最后的电路计算任务. 这里 $P_1$ 需要向 $P_2$ 证明其在不同的计算电路中发送的密钥值均对应于相同的输入(即输入一致性问题). 注意到，第 1 步中说到 $P_1$ 在选择与自己输入相关的混淆密钥值时，是通过一定结构选取的. 具体地，对于第 $j$ 个计算电路中与 $P_1$ 输入相关的线路 $i$, $P_1$ 发送值 $g^{a_i^{x_i}\cdot r_j}$ 给 $P_2$，其中 $x_i$ 是 $P_1$ 输入的第 $i$ 个比特. 之后，$P_1$ 使用零知识协议证明相同的 $a_i^{x_i}$ 出现在其发送值的指数部分. 该证明实际上是对于 DH 四元组的知识的零知识证明协议的扩展，可以十分高效地实现，我们将其理想功能函数表述为 $\mathcal{F}_{\mathrm{ZKPOK}}^{\mathrm{EDH}}$，下面将给出该协议的具体构造，见协议 7.5.

8. 给定与 $P_1$ 输入相关的密钥值，以及与自己输入相关的密钥值，电路计

算方 $P_2$ 计算所有的计算电路并获得最终的输出值. 如前面所述, 在这些计算电路中有可能出现不同的计算结果(意味着 $P_1$ 确实作弊了), $P_2$ 选取出现在大多数电路中的输出值作为最终的输出值.

---

协议第 7 步中使用到一个零知识证明协议, 在详细介绍协议前先给出对于理想功能函数 $\mathcal{F}_{\mathrm{ZKPOK}}^{\mathrm{EDH}}$ 的知识的零知识证明协议. 给定素数 $q$ 阶群 $G, g_0$ 和 $g_1$ 为其不同生成元. 对于元组 $(g_0,g_1,h_0,h_1,u_1,v_1,\cdots,u_n,v_n)$, 要证明: 或者所有的 $\{(g_0,u_i,h_0,v_i)\}_{i=1}^n$ 都是 DH 四元组, 或者所有的 $\{(g_1,u_i,h_1,v_i)\}_{i=1}^n$ 都是 DH 四元组.

---

**协议 7.5** (扩展 DH 四元组的 ZKPOK 协议)[LP11]

**公共输入**: $g_0,g_1,h_0,h_1,u_1,v_1,\cdots,u_n,v_n$, 其中 $g_0,g_1$ 是 $q$ 阶群 $G$ 的生成元, $q$ 为素数.

**证明者输入**: 证据 $a\in\mathbb{Z}_q$, 满足对 $i=1,\cdots,n$, 或者 $h_0=g_0^a$ 且 $v_i=u_i^a$, 或者 $h_1=g_1^a$ 且 $v_i=u_i^a$.

**协议过程**:

1. 验证者 $V$ 随机选择 $\gamma_1,\cdots,\gamma_n\leftarrow_R\{0,1\}^L$, 其中 $2^L<q$, 并发送给证明者 $P$.
2. 证明者和验证者本地计算

$$u=\prod_{i=1}^n(u_i)^{\gamma_i},\quad v=\prod_{i=1}^n(v_i)^{\gamma_i}$$

3. 证明者 $P$ 利用协议 7.4 证明, $(g_0,u,h_0,v)$ 或者 $(g_1,u,h_1,v)$ 是一个 DH 四元组.
4. 验证者输出协议 7.4 的输出.

---

根据 $\gamma_1,\cdots,\gamma_n$ 的随机性易知, 如果上述协议输出为 1, 所有 $\{(g_0,u_i,h_0,v_i)\}_{i=1}^n$ 都是 DH 四元组或者所有 $\{(g_1,u_i,h_1,v_i)\}_{i=1}^n$ 都是 DH 四元组这一结论不成立的概率可忽略. 又由于协议 7.4 是一个知识的零知识证明协议, 因而协议 7.5 亦然.

下面详细介绍基于 cut-and-choose 技术的恶意敌手模型 Yao 协议的具体构造并分析其安全性.

---

**协议 7.6** (基于 cut-and-choose 的恶意敌手模型 Yao 协议)[LP11]

**公共参数**: 安全参数 $s$; 布尔电路 $C$, 满足对每个 $x,y\in\{0,1\}^n$, 有 $C(x,y)=$

$f(x,y)$，其中 $f:\{0,1\}^n\times\{0,1\}^n\rightarrow\{0,1\}^n$；素数阶群 $G$，其生成元为 $g$，阶为 $q$.

**输入**：$P_1$ 输入 $x=x_1x_2\cdots x_n$，$P_2$ 输入 $y=y_1y_2\cdots y_n$，其中 $n\in\mathbb{N}$.

**输出**：参与方 $P_2$ 获得输出 $f(x,y)$.

**协议过程**：

1. 输入密钥选择及混淆电路表示：

(1) $P_1$ 随机选择 $(a_1^0,a_1^1,\cdots,a_n^0,a_n^1)\leftarrow_R\mathbb{Z}_q$ 和 $(r_1,\cdots,r_s)\leftarrow_R\mathbb{Z}_q$.

(2) 令 $(w_1,\cdots,w_n)$ 为电路 $C$ 中 $P_1$ 的输入线，将第 $j$ 个混淆电路的输入线 $w_i$ 表示为 $w_{i,j}$，且将线路 $w_{i,j}$ 上输入比特 $b$ 所对应的密钥表示为 $k_{i,j}^b$，其中 $i=1,\cdots,n;j=1,\cdots,s$. 之后，电路构造方 $P_1$ 将自己输入线路上的密钥值设置为

$$k_{i,j}^0=g^{a_i^0\cdot r_j},\qquad k_{i,j}^1=g^{a_i^1\cdot r_j}$$

(3) 电路 $C$ 中 $P_2$ 输入线上的混淆密钥值可以随机选取.

(4) $P_1$ 构造 $s$ 个混淆电路 $C$ 的独立副本，表示为 $\mathrm{GC}_1,\cdots,\mathrm{GC}_s$.

2. 茫然传输：参与方 $P_1$ 和 $P_2$ 运行批量的单一选择 CCOT 协议，其中参数 $n$ 表示并行运行的个数，安全参数 $s$ 表示在每一次运行中元素对的个数.

(1) $P_1$ 定义矩阵 $(z_1\cdots z_n)^{\mathrm{T}}$，其中 $z_i$ 包含的是在所有的混淆电路 $\mathrm{GC}_1,\cdots,\mathrm{GC}_s$ 中与 $P_2$ 的第 $i$ 个输入比特 $y_i$ 相关的 $s$ 对随机混淆密钥值.

(2) $P_2$ 输入一个大小为 $s/2$ 的随机子集合 $\mathcal{J}\subset\{1,2,\cdots,s\}$，以及 $\sigma_1,\cdots,\sigma_n\in\{0,1\}$，对每一个 $i$ 满足 $\sigma_i=y_i$.

(3) 对于每一个 $j\in\mathcal{J}$，$P_2$ 接收到电路 $\mathrm{GC}_j$ 中所有自己输入线路上的密钥值(每条输入线有两个密钥值). 而对于剩余的其他电路，$P_2$ 仅接收到与自己的真实输入 $y_i$ 相对应的一个密钥值.

3. 发送电路和承诺值：参与方 $P_1$ 将混淆电路以及对于 $P_1$ 输入线上混淆值的承诺 $\{(i,0,g^{a_i^0}),(i,1,g^{a_i^1})\}_{i=1}^n$ 和 $(j,g^{r_j})_{j=1}^s$ 发送给 $P_2$.

4. 发送 cut-and-choose 挑战：$P_2$ 将集合 $\mathcal{J}$ 以及每一个 $j\in\mathcal{J}$ 的电路 $\mathrm{GC}_j$ 中与自己第一个输入比特 $y_1$ 相关的密钥对发送给 $P_1$. 如果 $P_1$ 接收到的值不正确，则其输出 $\perp$ 并中止协议.

5. 发送检测电路中所有的输入混淆值：对于每一个检测电路 $\mathrm{GC}_j$，参与方 $P_1$ 将值 $r_j$ 发送给 $P_2$，$P_2$ 检查这些值是否与之前接收到的 $(j,g^{r_j})_{j\in\mathcal{J}}$ 相一致. 如果不一致，$P_2$ 输出 $\perp$ 并中止.

6. 检测电路的正确性验证：对于每一个 $j\in\mathcal{J}$，$P_2$ 使用在第 3 步中接收到的 $g^{a_i^0}$ 和 $g^{a_i^1}$，以及在第 5 步中接收到的 $r_j$，来计算电路 $\mathrm{GC}_j$ 中与 $P_1$ 输入相关

的密钥值 $k_{i,j}^0 = g^{a_i^0 \cdot r_j}$ 和 $k_{i,j}^1 = g^{a_i^1 \cdot r_j}$. 此外, $P_2$ 使用其在 CCOT 协议中接收到的值作为电路 $\mathrm{GC}_j$ 中自己输入线上相关的混淆密钥值. 使用这些混淆值, 参与方 $P_2$ 解密所有的检测电路并验证它们是否是正确构造的. 如果其中存在一个电路未通过检测, 则说明 $P_1$ 构造假电路, $P_2$ 输出 $\perp$ 并中止协议.

7. $P_1$ 发送计算电路中的混淆密钥值:

(1) $P_1$ 发送计算电路中与自己输入相关的密钥值. 具体地, 对于每一个 $j \notin \mathcal{J}$ 及每条输入线路 $i = 1, \cdots, n$, 参与方 $P_1$ 发送值 $k_{i,j} = g^{a_i^{x_i} \cdot r_j}$.

(2) $P_1$ 证明在不同计算电路中所有的输入值是一致的. 对于每条输入线路 $i = 1, \cdots, n$, $P_1$ 使用零知识证明协议 7.5 证明存在一个值 $\sigma_i \in \{0,1\}$, 满足对于每一个 $j \notin \mathcal{J}$ 有 $k_{i,j} = g^{a_i^{\sigma_i} \cdot r_j}$ 成立. 如果证明失败, 则意味着 $P_1$ 作弊, $P_2$ 输出 $\perp$ 并中止协议.

8. 电路计算: $P_2$ 使用在第 7 步中接收到的与 $P_1$ 输入相关的密钥值, 以及在第 2 步 CCOT 协议中接收到的与自己输入相关的密钥值, 来计算所有的计算电路. 最后, $P_2$ 选取出现在大多数计算电路中的输出值作为输出的函数值.

### 7.3.2 基于 cut-and-choose 技术的 Yao 协议安全性证明

在给出协议 7.6 的形式化安全性证明之前, 我们先从直观上分析一下协议的安全性. 由于采用了承诺和单一选择 OT, 分别阻止了电路构造方和电路计算方输入不一致的发生. 上面提及的选择性失败攻击在此也是无效的. 注意到协议 7.6 与传统 Yao 协议相比, 在传输与 $P_2$ 输入相关的密钥值时使用的是 cut-and-choose OT 协议, 而不是标准的 OT 协议. 而 cut-and-choose OT 协议使得参与方 $P_2$ 能同时获得检测电路和计算电路中的对应密钥值, 而哪些电路作为检测电路或计算电路 $P_1$ 在发送混淆电路前是未知的. 因此, 如果 $P_1$ 试图对电路进行选择失败攻击, 将有极大概率被检测电路检测到. 如果没有被检测到, 可以认为大多数的电路密钥值都是正确的, 因此不会有任何影响.

此外, 从协议 7.6 的第 3 到 5 步中我们可以观察到, 参与方 $P_2$ 检测了一半的混淆电路是否正确构造. 因此, 若协议不中止, 则可以认为剩下的大部分混淆电路(即计算电路)都是正确构造的, 选取大多数电路的输出结果极大概率是正确的, 其错误概率将在下面具体计算.

下面给出协议 7.6 的形式化安全性证明.

**定理 7.2** 假设 DDH 问题在群 $G$ 中是困难的, 协议 7.6 第 2 步中使用的协议能安全计算批量单一选择的 cut-and-choose OT 功能函数 $\mathcal{F}_{\text{CCOT}}^{S,B}$，协议 7.6 第 7 步中使用的知识的零知识证明协议能够安全计算功能函数 $\mathcal{F}_{\text{ZKPOK}}^{\text{EDH}}$，且用来生成混淆电路的对称加密方案是 CPA 安全的. 则协议 7.6 在恶意敌手模型下, 安全计算函数 $f$ .

**证明**　我们在混合模型中证明上述定理 7.2, 在此混合模型中, 批量单一选择 cut-and-choose OT 协议和第 7 步中使用的零知识证明协议被当作理想功能函数来调用. 我们分别在 $P_1$ 被腐化以及 $P_2$ 被腐化的两种情况下进行安全性证明.

$P_1$ 被腐化. 直观上看, $P_1$ 只能通过构造一些错误的混淆电路来进行作弊. 按照协议执行, 要打开一半的电路进行检测, 只要检测到一个错误电路就中止协议. 而对于另外一半电路则进行计算并选取出现次数占大多数的计算结果作为最终的输出结果. 因此, $P_1$ 要作弊成功, 必须保证检测电路都是正确构造的, 且在计算电路中至少一半(即 $s/4$ )输出同一个错误结果, 我们下面会说明这种情况发生的概率不超过 $2^{-s/4}$ .

令 $\mathcal{A}$ 是在协议 7.6 中控制 $P_1$ 的敌手, 假设存在一个可信方用来计算 cut-and choose OT 功能函数(记为 $\mathcal{F}_{\text{CCOT}}^{S,B}$ )和协议 7.6 第 7 步中的零知识证明功能函数(记为 $\mathcal{F}_{\text{ZKPOK}}^{\text{EDH}}$ ). 对于现实世界中的敌手 $\mathcal{A}$ , 我们构建一个理想世界的敌手 $\mathcal{S}$ (即模拟器), 它与计算 $f$ 的可信方运行在理想模型中. 模拟器 $\mathcal{S}$ 内部调用敌手 $\mathcal{A}$ , 并模拟诚实参与方 $P_2$ 与敌手交互, 且模拟计算 $\mathcal{F}_{\text{CCOT}}^{S,B}$ 与 $\mathcal{F}_{\text{ZKPOK}}^{\text{EDH}}$ 的可信方. 此外, $\mathcal{S}$ 在外部与计算函数 $f$ 的可信方进行交互. 模拟器 $\mathcal{S}$ 具体运行如下:

(1) $\mathcal{S}$ 调用敌手 $\mathcal{A}$($\mathcal{A}$ 具有自己的私有输入), 并接收 $\mathcal{A}$ 发送给计算功能函数 $\mathcal{F}_{\text{CCOT}}^{S,B}$ 可信方的输入信息, 这些输入构成了一个 $n\times s$ 矩阵 $\{(z_0^{i,j},z_1^{i,j})\}$ , 其中 $i=1,\cdots,n; j=1,\cdots,s$ .

(2) $\mathcal{S}$ 收到来自 $\mathcal{A}$ 的 $s$ 个混淆电路 $\text{GC}_1,\cdots,\text{GC}_s$ , 值 $\{(i,0,u_i^0)\},\{(i,1,u_i^1)\}$ , 以及 $\{(j,h_j)\}$ (与协议 7.6 第 3 步相同).

(3) $\mathcal{S}$ 随机均匀地选择一个大小为 $s/2$ 的子集 $\mathcal{J}\subset\{1,2,\cdots,s\}$ . 对于每个 $j\in\mathcal{J},\mathcal{S}$ 将值 $\{(z_0^{1,j},z_1^{1,j})\}$ 交给 $\mathcal{A}$ , 因为在协议 7.6 的第 4 步中 $\mathcal{A}$ 需要从诚实参与方 $P_2$ 接收这些数据.

(4) $\mathcal{S}$ 从敌手 $\mathcal{A}$ 那里接收到集合 $\{r_j\}_{j\in\mathcal{J}}$ , 然后检测对于每个 $j\in\mathcal{J}$ , 等式 $h_j=g^{r_j}$ 是否成立. 如果不成立, 则发送 $\perp$ 给诚实参与方, 并模拟 $P_2$ 中止, 输出敌手 $\mathcal{A}$ 的输出.

(5) $\mathcal{S}$ 检测对于 $j\in\mathcal{J}$ , 所有的混淆电路 $\text{GC}_j$ 是否都被正确地构造. 如果检测失败, 则发送 $\perp$ 给可信方, 并模拟诚实方 $P_2$ 终止, 输出敌手 $\mathcal{A}$ 的输出.

(6) $\mathcal{S}$ 从敌手 $\mathcal{A}$ 接收密钥值 $k_{i,j}$，其中 $j \notin \mathcal{J}, i=1,\cdots,n$.

(7) $\mathcal{S}$ 接收到 $\mathcal{A}$ 发送给计算功能函数 $\mathcal{F}_{\text{ZKPOK}}^{\text{EDH}}$ 可信方的证据，即对于每个 $i=1,\cdots,n, j \notin \mathcal{J}, \mathcal{S}$ 接收到一个值 $a_i$ (即为证据)满足 $k_{i,j}=(h_j)^{a_i}$，且 $u_i^0=g^{a_i}$ 或 $u_i^1=g^{a_i}$.

(i) 如果对于某个 $i, \mathcal{S}$ 没有收到一个有效的证据，那么它将发送 $\perp$ 给可信方，并模拟 $P_2$ 中止，输出敌手 $\mathcal{A}$ 的输出.

(ii) 否则，对于每个 $i=1,\cdots,n$，如果 $u_i^0=g^{a_i}$，那么 $\mathcal{S}$ 置 $x_i=0$；如果 $u_i^1=g^{a_i}$，那么 $\mathcal{S}$ 置 $x_i=1$.

(8) $\mathcal{S}$ 将 $x=x_1\cdots x_n$ 发送给计算函数 $f$ 的可信第三方，输出 $\mathcal{A}$ 的输出并终止.

至此，我们完成对模拟器 $\mathcal{S}$ 的构造. 假设用 $\pi$ 表示协议 7.6, 下面要证明对于每个腐化 $P_1$ 的敌手 $\mathcal{A}$ 及每个安全参数 $s$，都有下式成立:

$$\{\text{IDEAL}_{f,\mathcal{S}(z),P_1}(x,y,n,s)\}_{x,y,z\in\{0,1\}^*;n,s\in\mathbb{N}} \overset{n,s}{\equiv} \{\text{REAL}_{\pi,\mathcal{A}(z),P_1}(x,y,n,s)\}_{x,y,z\in\{0,1\}^*;n,s\in\mathbb{N}}$$

其中 $|x|=|y|$ (注意，这里有两个安全参数 $n$ 和 $s$，因此需要证明 $(n,s)$-计算不可区分，只要证明它们的区分概率不超过 $\mu(n)+2^{-O(s)}$ 即可，其中 $\mu(n)$ 是关于 $n$ 的可忽略函数).

首先回顾一下混淆密钥的符号，对于一个混淆电路 $\text{GC}_j$，其中的混淆密钥如下.

(1) 与 $P_1$ 的输入相关的电路混淆密钥: 令 $(i,0,g^{a_i^0}),(i,1,g^{a_i^1}),(j,g^{r_j})$ 为协议 7.6 第 3 步中 $P_1$ 发送给 $P_2$ 的值. 那么与 $P_1$ 在 $\text{GC}_j$ 中输入相关的混淆密钥为 $(g^{a_1^0\cdot r_j},g^{a_1^1\cdot r_j}),\cdots,(g^{a_n^0\cdot r_j},g^{a_n^1\cdot r_j})$.

(2) 与 $P_2$ 的输入相关的电路混淆密钥: 令 $(z_0^{1,j},z_1^{1,j}),\cdots,(z_0^{n,j},z_1^{n,j})$ 为 $P_1$ 在协议 7.6 第 2 步中输入到 CCOT 协议中的密钥的集合(这些密钥是每个向量 $z_1,\cdots,z_n$ 中的第 $j$ 个元素对)，它们被称为与 $P_2$ 在 $\text{GC}_j$ 中输入相关的混淆密钥.

需要强调上述所有的电路混淆密钥值都在协议 7.6 的第 3 步之后完全确定. 这是因为在这一步中，$P_1$ 将值 $(g^{a_i^0},g^{a_i^1},g^{r_j})$、混淆电路均发送给了 $P_2$，就相当于对这些值进行承诺. 如果对于某个混淆电路 $\text{GC}_j$，与 $P_1$ 和 $P_2$ 的输入相关联的电路混淆密钥没有正确打开电路 $C$，那么这个混淆电路 $\text{GC}_j$ 就被称为“坏”电路，否则称为“好”电路. 在协议 7.6 的第 3 步之后，每个电路只有“坏”的和“好”的两种情况，并且是完全确定的.

假设 $P_1$ 构造了 $t$ 个坏电路，$P_1$ 要能作弊成功，首先这些坏电路均不能被选作检测电路，其次这些坏电路在计算中输出同一个构成大多数的错误结果，最终被 $P_2$ 输出. 如果坏电路的个数 $t<s/4$，则计算电路中还有多于 $s/4$ 个正确构造的

电路, 所以 $P_2$ 总是输出正确电路计算的结果. 因此, $P_1$ 要能作弊成功, 坏电路的个数必须至少为 $s/4$.

令 badMaj 表示至少有 $s/4$ 个混淆电路是坏的这一事件, noAbort 表示 $P_2$ 没有因为检测到坏电路而中止协议这一事件. 接下来计算事件 badMaj 和 noAbort 同时出现的概率.

**断言**　对于每个 $s\in\mathbb{N}$, 有

$$\Pr\left[\text{noAbort}\wedge\text{badMaj}\right]=\binom{3s/4+1}{s/2+1}\Big/\binom{s}{s/2}<\frac{1}{2^{s/4-1}}$$

并且对于足够大的 $s$ (取决于斯特林公式), 有

$$\Pr[\text{noAbort}\wedge\text{badMaj}]\approx\frac{1}{2^{0.311s}}$$

事实上, 用 badTotal 表示坏电路的数目, 则有

$$\begin{aligned}\Pr[\text{noAbort}\wedge\text{badMaj}]&=\sum_{i=s/4}^{s}\Pr[\text{noAbort}\wedge(\text{badTotal}=i)]\\&=\sum_{i=s/4}^{s/2}\Pr[\text{noAbort}\wedge(\text{badTotal}=i)]\end{aligned}$$

当 $\text{badTotal}=i>s/2$ 时, 总有至少一个坏电路出现在检测电路中, 因此 $P_2$ 总是中止, 即 $\Pr[\text{noAbort}\wedge(\text{badTotal}=i)]=0$. 在协议 7.6 中集合 $|\mathcal{J}|=s/2$, 如果 $i$ 个电路是坏的并且 $P_2$ 没有发生中止, 那么剩余的 $s-i$ 个非坏电路中必有 $s/2$ 个被选中为检测电路. 因此

$$\begin{aligned}\sum_{i=s/4}^{s/2}\Pr[\text{noAbort}\wedge\text{badTotal}=i]&=\sum_{i=s/4}^{s/2}\binom{s-i}{s/2}\Big/\binom{s}{s/2}\\&=\frac{1}{\binom{s}{s/2}}\sum_{i=s/4}^{s/2}\binom{s-i}{s/2}=\frac{1}{\binom{s}{s/2}}\sum_{i=0}^{s/4}\binom{s/2+i}{s/2}\\&=\frac{1}{\binom{s}{s/2}}\sum_{i=0}^{3s/4}\binom{i}{s/2}=\frac{1}{\binom{s}{s/2}}\cdot\binom{3s/4+1}{s/2+1}\end{aligned}$$

其中倒数第二个等式成立是因为当 $i<s/2$ 时, $\binom{i}{s/2}=0$ 成立, 最后一个等式成立见[GKP98]. 进一步计算得到最后结果:

$$\frac{\begin{pmatrix}3s/4+1\\ s/2+1\end{pmatrix}}{\begin{pmatrix}s\\ s/2\end{pmatrix}}=\frac{(3s/4+1)!}{(s/2+1)!(s/4)!}\cdot\frac{(s/2)!(s/2)!}{s!}$$

$$=\frac{(3s/4+1)!}{(s)!}\cdot\frac{(s/2)!}{(s/4)!}\cdot\frac{(s/2)!}{(s/2+1)!}$$

$$=\frac{(s/2)(s/2-1)\cdots(s/4+1)}{s(s-1)\cdots(3s/4+2)}\cdot\frac{1}{s/2+1}$$

$$=\frac{(s/2)}{s}\cdot\frac{(s/2-1)}{s-1}\cdots\frac{(s/4+2)}{(3s/4+2)}\cdot\frac{(s/4+1)}{(s/2+1)}$$

令 $t=s/4$， 上式等于

$$\frac{2t}{4t}\cdot\frac{2t-1}{4t-1}\cdot\cdots\cdot\frac{t+2}{3t+2}\cdot\frac{t+1}{2t+1}=\left(\prod_{i=2}^{t}\frac{t+i}{3t+i}\right)\cdot\frac{t+1}{2t+1}$$

对于每个 $i<t$，有 $\frac{t+i}{3t+i}<\frac{1}{2}$ 成立，因此上式有上界 $\frac{1}{2^{t-1}}$ . 从而对于每个 $s$，有

$$\Pr[\text{noAbort}\wedge\text{badMaj}]<\frac{1}{2^{s/4-1}}$$

至此，断言中的第一部分证明完成. 接下来继续证明断言中的第二部分，这部分引入了近似公式，当 $s$ 不是太小的时候成立. 由

$$\prod_{i=2}^{t}(t+i)=\frac{(2t)!}{(t+1)!}\quad 和 \quad \prod_{i=2}^{t}(3t+i)=\frac{(4t)!}{(3t+1)!}$$

得到

$$\prod_{i=2}^{t}\frac{t+i}{3t+i}=\frac{(2t)!}{(t+1)!}\cdot\frac{(3t+1)!}{(4t)!}$$

由斯特林近似公式，$t!\approx\sqrt{2\pi t}\left(\frac{t}{e}\right)^{t}$ . 因此，

$$\frac{(2t)!}{(t+1)!}\approx\frac{\sqrt{2\pi 2t}\left(\frac{2t}{e}\right)^{2t}}{\sqrt{2\pi(t+1)}\left(\frac{t+1}{e}\right)^{t+1}}=\sqrt{\frac{2t}{t+1}}\cdot\frac{(2t)^{2t}}{(t+1)^{t+1}}\cdot\frac{e^{t+1}}{e^{2t}}$$

$$\frac{(3t+1)!}{(4t)!}\approx\sqrt{\frac{3t+1}{4t}}\cdot\frac{(3t+1)^{3t+1}}{(4t)^{4t}}\cdot\frac{e^{4t}}{e^{3t+1}}$$

综上，我们得到

$$\prod_{i=2}^{t}\frac{t+i}{3t+i}\approx\sqrt{\frac{2t}{4t}\cdot\frac{3t+1}{4t}}\cdot\frac{(2t)^{2t}}{(4t)^{4t}}\cdot\frac{(3t+1)^{3t+1}}{(t+1)^{t+1}}\cdot\frac{e^{4t}}{e^{2t}}\cdot\frac{e^{t+1}}{e^{3t+1}}$$
$$\approx\frac{2^{2t}}{2^{8t}}\cdot\frac{t^{2t}}{t^{4t}}\cdot\frac{(3t)^{3t}}{t^{t}}\cdot\frac{e^{5t+1}}{e^{5t+1}}=\frac{1}{2^{6t}}\cdot\frac{1}{t^{2t}}\cdot 3^{3t}\cdot\frac{t^{3t}}{t^{t}}$$
$$=\frac{1}{2^{6t}}\cdot\frac{1}{t^{2t}}\cdot 3^{3t}\cdot t^{2t}=\frac{3^{3t}}{2^{6t}}$$
$$=\left(\frac{3}{4}\right)^{3t}\approx\frac{1}{2^{1.245t}}$$

令 $t=s/4$ 时，可以得出

$$\Pr[\text{noAbort}\wedge\text{badMaj}]\approx\frac{1}{2^{1.245t}}=\frac{1}{2^{0.311s}}$$

至此，整个断言证明完成.

可以看出，$P_1$ 要能作弊成功则事件 badMaj 和 noAbort 必须同时发生，因此作弊成功的概率小于等于于 $\Pr[\text{noAbort}\wedge\text{badMaj}]$.

很显然上述近似界 $2^{-0.311s}$ 明显优于 $2^{-s/4}$，如果需要实现 $2^{-40}$ 的安全性，只需要设置 $s=128$ 而不是 $s=160$.

接下来使用上述断言来证明模拟器 $\mathcal{S}$ 理想模型执行的输出与敌手 $\mathcal{A}$ 在真实协议执行的输出是 $(n,s)$ -不可区分的. 具体而言，只要事件 $(\text{noAbort}\wedge\text{badMaj})$ 不发生，那么理想执行和混合执行的联合输出分布是一致的. 可以看到若少于 $s/4$ 的电路是坏的，那么由 $P_2$ 计算的电路中大多数都可以正确计算电路 $C$，进而正确计算函数 $f$. 若大于 $s/4$ 的电路是坏的，则 $P_2$ 不中止协议的概率是可忽略的. 此外，通过理想的零知识证明得到的证据以及 $g^{a_i^0},g^{a_i^1},g^{r_j}$ 的值可以确定与 $P_1$ 的真实输入相关的混淆密钥值这一事实，由模拟器 $\mathcal{S}$ 导出并发送给计算函数 $f$ 的可信方的输入 $x$，恰好等同于每个好的混淆电路 $\text{GC}_j$ 的输入 $x$. 因此，在每个好电路中 $P_2$ 总能输出 $f(x,y)$，并且这些电路在所有的计算电路中是占大多数的. 所以我们得出只要中止事件不发生，那么 $P_2$ 在现实和理想中执行时均会输出 $f(x,y)$，这与敌手 $\mathcal{A}$ 执行时的视图是一致的. 最后，我们注意到每当 $P_2$ 终止协议并输出 $\perp$ 时，$\mathcal{S}$ 向计算函数 $f$ 的可信方发送 $\perp$.

至此，$P_1$ 被腐化的情况证明完毕.

$P_2$ 被腐化. 直观上来看，$P_2$ 在协议中有两次发送消息的机会. 第一次是在 CCOT 协议中，他使用自己的输入 $y$ 和一个检测下标集合 $\mathcal{J}$，接收到检测电路和计算电路中的相关密钥值. 对于下标在 $\mathcal{J}$ 中的电路，$P_2$ 得到自己输入线上的两个密钥值，而对于下标不在 $\mathcal{J}$ 中的电路，$P_2$ 仅得到与输入 $y$ 相对应的一个密钥值. 由于使用的是批量单一选择 CCOT 协议，不会存在输入不一致性问题. 而检测下

标集合 $\mathcal{J}$ 由 $P_2$ 随机选取，只要集合大小为 $s/2$，都符合协议要求. 第二次是在发送检测下标集合 $\mathcal{J}$ 时，$P_2$ 可以尝试给 $P_1$ 发送一个与其在 CCOT 协议中的输入 $\mathcal{J}$ 不同的集合 $\mathcal{J}'$. 这时，从 $P_2$ 作弊角度来看，将至少有一个电路之前被选为检测电路，但最终被用于计算. 对于该电路，$P_2$ 知道自己输入线路上的两个密钥值，因此它将计算关于多个 $y$ 值的 $f(x,y)$. 然而，这时至少有一个电路 $\mathrm{GC}_j$ 之前被选作计算电路，现在是检测电路. 根据协议要求，在第 4 步 $P_2$ 需要将检测电路中与输入比特 $y_1$ 相对应的两个密钥均发送给 $P_1$. 然而对于电路 $\mathrm{GC}_j$，之前在 CCOT 协议中 $P_2$ 仅得到了与输入 $y_1$ 对应的一个密钥，因此现在无法发回给 $P_1$ 两个密钥.

令 $\mathcal{A}$ 是在协议 7.6 中控制 $P_2$ 的敌手，批量单一选择的 CCOT 协议的功能函数 $\mathcal{F}_{\mathrm{CCOT}}^{S,B}$ 及扩展 DH 四元组零知识证明协议的功能函数 $\mathcal{F}_{\mathrm{ZKPOK}}^{\mathrm{EDH}}$ 由可信方计算. 对于现实世界中的敌手 $\mathcal{A}$，我们构建一个理想世界的敌手 $\mathcal{S}$ (即模拟器)，模拟器 $\mathcal{S}$ 内部调用敌手 $\mathcal{A}$，并模拟诚实方参与方 $P_1$ 与敌手交互. 此外，$\mathcal{S}$ 在外部与计算函数 $f$ 的可信方进行交互. 模拟器 $\mathcal{S}$ 具体运行如下.

(1) $\mathcal{S}$ 调用敌手 $\mathcal{A}$ ($\mathcal{A}$ 具有自己的私有输入)，并接收 $\mathcal{A}$ 发送给计算批量单一选择 CCOT 功能函数 $\mathcal{F}_{\mathrm{CCOT}}^{S,B}$ 的输入. 这些输入包括一个大小为 $s/2$ 的子集 $\mathcal{J}\subset\{1,2,\cdots,s\}$ 和 $n$ 个比特 $\sigma_1,\cdots,\sigma_n$ (如果 $\mathcal{J}$ 的大小不为 $s/2$，那么 $\mathcal{S}$ 模拟 $P_1$ 终止，并发送 $\perp$ 给计算函数 $f$ 的可信第三方，终止协议并输出 $\mathcal{A}$ 的任何输出).

(2) $\mathcal{S}$ 选择一个 $n\times s$ 随机矩阵，其元素是长度为 $n$ 的一对随机混淆密钥组成的元素对，记为 $(x_{i,j}^0,x_{i,j}^1)$，其中 $i=1,\cdots,n; j=1,\cdots,s$. 然后模拟器 $\mathcal{S}$ 传送合适的值给敌手 $\mathcal{A}$，作为 $\mathcal{F}_{\mathrm{CCOT}}^{S,B}$ 的输出. 具体来说，对 $i=1,\cdots,n$ 且 $j\in\mathcal{J}$，模拟器 $\mathcal{S}$ 将值 $(x_{i,j}^0,x_{i,j}^1)$ 发送给 $\mathcal{A}$；对 $i=1,\cdots,n$ 且 $j\notin\mathcal{J}$，模拟器 $\mathcal{S}$ 将值 $(x_{i,j}^{\sigma_i})$ 发送给 $\mathcal{A}$.

(3) $\mathcal{S}$ 将 $y=\sigma_1\cdots\sigma_n$ 发送给计算函数 $f$ 的可信第三方，然后接收到输出 $z$.

(4) 接下来模拟器 $\mathcal{S}$ 将模拟敌手接收到的混淆电路副本. 对于每个 $j\in\mathcal{J}$，$\mathcal{S}$ 模仿诚实方 $P_1$ 构造电路 $\mathrm{GC}_j$ 作为正确的混淆电路.

(5) 对于每个 $j\notin\mathcal{J}$，$\mathcal{S}$ 构造一个总是输出 $z$ 的假的混淆电路 $\widetilde{\mathrm{GC}}_j$. 注意到，在假的混淆电路中，与 $P_1$ 输入对应的随机密钥的承诺设置为 $g^{a_i^0},g^{a_i^1},g^{r_j}$，其中与 0 值对应的密钥设置为 $g^{a_i^0\cdot r_j}$，与 1 值对应的密钥随机选取.

(6) $\mathcal{S}$ 将所有混淆电路和 $(i,0,g^{a_i^0}),(i,1,g^{a_i^1})$ 以及 $(j,g^{r_j})$ 的值发送给 $\mathcal{A}$.

(7) $\mathcal{S}$ 接受一个返回集合 $\mathcal{J}'$ 以及一系列随机密钥对 $(x_{1,j}^0,x_{1,j}^1), j\in\mathcal{J}$:

(i) 如果 $\mathcal{J}'\neq\mathcal{J}$ 且接收到的值都是正确的，那么 $\mathcal{S}$ 输出失败，终止，这种情况发生的概率是可忽略的.

(ii) 如果 $\mathcal{J}'=\mathcal{J}$ 但有接收到的值不正确, 那么 $\mathcal{S}$ 发送 $\perp$ 给可信第三方, 模拟 $P_1$ 终止, 并输出 $\mathcal{A}$ 的输出然后终止.

(iii) $\mathcal{S}$ 按如下步骤继续执行.

(8) $\mathcal{S}$ 将值 $\{r_j\}_{j\in\mathcal{J}}$ 交给敌手 $\mathcal{A}$, 其中 $r_j$ 的选择如上所述.

(9) 对于每一个 $j\notin\mathcal{J}$ 且 $i=1,\cdots,n,\mathcal{S}$ 将密钥 $(k_{i,j}=g^{a_i^0\cdot r_j})$ 发送给敌手 $\mathcal{A}$, 然后使用零知识证明功能函数 $\mathcal{F}_{\mathrm{ZKPOK}}^{\mathrm{EDH}}$ 证明所有这些密钥值均与一个单一输入值相对应(注意, 这些都是敌手 $\mathcal{A}$ 在第 7 步中期望接收到的密钥值. 然而由于模拟器 $\mathcal{S}$ 不知道 $P_1$ 的真实输入 $x$, 因此将与 0 对应的密钥值发送给敌手 $\mathcal{A}$).

(10) 最后, $\mathcal{S}$ 输出敌手 $\mathcal{A}$ 的输出并终止.

仍用 $\pi$ 表示协议 7.6, 我们要证明对腐化 $P_2$ 的敌手 $\mathcal{A}$ 以及每个 $s$, 下式成立

$$\{\mathrm{IDEAL}_{f,\mathcal{S}(z),P_2}(x,y,n,s)\}_{x,y,z\in\{0,1\}^*;n,s\in\mathbb{N}}\stackrel{c}{\equiv}\{\mathrm{REAL}_{\pi,\mathcal{A}(z),P_2}(x,y,n,s)\}_{x,y,z\in\{0,1\}^*;n,s\in\mathbb{N}}$$

其中, $|x|=|y|$(注意, 这里证明关于 $n$ 的标准不可区分性, 其对于 $s$ 的所有值都成立. 也就是说, $s$ 的值对于区分的能力没有影响). 首先指出模拟器 $\mathcal{S}$ 模拟失败(对应于模拟过程(7) (i))的概率是可忽略的, 因为对于每个 $j\notin\mathcal{J}$, 敌手 $\mathcal{A}$ 只能接收到 $(x_{1,j}^0,x_{1,j}^1)$ 这两个随机密钥中的某一个. 而这些混淆密钥值都是由电路构造方随机选取的, 因此敌手能猜出另一个随机密钥的概率是可忽略的. 鉴于此, 接下来的证明将不考虑这一事件, 并在此基础上证明理想分布和现实分布是计算不可区分的.

观察上述模拟过程可以看到, 敌手 $\mathcal{A}$ 的视图在模拟和现实执行中的区别为对于 $j\notin\mathcal{J}$ 时混淆电路 $\mathrm{GC}_j$ 的构造. 在模拟过程中, 这些假的混淆电路 $\widetilde{\mathrm{GC}}_j$ 始终输出 $z$ (从计算函数 $f$ 的可信第三方处得到), 而在真实协议执行过程中, 它们是真实计算 $f(x,y)$ 的混淆电路 $\mathrm{GC}_j$. 因此, 根据第 6 章对于假电路的描述, 只要在现实协议中敌手 $\mathcal{A}$ 接收到 $P_1$ 输入线上关于 $x$ 的混淆密钥值, 以及 $P_2$ 输入线上关于 $y$ 的混淆密钥值, 其中 $z=f(x,y)$, 则可以推导出它与真实协议中的真实混淆电路是计算不可区分的, 其不可区分性可以归约到用于生成混淆电路的对称加密方案是 CPA 安全性和 DDH 困难性上. 对于 $y$, 模拟器 $\mathcal{S}$ 将其设置为 $y=\sigma_1\cdots\sigma_n$, 而这正是敌手 $\mathcal{A}$ 在 CCOT 协议中的输入, 因此保证了他从 CCOT 协议中接收到的混淆密钥值确实是与 $y$ 对应的. 而对于 $x$ 则存在一些问题, 原因是敌手 $\mathcal{A}$ 接收到的 $g^{a_i^0},g^{a_i^1},g^{r_j}$ 可以确定 $P_1$ 输入线上的所有混淆密钥值. 因此, 对于每一个假电路 $\widetilde{\mathrm{GC}}_j(j\notin\mathcal{J})$, 模拟器 $\mathcal{S}$ 在第 9 步模拟发送与 $P_1$ 输入相关的混淆密钥时, 直接使用与 0 值对应的所有密钥 $k_{i,j}=g^{a_i^0\cdot r_j}$, 其他密钥则随机选取, 假设 DDH 困难, 这对

敌手是不可区分的. 最后需要说明的是, 在每个计算电路中对于 $P_2$ 的输入线, 敌手 $\mathcal{A}$ 得到的混淆值是与同一个输入比特对应的, 这一点可以根据批量单一选择 CCOT 协议的安全性得以保证.

至此, 我们完成对定理 7.2 的证明. ■

## 参 考 文 献


[GKP98] Graham R L, Knuth D E, Patashnik O. Concrete Mathematics: A Foundation for Computer Science. 2nd ed. Boston: Addison-Wesley Longman, 1998.

[GMW87] Goldreich O, Micali S, Wigderson A. How to play any mental game, or a completeness theorem for protocols with honest majority. Proceedings of the 19th Annual ACM Symposium on Theory of Computing(STOC'87). New York : ACM Press, 1987 : 218-229.

[HL10] Hazay C, Lindell Y. Efficient Secure Two-Party Protocols: Techniques and Constructions. Berlin : Springer, 2010.

[LP07] Lindell Y, Pinkas B. An efficient protocol for secure two-party computation in the presence of malicious adversaries. Advances in Cryptology-EUROCRYPT 2007, LNCS 4515. Berlin: Springer, 2007: 52-78.

[LP11] Lindell Y, Pinkas B. Secure two-party computation via cut-and-choose oblivious transfer. Theory of Cryptography-TCC 2011, LNCS 6597. Berlin: Springer, 2011: 329-346.

[Lin13] Lindell Y. Fast cut-and-choose based protocols for malicious and covert adversaries. Advances in Cryptology-CRYPTO 2013. Berlin: Springer, 2013: 1-17.

[MNPS04] Malkhi D, Nisan N, Pinkas B, et al. Fairplay: A secure two-party computation system. Proceedings of the 13th Conference on USENIX Security Symposium. Berkeley: USENIX Association, 2004 : 287-302.

# 第 8 章　基于 Beaver 三元组的实用性协议

前面第 5 章介绍了两个针对算术电路设计的基于秘密共享的基础性安全多方计算协议，一个是 GMW 协议，另一个是 BGW 协议.

GMW 协议的工作给出了一个基于$(n, n)$异或秘密共享、定义在逻辑电路上的安全多方计算协议. 由于比特加法对应于逻辑异或运算，比特乘法对应于逻辑与运算，因此该协议也是一个定义在二元域 $\mathbb{F}_2$ 上算术电路的安全多方计算协议. GMW 协议只解决了比特加法门与比特乘法门的计算问题，而对于大数运算的算术电路，要先转化为二进制电路，再按位进行加法和乘法运算，并且在处理每个比特乘法门时，需要用到 OT 协议，效率较低.

BGW 协议利用了 Shamir $(t, n)$秘密共享方案，实现了素数域 $\mathbb{Z}_p$ 上算术电路的计算，但由于 Shamir 秘密共享方案基于拉格朗日插值完成，在计算乘法门时，需要大量模乘、模求逆运算，并且参与方之间要进行大量交互，计算和通信效率低.

1991 年, Beaver 针对 $\mathbb{Z}_p$ 上的算术电路，提出了一个基于$(n, n)$加法秘密共享的安全多方计算协议[Bea91]. 该协议利用了一种称为 Beaver 三元组的辅助数据，使参与方直接完成 $\mathbb{Z}_p$ 上的乘法门计算，无须使用 OT 协议. 更进一步地，尽管 Beaver 三元组的生成仍需要大量的公钥运算，但由于 Beaver 三元组是由完全随机的元素构造的，与协议计算的实际输入没有任何关系，所以 Beaver 三元组的生成完全独立于协议的执行. 协议的参与方可以利用线下时间，提前计算好大量的 Beaver 三元组，而在线上的协议计算过程中直接使用提前准备好的 Beaver 三元组，高效地完成乘法门的计算. 这一方法将大量的计算及交互转移到线下进行，而线上计算则仅需少量的计算和交互. 这种利用预计算实现线下/线上计算转换的思想，极大地提升了协议的线上执行效率.

最初 Beaver 提出的安全多方计算协议是半诚实敌手模型下安全的，后续的研究者通过构造认证秘密共享，将其转化为恶意敌手下安全的高效协议，如 BDOZ 协议[BDOZ11]、SPDZ 协议[SPDZ12]等.

本章中描述的 Beaver 协议、BDOZ 协议及 SPDZ 协议，可以在任意有限域 $\mathbb{F}$ 上实现. 由于 $\mathbb{Z}_p$ 是一个最典型、最熟悉的有限域，为了描述直观和方便，我们将在 $\mathbb{Z}_p$ 上给出上述方案的具体描述，且对 $\mathbb{Z}_p$ 中的运算(包括加、乘、求逆等)除非必要将省略“mod $p$”符号.

# 8.1 半诚实敌手模型下安全的 Beaver 安全多方计算协议

### 8.1.1 Beaver 三元组

假设现在有随机数 $a,b \in_R \mathbb{Z}_p$，并由此确定 $c = a \times b$，现在利用 $(n,n)$ 加法秘密共享方案将 $a,b,c$ 分享给参与方 $P_1,P_2,\cdots,P_n$，即对 $i=1,\cdots,n$，将满足以下等式的三元组 $(a_i,b_i,c_i)$ 分别分享给参与方 $P_i$.

$$a = a_1 + a_2 + \cdots + a_i + \cdots + a_n$$
$$b = b_1 + b_2 + \cdots + b_i + \cdots + b_n$$
$$c = c_1 + c_2 + \cdots + c_i + \cdots + c_n$$

各参与方持有的 $(a_i,b_i,c_i)$ 被称为 Beaver 三元组(Beaver triple)，或乘法三元组，如图 8.1 所示. 注意到，持有 Beaver 三元组的参与方只持有 $a,b,c$ 的份额，并不知道 $a,b,c$.

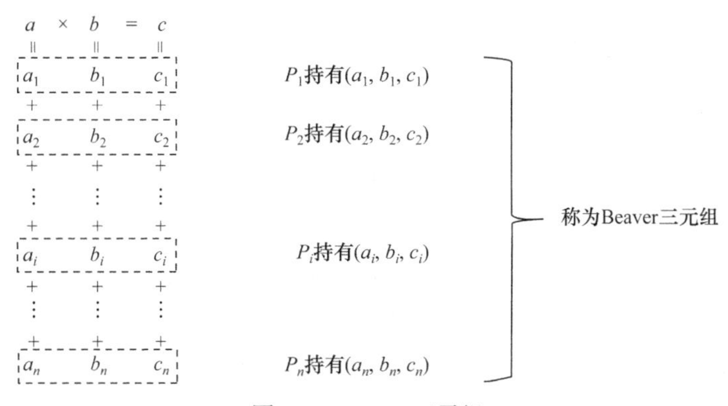


图 8.1 Beaver 三元组

为了符号的简洁，记元素 $a$ 的秘密共享份额集合为 $[a]$,

$$[a] = \{[a]_1,[a]_2,\cdots,[a]_n\}$$

其中，$[a]_i$ 为参与方 $P_i$ 持有的份额. 这是一个常用的一般性的记号，在加法秘密共享的情况下，有

$$[a]_1 + [a]_2 + \cdots + [a]_n = a$$

特别注意，符号 $[a]$ 也表示 $a$ 以份额形式存在于参与方 $P_1,P_2,\cdots,P_n$ 之中. 对应于该简写符号, Beaver 三元组可以简记为 $[a]\times[b]=[c]$.

### 8.1.2 Beaver 三元组的生成

有多种不同的方法可以生成 Beaver 三元组.

1. 利用可信第三方辅助生成 Beaver 三元组方法

Beaver 三元组本质上是将满足 $a\times b=c$ 的一个随机三元组 $(a,b,c)\in\mathbb{Z}_p^3$ 按照 $(n,n)$ 加法秘密共享的方式分享于 $n$ 个参与方 $P_1,\cdots,P_n$ 之中, 在有可信第三方 $T$ 的情况下, $T$ 可以充当秘密共享方案中的秘密分发者. 那么, Beaver 三元组的生成过程比较简单, 就是一个 $(n,n)$ 加法秘密共享的过程.

具体来说, 协议执行过程如下:

---

**协议 8.1** (可信方辅助的 Beaver 三元组生成协议)

**输入**: 参与方 $P_1,\cdots,P_n$ 输入⊥.

**输出**: 对 $i=1,2,\cdots,n,P_i$ 的输出为 $a_i,b_i,c_i$, 满足

$$c_1+\cdots+c_n=(a_1+\cdots+a_n)\times(b_1+\cdots+b_n)$$

**协议过程**:

可信方 $T$ 执行:

1. 随机选择 $a,b\in_R\mathbb{Z}_p$, 计算 $c=a\times b$.

2. 随机选取

$$a_2,a_3,\ldots,a_n\in_R Z_p,\quad 计算\ a_1=a-(a_2+\cdots+a_n)$$
$$b_2,b_3,\ldots,b_n\in_R Z_p,\quad 计算\ b_1=b-(b_2+\cdots+b_n)$$
$$c_2,c_3,\ldots,c_n\in_R Z_p,\quad 计算\ c_1=c-(c_2+\cdots+c_n)$$

3. 对 $i=1,2,\cdots,n$, $T$ 将 $a_i,b_i,c_i$ 通过安全信道秘密发送给参与方 $P_i$.

---

由于该协议存在可信第三方 $T$ 及安全信道, 并且参与方仅接收信息, 并不发送信息, 其恶意行为仅限于提前退出协议. 因此, 该现实协议的运行同恶意敌手模型下理想世界协议执行完全一致, 是恶意敌手模型下安全的.

基于可信方的 Beaver 三元组生成非常高效, 并且具备了恶意敌手模型下的安全性. 在实际应用中, 往往利用一些可信的云服务器辅助, 为参与方生成 Beaver 三元组. 但是在更多的安全多方计算场景下, 并不能找到一个可以被所有参与方信任的第三方, 此时, 就需要各个参与方分布式地生成 Beaver 三元组.

注意到, Beaver 三元组中分享的随机三元组 $(a,b,c)$, 要满足 $a\times b=c$, 其中只有两个元素是随机的, 而第三个元素由其他两个随机元素唯一确定. 通常为了计算简便, 取 $a,b$ 是随机的, $c$ 是被计算出来的.

先随机选取 $a\in_R\mathbb{Z}_p$, 然后将 $a$ 分割为 $a_1,\cdots,a_n$, 并分享给参与方 $P_1,\cdots,P_n$ (各参与方不知道 $a$), 在随机性上与各参与方 $P_1,\cdots,P_n$ 随机选取自己的秘密份额

$a_1,\cdots,a_n$ 效果完全相同, 但此时各参与方隐式分享了一个随机数 $a=a_1+\cdots+a_n$, 其中 $a$ 没有被任何一方知道.

对于三元组 $(a,b,c)$ 来说, $P_1,\cdots,P_n$ 可以随机选取 $(a_1,b_1),\cdots,(a_n,b_n)$, 完成对 $a,b$ 的隐式分享. 因此, 问题转化为持有 $a,b$ 的秘密份额 $(a_1,b_1),\cdots,(a_n,b_n)$ 的 $n$ 个参与方 $P_1,\cdots,P_n$, 如何分布式地生成满足

$$c=a\times b=(a_1+\cdots+a_n)(b_1+\cdots+b_n)$$

的秘密份额 $c_1,\cdots,c_n$, 使得 $c=c_1+\cdots+c_n$, 具体功能函数如下:

---

**分布式生成 Beaver 三元组功能函数**

**输入**: 对 $i=1,2,\cdots,n,P_i$ 输入 $a_i,b_i$.

**输出**: 对 $i=1,2,\cdots,n,P_i$ 输出 $c_i$, 满足

$$c_1+\cdots+c_n=(a_1+\cdots+a_n)(b_1+\cdots+b_n)$$

---

注意到, 该功能函数与基于$(n, n)$加法秘密共享的乘法门电路功能一致, 只是安全多方计算协议中参与方持有的是真实输入的秘密份额, 而此处各参与方持有的是一个随机数的秘密份额. 因此分布式生成 Beaver 三元组仍是一个安全多方计算乘法门的协议, 并没有减少协议计算量. 但是, 由于分布式生成 Beaver 三元组与安全多方计算任务的真实输入无关, 可以利用线下空闲时间提前计算. 后面可以看到, 使用预计算可以将安全多方计算绝大多数的线上计算和交互工作转移到线下, 极大提升线上工作的效率.

下面分别给出基于同态加密技术和基于 OT 技术实现分布式生成 Beaver 三元组功能函数的协议.

2. 基于同态加密的分布式生成 Beaver 三元组方法

文献[PBS12]使用同态加密方案, 如 Paillier 加密[Paillier99]和 DGK 加密[DGK08], 构造了乘法门的多方计算协议, 这个协议用到的这两种加密方案具有加法同态和常量乘法同态的性质. 由于分布式 Beaver 三元组的生成, 本质上也是一个多方乘法门的计算, 因此该协议可以用于分布式生成 Beaver 三元组. 为了描述简单, 我们给出一个两方 Beaver 三元组生成协议, 该协议可以扩展到 $n$ 方的场景.

$P_1$ 自己随机选择 $a_1$ 和 $b_1,P_2$ 自己随机选择 $a_2$ 和 $b_2$, 则两方分布式完成了随机数 $a,b$ 的加法分享, 其中 $a=a_1+a_2,b=b_1+b_2$. 两方要共同计算 $c=a\times b$, 使参与方 $P_1$ 和 $P_2$ 能够分别得到 $c_1$ 和 $c_2$ 的值, 满足 $c=c_1+c_2$. 具体乘法门协议如下:

**协议 8.2** (基于 Pailliar 同态加密的两方乘法门协议)

**输入**: $P_1$ 输入 $a_1,b_1$, Pailliar 加密方案密钥对 $(\mathrm{pk}_1,\mathrm{sk}_1)$; $P_2$ 输入 $a_2,b_2$.

**输出**: $P_1$ 输出 $c_1$, $P_2$ 输出 $c_2$, 使得 $c_1+c_2=(a_1+a_2)(b_1+b_2)$.

**协议过程**:

1. $P_1$ 向 $P_2$ 发送 $E_{\mathrm{pk}_1}(a_1),E_{\mathrm{pk}_1}(b_1)$.
2. $P_2$ 选择随机数 $r$, 计算 $c_2=a_2\cdot b_2-r$, 向 $P_1$ 发送
$$E_{\mathrm{pk}_1}(v)=E_{\mathrm{pk}_1}(a_1\cdot b_2+b_1\cdot a_2+r)$$
3. $P_1$ 解密 $v=D_{\mathrm{sk}_1}(E_{\mathrm{pk}_1}(v))$, 计算 $c_1=a_1\cdot b_1+v$.

在协议 8.2 的第 2 步中, 参与方 $P_2$ 利用了 Pailliar 加密的同态性质, 完成 $E_{\mathrm{pk}_1}(a_1\cdot b_2+b_1\cdot a_2+r)$ 的计算. $P_2$ 从 $P_1$ 接收到 $a_1$ 的密文 $E_{\mathrm{pk}_1}(a_1)$,$b_2$ 是 $P_2$ 自身持有的秘密份额, 参照 3.4.2 节 Pailliar 加密方案的描述, $P_2$ 可以通过计算 $(E_{\mathrm{pk}_1}(a_1))^{b_2}$ 得到 $a_1\cdot b_2$ 的密文 $E_{\mathrm{pk}_1}(a_1\cdot b_2)$. 同理, $P_2$ 可以通过计算 $(E_{\mathrm{pk}_1}(b_1))^{a_2}$ 得到 $b_1\cdot a_2$ 的密文 $E_{\mathrm{pk}_1}(b_1\cdot a_2)$. $r$ 是 $P_2$ 选择的随机数, 因此 $P_2$ 可以计算 $r$ 的密文 $E_{\mathrm{pk}_1}(r)$. 最终, 可以通过计算

$$E_{\mathrm{pk}_1}(a_1\cdot b_2)\cdot E_{\mathrm{pk}_1}(b_1\cdot a_2)\cdot E_{\mathrm{pk}_1}(r)$$

得到 $a_1\cdot b_2+b_1\cdot a_2+r$ 的密文 $E_{\mathrm{pk}_1}(a_1\cdot b_2+b_1\cdot a_2+r)$.

对于协议 8.2 的正确性, 观察到:

$P_1$ 的输出为 $c_1=a_1\cdot b_1+v=a_1\cdot b_1+a_1\cdot b_2+b_1\cdot a_2+r$

$P_2$ 的输出为 $c_2=a_2\cdot b_2-r$

则

$$\begin{aligned}c_1+c_2&=a_1\cdot b_1+a_1\cdot b_2+b_1\cdot a_2+r+a_2\cdot b_2-r\\&=(a_1+a_2)\cdot(b_1+b_2)\\&=a\cdot b=c\end{aligned}$$

因此协议的正确性得证.

协议 8.2 是半诚实敌手模型下安全的, 其安全性基于 Pailliar 加密方案的选择明文攻击下的不可区分性(也就是语义安全性), 证明可参见文献[PBS12]. 可以通过通用的方法, 如 7.1 节中描述的 GMW 编译器, 将其转化为恶意敌手模型下安全的协议.

协议 8.2 是一个两方协议, 可以容易地转化为一个 $n$ 方协议.

$P_1$ 自己随机选择 $a_1$ 和 $b_1$,

…

$P_i$ 自己随机选择 $a_i$ 和 $b_i$,

…

$P_j$ 自己随机选择 $a_j$ 和 $b_j$,

…

$P_n$ 自己随机选择 $a_n$ 和 $b_n$.

则 $n$ 方分布式产生了随机数 $a,b$ 的加法分享, 其中

$$a = a_1 + \cdots + a_i + \cdots + a_j \cdots + a_n$$

$$b = b_1 + \cdots + b_i + \cdots + b_j \cdots + b_n$$

$P_1,\cdots,P_n$ 要共同计算 $c = a \times b$ 的乘法门协议, 使参与方 $P_1,\cdots,P_n$ 能够分别得到 $c_1,\cdots,c_n$ 的值, 使得 $c = c_1 + \cdots + c_n$. 观察

$$\begin{aligned} c &= a \times b \\ &= (a_1 + \cdots + a_i + \cdots + a_j + \cdots + a_n) \times (b_1 + \cdots + b_i + \cdots + b_j + \cdots + b_n) \\ &= a_1 \cdot b_1 + \cdots + a_1 \cdot b_i + \cdots + a_1 \cdot b_j + \cdots + a_1 \cdot b_n + \cdots \\ &\quad + a_i \cdot b_1 + \cdots + a_i \cdot b_i + \cdots + a_i \cdot b_j + \cdots + a_i \cdot b_n + \cdots \\ &\quad + a_j \cdot b_1 + \cdots + a_j \cdot b_i + \cdots + a_j \cdot b_j + \cdots + a_j \cdot b_n + \cdots \\ &\quad + a_n \cdot b_1 + \cdots + a_n \cdot b_i + \cdots + a_n \cdot b_j + \cdots + a_n \cdot b_n \end{aligned} \tag{8.1}$$

注意到 $c$ 是 $n^2$ 个项的和, 其中对角线元素 $a_1b_1,\cdots,a_nb_n$ 可以由各个参与方本地计算, 但是其他所有交叉项都涉及两个不同参与方的输入份额.

在两方乘法门协议 8.2 中, $P_1$ 的输出为

$$c_1 = a_1 \cdot b_1 + a_1 \cdot b_2 + b_1 \cdot a_2 + r$$

$P_2$ 的输出为

$$c_2 = a_2 \cdot b_2 - r$$

鉴于 $P_1$ 本身可以计算 $a_1 \cdot b_1$, 因此 $P_1$ 可以得到

$$c_1' = c_1 - a_1 \cdot b_1 = a_1 \cdot b_2 + b_1 \cdot a_2 + r$$

同理 $P_2$ 可以得到

$$c_2' = c_2 - a_2 \cdot b_2 = -r$$

因此, $c_1'$ 与 $c_2'$ 就是交叉项 $a_1 \cdot b_2 + b_1 \cdot a_2$ 在 $P_1$ 与 $P_2$ 间的秘密共享.

基于上述结论, 在 $n$ 方乘法门协议中处理涉及参与方 $P_i$ 与 $P_j$ 的交叉项

$a_i \cdot b_j + a_j \cdot b_i$ 时，$P_i$ 以 $a_i, b_i$ 为输入，$P_j$ 以 $a_j, b_j$ 为输入，双方共同执行协议 8.2. 然后 $P_i$ 将自己在协议的输出减去 $a_i \cdot b_i$，$P_j$ 将自己在协议的输出减去 $a_j \cdot b_j$，就各自得到 $a_i \cdot b_j + a_j \cdot b_i$ 的两方秘密共享份额.

在参与方两两之间完成交叉项的两方分享之后，每个参与方 $P_i$ 将所有的两方份额与自己计算的 $a_i \cdot b_i$ 相加，就得到自己在 $n$ 方乘法门的秘密份额.

3. 基于 OT 生成 Beaver 三元组方法

Gilboa[Gilboa99]首先在门限 RSA 密码算法的背景下，给出了使用 OT 协议安全两方计算乘积份额的方法，之后 Demmler 等[DSZ15]在 ABY 框架中将这一方法用于产生两方的 Beaver 三元组.

同之前一样，$P_1$ 与 $P_2$ 要生成 Beaver 三元组，$P_1$ 自己随机选择 $a_1$ 和 $b_1$，$P_2$ 自己随机选择 $a_2$ 和 $b_2$，则两方分布式完成了随机数 $a, b$ 的加法分享，其中 $a = a_1 + a_2, b = b_1 + b_2$. 两方要共同计算 $c = a \times b$ 的乘法门协议，使参与方 $P_1$ 和 $P_2$ 能够分别得到 $c_1$ 和 $c_2$ 的值，满足 $c = c_1 + c_2$.

观察

$$c = a \times b = (a_1 + a_2) \times (b_1 + b_2) = a_1 \cdot b_1 + a_1 \cdot b_2 + a_2 \cdot b_1 + a_2 \cdot b_2$$

其中，$P_1$ 可以本地计算 $a_1 \cdot b_1$，$P_2$ 可以本地计算 $a_2 \cdot b_2$，那么只需要依次将 $a_1 \cdot b_2$ 与 $a_2 \cdot b_1$ 分享于 $P_1$ 与 $P_2$ 即可. 因此问题可以抽象为 $P_1$ 持有输入 $x$，$P_2$ 持有输入 $y$，双方共同计算 $x$ 与 $y$ 乘积分享的协议，最终 $P_1$ 输出 $d_1$，$P_2$ 输出 $d_2$，使 $d_1 + d_2 = x \times y$.

设 $x$ 和 $y$ 都是 $\rho$ 比特的二进制数(位数不足的在高位补 0)，其二进制形式分别为 $x = x_{\rho-1} x_{\rho-2} \cdots x_0, y = y_{\rho-1} y_{\rho-2} \cdots y_0$，Gilboa[Gilboa99]基于 OT 的两方乘积分享协议构造如下:

---

**协议 8.3** (Gilboa 两方乘积分享协议)

**输入**: $P_1$ 输入 $\rho$ 比特的二进制数 $x = x_{\rho-1} x_{\rho-2} \ldots x_0$；$P_2$ 输入 $\rho$ 比特的二进制数

$$y = y_{\rho-1} y_{\rho-2} \ldots y_0$$

**输出**: $P_1$ 输出 $d_1$，$P_2$ 输出 $d_2$，使得 $d_1 + d_2 = x \times y$.

**协议过程**:

1. 对 $i = 0, \cdots, \rho - 1$，

(1) $P_2$ 选择一个随机数 $s_i^0$，计算 $s_i^1 = 2^i \times y + s_i^0$.

(2) $P_2$ 以 $(s_i^0, s_i^1)$ 为输入，$P_1$ 以 $x_i$ 为输入，双方执行一次 $\mathrm{OT}_2^1$ 协议，$P_1$ 得到 $s_i^{x_i}$.

---

2. $P_1$输出 $d_1=\sum_{i=0}^{\rho-1}s_i^{x_i}$, $P_2$ 输出 $d_2=-\sum_{i=0}^{\rho-1}s_i^0$ .

在协议 8.3 中, 当 $P_1$ 输入 $x$ 的第 $i$ 个比特 $x_i=0$ 时, 他在 $\mathrm{OT}_2^1$ 执行后得到输出 $s_i^0$, 可以记为

$$s_i^{x_i}=s_i^0=0\times 2^i\times y+s_i^0=x_i\times 2^i\times y+s_i^0$$

当 $P_1$ 输入 $x$ 的第 $i$ 个比特 $x_i=1$ 时, 他在 $\mathrm{OT}_2^1$ 执行后得到输出 $s_i^1$, 可以记为

$$s_i^{x_i}=s_i^1=1\times 2^i\times y+s_i^0=x_i\times 2^i\times y+s_i^0$$

因此, $P_1$ 在 $\mathrm{OT}_2^1$ 中得到的输出可以统一记为

$$s_i^{x_i}=x_i\times 2^i\times y+s_i^0$$

由

$$\begin{aligned}d_1+d_2&=\sum_{i=0}^{\rho-1}s_i^{x_i}-\sum_{i=0}^{\rho-1}s_i^0\\&=\sum_{i=0}^{\rho-1}[x_i\times(2^i\times y)+s_i^0]-\sum_{i=0}^{\rho-1}s_i^0\\&=y\times\sum_{i=0}^{\rho-1}x_i\times 2^i=x\times y\end{aligned}$$

可以看出协议正确性成立.

协议 8.3 是在半诚实敌手模型下安全的, 并且其安全性还取决于所使用 OT 协议的安全性.

协议 8.3 是一个两方协议, 也可以将其扩展为一个 $n$ 方协议, 其原理同上一节类似. 对于等式(8.1), 其对角线元素 $a_1b_1,\cdots,a_nb_n$ 可以由各个参与方本地计算, 对其他所有交叉项 $a_ib_j$, 都可以通过协议 8.3 将其分享于参与方 $P_i$ 与 $P_j$. 在参与方两两之间完成交叉项的两方分享之后, 每个参与方 $P_i$ 将所有的两方份额与自己计算的 $a_i\cdot b_i$ 相加, 就得到自己在 $n$ 方乘法门的秘密份额.

无论是基于同态加密, 还是基于 OT 协议实现 $n$ 方分布式生成 Beaver 三元组, 都需要任意两个参与方之间的交互来完成交叉项的计算. 在计算每一个交叉项时, 无论是协议 8.2 中使用的同态加密方案, 还是协议 8.3 中使用的 $\mathrm{OT}_2^1$ 方案, 都是基于公钥密码技术实现, 因此分布式生成 Beaver 三元组需要大量公钥运算, 效率低. 但是由于 OT 扩展(oblivious transfer extension, OTe)技术的出现, 可以通过少量基础 OT 协议来达到大量 OT 协议执行的效果. 因此借助 OT 扩展技术, 基于 OT 协议实现 $n$ 方分布式生成 Beaver 三元组协议效率远远优于基于同态加密实现

的效率. OT 扩展技术将在第 9 章介绍.

### 8.1.3　半诚实敌手模型下 Beaver 安全多方计算协议

本节将要介绍半诚实敌手模型下 Beaver 安全多方计算协议. 对于要计算的功能函数, 首先构造与之等价的算术电路, 由算术电路的完备性, 一个电路可以只由加法门和乘法门构成. 图 8.2 给出了算术电路的示意图, 最底下的一层电路门是输入门, 每个输入电路门有两条输入线, 所有输入线构成了整个电路的输入线.

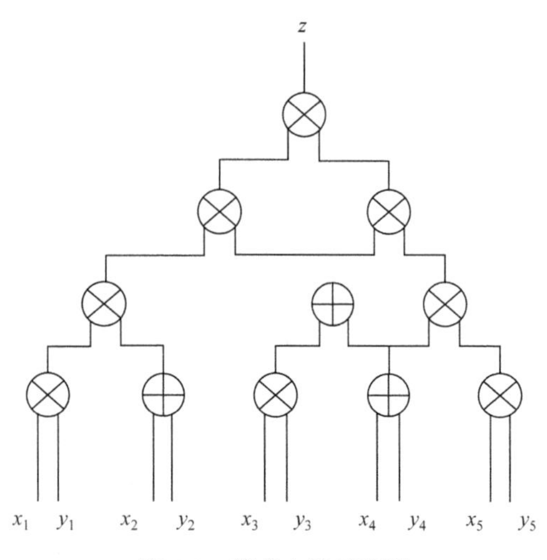


图 8.2　算术电路示意图

假设参与方 $P_1,\cdots,P_n$ 按照 8.1.2 节的方法, 已经预计算了足够多的 Beaver 三元组. 那么, 一个 Beaver 安全多方计算协议由以下三个阶段组成.

第一阶段: 算术电路输入的分享阶段;

第二阶段: $P_1,\cdots,P_n$ 利用秘密份额完成电路计算阶段, 主要是加法门和乘法门的计算;

第三阶段: 输出重构阶段.

下面分别介绍这三个阶段.

1. 输入分享阶段

在该阶段, 对每一条输入线, 其输入持有者 $D$, 按照$(n, n)$加法秘密共享方案的秘密共享过程, 将本输入线对应的输入值 $s$ 分享给各参与方. 具体来说, $D$ 随机选取 $s_2,s_3,\cdots,s_n \in_R Z_p$, 计算 $s_1 = s-(s_2+\cdots+s_n)$, 对 $i=1,2,\cdots,n,D$ 将 $s_i$ 通过安全信道秘密发送给参与方 $P_i$.

2. 电路计算阶段

(1) 加法门计算.

一个加法门的两个输入是$x,y$，输出是$z=x+y$. 对于各个参与方来说，$P_1$持有$x_1,y_1,\cdots,P_i$持有$x_i,y_i,\cdots,P_n$持有$x_n,y_n$，满足

$$x_1+\cdots+x_i+\cdots+x_n=x$$

$$y_1+\cdots+y_i+\cdots+y_n=y$$

要求电路门的输出$z$也以份额的形式分享在$n$个参与方中，即$P_1$的输出为$z_1,\cdots,P_i$的输出为$z_i,\cdots,P_n$的输出为$z_n$，满足

$$z_1+\cdots+z_i+\cdots+z_n=z=x+y$$

该功能函数的实现协议较为简单，每个参与方本地将自己的输入份额相加就得到输出份额，具体协议如下:

---

**协议 8.4** (Beaver 加法门计算协议)

**输入**: 对$i=1,\cdots,n$，$P_i$输入$x_i,y_i$.

**输出**: 对$i=1,\cdots,n$，$P_i$输出$z_i$，满足

$$z_1+\cdots+z_i+\cdots+z_n=z=x+y$$

**协议过程**: 对 $i=1,\cdots,n$，$P_i$本地计算$z_i=x_i+y_i$.

---

协议 8.4 的正确性是显然的，图 8.3 描述了 Beaver 加法门的实现方法及协议正确性的原理.

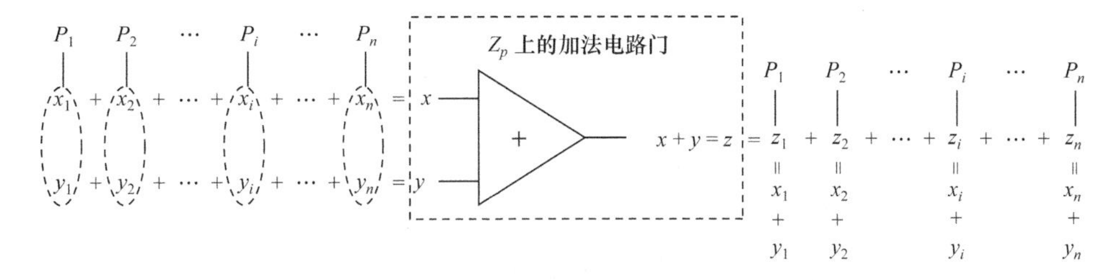


图 8.3 Beaver 加法门计算示意图

(2) 乘法门计算.

一个乘法门的两个输入是$x,y$，输出是$z=x\times y$.

对于各个参与方来说，$P_1$持有$x_1,y_1,\cdots,P_i$持有$x_i,y_i,\cdots,P_n$持有$x_n,y_n$，满足

$$x_1+\cdots+x_i+\cdots+x_n=x$$

$$y_1+\cdots+y_i+\cdots+y_n=y$$

要求电路门的输出 $z$ 也以份额的形式分享在 $n$ 个参与方中，即 $P_1$ 的输出为 $z_1,\cdots,P_i$ 的输出为 $z_i,\cdots,P_n$ 的输出为 $z_n$，满足

$$z_1+\cdots+z_i+\cdots+z_n=z=x\times y$$

观察如下基于输入份额计算乘法的公式:

$$\begin{aligned}z=x\times y&=(x_1+x_2+\cdots+x_i+\cdots+x_n)\times(y_1+y_2+\cdots+y_j+\cdots+y_n)\\&=x_1y_1+x_1y_2+\cdots+x_1y_j+\cdots+x_1y_n\\&\quad+x_2y_1+x_2y_2+\cdots+x_2y_j+\cdots+x_2y_n+\cdots\\&\quad+x_iy_1+x_iy_2+\cdots+x_iy_j+\cdots+x_iy_n+\cdots\\&\quad+x_ny_1+x_ny_2+\cdots+x_ny_j+\cdots+x_ny_n\end{aligned}$$

同样地，$z$ 是 $n^2$ 个项的和，其中对角线元素 $x_1y_1,\cdots,x_iy_i,\cdots,x_ny_n$ 可以由各个参与方本地计算，但是其他所有交叉项都涉及两个不同参与方的输入份额，这些项的计算需要两方合作完成. 按照 8.1.2 节中描述的方法，这些交叉项要么使用同态加密，要么使用 OT 协议，导致了大量的计算和交互.

如果参与方持有 Beaver 三元组 $[a]\times[b]=[c]$ 作为辅助输入，则乘法门的线上计算将大大简化.

如图 8.4 所示，我们有

$$\begin{aligned}z=x\times y&=a\times b-(a-x)\times b-a\times(b-y)+(a-x)\times(b-y)\\&=c+(x-a)\times b+a\times(y-b)+(x-a)\times(y-b)\end{aligned}$$

这样，需要计算的 $z=x\times y$，本质上就变成了计算 $c,(x-a)\times b,a\times(y-b),(x-a)\times(y-b)$ 这四部分的和，对这四部分进行 $n$ 方的分享，即每部分都表示成 $n$ 项和，就可实现对 $z$ 的分享.

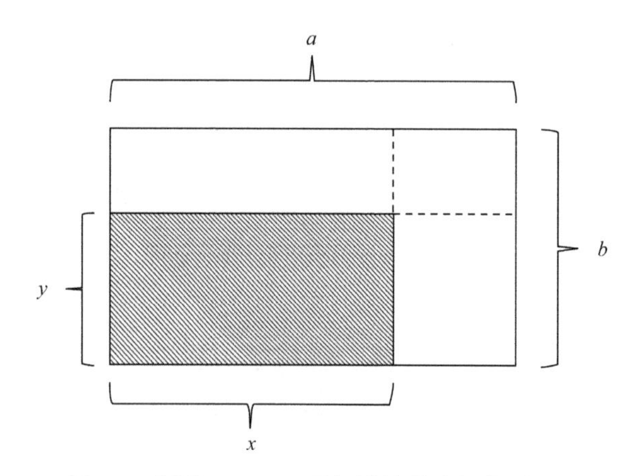


图 8.4　利用 Beaver 三元组计算乘法门的原理图

由 Beaver 三元组的性质可知 $c = c_1 + \cdots + c_n$，因此 $c$ 已经完成在参与方之间的分享. 对于 $(x-a) \times b$，将 $(x-a)$ 看成常数 $\alpha, \alpha = x - a$，其中 $x$ 为真实输入，$a$ 为 Beaver 三元组中的随机数，可以将 $\alpha$ 看作 $x$ 的一次一密的密文，而 $a$ 是一次一密的密钥. 由 Beaver 三元组的生成方式，$a$ 对所有参与方都是保密的，因此公开 $\alpha$ 也不会泄露输入 $x$ 的任何信息，并且 $b = b_1 + \cdots + b_n$ 已经分成 $n$ 份，那么

$$(x-a) \times b = \alpha(b_1 + \cdots + b_n) = \alpha b_1 + \cdots + \alpha b_n$$

也完成了在 $n$ 方的分享. 同理，对于 $a \times (y-b)$，将 $(y-b)$ 看成可公开的常数 $\beta$，即可完成对 $a \times (y-b)$ 的分享. 在 $\alpha, \beta$ 都已经公开的情况下，最后一项 $(x-a) \times (y-b) = \alpha\beta$ 就是公开的，我们把这一项分给 $P_1$，作为 $P_1$ 份额的一部分. 利用 Beaver 三元组实现乘法门过程及原理如图 8.5 所示.

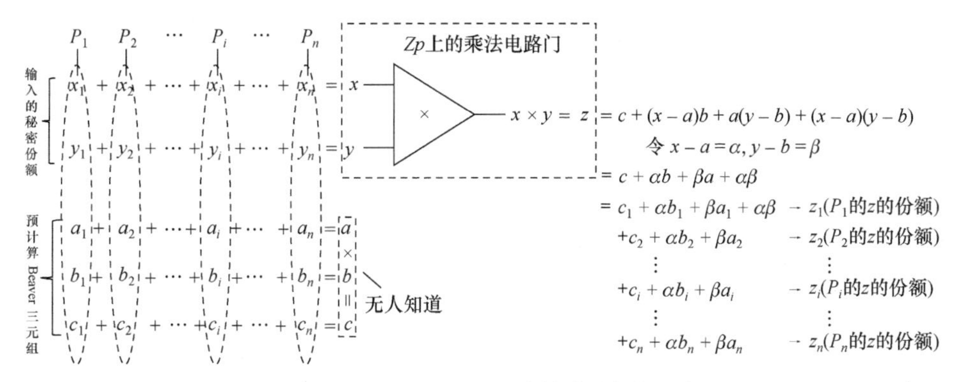


图 8.5 利用 Beaver 三元组计算乘法门的示意图

下面我们看如何公开 $\alpha = x - a$ 以及 $\beta = y - b$. 注意到各参与方按照

$$x = x_1 + \cdots + x_n, \quad a = a_1 + \cdots + a_n, \quad y = y_1 + \cdots + y_n, \quad b = b_1 + \cdots + b_n$$

的方式持有 $x, a, y, b$ 的秘密份额，因此，问题转化成参与方持有 $x$ 和 $a$ 的份额，计算 $x - a$，以及持有 $y$ 和 $b$ 的份额，计算 $y - b$ 的减法门问题. 减法门的计算与加法门计算完全一致，各参与方 $P_i$ 本地计算 $\alpha_i = x_i - a_i, \beta_i = y_i - b_i$，并将 $\alpha_i, \beta_i$ 发送给其他参与方，然后各参与方本地计算

$$\alpha = \alpha_1 + \cdots + \alpha_n, \quad \beta = \beta_1 + \cdots + \beta_n$$

即可.

由上述分析，基于 Beaver 三元组的乘法门计算协议如下.

---

**协议 8.5** (基于 Beaver 三元组的乘法门计算协议)

**输入**：对 $i = 1, \cdots, n, P_i$ 输入 $x_i, y_i$.

---

**辅助输入**: 对 $i=1,\cdots,n$, $P_i$ 输入 $a_i,b_i,c_i$, 满足

$$(c_1+\cdots+c_n)=(a_1+\cdots+a_n)\times(b_1+\cdots+b_n)$$

**输出**: 对 $i=1,\cdots,n$, $P_i$ 输出 $z_i$, 使得

$$z_1+\cdots+z_n=z=x\times y$$

**协议过程**:

1. 计算公开的 $\alpha,\beta$. 对 $i=1,\cdots,n$,

(1) $P_i$ 本地计算 $\alpha_i=x_i-a_i$, $\beta_i=y_i-b_i$ 并将 $\alpha_i,\beta_i$ 发送给其他参与方.

(2) 完成数据交换后, $P_i$ 本地计算 $\alpha=\alpha_1+\cdots+\alpha_n,\beta=\beta_1+\cdots+\beta_n$.

2. 计算输出的份额:

(1) $P_1$ 计算 $z_1=c_1+\alpha b_1+\beta a_1+\alpha\beta$.

(2) 对 $i=2,\cdots,n$, $P_i$ 本地计算 $z_i=c_i+\alpha b_i+\beta a_i$.

3. 输出重构阶段

各参与方依次完成所有电路门的计算之后, 整个电路输出线上的输出值也按照$(n, n)$加法秘密共享的方式分享于 $n$ 个参与方, 因此各个参与方执行秘密共享方案的秘密重构过程, 就可以重构出电路的输出.

## 8.2　恶意敌手模型下安全的 BDOZ 安全多方计算协议

8.1.3 节讲述的 Beaver 安全多方计算协议是半诚实敌手模型下安全的, 基于该协议, Bendlin 等[BDOZ11]将其改进为一个高效的恶意敌手模型下安全的协议: BDOZ 安全多方计算协议. 该方案首先提出了一个一次消息认证码(message authentication code, MAC)方案, 我们称之 BDOZ MAC 方案, 该方案具备加法同态的性质. 随后, 利用 BDOZ MAC 方案, 将$(n, n)$加法秘密共享方案改造为一个认证秘密共享方案, 称为 BDOZ 认证秘密共享方案. 具体的做法是在每个参与方持有的秘密份额上, 增加所有其他参与方对此份额的消息认证码来进行认证. 最后, 基于 BDOZ 认证秘密共享机制, 改进了 Beaver 安全多方计算协议, 基于输入的份额计算电路的输出, 并基于输入份额的同态消息认证码, 计算电路输出的消息认证码. 如果最终输出值与输出的消息认证码不匹配, 则中间存在恶意敌手攻击的行为. 由于恶意参与方无法伪造合法的消息认证码, 因此无法改变协议运行中的输入, 否则将会因为无法通过 BDOZ MAC 验证而被发现. 这样只要协议中有一个诚实的参与方, 就能使恶意参与方只能按照半诚实参与方的行为来参与协议,

一旦偏离, 恶意行为将会被检测出来.

### 8.2.1 预备知识: MAC 方案及其安全性

Katz 等[KL20]在现代密码学基础一书的 4.2 节中, 给出了 MAC 方案的定义及其计算安全性定义, 也就是(适应性)选择消息攻击下的存在不可伪造性 (existentially unforgeable under an (adaptive) chosen-message attack, EUF-CMA). 我们在此引入该定义, 并进一步给出 MAC 方案的信息论安全性的定义.

**定义 8.1** 一个消息认证码方案或 MAC 方案, 是一个对称密码方案, 由三个算法$(\text{Gen},\text{Mac},\text{Vrfy})$构成. 其中:

Gen 表示密钥生成算法, 是一个概率算法. 输入一个安全参数$1^\lambda$, 确定一个密钥空间$\mathcal{K}$, 使$|\mathcal{K}|\geqslant 2^\lambda$, 输出一个随机选择的$\text{key}\in_R \mathcal{K}$, 记作$\text{key}\leftarrow\text{Gen}(1^\lambda)$.

Mac 表示消息标签生成算法, 可以是确定性算法, 也可以是概率算法. 输入密钥 key 和消息 $m\in\mathcal{M}$, $\mathcal{M}$ 是消息空间, 输出消息标签 $\text{tag}\in\mathcal{T}$, $\mathcal{T}$ 是消息标签空间, 记作 $\text{tag}\leftarrow\text{Mac}_{\text{key}}(m)$.

Vrfy 表示消息标签验证算法, 是一个确定性算法. 输入密钥 key 、消息 $m$ 以及消息标签 tag , 输出一个比特 $b$. $b=1$ 表示消息标签合法; $b=0$ 表示消息标签非法. 记作 $b:=\text{Vrfy}_{\text{key}}(m,\text{tag})$. ■

消息认证码方案的正确性: 对任意的安全参数 $\lambda$, $\text{key}\in\mathcal{K}$, $m\in\mathcal{M}$,

$$\text{Vrfy}_{\text{key}}(m,\text{Mac}_{\text{key}}(m))=1$$

恒成立.

对于消息认证码方案的安全性, 敌手按计算能力可以分为无穷计算能力的敌手, 以及概率多项式时间的敌手, 分别对应无条件安全的方案, 以及计算安全的方案. 首先引入计算安全性定义, 也就是选择消息攻击下的存在不可伪造性.

对于概率多项式时间的敌手, 一般赋予敌手(适应性)选择消息攻击的能力, 也就是对于 $\text{Gen}(1^\lambda)$ 生成的密钥 key, 确定一个标签生成谕言机 $\text{Mac}_{\text{key}}(\cdot)$, 敌手可以(适应性)选择一些消息 $(m_1,m_2,\cdots,m_{q(n)})$, 询问 $\text{Mac}_{\text{key}}(\cdot)$ 得到对应的标签 $(\text{tag}_1,\text{tag}_2,\cdots,\text{tag}_{q(n)})$.

对方案的计算安全的目标, 一般采用存在不可伪造性来定义. 我们说一个消息认证码方案是适应性选择消息攻击下存在不可伪造的, 如果对于 $\text{Gen}(1^\lambda)$ 生成的密钥 key, 敌手输出一个签名消息对 $\langle m,\text{tag}\rangle$ 满足以下两条是计算不可行的.

(1) $\text{Vrfy}_{\text{key}}(m,\text{Mac}_{\text{key}}(m))=1$,

(2) $m$ 是"新"的 (敌手 $\mathcal{A}$ 并没有向 $\text{Mac}_{\text{key}}(\cdot)$ 询问 $m$ ).

要给出 MAC 方案的选择消息攻击下存在不可伪造性的计算安全定义, 首先定义一个消息验证码伪造实验 $\text{Mac}-\text{Forge}_{\mathcal{A},\pi}(1^\lambda)$，实验中敌手 $\mathcal{A}$ 具有选择消息攻击的攻击能力，也就是可以访问 $\text{Mac}_{\text{key}}(\cdot)$. 当敌手成功构造一个合法的新的消息-标签对时，实验输出 1.

**定义 8.2** 一个 MAC 方案，如果对任意的概率多项式时间敌手，都能满足

$$\Pr[\text{Mac}-\text{Forge}_{\mathcal{A},\pi}(1^\lambda)=1]\leqslant \text{negl}(\lambda)$$

则该方案达到计算安全的选择消息攻击下存在不可伪造性. ■

下面给出消息认证码方案无条件安全的定义. 对于无穷计算能力的敌手，此时不再赋予敌手选择消息攻击的能力，也就是敌手不具备访问标签生成谕言机 $\text{Mac}_{\text{key}}(\cdot)$ 的能力. 这是因为，在前文的消息验证码伪造实验 $\text{Mac}-\text{Forge}_{\mathcal{A},\pi}(1^\lambda)$ 中，一般由挑战者充当标签生成谕言机 $\text{Mac}_{\text{key}}(\cdot)$，来对敌手的询问做出回答(因为挑战者知道密钥 key，所以可以正确回答敌手的询问). 对于概率多项式时间的敌手来说，持有有限个合法的消息标签对，无法确定完整的 $\text{Mac}_{\text{key}}(\cdot)$. 而对于无穷计算能力的敌手则不然，如果他持有合法的消息标签对，由于其具备无穷计算能力，因此具备穷举未知 $\text{Mac}_{\text{key}}(\cdot)$ 的能力，那么他将穷举结果同自己持有的合法消息标签对比对，将会有很大的概率得到正确的 $\text{Mac}_{\text{key}}(\cdot)$. 特别地，如果消息标签生成算法是一个确定性的算法，那么此时敌手一定可以得到正确的 $\text{Mac}_{\text{key}}(\cdot)$，进一步就可以伪造出合法的新消息标签对. 因此对于消息认证码方案的无条件安全性，我们不再使用伪造实验来定义.

在消息认证码方案中，$\mathcal{M}$ 是消息空间，$\mathcal{T}$ 是消息标签空间，$\mathcal{K}$ 是密钥空间. 令 $M,T,K$ 是随机变量，其取值对应于消息、标签及密钥. 对 $k\in\mathcal{K}$，当密钥生成算法 Gen 生成的密钥 $K=k$ 时，如果对于每一个 $m\in\mathcal{M}$，其消息标签 $t$ 取自消息标签空间中任意值是等可能的，那么即使是无穷计算能力的敌手，在不知道 $k$ 的情况下，对于输出 $m$ 的合法标签没有任何优势. 因此定义消息认证码方案的无条件安全性如下.

**定义 8.3** 一个 MAC 方案，如果对 $k\in\mathcal{K},m\in\mathcal{M},t\in\mathcal{T}$，都能满足

$$\Pr[T=t\mid M=m]=\frac{1}{|\mathcal{T}|}$$

即对于每一个密钥 $k$，消息 $m$，其标签对于标签空间 $\mathcal{T}$ 中的所有元素来说都是等可能的，则该方案达到信息论安全的存在不可伪造性. ■

### 8.2.2 BDOZ 同态 MAC 方案

2011 年，Bendlin 等[BDOZ11]基于信息论安全的一次 MAC 方案，提出一个改进的同态 BDOZ MAC 方案. 基础的一次 MAC 方案构造如下.

**方案 8.1** (一次 MAC 方案)

$\mathrm{Gen}(1^{\lambda})$：选取一个大素数 $p$，使 $|p| \geqslant \lambda$，随机选择 $K,\Delta \in_R \mathbb{Z}_p$，则 $\mathrm{key} = (K,\Delta)$．密钥空间 $\mathcal{K} = \mathbb{Z}_p^2$．

$\mathrm{tag} \leftarrow \mathrm{Mac}_{\mathrm{key}}(m)$：消息空间 $\mathcal{M} = \mathbb{Z}_p$，对 $m \in \mathbb{Z}_p$，计算 $\mathrm{tag} = K + \Delta \cdot m$．

$b := \mathrm{Vrfy}_{\mathrm{key}}(m,\mathrm{tag})$：对 $\mathrm{key} = (K,\Delta)$, $m$, tag，计算 $\mathrm{tag}^* = K + \Delta \cdot m$，若 $\mathrm{tag}^* = \mathrm{tag}$，则输出 1，否则输出 0.

方案 8.1 之所以称为一次 MAC 方案，是因为密钥key只能使用一次，否则将会泄露．如果 $\langle m_1,\mathrm{tag}_1\rangle$ 和 $\langle m_2,\mathrm{tag}_2\rangle$ 是使用同一密钥 $\mathrm{key} = (K,\Delta)$ 对不同的消息 $m_1,m_2$ 产生的两个合法消息标签对，由方程组

$$\begin{cases} \mathrm{tag}_1 = K + \Delta \cdot m_1 \\ \mathrm{tag}_2 = K + \Delta \cdot m_2 \end{cases}$$

即可以解出密钥 $K$ 和 $\Delta$．

由于该方案密钥 $\mathrm{key} = (K,\Delta)$ 是由一对信息构成，并且 key 只能被使用一次，在对一组消息 $m_1,m_2,\cdots,m_k$ 生成标签时，如果将 $\Delta$ 确定为一个长期密钥，保持不变，而生成一组 $K_1,K_2,\cdots,K_t$ 作为一次密钥，使用 $\langle K_i,\Delta\rangle$ 对消息 $m_i$ 生成标签，这样 $\mathrm{key}_i = \langle K_i,\Delta\rangle$ 从整体上仍是一个一次 MAC 密钥.

经过这样处理的 MAC 方案，具备了加法同态的性质，从而也有了常量乘法同态的性质和常量加法同态的性质，我们称此 MAC 方案为同态 BDOZ MAC 方案．下面给出了同态 BDOZ MAC 方案的构造.

**方案 8.2** (同态 BDOZ MAC 方案)

$\mathrm{Gen}(1^{\lambda})$：选取一个大素数 $p$，使 $|p| \geqslant \lambda$，则 $\mathrm{systempara} = \mathbb{Z}_p$．

GenLongtermKey(systempara)：随机选择一个 $\Delta \in_R \mathbb{Z}_p$，输出长期密钥 $\Delta$．

GenOnetimeKey(systempara)：对长期密钥 $\Delta$，随机选择 $K \in_R \mathbb{Z}_p$，输出一次密钥 $K$．

$\mathrm{tag} \leftarrow \mathrm{Mac}_{(K,\Delta)}(m)$：消息空间 $\mathcal{M} = \mathbb{Z}_p$，对长期密钥 $\Delta$、一次密钥 $K$、消息 $m \in \mathbb{Z}_p$，计算

$$\mathrm{tag} = K + \Delta \cdot m$$

$b := \mathrm{Vrfy}_{(K,\Delta)}(m,\mathrm{tag})$：对长期密钥 $\Delta$、一次密钥 $K$、消息 $m \in \mathbb{Z}_p$、消息标

签 tag，计算

$$\text{tag}^* = K + \Delta \cdot m$$

若 $\text{tag}^* = \text{tag}$，则输出 1，否则输出 0.

方案 8.2 所示的同态 BDOZ MAC 方案，具有一系列同态性质.

(1) BDOZ MAC 具有加法同态性.

令 $\text{tag}_1$ 是用密钥 $\text{key}_1 = (K_1, \Delta)$ 对消息 $m_1$ 生成的消息标签，$\text{tag}_2$ 是用密钥 $\text{key}_2 = (K_2, \Delta)$ 对消息 $m_2$ 生成的消息标签，由 BDOZ MAC 方案，

$$\text{tag}_1 = K_1 + \Delta \cdot m_1$$

$$\text{tag}_2 = K_2 + \Delta \cdot m_2$$

则

$$\text{tag}_1 + \text{tag}_2 = K_1 + \Delta \cdot m_1 + K_2 + \Delta \cdot m_2 = (K_1 + K_2) + \Delta(m_1 + m_2) \tag{8.2}$$

由此可见 $\text{tag}_1 + \text{tag}_2$ 是用密钥 $(K_1 + K_2, \Delta) \stackrel{\text{def}}{=} \text{key}_1 + \text{key}_2$ 对消息 $m_1 + m_2$ 生成的消息标签.

由 BDOZ MAC 方案加法的同态性，可以推导出常量乘法同态性质.

(2) BDOZ MAC 具有常量乘法同态性质.

令 tag 是用密钥 $\text{key} = (K, \Delta)$ 对消息 $m$ 生成的消息标签，$a \in \mathbb{Z}_p$ 是任意一个常量，由

$$\text{tag} = K + \Delta \cdot m$$

可以计算

$$a \cdot \text{tag} = a \cdot (K + \Delta \cdot m) = aK + \Delta \cdot am \tag{8.3}$$

则 $a \cdot \text{tag}$ 是用密钥 $(aK, \Delta) \stackrel{\text{def}}{=} a \cdot \text{key}$ 对消息 $am$ 生成的消息标签.

除了上述同态性质之外，BDOZ MAC 方案还有一个常数加法标签的计算公式.

(3) BDOZ MAC 常数加法标签的计算公式.

令 tag 是用密钥 $\text{key} = (K, \Delta)$ 对消息 $m$ 生成的消息标签，$a \in \mathbb{Z}_p$ 是任意一个常量，由

$$\begin{aligned} \text{tag} &= K + \Delta \cdot m \\ &= K + \Delta \cdot m + \Delta \cdot a - \Delta \cdot a \\ &= (K - \Delta \cdot a) + \Delta \cdot (m + a) \end{aligned}$$

则 tag 也是用密钥 $\text{key} = (K - \Delta \cdot a, \Delta)$ 对消息 $m + a$ 生成的消息标签.

在安全性方面, BDOZ 同态 MAC 方案是一个信息论安全的消息认证码方案, 即使是无穷计算能力的敌手, 也无法伪造一个合法的消息标签.

**定理 8.1** 方案 8.2 所述的同态 BDOZ MAC 方案是一个信息论安全的消息认证码方案.

**证明** 要证明方案满足信息论安全, 需要证明方案满足定义 8.3.

方案 8.2 的密钥 $\text{key}=(K,\Delta)\in\mathbb{Z}_p^2$, 其中 $\Delta$ 是长期密钥, $K$ 是一次密钥, 因此密钥空间 $\mathcal{K}=\mathbb{Z}_p^2$, 消息空间 $\mathcal{M}=\mathbb{Z}_p$, 标签空间 $\mathcal{T}=\mathbb{Z}_p$. 令 $M,T$, LongtermKEY, OnetimeKEY 是随机变量, 其取值对应于消息、标签、长期密钥以及一次密钥. 按照定义 8.3, 要证明方案满足无条件安全性, 只需要证明对任意的 $m\in\mathbb{Z}_p$, $\text{tag}\in\mathbb{Z}_p$, 有

$$\Pr[T=\text{tag}\mid M=m]=\frac{1}{|\mathcal{T}|}=\frac{1}{|\mathbb{Z}_p|} \tag{8.4}$$

对一个 GenLongtermKey(systempara) 生成的长期密钥 $\Delta\in\mathbb{Z}_p$, 由消息标签计算公式

$$\text{tag}=K+\Delta\cdot m$$

可以通过

$$K=\text{tag}-\Delta\cdot m$$

唯一确定一次密钥 $K$, 由此可得

$$\Pr[T=\text{tag}\mid M=m]=\Pr[\text{OnetimeKEY}=K] \tag{8.5}$$

由 GenOnetimeKey(systempara) 算法, 一次密钥 $K$ 均匀随机地选自密钥空间 $\mathbb{Z}_p$, 因此

$$\Pr[\text{OnetimeKEY}=K]=\frac{1}{|\mathcal{K}|}=\frac{1}{|\mathbb{Z}_p|} \tag{8.6}$$

将等式(8.6)代入等式(8.5)可得等式(8.4)成立, 因此结论得证. ■

BDOZ MAC 方案在具体使用中, $P_1$ 秘密持有自己的长期密钥 $\Delta$, 以及一系列的一次密钥 $K_1,K_2,\cdots$, 生成 $m_1,m_2,\cdots$ 的消息标签 $\text{tag}_{m_1},\text{tag}_{m_2},\cdots$, 并将 $(m_1,\text{tag}_{m_1}),(m_2,\text{tag}_{m_2}),\cdots$ 发送给 $P_2$ ($P_2$ 只持有消息标签, 不持有 MAC 密钥). 此时, $P_2$ 可通过等式 (8.2) 计算 $m_1+m_2$ 消息标签对 $(m_1+m_2,\text{tag}_{m_1+m_2})$; 通过等式 (8.3) 计算 $am_1$ 消息标签对 $(am_1,\text{tag}_{am_1})$ 和 $m_1+a$ 消息标签对 $(m_1+a,\text{tag}_{m_1+a})$. 而 $P_1$ 可以根据自己持有的 BDOZ MAC 密钥 $(\Delta,K_1,K_2,\cdots)$ 计算新 BDOZ MAC 密钥 $(K_1+K_2,\Delta)$ 验证 $(m_1+m_2,\text{tag}_{m_1+m_2})$, $(aK_1,\Delta)$ 验证 $(am_1,\text{tag}_{am_1})$, $(K_1-\Delta\cdot a,\Delta)$ 验证

$(m_1 + a, \mathrm{tag}_{m_1+a})$. [①]

### 8.2.3　BDOZ 认证秘密共享方案

利用方案 8.2 的同态 BDOZ MAC 方案, 可以将一个 $(n,n)$ 加法秘密共享方案变成一个认证秘密共享方案.

在原始的 $(n,n)$ 秘密共享方案中, 秘密分发者通过 $S = S_1 + S_2 + \cdots + S_n$ 将秘密 $S$ 分发给 $n$ 个参与方 $P_1, P_2, \cdots, P_n$, 其中 $P_i$ 持有秘密份额 $S_i$. 为了对份额 $S_i$ 进行认证, 为 $S_i$ 添加除 $P_i$ 之外的所有其他参与方对 $S_i$ 的 BDOZ 消息认证码. 举例来说, $P_1$ 持有秘密份额 $S_1$ 以及 $P_2$ 对 $S_1$ 的 BDOZ MAC 消息标签 $\mathrm{tag}\_P_2\mathrm{for}S_1$, $P_3$ 对 $S_1$ 的 BDOZ MAC 消息标签 $\mathrm{tag}\_P_3\mathrm{for}S_1, \cdots, P_n$ 对 $S_1$ 的 BDOZ MAC 消息标签 $\mathrm{tag}\_P_n\mathrm{for}S_1$, 以此类推.

从另一个角度来说, 每个参与方都需要为其他所有参与方的秘密份额生成 BDOZ MAC 标签. 由于 BDOZ MAC 是一个一次 MAC, 长期密钥为 $\Delta$, 一次密钥 $K$ 只能使用一次, 因此每个参与方都需要 $n-1$ 个一次密钥. 举例来说, $P_1$ 需要一个 BDOZ MAC 长期密钥 $\Delta_1$ 以及 $n-1$ 个 BDOZ MAC 一次密钥, $K\_P_1\mathrm{for}S_2$ 用于计算 $P_1$ 对份额 $S_2$ 的 BDOZ MAC 标签, $K\_P_1\mathrm{for}S_3$ 用于计算 $P_1$ 对份额 $S_3$ 的 BDOZ MAC 标签, $\cdots$, $K\_P_1\mathrm{for}S_n$ 用于计算 $P_1$ 对份额 $S_n$ 的 BDOZ MAC 标签.

因此在这样一个认证秘密共享过程中, $P_1$ 持有的认证秘密份额可以记为

$$(S_1, \{K\_P_1\mathrm{for}S_2, \cdots, K\_P_1\mathrm{for}S_n\}, \{\mathrm{tag}\_P_2\mathrm{for}S_1, \cdots, \mathrm{tag}\_P_n\mathrm{for}S_1\})$$

这样的一个份额由三部分组成, 第一部分是自己持有的秘密 $S$ 的份额, 第二部分是用于为其他参与方生成消息标签的一次密钥集合, 第三部分则是其他参与方为自己的秘密份额生成的消息标签集合.

综上, BDOZ 认证秘密共享方案构造如下.

---

**方案 8.3** (BDOZ 认证秘密共享方案 $\pi_{\mathrm{BDOZShare}}$ [②])

setup$(1^\lambda)$: 秘密分发者 $D$ 运行 BDOZ MAC 方案的 Gen$(1^\lambda)$, 选取一个大素数 $p$, 使 $|p| \geqslant \lambda$, 输出 systempara $= \mathbb{Z}_p$, 将 $\mathbb{Z}_p$ 公告于各参与方 $P_1, P_2, \cdots, P_n$.

For $i$=1 to $n$

　　$P_i$ 运行 BDOZ MAC 方案的 GenLongtermKey$(\mathbb{Z}_p)$, 输出自己的 BDOZ

---

① 在本章中, 由于参数数量众多, 常规的变量命名方式容易混淆, 不便于方案的记忆和理解, 因此我们采用了一种长变量名的定义方式, 力图使读者通过变量名自身来理解该变量的用途, 进而理解方案. 例如变量 $\mathrm{tag}_{m_1+m_2}$ 表示对消息 $m_1 + m_2$ 的标签, 下文中变量 $\mathrm{tag}\_P_2\mathrm{for}S_1$ 表示参与方 $P_2$ 对消息 $S_1$ 的标签, 等等.

② 为了使协议更容易被理解, 本章使用了伪代码的形式来描述协议步骤.

MAC 长期密钥 $\Delta_i$.

For $j$=1 to $n$

If $j \neq i$

$P_i$ 运行 BDOZ MAC 方案的 GenOnetimeKey$(\mathbb{Z}_p, \Delta)$，产生一次密钥 $K\_P_i\text{for}S_j$.

End If

Next $j$

$P_i$ 将 $\Delta_i, \{K\_P_i\text{for}S_j\}_{j=1,2,\cdots,n,j\neq i}$ 发送给秘密分发者 $D$.

Next $i$

secret share：秘密分发者 $D$ 随机选取 $S_2,\cdots,S_n \in_R \mathbb{Z}_p$，计算 $S_1 = S-(S_2+\cdots+S_n)$. $D$ 为参与方 $P_i$ 分发其秘密份额 $S_i$ 及其他参与方对 $S_i$ 的 BDOZ MAC 标签如下:

For $i$=1 to $n$

For $j$=1 to $n$

If $j \neq i$

$D$ 计算

$$\text{tag}\_P_j\text{for}S_i = \text{Mac}_{(\Delta_j, K\_P_j\text{for}S_i)}(S_i) = K\_P_j\text{for}S_i + \Delta_j \cdot S_i$$

End if

Next $j$

$D$ 向 $P_i$ 安全发送 $(S_i, \{\text{tag}\_P_j\text{for}S_i\}_{j=1,2,\cdots,n,j\neq i})$.

则 $P_i$ 持有 $S$ 的认证秘密份额为

$(S_i, \{K\_P_i\text{for}S_j\}_{j=1,2,\cdots,n,j\neq i}, \{\text{tag}\_P_j\text{for}S_i\}_{j=1,2,\cdots,n,j\neq i})$

Next $i$

secret reconstruction：

1. 首先各参与方将自己的秘密份额发送给其他参与方, 并将自己的秘密份额的消息标签发送给相应的 BDOZ MAC 密钥持有人.

For $i$=1 to $n$

For $j$=1 to $n$

If $j \neq i$

$P_i$ 发送 $(S_i, \text{tag}\_P_j\text{for}S_i)$ 给 $P_j$.

End if

Next $j$

Next $i$

2. 完成交换后, 各参与方使用对应的 BDOZ MAC 一次密钥, 验证该密钥对各个共享份额的标签是否合法. 若不合法, 则广播错误, 终止协议.

For $i$=1 to $n$

　　For $j$=1 to $n$

　　　　If $j \neq i$

　　　　　　$P_i$ 使用 BDOZ MAC 一次密钥 $(K\_P_i\text{for}S_j, \Delta_i)$ 验证 $\text{tag}\_P_i\text{for}S_j$ 是否合法. 也就是验证是否有

$$\text{tag}\_P_i\text{for}S_j = K\_P_i\text{for}S_j + \Delta_i \cdot S_j$$

　　　　　　若等式不成立, 则 $P_i$ 广播错误, 终止协议.

　　　　End if

　　Next $j$

Next $i$

3. 若没有发生终止协议的情况, 各参与方将得到的秘密份额相加, 恢复出秘密 $S$.

For $i$=1 to $n$

　　$P_i$ 计算 $S = S_1 + S_2 + \cdots + S_n$

Next $i$

由方案 8.3 的构造, 很容易看到:

第一, BDOZ 认证秘密共享方案具有正确性. $n$ 个参与方执行协议, 要么终止协议不产生输出, 要么一定产生正确的输出.

第二, BDOZ 认证秘密共享方案具有无条件安全性. 任何持有少于 $n$ 个认证秘密份额的敌手, 能够成功获得秘密的概率不超过 $\frac{1}{|\mathbb{Z}_p|}$. 这是由于基础秘密共享的方案是无条件安全的, 当敌手拿到少于 $n$ 个份额时, 能恢复秘密的概率为 $\frac{1}{|\mathbb{Z}_p|}$.

第三, 该方案是一个认证秘密共享方案, 只要有一个诚实的参与方, 就可以让敌手无法使用错误的秘密份额. 这是因为每个参与方的份额都是使用其他参与方的 BDOZ MAC 一次密钥进行的认证. 由于基础 BDOZ MAC 方案是无条件安全的, 参与方伪造合法的消息标签对的概率为 $\frac{1}{|\mathbb{Z}_p|}$, 因此敌手无法对修改后的秘密份额产生合法的标签, 无法通过诚实参与方的验证.

同样地, 为了符号简洁, 记元素 $a$ 的 BDOZ 秘密共享份额为 $[a], [a] = \{[a]_1, [a]_2, \cdots, [a]_n\}$, 其中 $[a]_i$ 为参与方 $P_i$ 持有的份额,

$$[a]_i=(a_i,\{K\_P_i\text{for}a_j\}_{j=1,2,\cdots,n,j\neq i},\{\text{tag}\_P_j\text{for}a_i\}_{j=1,2,\cdots,n,j\neq i})$$

满足

$$a_1+a_2+\cdots+a_n=a$$

其中

$\{K\_P_i\text{for}a_j\}_{j=1,2,\cdots,n,j\neq i}$ 是 $P_i$ 自己的计算份额 $a_j$ 的标签的临时 BDOZ MAC 密钥;

$\{\text{tag}\_P_j\text{for}a_i\}_{j=1,2,\cdots,n,j\neq i}$ 是 $P_j$ 对 $P_i$ 持有份额 $a_i$ 的 BDOZ MAC 标签.

同样的符号 $[a]$ 也表示 $a$ 以 BDOZ 认证秘密共享份额形式存在于参与方 $P_1,P_2,\cdots,P_n$. [③]

### 8.2.4 BDOZ 安全多方计算协议

同 Beaver 安全多方计算协议一样, BDOZ 安全多方计算协议也分为离线和在线两个计算阶段. 其中离线阶段生成认证 Beaver 三元组, 在线阶段依照参与方输入来计算算术电路, 包括输入的秘密共享阶段, 利用秘密份额计算电路阶段(包括加法门计算和乘法门计算[④]), 以及重构输出阶段.

1. 离线计算 BDOZ 认证 Beaver 三元组

同 Beaver 安全多方计算协议一样, BDOZ 安全多方计算协议在计算乘法门时, 也需要使用预计算的 Beaver 三元组, 但此处使用的 Beaver 三元组, 需要附带上一些 BDOZ MAC 认证的信息, 我们称之为: BDOZ 认证 Beaver 三元组, 如图 8.6 所示.

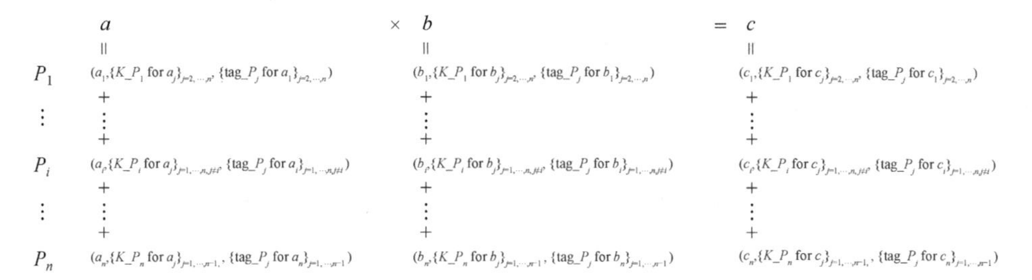


图 8.6 BDOZ 认证 Beaver 三元组示意图

③ 符号 $[a]$ 在本书以及相关研究文献中都有多种含义, 一般来说 $[a]$ 都表示 $a$ 是按照 $(n,n)$ 加法秘密共享的方式分享于 $n$ 个参与方, 但在不同的方案背景下, 其份额 $[a]_i$ 的形式不同. 在普通 $(n,n)$ 加法秘密共享方案中, $[a]_i$ 只包含份额本身; 在 BDOZ 认证秘密共享方案中, $[a]_i$ 除了包含份额本身外, 还包含其他参与方对该份额的消息标签, 以及参与方的相关一次密钥. $[a]$ 具体的含义要根据上下文来判断.

④ 在构造 BDOZ 协议的论文[BDOZ11]中, 对于在线计算阶段, 将电路门分为加法门、常量乘法门、乘法门三种, 并分别给出了这三种电路门的计算协议. 鉴于算术电路加法门和乘法门就是完备的, 并且常量乘法门可以看作一个单输入的电路门, 本质上不需要参与方交互, 因此本书中不给出常量乘法门的协议. 有兴趣的读者可以查阅原论文, 或者自行推导出常量乘法门协议.

为了计算相应的认证标签，各参与方首先要生成自己的长期 BDOZ MAC 密钥. 对于某个安全参数 $1^\lambda$，参与方 $P_1,P_2,\cdots,P_n$ 首先共同确定一个大素数 $p$，使 $|p|\geqslant\lambda$，公开公共参数 $\mathbb{Z}_p$. 然后，每个参与方 $P_i$ 运行 BDOZ MAC 方案的 GenLongtermKey($\mathbb{Z}_p$)，获得自己的 BDOZ MAC 长期密钥 $\Delta_i$.

在 8.2.2 节，我们已经给出了 Beaver 三元组的不同生成方法. 使用同样的方法，$P_i$ 可以拿到自己 Beaver 三元组的份额 $a_i,b_i,c_i$，但此处 $P_i$ 要持有 BDOZ 认证 Beaver 三元组的份额，以 $a_i$ 为例，$P_i$ 需要持有

$$(a_i,\{K\_P_i\text{for}a_j\}_{j=1,\cdots,n,j\neq i},\{\text{tag}\_P_j\text{for}a_i\}_{j=1,\cdots,n,j\neq i})$$

其中，$P_i$ 已经持有第一部分数据 $a_i$.

第二部分数据 $\{K\_P_i\text{for}a_j\}_{j=1,\cdots,n,j\neq i}$ 是 $P_i$ 对 $a$ 的其他分享份额的 BDOZ MAC 一次密钥，可由 $P_i$ 自己调用 $n-1$ 次 BDOZ MAC 方案的 GenOnetimeKey 产生.

第三部分数据 $\{\text{tag}\_P_j\text{for}a_i\}_{j=1,\cdots,n,j\neq i}$ 是所有其他参与方对份额 $a_i$ 的消息标签. 以任意一个其他参与方 $P_j,j\neq i$ 为例，此时 $P_i$ 持有份额 $a_i,P_j$ 持有 BDOZ MAC 一次密钥 $(\Delta_j,K\_P_j\text{for}a_i)$，双方共同完成计算任务:

$$\text{tag}\_P_j\text{for}a_i=K\_P_j\text{for}a_i+\Delta_j\cdot a_i$$

并由 $P_i$ 获得输出.

这样一个安全两方计算任务，可以简单地通过一个特定的同态加密方案，比如 Paillier 加密实现. 具体实现协议如下.

---

**协议 8.6** (安全两方计算 BDOZ 消息标签协议 $\pi_{\text{2PC-BDOZMAC}}$)

**输入**:

$P_i$ 输入自己的 Paillier 加密方案的公私钥对 $(\text{pk}_i,\text{sk}_i)$，以及秘密份额 $a_i$.

$P_k$ 输入 $P_i$ 的 Paillier 公钥 $\text{pk}_i$ 和自己的 BDOZ MAC 一次密钥 $(K\_P_k\text{for}a_i,\Delta_k)$.

**输出**:

$P_i$ 输出 $P_k$ 对 $a_i$ 的 BDOZ 消息标签 $\text{tag}\_P_k\text{for}a_i$，满足

$$\text{tag}\_P_k\text{for}a_i=K\_P_k\text{for}a_i+\Delta_k\cdot a_i$$

**协议过程**:

1. $P_i$ 使用 $\text{pk}_i$ 加密自己的秘密份额 $a_i:c_i=E_{\text{pk}_i}(a_i)$，并将 $c_i$ 发送给 $P_k$.

2. $P_k$ 利用 $P_i$ 的公钥 $\text{pk}_i$ 及 Paillier 加密的特性，计算自己对 $a_i$ 的消息标签的密文:

---

$$\text{ctag}a_i = E_{\text{pk}_i}(K\_P_k\text{for}a_i)\cdot(c_i)^{\Delta_k}$$

并将 $\text{ctag}a_i$ 发送给 $P_i$.

3. $P_i$ 使用 $\text{sk}_i$ 解密 $\text{ctag}a_i$ 得到 $\text{tag}\_P_k\text{for}a_i$.

协议 8.6 的正确性可以由 Paillier 加密的性质得到，它在半诚实敌手模型下是安全的，同样可以使用通用的方法，如 GMW 编译器，改进成恶意敌手模型下安全的.

2. 协议输入的 BDOZ 认证秘密共享

如图 8.2 所示，假设功能函数对应的算术电路共 $w$ 个输入门、$2w$ 条输入线. 对第 $j$ 条电路输入线($1\leqslant j\leqslant 2w$)，设其输入值为 $S^{(j)}$，该输入的持有者为 $D$ ($D$ 可能是安全多方计算协议的某个参与方，也可能不是)，则此条输入线对应输入值的秘密共享过程分为两种情况.

(1) 如果 $D$ 是一个可信方，并且 $D$ 不参与后续的计算过程.

将 $D$ 看作 BDOZ 认证秘密共享方案的秘密分发者，由 $D$ 与参与方 $P_1,P_2,\cdots,P_n$ 共同执行方案 8.3 BDOZ 认证秘密共享的 secret share 过程，使参与方 $P_i$ 获得 $S^{(j)}$ 的秘密份额

$$(S_i^{(j)},\{K\_P_i\text{for}S_k^{(j)}\}_{k=1,\cdots,n,k\neq i},\{\text{tag}\_P_k\text{for}S_i^{(j)}\}_{k=1,\cdots,n,k\neq i})$$

(2) 如果 $D$ 不是一个可信方，或者 $D$ 要参与后续的计算过程.

此时 $D$ 不能获得所有参与方的 BDOZ MAC 长期密钥及一次密钥，因此，$D$ 无法独自完成认证秘密份额的分发. 观察 $P_i$ 要持有的 $S_i^{(j)}$ 的认证秘密份额

$$(S_i^{(j)},\{K\_P_i\text{for}S_k^{(j)}\}_{k=1,\cdots,n,k\neq i},\{\text{tag}\_P_k\text{for}S_i^{(j)}\}_{k=1,\cdots,n,k\neq i})$$

第一部分数据 $S_i^{(j)}$ 是 $P_i$ 持有的秘密值 $S^{(j)}$ 的份额，可以由 $S^{(j)}$ 持有者 $D$ 分配给 $P_i$.

第二部分数据 $\{K\_P_i\text{for}S_k^{(j)}\}_{k=1,\cdots,n,k\neq i}$ 是 $P_i$ 的 BDOZ MAC 一次密钥，与 $P_i$ 的 BDOZ MAC 长期密钥 $\Delta_i$ 一起，用于生成 $P_i$ 对所有其他参与方秘密份额的 BDOZ MAC 标签. 这些 BDOZ MAC 一次密钥可以由 $P_i$ 多次调用 BDOZ MAC 方案的 GenOnetimeKey 算法产生并保存.

第三部分数据 $\{\text{tag}\_P_k\text{for}S_i^{(j)}\}_{k=1,\cdots,n,k\neq i}$ 是所有其他参与方 $P_k, k=1,\cdots,n,k\neq i$，对 $P_i$ 持有份额 $S_i^{(j)}$ 产生的消息标签. 此时，$P_i$ 持有秘密份额 $S_i^{(j)}, P_k$ 持有 BDOZ

MAC 一次密钥$(\Delta_k, K_P_k\text{for}S_i^{(j)})$，双方共同完成计算任务

$$\text{tag}\_P_k\text{for}S_i^{(j)} = K\_P_k\text{for}S_i^{(j)} + \Delta_k \cdot S_i^{(j)}$$

并由 $P_i$ 获得输出. 这样一个安全两方计算任务, 与离线阶段生成认证 Beaver 三元组时用到的功能函数一样, 同样可以使用协议 8.6 完成.

3. 基于 BDOZ 认证秘密份额在线计算电路门

BDOZ 电路门安全多方计算框架同半诚实的 Beaver 安全多方计算类似, 只是此处计算方持有的是认证秘密共享份额, 不仅包含了输入值的秘密份额, 还包含了其他参与方对自己持有份额的消息标签, 以及用于对其他参与方持有的份额产生 BDOZ MAC 标签的一次密钥. 对输出线, 计算方也要对应地生成这三部分内容.

从全局来看, 所有参与方要依次对每个电路门完成上述的计算过程. 为了符号的简洁, 我们统一将当前被计算的电路门两个输入值记为 $x$ 与 $y$, 输出值记为 $z$. 对参与方 $P_i, i=1,\cdots,n$ 来说, 其持有长期 BDOZ MAC 密钥为 $\Delta_i$, 输入份额为

$$(x_i, \{K\_P_i\text{for}x_j\}_{j=1,\cdots,n,j\neq i}, \{\text{tag}\_P_j\text{for}x_i\}_{j=1,\cdots,n,j\neq i})$$

$$(y_i, \{K\_P_i\text{for}y_j\}_{j=1,\cdots,n,j\neq i}, \{\text{tag}\_P_j\text{for}y_i\}_{j=1,\cdots,n,j\neq i})$$

满足

$$x_1 + x_2 + \cdots + x_n = x$$

$$\text{tag}\_P_j\text{for}x_i = K\_P_j\text{for}x_i + \Delta_j \cdot x_i$$

其中, $i=1,2,\cdots,n; j=1,2,\cdots,n, j\neq i$.

$$y_1 + y_2 + \cdots + y_n = y$$

$$\text{tag}\_P_j\text{for}y_i = K\_P_j\text{for}y_i + \Delta_j \cdot y_i$$

其中, $i=1,2,\cdots,n; j=1,2,\cdots,n, j\neq i$.

持有的输出份额为

$$(z_i, \{K\_P_i\text{for}z_j\}_{j=1,\cdots,n,j\neq i}, \{\text{tag}\_P_j\text{for}z_i\}_{j=1,\cdots,n,j\neq i})$$

满足

$$z_1 + z_2 + \cdots + z_n = z$$

$$\text{tag}\_P_j\text{for}z_i = K\_P_j\text{for}z_i + \Delta_j \cdot z_i$$

其中, $i=1,2,\cdots,n; j=1,2,\cdots,n, j\neq i$.

BDOZ 安全多方计算电路门的输入输出认证秘密共享份额如图 8.7 所示.

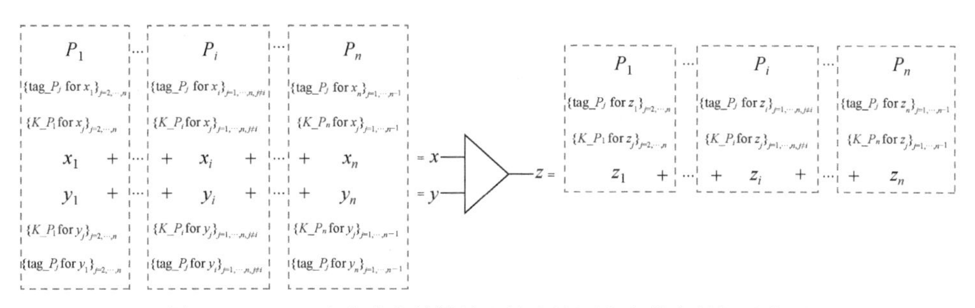

图 8.7　BDOZ 安全多方计算输入输出认证秘密共享份额示意图

同 Beaver 安全多方计算协议一致, BDOZ 安全多方计算协议需要处理加法门及乘法门.

(1) BDOZ 安全多方计算加法门.

参与方要计算加法门时, 参照图 8.7, 电路门输入为 $x$ 与 $y$ , 输出为 $z$ , 满足 $z=x+y$ . BDOZ 安全计算加法门过程为各参与方输入 $x$ 与 $y$ 的认证秘密份额, 得到 $z$ 的认证秘密份额. 具体来说, 参与方 $P_i$ 输入自己的 BDOZ MAC 长期密钥 $\Delta_i$ 及自己持有的输入线份额

$$(x_i,\{K\_P_i\text{for}x_j\}_{j=1,\cdots,n,j\neq i},\{\text{tag}\_P_j\text{for}x_i\}_{j=1,\cdots,n,j\neq i})$$

$$(y_i,\{K\_P_i\text{for}y_j\}_{j=1,\cdots,n,j\neq i},\{\text{tag}\_P_j\text{for}y_i\}_{j=1,\cdots,n,j\neq i})$$

得到自己的输出线份额

$$(z_i,\{K\_P_i\text{for}z_j\}_{j=1,\cdots,n,j\neq i},\{\text{tag}\_P_j\text{for}z_i\}_{j=1,\cdots,n,j\neq i})$$

满足

$$z_1+\cdots+z_n=(x_1+\cdots+x_n)+(y_1+\cdots+y_n)$$

$$\text{tag}\_P_j\text{for}z_i=K\_P_j\text{for}z_i+\Delta_j\cdot z_i$$

按照上述描述, 观察参与方 $P_i$ 输出的认证份额

$$(z_i,\{K\_P_i\text{for}z_j\}_{j=1,\cdots,n,j\neq i},\{\text{tag}\_P_j\text{for}z_i\}_{j=1,\cdots,n,j\neq i})$$

我们首先讨论当前计算的加法电路门是电路的输入门的情况.

第一部分内容 $z_i$ , 同协议 8.4 Beaver 安全多方计算加法门一样, 可以通过 $z_i=x_i+y_i$ 得到, 其中 $x_i,y_i$ 是 $P_i$ 掌握的输入线份额.

第二部分内容 $\{K\_P_i\text{for}z_j\}_{j=1,\cdots,n,j\neq i}$ 是 $P_i$ 用于生成参与方 $P_j$ 的输出份额 $z_j$ 的消息标签的 BDOZ MAC 一次密钥. 注意到参与方 $P_j$ 的输出份额 $z_j=x_j+y_j$ 是由

$P_j$ 持有的输入份额 $x_j, y_j$ 相加得到，而 $x_j, y_j, z_j$ 都是 $P_j$ 的数据，$P_i$ 并不掌握. 因为该电路门是底层的输入电路门，则由 BDOZ 安全多方计算协议输入分享阶段，$P_i$ 产生并保存了对 $P_j$ 的输入份额 $x_j$ 和 $y_j$ 的一次 BDOZ MAC 密钥 $K\_P_i\text{for}x_j$ 和 $K\_P_i\text{for}y_j$，并与 $P_j$ 共同生成了输入份额 $x_j$ 和 $y_j$ 的消息标签:

$$P_i \text{ 对 } x_j \text{ 的消息标签为 } \text{tag}\_P_i\text{for}x_j = K\_P_i\text{for}x_j + \Delta_i \cdot x_j$$

$$P_i \text{ 对 } y_j \text{ 的消息标签为 } \text{tag}\_P_i\text{for}y_j = K\_P_i\text{for}y_j + \Delta_i \cdot y_j$$

而 $P_j$ 持有的输出份额为 $z_j = x_j + y_j$，由等式(8.2)描述的 BDOZ MAC 方案的加法同态性，$P_i$ 对 $z_j$ 的消息标签

$$\begin{aligned}\text{tag}\_P_i\text{for}z_j &= \text{tag}\_P_i\text{for}(x_j + y_j)\\&= \text{tag}\_P_i\text{for}x_j + \text{tag}\_P_i\text{for}y_j\\&= K\_P_i\text{for}x_j + \Delta_i \cdot x_j + K\_P_i\text{for}y_j + \Delta_i \cdot y_j\\&= (K\_P_i\text{for}x_j + K\_P_i\text{for}y_j) + \Delta_i(x_j + y_j)\end{aligned}$$

因此 $K\_P_i\text{for}x_j + K\_P_i\text{for}y_j$ 就是 $P_i$ 对 $z_j = x_j + y_j$ 的一次 BDOZ MAC 密钥，$P_i$ 可以本地计算 $K\_P_i\text{for}z_j = K\_P_i\text{for}x_j + K\_P_i\text{for}y_j$.

第三部分内容 $\{\text{tag}\_P_j\text{for}z_i\}_{j=1,\cdots,n, j\neq i}$，是参与方 $P_j$ 对 $P_i$ 持有输出线份额 $z_i$ 的消息标签. 同样地，因为该加法门是电路的输入门，在输入分享阶段，$P_i$ 持有 $P_j$ 对份额 $x_i$ 和 $y_i$ 的消息标签，$\text{tag}\_P_j\text{for}x_i$ 和 $\text{tag}\_P_j\text{for}y_i$，而 $z_i = x_i + y_i$，由等式(8.2)描述的 BDOZ MAC 方案的加法同态性，$P_i$ 可以本地计算 $P_j$ 对 $z_i$ 的消息标签

$$\begin{aligned}\text{tag}\_P_j\text{for}z_i &= \text{tag}\_P_i\text{for}(x_i + y_i)\\&= \text{tag}\_P_j\text{for}x_i + \text{tag}\_P_j\text{for}y_i\end{aligned}$$

当前计算的电路门不是电路的输入门时，此时电路门的输入线一定对应之前计算过的电路门的输出线，按照递归的思想，最终递归到整个电路的输入门. 由之前电路输入门的计算过程可以看到，计算完成电路门的输出线也被按照电路输入线同样的方式分享于参与方之间. 由此，整个电路的所有电路门可以按照同样的方式来计算.

基于上述讨论, BDOZ 安全多方计算加法门协议如下.

---

**协议 8.7** (BDOZ 加法门计算协议 $\pi_{\text{BDOZAdd}}$)

**输入**：对 $i = 1,\cdots,n$，参与方 $P_i$ 输入自己的 BDOZ MAC 长期密钥 $\Delta_i$ 及自己持有的输入线份额

---

$$(x_i,\{K\_P_i\text{for}x_j\}_{j=1,\cdots,n,j\neq i},\{\text{tag}\_P_j\text{for}x_i\}_{j=1,\cdots,n,j\neq i})$$

$$(y_i,\{K\_P_i\text{for}y_j\}_{j=1,\cdots,n,j\neq i},\{\text{tag}\_P_j\text{for}y_i\}_{j=1,\cdots,n,j\neq i})$$

满足

$$\text{tag}\_P_j\text{for}x_i = K\_P_j\text{for}x_i + \Delta_j \cdot x_i$$

$$\text{tag}\_P_j\text{for}y_i = K\_P_j\text{for}y_i + \Delta_j \cdot y_i$$

其中 $i=1,\cdots,n; j=1,\cdots,n, j\neq i$.

**输出**: 对 $i=1,\cdots,n$, 参与方 $P_i$ 输出自己的输出线份额

$$(z_i,\{K\_P_i\text{for}z_j\}_{j=1,\cdots,n,j\neq i},\{\text{tag}\_P_j\text{for}z_i\}_{j=1,\cdots,n,j\neq i})$$

满足

$$z_1+\cdots+z_n=(x_1+\cdots+x_n)+(y_1+\cdots+y_n)$$

$$\text{tag}\_P_j\text{for}z_i = K\_P_j\text{for}z_i + \Delta_j \cdot z_i$$

其中 $i=1,\cdots,n; j=1,\cdots,n, j\neq i$.

**协议过程**:

For $i=1$ to $n$

  $P_i$ 计算 $z_i = x_i + y_i$.

    For $j=1$ to $n$

      If $j\neq i$

        $P_i$ 计算

$$\text{tag}\_P_j\text{for}z_i = \text{tag}\_P_j\text{for}x_i + \text{tag}\_P_j\text{for}y_i$$

$$K\_P_i\text{for}z_j = K\_P_i\text{for}x_j + K\_P_i\text{for}y_j$$

      End if

    Next $j$

Next $i$

对 BDOZ 安全多方计算加法门来说, 参与方无需交互, 通过本地计算即可完成.

(2) BDOZ 安全多方计算乘法门.

参与方要计算乘法门时, 参照图 8.7, 电路门输入为 $x$ 与 $y$, 输出为 $z$, 满足 $z=x\times y$. 而 BDOZ 安全计算乘法门过程, 需要各参与方输入 $x$ 与 $y$ 的认证秘密份额, 并且同 8.2.3 节协议 8.5 描述的 Beaver 安全多方计算乘法门过程类似, 也需要预计算的 Beaver 三元组的辅助, 只是此时各参与方的辅助输入为如图 8.6 所示的认证 Beaver 三元组. 协议完成后各参与方得到输出线的认证秘密份额. 具体

来说，在 BDOZ 安全计算乘法门协议中，参与方 $P_i$ 输入自己的 BDOZ MAC 长期密钥 $\Delta_i$，自己持有的输入线份额

$$(x_i, \{K\_P_i\text{for}x_j\}_{j=1,\cdots,n,j\neq i}, \{\text{tag}\_P_j\text{for}x_i\}_{j=1,\cdots,n,j\neq i})$$

$$(y_i, \{K\_P_i\text{for}y_j\}_{j=1,\cdots,n,j\neq i}, \{\text{tag}\_P_j\text{for}y_i\}_{j=1,\cdots,n,j\neq i})$$

以及自己持有的 BDOZ 认证 Beaver 三元组

$$(a_i, \{K\_P_i\text{for}a_j\}_{j=1,\cdots,n,j\neq i}, \{\text{tag}\_P_j\text{for}a_i\}_{j=1,\cdots,n,j\neq i})$$

$$(b_i, \{K\_P_i\text{for}b_j\}_{j=1,\cdots,n,j\neq i}, \{\text{tag}\_P_j\text{for}b_i\}_{j=1,\cdots,n,j\neq i})$$

$$(c_i, \{K\_P_i\text{for}c_j\}_{j=1,\cdots,n,j\neq i}, \{\text{tag}\_P_j\text{for}c_i\}_{j=1,\cdots,n,j\neq i})$$

作为辅助输入，得到自己的输出线份额

$$(z_i, \{K\_P_i\text{for}z_j\}_{j=1,\cdots,n,j\neq i}, \{\text{tag}\_P_j\text{for}z_i\}_{j=1,\cdots,n,j\neq i})$$

满足

$$z_1+\cdots+z_n=(x_1+\cdots+x_n)\times(y_1+\cdots+y_n)$$

$$\text{tag}\_P_j\text{for}z_i = K\_P_j\text{for}z_i + \Delta_j \cdot z_i$$

按照上述描述，观察参与方 $P_i$ 输出的份额

$$(z_i, \{K\_P_i\text{for}z_j\}_{j=1,\cdots,n,j\neq i}, \{\text{tag}\_P_j\text{for}z_i\}_{j=1,\cdots,n,j\neq i})$$

同加法门的分析相同，按照递归的思想，每一个电路门的输入都已经按照 BDOZ 认证秘密共享的方式分享于各参与方，因此，此处我们不再分电路输入门与非电路输入门讨论.

先分析 $P_i$ 输出的份额的第一部分. $z_i$ 是 $z=x\cdot y$ 的份额，由前面 8.2.3 节 Beaver 安全多方计算乘法门协议，在辅助输入 Beaver 三元组的参与下，我们有

$$z=x\times y=ab+(x-a)b+a(y-b)+(x-a)(y-b)$$

定义 $\alpha=x-a, \beta=y-b$. 则 $\alpha$ 是 $x$ 的一次一密密文，不泄露输入 $x$ 的信息，因此可以公开. 在前面 8.2.3 节协议 8.5 Beaver 安全多方计算乘法门中，给出了 $P_1,\cdots,P_n$ 合作得到 $\alpha$ 的过程，但在此处，由于考虑是恶意敌手下的协议，所以参与方不但要得到 $\alpha$，还要保证 $\alpha$ 的认证性.

观察到

$$\begin{aligned}\alpha&=x-a\\&=(x_1+\cdots+x_i+\cdots+x_n)-(a_1+\cdots+a_i+\cdots+a_n)\\&=(x_1-a_1)+\cdots+(x_i-a_i)+\cdots+(x_n-a_n)\end{aligned}$$

$$=\alpha_1+\cdots+\alpha_i+\cdots+\alpha_n$$

记 $\alpha_i=x_i-a_i$，因此对 $i=1,\cdots,n$，参与方 $P_i$ 可以本地计算 $\alpha_i=x_i-a_i$. 注意到，参与方 $P_i$ 持有输入 $x$ 的 BDOZ 认证秘密份额

$$(x_i,\{K\_P_i\text{for}x_j\}_{j=1,\cdots,n,j\neq i},\{\text{tag}\_P_j\text{for}x_i\}_{j=1,\cdots,n,j\neq i})$$

以及辅助输入 $a$ 的认证秘密份额

$$(a_i,\{K\_P_i\text{for}a_j\}_{j=1,\cdots,n,j\neq i},\{\text{tag}\_P_j\text{for}a_i\}_{j=1,\cdots,n,j\neq i})$$

由等式(8.2)描述的 BDOZ MAC 方案的加法同态性，$P_i$ 可以按公式

$$\text{tag}\_P_j\text{for}\alpha_i=\text{tag}\_P_j\text{for}x_i-\text{tag}\_P_j\text{for}a_i$$

自行计算 $P_j\ (j\neq i)$ 对 $\alpha_i=x_i-a_i$ 的标签，再按照公式

$$K\_P_i\text{for}\alpha_j=K\_P_i\text{for}x_j-K\_P_i\text{for}a_j$$

自行计算 $P_i$ 对 $\alpha_j=x_j-a_j$ 的 BDOZ MAC 一次密钥.

综合上述步骤，参与方 $P_1,\cdots,P_n$ 可以自行计算参数 $\alpha=x-a$ 的 BDOZ 认证秘密共享份额

$$(\alpha_i,\{K\_P_i\text{for}\alpha_j\}_{j=1,\cdots,n,j\neq i},\{\text{tag}\_P_j\text{for}\alpha_i\}_{j=1,\cdots,n,j\neq i})$$

以此为输入，各参与方联合执行 BDOZ 认证秘密共享方案的 secret reconstruction 过程，输出 $\perp$ 或正确的 $\alpha$.

以同样的方式，参与方也可以获得 $\beta=y-b$ 的 BDOZ 认证秘密共享份额，并进一步输出 $\perp$ 或正确的 $\beta$.

各参与方都获得正确的 $\alpha$ 与 $\beta$ 之后，我们再观察等式

$$\begin{aligned}x\cdot y&=ab+(x-a)b+a(y-b)+(x-a)(y-b)\\&=c+\alpha b+a\beta+\alpha\beta\\&=(c_1+\cdots+c_n)+\alpha(b_1+\cdots+b_n)+(a_1+\cdots+a_n)\beta+\alpha\beta\\&=(c_1+\alpha b_1+a_1\beta+\alpha\beta)+(c_2+\alpha b_2+a_2\beta)+\cdots+(c_n+\alpha b_n+a_n\beta)\end{aligned}$$

令

$$\begin{aligned}z_1&=c_1+\alpha b_1+a_1\beta+\alpha\beta\\z_2&=c_2+\alpha b_2+a_2\beta\\&\vdots\\z_n&=c_n+\alpha b_n+a_n\beta\end{aligned}\tag{8.7}$$

则 $z_1,z_2,\cdots,z_n$ 就是 $P_1,P_2,\cdots,P_n$ 持有的 $z=x\times y$ 的秘密份额.

观察BDOZ安全多方计算乘法门的输出，各参与方需要输出认证的秘密份额. 对 $P_i$ 来说，$P_i$ 需要输出 $(z_i,\{K\_P_i\text{for}z_j\}_{j=1,\cdots,n,j\neq i},\{\text{tag}\_P_j\text{for}z_i\}_{j=1,\cdots,n,j\neq i})$.

参与方 $P_i$ 可以按照公式(8.7)自行计算第一部分数据 $z_i$.

而对第二部分数据 $\{K\_P_i\text{for}z_j\}$ 来说，需要 $P_i$ 生成对其他参与方秘密份额的 BDOZ MAC 一次密钥. 注意到参与方 $P_1$ 的秘密份额 $z_1$ 与其他参与方的秘密份额 $z_2,\cdots,z_n$ 有不同的形式，我们先分析 $P_i$ 对份额 $z_2,\cdots,z_n$ 的 BDOZ MAC 一次密钥.

对某个 $z_j, j=2,\cdots,n, j\neq i, z_j=c_j+\alpha b_j+\beta a_j$. 由于 $P_i$ 持有 $a_i,b_i,c_i$ 的认证秘密共享份额，所以 $P_i$ 拥有:

对 $c_j$ 的 BDOZ MAC 一次密钥 $K\_P_i\text{for}c_j$,

对 $b_j$ 的 BDOZ MAC 一次密钥 $K\_P_i\text{for}b_j$,

对 $a_j$ 的 BDOZ MAC 一次密钥 $K\_P_i\text{for}a_j$,

由等式(8.3)描述的 BDOZ MAC 的常量乘法的同态性质，$P_i$ 可以计算 $P_j$ 对 $\alpha b_j$ 和 $\beta a_j$ 的 BDOZ MAC 一次密钥

$$K\_P_i\text{for}\alpha b_j=\alpha\cdot K\_P_i\text{for}b_j$$
$$K\_P_i\text{for}a_j\beta=\beta\cdot K\_P_i\text{for}a_j$$

再由 BDOZ MAC 加法同态的性质，$P_i$ 可以计算 $P_j$ 对 $z_j=c_j+\alpha b_j+\beta a_j$ 的 BDOZ MAC 一次密钥

$$\begin{aligned}K\_P_i\text{for}z_j&=K\_P_i\text{for}c_j+K\_P_i\text{for}\alpha b_j+K\_P_i\text{for}a_j\beta\\&=K\_P_i\text{for}c_j+\alpha\cdot K\_P_i\text{for}b_j+\beta\cdot K\_P_i\text{for}a_j\end{aligned}$$

对于 $P_i(i\neq 1)$ 持有的用于 $z_1$ 的 BDOZ MAC 一次密钥，由于 $z_1=c_1+\alpha b_1+a_1\beta+\alpha\beta$，对 $z'=c_1+\alpha b_1+a_1\beta, P_i$ 可以同样计算

$$K\_P_i\text{for}z'=K\_P_i\text{for}c_1+\alpha\cdot K\_P_i\text{for}b_1+\beta\cdot K\_P_i\text{for}a_1$$

而对于 $z_1=z'+\alpha\beta, P_i\,(i=2,\cdots,n)$ 可以利用 BDOZ MAC 方案的常量加法密钥计算公式，计算

$$\begin{aligned}K\_P_i\text{for}z_1&=K\_P_i\text{for}z'-\Delta_i\cdot\alpha\beta\\&=K\_P_i\text{for}c_1+\alpha\cdot K\_P_i\text{for}b_1+\beta\cdot K\_P_i\text{for}a_1-\Delta_i\cdot\alpha\beta\end{aligned}$$

这样 $P_i\,(i=2,\cdots,n)$ 完成了 $\{K\_P_i\text{for}z_1\}_{j=1,\cdots,n,j\neq i}$ 的计算.

综上 $P_i$ 完成第二部分数据 $\{K\_P_i\text{for}z_j\}$ 的计算.

对 $z_i$ 的认证秘密共享份额的第三部分 $\{\text{tag}\_P_j\text{for}z_i\}_{j=1,\cdots,n,j\neq i}$，包含的是其他参与方对 $z_i$ 的 BDOZ MAC 标签集合，这些标签也可以由 $P_i$ 根据 BDOZ MAC 同态性质自己计算. 同样地，由于 $z_1$ 与 $z_2,\cdots,z_n$ 有不同的计算公式，因此要分别进行讨论.

对 $z_i = c_i + \alpha b_i + a_i\beta, i = 2,\cdots,n$，要计算 $P_j(j=1,\cdots,n,j\neq i)$ 对 $z_i$ 的 BDOZ 标签，由于 $P_i$ 持有 $a_i,b_i,c_i$ 的认证秘密共享份额，所以 $P_i$ 拥有

$P_j$ 对 $c_i$ 的 BDOZ MAC 标签 $\text{tag}\_P_j\text{for}c_i$，

$P_j$ 对 $b_i$ 的 BDOZ MAC 标签 $\text{tag}\_P_j\text{for}b_i$，

$P_j$ 对 $a_i$ 的 BDOZ MAC 标签 $\text{tag}\_P_j\text{for}a_i$ .

由 BDOZ MAC 方案常量乘法同态的性质，$P_i$ 可以计算

$P_j$ 对 $\alpha b_i$ 的 BDOZ MAC 标签 $\text{tag}\_P_j\text{for}\alpha b_i = \alpha\cdot\text{tag}\_P_j\text{for}b_i$，

$P_j$ 对 $a_i\beta$ 的 BDOZ MAC 标签 $\text{tag}\_P_j\text{for}a_i\beta = \beta\cdot\text{tag}\_P_j\text{for}a_i$ .

再由 BDOZ MAC 方案加法同态的性质，$P_i$ 可以计算 $P_j$ 对 $z_i = c_i + \alpha b_i + a_i\beta$ 的 BDOZ MAC 标签

$$\begin{aligned}\text{tag}\_P_j\text{for}z_i &= \text{tag}\_P_j\text{for}c_i + \text{tag}\_P_j\text{for}\alpha b_i + \text{tag}\_P_j\text{for}a_i\beta \\ &= \text{tag}\_P_j\text{for}c_i + \alpha\cdot\text{tag}\_P_j\text{for}b_i + \beta\cdot\text{tag}\_P_j\text{for}a_i\end{aligned}$$

对于 $z_1, P_1$ 要计算 $P_j(j=2,\cdots,n)$ 对 $z_1$ 的 BDOZ MAC 标签. 由于 $z_1 = c_1 + \alpha b_1 + a_1\beta + \alpha\beta$，令 $z' = c_1 + \alpha b_1 + a_1\beta, P_1$ 可以计算

$$\text{tag}\_P_j\text{for}z' = \text{tag}\_P_j\text{for}c_1 + \alpha\cdot\text{tag}\_P_j\text{for}b_1 + \beta\cdot\text{tag}\_P_j\text{for}a_1$$

再由 $z_1 = z' + \alpha\beta$，根据常量加法 BDOZ MAC 计算公式，可得

$$\begin{aligned}\text{tag}\_P_j\text{for}z_1 &= \text{tag}\_P_j\text{for}z' \\ &= \text{tag}\_P_j\text{for}c_1 + \alpha\cdot\text{tag}\_P_j\text{for}b_1 + \beta\cdot\text{tag}\_P_j\text{for}a_1\end{aligned}$$

综上，$P_i$ 完成了第三部分数据 $\{\text{tag}\_P_j\text{for}z_i\}_{j=1,\cdots,n,j\neq i}$ 的计算.

由上述分析, BDOZ 安全多方计算乘法门协议如下.

---

**协议 8.8** (BDOZ 安全多方计算乘法门协议 $\pi_{\text{BDOZMult}}$)

**输入**：对 $i=1,\cdots,n$，参与方 $P_i$ 输入 BDOZ MAC 长期密钥 $\Delta_i$，以及 $x$ 和 $y$ 的认证秘密份额

$$(x_i, \{K\_P_i\text{for}x_j\}_{j=1,\cdots,n,j\neq i}, \{\text{tag}\_P_j\text{for}x_i\}_{j=1,\cdots,n,j\neq i})$$

$$(y_i, \{K\_P_i\text{for}y_j\}_{j=1,\cdots,n,j\neq i}, \{\text{tag}\_P_j\text{for}y_i\}_{j=1,\cdots,n,j\neq i})$$

满足对 $i=1,\cdots,n, j=1,\cdots,n, j\neq i$，

$$\text{tag}\_P_j\text{for}x_i = K\_P_j\text{for}x_i + \Delta_j\cdot x_i$$

$$\text{tag}\_P_j\text{for}y_i = K\_P_j\text{for}y_i + \Delta_j\cdot y_i$$

---

**辅助输入**: 对 $i=1,\cdots,n$，参与方 $P_i$ 输入自己持有 BDOZ 认证 Beaver 三元组

$$(a_i,\{K\_P_i\text{for}a_j\}_{j=1,\cdots,n,j\neq i},\{\text{tag}\_P_j\text{for}a_i\}_{j=1,\cdots,n,j\neq i})$$

$$(b_i,\{K\_P_i\text{for}b_j\}_{j=1,\cdots,n,j\neq i},\{\text{tag}\_P_j\text{for}b_i\}_{j=1,\cdots,n,j\neq i})$$

$$(c_i,\{K\_P_i\text{for}c_j\}_{j=1,\cdots,n,j\neq i},\{\text{tag}\_P_j\text{for}c_i\}_{j=1,\cdots,n,j\neq i})$$

满足

$$(a_1+\cdots+a_n)(b_1+\cdots+b_n)=(c_1+\cdots+c_n)$$

对 $i=1,\cdots,n,j=1,\cdots,n,j\neq i$,

$$\text{tag}\_P_j\text{for}a_i=K\_P_j\text{for}a_i+\Delta_j\cdot a_i$$

$$\text{tag}\_P_j\text{for}b_i=K\_P_j\text{for}b_i+\Delta_j\cdot b_i$$

$$\text{tag}\_P_j\text{for}c_i=K\_P_j\text{for}c_i+\Delta_j\cdot c_i$$

**输出**: 对 $i=1,\cdots,n$，参与方 $P_i$ 输出

$$(z_i,\{K\_P_i\text{for}z_j\}_{j=1,\cdots,n,j\neq i},\{\text{tag}\_P_j\text{for}z_i\}_{j=1,\cdots,n,j\neq i})$$

满足

$$(z_1+\cdots+z_n)=(x_1+\cdots+x_n)(y_1+\cdots+y_n)$$

对 $i=1,\cdots,n,j=1,\cdots,n,j\neq i$,

$$\text{tag}\_P_j\text{for}z_i=K\_P_j\text{for}z_i+\Delta_j\cdot z_i$$

**协议过程**:

1. $P_1,P_2,\cdots,P_n$ 重构 $\alpha=x-a,\beta=y-b$.

For　$i=1$ to $n$

　$P_i$ 计算 $\alpha_i=x_i-a_i,\beta_i=y_i-b_i$.

　For　$j=1$ to $n$

　　If　$j\neq i$

　　　$P_i$ 计算

$$\text{tag}\_P_j\text{for}\alpha_i=\text{tag}\_P_j\text{for}x_i-\text{tag}\_P_j\text{for}a_i$$

$$\text{tag}\_P_j\text{for}\beta_i=\text{tag}\_P_j\text{for}y_i-\text{tag}\_P_j\text{for}b_i$$

$$K\_P_i\text{for}\alpha_j=K\_P_i\text{for}x_j-K\_P_i\text{for}a_j$$

$$K\_P_i\text{for}\alpha_j=K\_P_i\text{for}b_j-K\_P_i\text{for}b_j$$

　　End if

　Next　$j$

Next $i$

对 $i=1,2,\cdots,n$,

(1) $P_i$ 以($\alpha_i,\{K\_P_i\text{for}\alpha_j\}_{j=1,2,\cdots,n,j\neq i},\{\text{tag}\_P_j\text{for}\alpha_i\}_{j=1,2,\cdots,n,j\neq i}$)为输入，共同执行 BDOZ 认证秘密共享的 secret reconstruction 过程，得到输出 $\perp$ 或 $\alpha$. 若输出为 $\perp$，则终止协议.

(2) $P_i$ 以($\beta_i,\{K\_P_i\text{for}\beta_i\}_{j=1,2,\cdots,n,j\neq i},\{\text{tag}\_P_j\text{for}\beta_i\}_{j=1,2,\cdots,n,j\neq i}$)为输入，共同执行 BDOZ 认证秘密共享的 secret reconstruction 过程，得到输出 $\perp$ 或 $\beta$. 若输出为 $\perp$，则终止协议.

2. $P_1,P_2,\cdots,P_n$ 计算输出认证秘密份额.

// $P_1,P_2,\cdots,P_n$ 计算 $z$ 的分享值.

$P_1$ 计算 $z_1=c_1+\alpha b_1+a_1\beta+\alpha\beta$.

For $i$=2 to $n$

  $P_i$ 计算 $z_i=c_i+\alpha b_i+a_i\beta$.

Next $i$

// $P_1$ 计算生成输出份额 $z_2,\cdots,z_n$ 标签的 BDOZ MAC 一次密钥.

For $i$=2 to $n$

  $P_1$ 计算

$$K\_P_1\text{for}z_i=K\_P_1\text{for}c_i+\alpha\cdot K\_P_1\text{for}b_i+\beta\cdot K\_P_1\text{for}a_i$$

Next $i$

// $P_i(i=2,\cdots,n)$ 计算生成输出份额 $\{z_1,\cdots,z_n\}-\{z_i\}$ 标签的 BDOZ MAC 一次密钥.

For $i$=2 to $n$

  $P_i$ 计算

$$K\_P_i\text{for}z_1=K\_P_i\text{for}c_1+\alpha\cdot K\_P_i\text{for}b_1+\beta\cdot K\_P_i\text{for}a_1-\Delta_i\cdot\alpha\beta$$

  For $j$=2 to $n$

    If $j\neq i$

      $P_i$ 计算

$$K\_P_i\text{for}z_j=K\_P_i\text{for}c_j+\alpha\cdot K\_P_i\text{for}b_j+\beta\cdot K\_P_i\text{for}a_j$$

    End if

  Next $j$

Next $i$

// $P_1$ 计算 $P_2,\cdots,P_n$ 对 $z_1$ 的标签.

For $i$=2 to $n$

$P_1$ 计算

$$\text{tag}\_P_i\text{for}z_1 = \text{tag}\_P_i\text{for}c_1 + \alpha \cdot \text{tag}\_P_i\text{for}b_1 + \beta \cdot \text{tag}\_P_i\text{for}a_1$$

Next $i$

// $P_i(i=2,\cdots,n)$ 计算 $\{P_1,\cdots,P_n\}-\{P_i\}$ 对 $z_i$ 的标签.

For $i$ =2 to $n$

　For $j$ =1 to $n$

　　If $j \neq i$

　　　$P_i$ 计算

$$\text{tag}\_P_j\text{for}z_i = \text{tag}\_P_j\text{for}c_i + \alpha \cdot \text{tag}\_P_j\text{for}b_i + \beta \cdot \text{tag}\_P_j\text{for}a_i .$$

　　End if

　Next $j$

Next $i$

4. BDOZ 协议安全多方重构输出

在第二阶段利用认证秘密份额依次完成每个电路门的计算后，各参与方拿到了各个输出线上的认证秘密份额，只需依次将各输出线的输出重构出来即可. 为了符号简洁，我们将当前输出线的输出记作 $z, P_i(i=1,2,\cdots,n)$ 持有 $z$ 的认证秘密份额为 $(z_i,\{K\_P_i\text{for}z_j\}_{j=1,2,\cdots,n,j\neq i},\{\text{tag}\_P_j\text{for}z_i\}_{j=1,2,\cdots,n,j\neq i})$. 各参与方以自己的认证秘密份额为输入，共同执行 BDOZ 认证秘密共享方案的 secret reconstruction 即可. 具体的输出重构协议如下.

**协议 8.9** (BDOZ 输出重构协议 $\pi_{\text{BDOZOutputReconstruction}}$)

**输入**：对 $i=1,2,\cdots,n, P_i$ 输入 BDOZ MAC 长期密钥 $\Delta_i$，以及 $z$ 的认证秘密共享份额

$$(z_i,\{K\_P_i\text{for}z_j\}_{j=1,2,\cdots,n,j\neq i},\{\text{tag}\_P_j\text{for}z_i\}_{j=1,2,\cdots,n,j\neq i})$$

**输出**：对 $i=1,2,\cdots,n, P_i$ 输出 $\perp$ 或 $z=z_1+z_2+\cdots+z_n$ .

**协议过程**：

1. $P_1,P_2,\cdots,P_n$ 各自以

$$\Delta_i,(z_i,\{K\_P_i\text{for}z_j\}_{j=1,2,\cdots,n,j\neq i},\{\text{tag}\_P_j\text{for}z_i\}_{j=1,2,\cdots,n,j\neq i})$$

为输入，共同执行 BDOZ 认证秘密共享方案的 secret reconstruction 过程，获得

输出 $\perp$ 或 $z$ .

2. 若输出为 $\perp$，则终止协议，否则，$P_1, P_2, \cdots, P_n$ 输出 $z$ .

由上述 BDOZ 协议的运行过程，我们可以看到如果有恶意敌手腐化参与方在电路门计算阶段过程中输入了错误的份额，导致输出重构阶段产生与输入不对应的输出，那么只要有一个诚实的参与方，他利用输入阶段的 BDOZ 认证秘密共享份额，基于 BDOZ MAC 算法的同态性，从电路的输入电路门开始，逐电路门的本地计算出与电路门输入线对应输出线的消息标签，直至电路的输出门. 这样诚实参与方就可以发现协议的输出与其本地计算的消息标签不匹配，从而终止协议. 从上述非形式化的分析中，我们可以看出 BDOZ 安全多方计算协议可以达到恶意敌手模型下的安全(允许退出)，只要有一个诚实的参与方，那么要么诚实参与方可以获得正确输出；要么协议退出，各参与方都没有正确的输出.

## 8.3 恶意敌手模型下安全的 SPDZ 安全多方计算协议

在 8.2.4 节描述的 BDOZ 安全多方计算协议中，设算术电路为 $C$，对每一个电路门输入线对应的值，都产生了 $n$ 个秘密共享份额，而对每一个秘密共享份额，都需要 $n-1$ 个其他参与方的消息认证码，以及 $n-1$ 个对应其他参与方秘密份额的 BDOZ MAC 一次密钥，因此每个参与方的空间复杂度为 $O(|C|\cdot n)$，总的空间复杂度为 $O(|C|\cdot n^2)$，其中 $|C|$ 为电路 $C$ 中电路门的数量. 2012 年, Damgård 等[SPDZ12]改进了 BDOZ 安全多方计算协议，通过一个全局单密钥的同态消息认证码方案，对被分享的输入值本身进行消息认证，而不是对每个分享份额进行消息验证，有效地降低了协议的空间复杂度.

### 8.3.1 SPDZ MAC 方案

2012 年, Damgård 等[SPDZ12]基于方案 8.2 的 BDOZ MAC 方案，提出一个改进的同态消息认证码方案，我们称之为 SPDZ MAC 方案. SPDZ MAC 方案取消了 BDOZ MAC 方案的一次密钥，只保留了长期密钥. SPDZ MAC 方案构造如下.

**方案 8.4** (SPDZ MAC 方案)

Gen($1^\lambda$)：选取一个大素数 $p$，使 $|p|\geqslant\lambda$，随机选择一个 $\Delta\in_R Z_p$，输出密钥 $\Delta$ .

$\text{tag} \leftarrow \text{Mac}_\Delta(m)$：消息空间 $\mathcal{M} = \mathbb{Z}_p$，对密钥 $\Delta$、消息 $m \in \mathbb{Z}_p$，计算

$$\text{tag} = \Delta \cdot m$$

$b := \text{Vrfy}_\Delta(m, \text{tag})$：对密钥 $\Delta$、消息 $m$、消息标签 tag，计算

$$\text{tag}^* = \Delta \cdot m$$

若 $\text{tag}^* = \text{tag}$，则输出 1，否则输出 0.

由 8.2.2 节对 BDOZ MAC 方案的讨论可知，BDOZ MAC 是一个一次消息认证码方案. 如果拿到两个合法的 BDOZ MAC 消息标签对，就可以求得 BDOZ MAC 的长期密钥与一次密钥，因此 BDOZ MAC 的密钥只能使用一次. 与 BDOZ MAC 方案相比，SPDZ MAC 方案可以认为是一个"零次"消息认证码方案，只要拿到一个合法的 SPDZ MAC 消息标签对，就可以求得 SPDZ MAC 的密钥.

如果 $\langle m, \text{tag} \rangle$ 是使用密钥 $\Delta$ 对消息 $m$ 生成合法的消息标签对，由方程

$$\text{tag} = \Delta \cdot m$$

利用 $m$ 和 tag 就可以解出密钥 $\Delta$.

由于 SPDZ MAC 方案是一个"零次"消息认证码方案，一旦合法的消息标签对被验证，密钥即告泄露，之后就可以任意计算与该密钥对应的合法消息标签对，因此 SPDZ MAC 的消息认证码只能被验证一次.

SPDZ MAC 方案同 BDOZ MAC 方案具有类似的同态性质.

1. SPDZ MAC 方案加法同态性

令 $\text{tag}_1$ 是用密钥 $\Delta$ 对消息 $m_1$ 生成的消息标签，$\text{tag}_2$ 是用密钥 $\Delta$ 对消息 $m_2$ 生成的消息标签(注意，并不对这两个消息标签对进行验证)，由 SPDZ MAC 方案，

$$\text{tag}_1 = \Delta \cdot m_1$$
$$\text{tag}_2 = \Delta \cdot m_2$$

则

$$\begin{aligned}\text{tag}_1 + \text{tag}_2 &= \Delta \cdot m_1 + \Delta \cdot m_2 \\ &= \Delta(m_1 + m_2)\end{aligned}$$

由此可见 $\text{tag}_1 + \text{tag}_2$ 是用密钥 $\Delta$ 对消息 $m_1 + m_2$ 生成的消息标签.

由 SPDZ MAC 方案加法的同态性，可以推导出常量乘法同态性质.

2. SPDZ MAC 常量乘法同态性

令 tag 是用密钥 $\Delta$ 对消息 $m$ 生成的消息标签，$a \in \mathbb{Z}_p$ 是任意一个常量，由

$$\text{tag} = \Delta \cdot m$$

可以计算

$$a \cdot \text{tag} = a \cdot \Delta \cdot m = \Delta \cdot am$$

则 $a \cdot \text{tag}$ 是用密钥 $\Delta$ 对消息 $am$ 生成的消息标签.

在安全性方面, SPDZ MAC 方案是一个信息论安全的消息认证码方案, 即使是无穷计算能力的敌手, 也无法伪造一个合法的消息标签.

**定理 8.2** 方案 8.4 所述的 SPDZ MAC 方案是一个信息论安全的消息认证码方案.

**证明** 要证明方案满足信息论安全性, 需要证明方案满足定义 8.3.

方案 8.4 的密钥空间 $\mathcal{K} = \mathbb{Z}_p$, 消息空间 $\mathcal{M} = \mathbb{Z}_p$, 标签空间 $\mathcal{T} = \mathbb{Z}_p$. 令 $M, T, \text{KEY}$ 是随机变量, 其取值对应于消息、标签、密钥. 按照定义 8.3, 要证明方案满足无条件安全性, 只需要证明对任意的 $m \in \mathbb{Z}_p$, $\text{tag} \in \mathbb{Z}_p$, 有

$$\Pr[T = \text{tag} \mid M = m] = \frac{1}{|\mathcal{T}|} = \frac{1}{|\mathbb{Z}_p|} \tag{8.8}$$

对一个 $\text{Gen}(1^\lambda)$ 生成的密钥 $\Delta \in \mathbb{Z}_p$, 由消息标签计算公式

$$\text{tag} = \Delta \cdot m$$

可以通过

$$\Delta = \text{tag} \cdot m^{-1}$$

唯一求得密钥 $\Delta$, 由此可得

$$\Pr[T = \text{tag} \mid M = m] = \Pr[\text{KEY} = \Delta] \tag{8.9}$$

由 $\text{Gen}(1^\lambda)$ 算法, 密钥 $\Delta$ 均匀随机选自密钥空间 $\mathbb{Z}_p$, 因此

$$\Pr[\text{KEY} = \Delta] = \frac{1}{|\mathcal{K}|} = \frac{1}{|\mathbb{Z}_p|} \tag{8.10}$$

将等式(8.10)代入等式(8.9)可得等式(8.8)成立, 因此结论得证. ■

### 8.3.2 基于 SPDZ MAC 的认证秘密共享方案

利用方案 8.4 的 SPDZ MAC 方案, 可以将一个 $(n,n)$ 加法秘密共享方案变成一个认证秘密共享方案.

在基于 SPDZ MAC 的 $(n,n)$ 认证秘密共享方案中, 记被分享的秘密为 $S$, 秘密分发者 $D$ 的 SPDZ MAC 密钥为 $\Delta$, 则秘密 $S$ 的 SPDZ 消息认证码为 $\text{tag}\_S = \Delta \cdot S$. 秘密分发者 $D$ 将秘密 $S$、密钥 $\Delta$, 以及消息认证码 $\text{tag}\_S$, 使用 $(n,n)$ 加法分享

公式

$$S = S_1 + S_2 + \cdots + S_n$$
$$\Delta = \Delta_1 + \Delta_2 + \cdots + \Delta_n$$
$$\text{tag}\_S = \text{tag}\_S\text{for}P_1 + \text{tag}\_S\text{for}P_2 + \cdots + \text{tag}\_S\text{for}P_n$$

分享给 $n$ 个参与方 $P_1, P_2, \cdots, P_n$. 当各参与方需要重构秘密时, 他们先利用 $(n,n)$ 加法分享方案重构出 $S, \Delta, \text{tag}\_S$ 的值, 然后再验证 $\text{tag}\_S$ 是否是 $S$ 在密钥 $\Delta$ 下的合法 SPDZ 消息标签, 如果验证通过, 则输出正确的重构消息 $S$. 具体协议为:

---

**方案 8.5** (基于 SPDZ MAC 的基础认证秘密共享方案)

setup$(1^\lambda)$:

1. 秘密分发者 $D$ 运行 SPDZ MAC 方案的 $\text{Gen}(1^\lambda)$, 选取一个大素数 $p$, 使 $|p| \geqslant \lambda$, 选取 $\Delta \in_R \mathbb{Z}_p$, 作为自己的 SPDZ MAC 全局密钥.

2. 秘密分发者 $D$ 随机选择

$$\Delta_2, \cdots, \Delta_n \leftarrow_R \mathbb{Z}_p$$

计算

$$\Delta_1 = \Delta - (\Delta_2 + \cdots + \Delta_n)$$

3. 对 $i = 1, \cdots, n, D$ 将 SPDZ MAC 密钥份额 $\Delta_i$ 发送给参与方 $P_i$.

secret share:

1. 对被分享的秘密 $S$, 秘密分发者 $D$ 计算 $S$ 的 SPDZ 消息认证码

$$\text{tag}\_S = \Delta \cdot S$$

2. 秘密分发者 $D$ 随机选择

$$S_2, \cdots, S_n \leftarrow_R \mathbb{Z}_p$$

$$\text{tag}\_S\text{for}P_2, \cdots, \text{tag}\_S\text{for}P_n \leftarrow_R \mathbb{Z}_p$$

计算

$$S_1 = S - (S_2 + \cdots + S_n)$$
$$\text{tag}\_S\text{for}P_1 = \text{tag}\_S - (\text{tag}\_S\text{for}P_2 + \cdots + \text{tag}\_S\text{for}P_n)$$

3. 对 $i = 1, \cdots, n, D$ 将消息份额 $S_i$ 以及 SPDZ MAC 份额 $\text{tag}\_S\text{for}P_i$ 发送给 $P_i$, 则 $P_i$ 的 SPDZ 认证秘密份额为$(S_i, \text{tag}_S\text{for}P_i)$.

secret reconstruction:

1. 首先各参与方完成认证秘密份额的交换.

For $i = 1$ to $n$

---

For $j=1$ to $n$

If $j \neq i$

$P_i$ 发送 $(S_i, \text{tag}\_S\text{for}P_i)$ 给 $P_j$.

End if

Next $j$

Next $i$

2. 完成交换后，各参与方重构 SPDZ MAC 一次密钥、被共享的秘密及其 SPDZ MAC 标签，并验证标签的合法性.

For $i=1$ to $n$

$P_i$ 计算

$$\text{tag}\_S = \text{tag}\_S\text{for}P_1 + \text{tag}\_S\text{for}P_2 + \cdots + \text{tag}\_S\text{for}P_n$$

验证

$$\text{tag}\_S = \Delta \cdot S$$

是否成立. 如不成立，则向其他参与方广播终止协议.

Next $i$

3. 若没有发生终止协议的情况，各参与方输出重构的秘密 $S$.

由方案 8.5 很容易看到:

第一，该认证秘密共享方案具有正确性. $n$ 个参与方执行协议，要么终止协议不产生输出，要么产生正确的输出.

第二，该认证秘密共享方案具有无条件安全性. 任何敌手持有少于 $n$ 个人的秘密份额(包括对份额的 SPDZ MAC 标签)，能够成功获得秘密的概率不超过 $\frac{1}{|\mathbb{Z}_p|}$. 这是由于基础秘密共享方案是无条件安全的，当敌手持有少于 $n$ 个份额时，能恢复秘密的概率为 $\frac{1}{|\mathbb{Z}_p|}$.

第三，该方案是一个认证秘密共享方案，只要有一个诚实的参与方，就可以使敌手无法使用错误的秘密份额. 这是因为被分享的秘密整体是使用 SPDZ MAC 方案进行认证的，而 SPDZ MAC 方案的密钥是按照信息论安全的 $(n,n)$ 秘密共享于参与方，只要有一个诚实参与方，那么敌手在重构 SPDZ MAC 密钥之前，能够获得密钥的概率为 $\frac{1}{|\mathbb{Z}_p|}$. 再由于基础 SPDZ MAC 方案是无条件安全的，在不知

道密钥的情况下，敌手产生一个修改后消息的合法标签概率为 $\frac{1}{|\mathbb{Z}_p|}$，因此通过诚实参与方验证的概率也是 $\frac{1}{|\mathbb{Z}_p|}$.

同样地，为了符号简洁，我们记元素 $a$ 在方案 8.5 的认证秘密共享份额为 $[a]$，

$$[a]=\{[a]_1,[a]_2,\cdots,[a]_n\}$$

其中，$[a]_i$ 为参与方 $P_i$ 持有的份额

$$[a]_i=(a_i,\text{tag\_}a\text{for}P_i)$$

满足

$$a_1+a_2+\cdots+a_n=a$$

$$\text{tag\_}a\text{for}P_1+\text{tag\_}a\text{for}P_2+\cdots+\text{tag\_}a\text{for}P_n=\text{tag\_}a=\Delta\cdot a$$

同样的符号 $[a]$ 也表示 $a$ 以方案 8.5 的认证秘密共享份额形式存在于参与方 $P_1,P_2,\cdots,P_n$ 之间.

将方案 8.5 基于 SPDZ MAC 的认证秘密共享方案用到安全多方计算协议时，还存在两个重要的问题.

第一个问题，由于 SPDZ MAC 是一个“零次”消息验证码方案，一旦进行秘密份额的重构及验证，则全局密钥 $\Delta$ 即被重构，那么参与方就可以任意构造之后的消息及其验证码. 解决这一问题的方法就是将全局密钥重构推迟到电路输出阶段，使整个电路计算及验证只重构一次 $\Delta$. 这样一来，如果在电路计算的中间过程需要验证消息认证码，那该如何进行呢?

为了解决这一个问题，Damgård 等提出了基于全局密钥份额验证消息认证码的方法. 按照方案 8.5 中 setup 与 secret share 过程，记被分享的秘密为 $S$，秘密分发者 $D$ 的 SPDZ MAC 密钥 $\Delta$，则被分享秘密 $S$ 的 SPDZ 消息认证码为 $\text{tag\_}S=\Delta\cdot S$. 秘密分发者 $D$ 将秘密 $S$、密钥 $\Delta$ 以及消息认证码 $\text{tag\_}S$，使用 $(n,n)$ 加法分享公式

$$S=S_1+S_2+\cdots+S_n$$

$$\Delta=\Delta_1+\Delta_2+\cdots+\Delta_n$$

$$\text{tag\_}S=\text{tag\_}S\text{for}P_1+\text{tag\_}S\text{for}P_2+\cdots+\text{tag\_}S\text{for}P_n \tag{8.11}$$

分享给 $n$ 个参与方 $P_1,P_2,\cdots,P_n$. 则每个参与方 $P_i$ ($i=1,\cdots,n$)持有的秘密 $S$ 的认证共享份额为 $(S_i,\text{tag\_}S\text{for}P_i)$，全局密钥 $\Delta$ 的秘密份额为 $\Delta_i$.

对于被分享的秘密 $S$，各参与方可以按照方案 8.5 中 secret reconstruction 过程重构出来，但全局密钥 $\Delta$ 则不能重构. 观察等式

$$\begin{aligned}\text{tag}\_S &= \Delta \cdot S \\ &= (\Delta_1 + \Delta_2 + \cdots + \Delta_n) \cdot S \\ &= \Delta_1 \cdot S + \Delta_2 \cdot S + \cdots + \Delta_n \cdot S\end{aligned}$$

又由等式(8.11)成立，得

$$\text{tag}\_S\text{for}P_1 + \text{tag}\_S\text{for}P_2 + \cdots + \text{tag}\_S\text{for}P_n = \Delta_1 \cdot S + \Delta_2 \cdot S + \cdots + \Delta_n \cdot S$$

进一步有

$$(\Delta_1 \cdot S - \text{tag}\_S\text{for}P_1) + (\Delta_2 \cdot S - \text{tag}\_S\text{for}P_2) + \cdots + (\Delta_n \cdot S - \text{tag}\_S\text{for}P_n) = 0$$

记 $d_i = \Delta_i \cdot S - \text{tag}\_S\text{for}P_i, i = 1, \cdots, n$，则上式变为

$$d_1 + d_2 + \cdots + d_n = 0, \text{ 其中, } d_i = \Delta_i \cdot S - \text{tag}\_S\text{for}P_i, \quad i = 1, \cdots, n \tag{8.12}$$

注意 $d_i$ 可由 $P_i$ 本地计算完成. 则对 $\text{tag}\_S = \Delta \cdot S$ 的验证，变成对等式(8.12)的验证.

要验证等式(8.12)，不能让各参与方直接发送 $d_i$，因为恶意的参与方，不妨设为 $P_n$，可以等待其他参与方 $P_1, \cdots, P_{n-1}$ 发送完自己的消息 $d_1, \cdots, d_{n-1}$ 之后，计算出自己应该发送的消息 $d_n = 0 - (d_1 + \cdots + d_{n-1})$，并计算承诺值. 安全的做法是利用一个承诺方案来安全实现验证. 各参与方先发送 $d_i$ 的承诺值，等各个参与方承诺值都发送之后，各参与方再通过公开 $d_i$ 打开承诺. 由承诺方案的隐藏性，在没打开承诺之前，恶意参与方 $P_n$ 无法获知其他参与方的承诺值并计算 $d_1 + \cdots + d_{n-1}$，因此无法计算自己恶意输入 $d_n$，也无法给出 $d_n$ 的承诺值. 由承诺方案的绑定性，恶意参与方，如 $P_n$，无法将已经公开的对 $d_n$ 的承诺值打开成另一个消息 $d_n'$.

理论上可以使用任何一个安全的承诺方案来构造对等式(8.12)的验证协议. Damgård 等构造了一个基于预计算分享随机值的承诺方案. 假设之前存在预计算阶段，有一个秘密分发者 $D$ 选择一个随机数 $r$，将 $r$ 分享于 $P_1, \cdots, P_n$，并且将 $r$ 发送给 $P_1$. 若 $P_1$ 想要对某个值 $x$ 做承诺，$P_1$ 广播 $x' = x - r$. 这个承诺过程相当于以 $r$ 为密钥，对被承诺值 $x$ 进行加密. 当打开承诺时，各个参与方拿到 $x$，然后 $P_1$ 与 $P_2, \cdots, P_n$ 一起，重构出 $r$，通过验证 $x = x' + r$ 是否成立来验证承诺值. 这个打开过程相当于先重构加密密钥，然后判断明密文是否对应. 由于重构 $r$ 需要 $P_1$ 参与，$P_1$ 可以通过提供恶意的份额来改变重构出的 $r$ 值，因此需要对 $r$ 的分享进行认证. 如果仍使用方案 8.5 基于 SPDZ MAC 的认证秘密共享方案来对 $r$ 进行分享，那么又会遇到不能直接重构全局密钥 $\Delta$，无法验证重构秘密正确性的问题. Damgård 等构造了一个新的基于 SPDZ MAC 的认证秘密共享方案，在这个方案中，每一个参与方持有不同的全局 SPDZ MAC 密钥，并且采用与 BDOZ 认证秘密共享类似的秘密份额结构，在份额中包含其他参与方对该份额的消息标签. 这样就基于参与方对

份额相互之间的认证，实现不用重构全局密钥而实现认证秘密共享. 具体协议如下:

---

**方案 8.6** (基于 SPDZ MAC 的相互认证秘密共享方案)

setup($1^{\lambda}$):

1. 秘密分发者 $D$ 运行 SPDZ MAC 方案的 Gen($1^{\lambda}$)，选取一个大素数 $p$，使 $|p|\geqslant\lambda$，秘密分发者 $D$ 为参与方 $P_1,\cdots,P_n$ 随机选择

$$A_1,\cdots,A_n \in_R \mathbb{Z}_p$$

对 $i=1,\cdots,n$，将 $P_i$ 的全局 SPDZ MAC 密钥 $A_i$ 发送给参与方 $P_i$.

secret share:

1. 对被分享的秘密 $S$，秘密分发者 $D$ 将 $S$ 分享于 $P_1,\cdots,P_n$，秘密分发者 $D$ 随机选择

$$S_2,\cdots,S_n \in_R \mathbb{Z}_p$$

计算

$$S_1 = S-(S_2+\cdots+S_n)$$

对 $j=1,\cdots,n$，将 $S_j$ 发送给 $P_j$.

2. 秘密分发者 $D$ 计算每个参与方对 $S$ 的 SPDZ 消息认证码, 并将其分享于 $P_1,\cdots,P_n$.

For $i$=1 to $n$

$D$ 计算

$$\text{tag}\_P_i\text{for}S = A_i \cdot S$$

$D$ 随机选择

$$\text{tag}\_P_i\text{for}S\text{to}P_2,\cdots,\text{tag}\_P_i\text{for}S\text{to}P_n \in_R \mathbb{Z}_p$$

计算

$$\text{tag}\_P_i\text{for}S\text{to}P_1 = \text{tag}\_P_i\text{for}S-(\text{tag}\_P_i\text{for}S\text{to}P_2+\cdots+\text{tag}\_P_i\text{for}S\text{to}P_n)$$

对 $j=1,\cdots,n$，将 $\text{tag}\_P_i\text{for}S\text{to}P_j$ 发送给 $P_j$.

Next $i$

则参与方 $P_i(i=1,\cdots,n)$ 持有的 SPDZ MAC 的相互认证秘密份额为

$$(S_i,\{\text{tag}\_P_j\text{for}S\text{to}P_i\}_{j=1,\cdots,n},A_i)$$

secret reconstruction:

1. 首先各参与方完成秘密份额及消息标签的交换.

For $i$=1 to $n$

---

For $j=1$ to $n$

If $j \neq i$

$P_i$ 发送 $(S_i, \text{tag}\_P_j\text{for}S\text{to}P_i)$ 给 $P_j$.

End if

Next $j$

Next $i$

2. 完成交换后, 各参与方重构被共享的秘密, 以及基于自己 SPDZ MAC 密钥的消息标签, 并验证标签的合法性.

For $i=1$ to $n$

$P_i$ 计算

$$S = S_1 + S_2 + \cdots + S_n$$

$$\text{tag}\_P_i\text{for}S = \text{tag}\_P_i\text{for}S\text{to}P_1 + \cdots + \text{tag}\_P_i\text{for}S\text{to}P_n$$

验证

$$\text{tag}\_P_i\text{for}S = A_i \cdot S$$

是否成立. 如不成立, 则向其他参与方广播终止协议.

Next $i$

3. 若没有发生终止协议的情况, 各参与方输出重构的秘密 $S$.

方案 8.6 的认证秘密共享方案正确性与安全性与方案 8.5 相同, 可以达到无条件安全, 其分析过程类似.

同样地, 为了符号简洁, 同时与方案 8.5 有所区分, 我们记元素 $a$ 在方案 8.6 的认证秘密共享份额为 $[\![a]\!], [\![a]\!] = \{[\![a]\!]_1, [\![a]\!]_2, \cdots, [\![a]\!]_n\}, [\![a]\!]_i$ 为参与方 $P_i$ 持有的份额,

$$[\![a]\!]_i = (a_i, \{\text{tag}\_P_j\text{for}a\text{to}P_i\}_{j=1,\cdots,n}, A_i)$$

其中 $a_i$ 是参与方 $P_i$ 持有的秘密消息 $a$ 的秘密份额, $A_i$ 是 $P_i$ 的全局 SPDZ MAC 密钥, $\{\text{tag}\_P_j\text{for}a\text{to}P_i\}_{j=1,\cdots,n,j\neq i}$ 是 $P_i$ 持有的、其他参与方对 $a$ 的 SPDZ MAC 认证码的秘密份额, 满足

$$a_1 + a_2 + \cdots + a_n = a$$

$$\text{tag}\_P_i\text{for}a\text{to}P_1 + \cdots + \text{tag}\_P_i\text{for}a\text{to}P_n = \text{tag}\_P_i\text{for}a = A_i \cdot a, \quad i = 1, \cdots, n$$

同样的符号 $[\![a]\!]$ 也表示 $a$ 以方案 8.6 的认证秘密共享份额形式存在于参与方 $P_1, P_2, \cdots, P_n$.

观察 $[\![a]\!]$ 的形式, 各参与方的份额数据量远大于 $[a]$ 形式的份额数据量, 因此这种形式的秘密共享, 仅用于需要中途验证的时候.

第二个问题, SPDZ MAC 的同态性是建立在密钥 $\Delta$ 是全局密钥的基础上的. 方案 8.5 的秘密共享方案, 是由秘密分发者生成全局密钥 $\Delta$ , 并分享给各个参与方. 在安全多方计算中, 每一个私有输入都需要进行分享, 而输入的持有者可能是协议的不同参与方, 各个输入的秘密共享需要使用同一个全局密钥 $\Delta$ . 一方面参与方不能知道 $\Delta$ , 否则就能伪造消息和对应的 SPDZ 标签; 另一方面, 也不能由一个统一的秘密分发者来分享所有输入, 这样他就掌握了全部的输入.

为了解决第二个问题, Damgård 等利用预计算技术构造了安全多方计算输入分享机制, 我们称其为 SPDZ 认证秘密共享方案.

若参与方持有 $r$ 的认证秘密份额, 也就是对每个参与方 $P_j$ , 其 $r$ 的认证秘密份额为 $(r_j, \text{tag\_}r\text{for}P_j), \Delta_j$ 是其 SPDZ MAC 密钥份额. 若 $d$ 是一个公开的常数, 各参与方可以按照下述过程计算 $S = r + d$ 的认证秘密份额.

$$P_1 \text{ 计算 } S_1 = r_1 + d, \text{tag\_}S\text{for}P_1 = \text{tag\_}r\text{for}P_1 + \Delta_1 \cdot d$$

对 $j = 2, \cdots, n$

$$P_j \text{ 计算 } S_j = r_j, \text{tag\_}S\text{for}P_j = \text{tag\_}r\text{for}P_j + \Delta_j \cdot d$$

观察

$$\begin{aligned} S_1 + S_2 + \cdots + S_n &= r_1 + d + r_2 + \cdots + r_n \\ &= r + d \\ &= S \end{aligned}$$

及

$$\begin{aligned} & \text{tag\_}S\text{for}P_1 + \cdots + \text{tag\_}S\text{for}P_n \\ &= (\text{tag\_}r\text{for}P_1 + \Delta_1 \cdot d) + \cdots + (\text{tag\_}r\text{for}P_n + \Delta_n \cdot d) \\ &= (\text{tag\_}r\text{for}P_1 + \cdots + \text{tag\_}r\text{for}P_n) + (\Delta_1 \cdot d + \cdots + \Delta_n \cdot d) \\ &= \text{tag\_}r + (\Delta_1 + \cdots + \Delta_n) \cdot d \\ &= \text{tag\_}r + \text{tag\_}d \\ &= \text{tag\_}(r + d) \\ &= \text{tag\_}S \end{aligned}$$

可知 $(S_j, \text{tag\_}S\text{for}P_j)$ 是 $P_j$ 对 $S = r + d$ 的秘密份额.

在 SPDZ 认证秘密共享方案中, 预计算阶段由秘密分发者 $D$ 对若干随机数产生认证秘密共享份额, 并发送给各参与方. 而当某参与方 $P_i$ 分享自己的输入 $x$ 时, $P_i$ 从 $D$ 得到一个被分享的随机数 $r$ , 并以 $r$ 为密钥, 对输入 $x$ 进行一次一密加密得到密文 $x - r$ , 并公开. 随后各参与方利用预计算阶段得到 $r$ 的认证秘密份额, 并以 $x - r$ 为常量, 可以计算出

$$r + x - r = x$$

的秘密份额. 具体协议如下.

---

**方案 8.7** (SPDZ 的认证秘密共享方案 $\pi_{\text{SPDZShare}}$)

setup($1^\lambda$):

1. 秘密分发者 $D$ 运行 SPDZ MAC 方案的 Gen($1^\lambda$), 选取一个大素数 $p$, 使 $|p| \geqslant \lambda$, 选取 $\Delta \in_R \mathbb{Z}_p$, 作为 SPDZ MAC 全局密钥.

2. 秘密分发者 $D$ 随机选择

$$\Delta_2, \cdots, \Delta_n \in_R \mathbb{Z}_p$$

计算

$$\Delta_1 = \Delta - (\Delta_2 + \cdots + \Delta_n)$$

3. 对 $i = 1, \cdots, n$, 将 SPDZ MAC 密钥份额 $\Delta_i$ 发送给参与方 $P_i$.

preprocessing①:

秘密分发者 $D$ 选择随机数 $r$, 并按方案 8.5 的 secret share 过程, 将 $r$ 分享给各个参与方. 具体步骤如下.

1. 计算 $r$ 的 SPDZ 消息标签

$$\text{tag}\_r = \Delta \cdot r$$

2. $D$ 随机选择

$$r_2, \cdots, r_n \in_R \mathbb{Z}_p$$
$$\text{tag}\_r\text{for}P_2, \cdots, \text{tag}\_r\text{for}P_n \in_R \mathbb{Z}_p$$

计算

$$r_1 = r - (r_2 + \cdots + r_n)$$
$$\text{tag}\_r\text{for}P_1 = \text{tag}\_r - (\text{tag}\_r\text{for}P_2 + \cdots + \text{tag}\_r\text{for}P_n)$$

3. 对 $i = 1, \cdots, n$, 将消息 $r_i$, 以及 SPDZ MAC 份额 $\text{tag}\_r\text{for}P_i$ 发送给 $P_i$.

secret share:

某参与方 $P_i$ 分享自己的输入 $x$ 时,

1. $D$ 将随机数 $r$ 发送给 $P_i$.

2. $P_i$ 广播 $x - r$.

3. $P_1$ 计算

---

① 各参与方每个输入的分享, 都需要消耗一个预计算分享的随机数, 因此计算阶段需要计算大量随机数的认证秘密共享. 此处为了方案描述简洁, 我们只描述了一个随机数的认证分享, 对于多个随机数, 只需多次执行该过程即可.

$$x_1 = x - r + r_1$$

$$\text{tag}\_x\text{for}p_1 = \text{tag}\_r\text{for}P_1 + \Delta_1 \cdot (x - r)$$

对 $j = 2,\cdots,n, P_j$ 计算

$$x_j = r_j$$

$$\text{tag}\_x\text{for}p_j = \text{tag}\_r\text{for}P_j + \Delta_j \cdot (x - r)$$

则 $P_j(j = 1,\cdots,n)$ 的 SPDZ 认证秘密份额为$(x_j, \text{tag}_x\text{for}P_j)$.

secret reconstruction :

1. 首先各参与方完成秘密份额及消息标签的交换.

For $i$=1 to $n$

　For $j$=1 to $n$

　　If $j \neq i$

　　　$P_i$ 发送 $(x_i, \text{tag}\_x\text{for}P_i)$ 给 $P_j$.

　　End if

　Next $j$

Next $i$

2. 完成交换后, 各参与方重构 SPDZ MAC 一次密钥、被共享的秘密及其 SPDZ MAC 标签, 并验证标签的合法性.

For $i$=1 to $n$

　$P_i$ 计算

$$x = x_1 + x_2 + \cdots + x_n$$

$$\Delta = \Delta_1 + \Delta_2 + \cdots + \Delta_n$$

$$\text{tag}\_x = \text{tag}\_x\text{for}P_1 + \text{tag}\_x\text{for}P_2 + \cdots + \text{tag}\_x\text{for}P_n$$

　验证

$$\text{tag}\_x = \Delta \cdot x$$

　是否成立. 如不成立, 则向其他参与方广播终止协议.

Next $i$

3. 若没有发生终止协议的情况, 各参与方输出重构的消息 $x$.

同样地, 方案 8.7 的正确性和安全性分析同方案 8.5 的分析类似.

### 8.3.3 SPDZ 安全多方计算协议

SPDZ 安全多方计算协议也分为离线和在线两个计算阶段, 其中离线阶段生成 SPDZ MAC 全局密钥及其分享、用于输入分享的随机值及其分享、用于中途打

开认证的随机数 $r$ 的 $[\![r]\!]$ 形式分享, 以及 SPDZ 认证的 Beaver 三元组. 而在线阶段依照参与方输入计算算术电路, 包括输入值的秘密共享阶段, 利用秘密份额计算电路阶段(含加法门计算和乘法门计算[②]), 以及重构输出阶段.

关于离线阶段生成 SPDZ MAC 全局密钥及其分享、用于输入分享的随机值及其分享, 以及在线阶段输入值的秘密共享, 可以通过方案 8.7 的 setup, preprocessing 和 secret share 步骤完成. 用于中途打开认证的随机数 $r$ 的 $[\![r]\!]$ 形式分享, 可以通过方案 8.6 的 secret share 步骤完成. 其他的协议步骤描述如下.

1. 离线计算 SPDZ 认证 Beaver 三元组

SPDZ 安全多方计算协议在计算乘法门时, 也需要使用预计算的 Beaver 三元组, 但此处使用的 Beaver 三元组需要附带上一些 SPDZ MAC 认证的信息, 我们称之为 SPDZ 认证 Beaver 三元组, 如图 8.8 所示.

| | | $a$ | $\times$ | $b$ | $=$ | $c$ |
|---|---|---|---|---|---|---|
| | | ‖ | | ‖ | | ‖ |
| $P_1$ | $\Delta_1$ | $(a_1,\text{tag}\_a \text{ for } P_1)$ | | $(b_1,\text{tag}\_b \text{ for } P_1)$ | | $(c_1,\text{tag}\_c \text{ for } P_1)$ |
| | + | + + | | + + | | + + |
| ⋮ | ⋮ | ⋮ ⋮ | | ⋮ ⋮ | | ⋮ ⋮ |
| | + | + + | | + + | | + + |
| $P_i$ | $\Delta_i$ | $(a_i,\text{tag}\_a \text{ for } P_i)$ | | $(b_i,\text{tag}\_b \text{ for } P_i)$ | | $(c_i,\text{tag}\_c \text{ for } P_i)$ |
| | + | + + | | + + | | + + |
| ⋮ | ⋮ | ⋮ ⋮ | | ⋮ ⋮ | | ⋮ ⋮ |
| | + | + + | | + + | | + + |
| $P_n$ | $\Delta_n$ | $(a_n,\text{tag}\_a \text{ for } P_n)$ | | $(b_n,\text{tag}\_b \text{ for } P_n)$ | | $(c_n,\text{tag}\_c \text{ for } P_n)$ |
| | ‖ | ‖ | | ‖ | | ‖ |
| | $\Delta$ | $\text{tag}\_a=\Delta\cdot a$ | | $\text{tag}\_b=\Delta\cdot b$ | | $\text{tag}\_c=\Delta\cdot c$ |

图 8.8　SPDZ 认证 Beaver 三元组示意图

SPDZ 认证 Beaver 三元组, 需要有一个 SPDZ MAC 全局密钥 $\Delta$, 但 $\Delta$ 要以份额的形式存在于各参与方.

如果协议执行中存在一个全局的秘密分发者 $D$, 那么离线阶段生成 SPDZ MAC 全局密钥 $\Delta$ 及其分享, 用于输入分享的随机值及其分享过程, 都可以通过秘密分发者 $D$ 利用方案 8.7 的 setup, preprocessing 步骤完成. 具体地, $D$ 随机选择 $a,b\in_R\mathbb{Z}_p$, 计算

---

② 同 BDOZ 安全多方计算协议一样, 这里我们只给出加法门和乘法门的计算. 读者可以参照论文原文, 或自行推导常量加法门和常量乘法门的 SPDZ 多方计算协议.

$$c = a \cdot b$$

并将 $a, \mathrm{tag}\_a, b, \mathrm{tag}\_b, c, \mathrm{tag}\_c$，以 $\Delta$ 为密钥，利用方案 8.6 的 secret share 过程,将 $a,b,c$ 以及

$$\mathrm{tag}\_a = \Delta \cdot a$$
$$\mathrm{tag}\_b = \Delta \cdot b$$
$$\mathrm{tag}\_c = \Delta \cdot c$$

分享给参与方 $P_1,\cdots,P_n$. 则参与方 $P_i$ 持有了认证 Beaver 三元组份额:

$$(a_i, \mathrm{tag}\_a\mathrm{for}P_i),\quad (b_i, \mathrm{tag}\_b\mathrm{for}P_i),\quad (c_i, \mathrm{tag}\_c\mathrm{for}P_i)$$

满足

$$(a_1+\cdots+a_n)(b_1+\cdots+b_n) = (c_1+\cdots+c_n)$$
$$\mathrm{tag}\_a\mathrm{for}P_1+\cdots+\mathrm{tag}\_a\mathrm{for}P_n = \mathrm{tag}\_a = \Delta \cdot a$$
$$\mathrm{tag}\_b\mathrm{for}P_1+\cdots+\mathrm{tag}\_b\mathrm{for}P_n = \mathrm{tag}\_b = \Delta \cdot b$$
$$\mathrm{tag}\_c\mathrm{for}P_1+\cdots+\mathrm{tag}\_c\mathrm{for}P_n = \mathrm{tag}\_c = \Delta \cdot c$$

2. 基于 SPDZ 认证秘密份额在线计算电路门

在 SPDZ 安全多方计算电路门协议中，计算方持有 SPDZ 认证秘密共享份额，不仅包含了输入值的秘密份额，还包含了输入值 SPDZ 消息标签的份额，输出线上的输出值的认证秘密共享份额也要含有类似的两部分内容.

从全局来看，所有参与方要依次对每个电路门完成上述的计算过程. 为了符号的简洁，统一将当前被计算电路门的两个输入值记为 $x$ 与 $y$，输出值记为 $z$，全局 SPDZ MAC 密钥记为 $\Delta$. 对参与方 $P_i\ (i=1,\cdots,n)$ 来说，其持有全局 SPDZ MAC 密钥份额为 $\Delta_i$，输入份额为

$$(x_i, \mathrm{tag}\_x\mathrm{for}P_i),\quad (y_i, \mathrm{tag}\_y\mathrm{for}P_i)$$

满足

$$x_1+x_2+\cdots+x_n = x$$
$$y_1+y_2+\cdots+y_n = y$$
$$\mathrm{tag}\_x\mathrm{for}P_1+\cdots+\mathrm{tag}\_x\mathrm{for}P_n = \mathrm{tag}\_x = \Delta \cdot x$$
$$\mathrm{tag}\_y\mathrm{for}P_1+\cdots+\mathrm{tag}\_y\mathrm{for}P_n = \mathrm{tag}\_y = \Delta \cdot y$$

持有的输出份额为

$$(z_i, \mathrm{tag}\_z\mathrm{for}P_i)$$

满足

$$z_1+z_2+\cdots+z_n = z$$

$$\text{tag\_}z\text{for}P_1 + \cdots + \text{tag\_}z\text{for}P_n = \text{tag\_}z = \Delta \cdot z$$

SPDZ 安全多方计算输入输出值的认证秘密共享份额如图 8.9 所示.

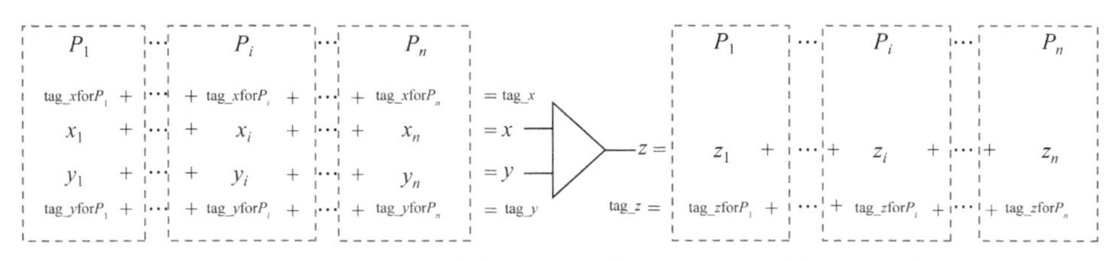


图 8.9 SPDZ 安全多方计算输入输出值的认证秘密共享份额示意图

同 Beaver 安全多方计算协议一致, SPDZ 安全多方计算协议需要处理加法门及乘法门.

(1) SPDZ 安全多方计算加法门.

参与方要计算加法门时, 参照图 8.9 所示, 此时电路门输入为 $x$ 与 $y$, 输出为 $z$, 满足 $z=x+y$. 而 SPDZ 安全计算加法门过程为各参与方输入 $x$ 与 $y$ 的认证秘密份额, 得到输出 $z$ 的认证秘密份额. 具体来说, 参与方 $P_i$ 输入自己持有的电路门输入的 SPDZ 认证份额

$$(x_i, \text{tag\_}x\text{for}P_i), \quad (y_i, \text{tag\_}y\text{for}P_i)$$

得到自己的输出线份额

$$(z_i, \text{tag\_}z\text{for}P_i)$$

满足

$$z_1 + \cdots + z_i + \cdots + z_n = z$$

$$\text{tag\_}z\text{for}P_1 + \cdots + \text{tag\_}z\text{for}P_i + \cdots + \text{tag\_}z\text{for}P_n = \text{tag\_}z = \Delta \cdot z$$

由等式

$$\begin{aligned} z &= x + y \\ &= (x_1 + \cdots + x_i + \cdots + x_n) + (y_1 + \cdots + y_i + \cdots + y_n) \\ &= (x_1 + y_1) + \cdots + (x_i + y_i) + \cdots + (x_n + y_n) \\ &= z_1 + \cdots + z_i + \cdots + z_n \end{aligned}$$

及

$$\begin{aligned} \text{tag\_}z &= \Delta \cdot z = \Delta \cdot (x + y) \\ &= \Delta \cdot x + \Delta \cdot y = \text{tag\_}x + \text{tag\_}y \\ &= \text{tag\_}x\text{for}P_1 + \cdots + \text{tag\_}x\text{for}P_i + \cdots + \text{tag\_}x\text{for}P_n \\ &\quad + \text{tag\_}y\text{for}P_1 + \cdots + \text{tag\_}y\text{for}P_i + \cdots + \text{tag\_}y\text{for}P_n \\ &= (\text{tag\_}x\text{for}P_1 + \text{tag\_}y\text{for}P_1) + \cdots + (\text{tag\_}x\text{for}P_i + \text{tag\_}y\text{for}P_i) \\ &\quad + \cdots + (\text{tag\_}x\text{for}P_n + \text{tag\_}y\text{for}P_n) \end{aligned}$$

可知 $(x_i + y_i, \text{tag\_}x\text{for}P_i + \text{tag\_}y\text{for}P_i)$ 即为参与方 $P_i$ 对输出 $z$ 的认证秘密份额，该过程可由 $P_i$ 本地计算，无需交互.

基于上述讨论, SPDZ 安全多方计算加法门协议如下.

---

**协议 8.10** (SPDZ 加法门计算协议 $\pi_{\text{SPDZAdd}}$)

**输入**: 对 $i=1,\cdots,n$，参与方 $P_i$ 输入自己的 SPDZ 认证份额

$$(x_i, \text{tag\_}x\text{for}P_i), \quad (y_i, \text{tag\_}y\text{for}P_i)$$

满足

$$x_1 + x_2 + \cdots + x_n = x$$

$$y_1 + y_2 + \cdots + y_n = y$$

$$\text{tag\_}x\text{for}P_1 + \cdots + \text{tag\_}x\text{for}P_n = \text{tag\_}x = \Delta \cdot x$$

$$\text{tag\_}y\text{for}P_1 + \cdots + \text{tag\_}y\text{for}P_n = \text{tag\_}y = \Delta \cdot y$$

**输出**: 对 $i=1,\cdots,n$，参与方 $P_i$ 输出自己的输出线份额

$$(z_i, \text{tag\_}z\text{for}P_i)$$

满足

$$z_1 + \cdots + z_n = (x_1 + \cdots + x_n) + (y_1 + \cdots + y_n)$$

$$\text{tag\_}z\text{for}P_1 + \cdots + \text{tag\_}z\text{for}P_i + \cdots + \text{tag\_}z\text{for}P_n = \text{tag\_}z = \Delta \cdot z$$

**协议过程**:

For $i=1$ to $n$

　$P_i$ 计算

$$z_i = x_i + y_i$$

$$\text{tag\_}z\text{for}P_i = \text{tag\_}x\text{for}P_i + \text{tag\_}y\text{for}P_i$$

Next $i$

---

(2) SPDZ 安全多方计算乘法门.

参与方要计算乘法门时，参照图 8.9 所示，此时电路门输入为 $x$ 与 $y$，输出为 $z$，满足 $z = x \cdot y$. 而 SPDZ 安全计算乘法门过程，需要各参与方输入 $x$ 与 $y$ 的 SPDZ 认证秘密份额，并且同协议 8.5 描述的 Beaver 安全多方计算乘法门过程类似，也需要预计算的 Beaver 三元组的辅助，只是此时各参与方的辅助输入为如图 8.8 所示的 SPDZ 认证 Beaver 三元组. 协议完成后各参与方得到电路门输出 $z$ 的 SPDZ 认证秘密份额. 具体来说，在 SPDZ 安全计算乘法门协议中，参与方 $P_i$ 输入自己电路门输入的 SPDZ 认证份额

$$(x_i, \text{tag}\_x\text{for}P_i), \quad (y_i, \text{tag}\_y\text{for}P_i)$$

以及自己持有 SPDZ 认证 Beaver 三元组

$$(a_i, \text{tag}\_a\text{for}P_i), \quad (b_i, \text{tag}\_b\text{for}P_i), \quad (c_i, \text{tag}\_c\text{for}P_i)$$

作为辅助输入, 得到自己的输出线份额

$$(z_i, \text{tag}\_z\text{for}P_i)$$

满足

$$z_1 + \cdots + z_n = (x_1 + \cdots + x_n) \cdot (y_1 + \cdots + y_n)$$

$$\text{tag}\_z\text{for}P_1 + \cdots + \text{tag}\_z\text{for}P_i + \cdots + \text{tag}\_z\text{for}P_n = \text{tag}\_z = \Delta \cdot z$$

按照上述描述, 观察参与方 $P_i$ 输出的份额

$$(z_i, \text{tag}\_z\text{for}P_i)$$

先分析 $P_i$ 输出的份额的第一部分. $z_i$ 是 $z = x \cdot y$ 的份额, 由 8.1.3 节 Beaver 安全多方计算乘法门协议, 在辅助输入 Beaver 三元组的参与下, 有

$$z = x \cdot y = ab + (x-a)b + a(y-b) + (x-a)(y-b)$$

定义 $\alpha = x - a, \beta = y - b$. 在前面协议 8.5 的 Beaver 安全多方计算乘法门中, 给出了 $P_1, \cdots, P_n$ 合作得到 $\alpha$ 的过程. 但在此处, 由于考虑是恶意敌手下的协议, 所以参与方不但要得到 $\alpha$, 还要保证 $\alpha$ 的认证性.

观察到

$$\begin{aligned}
\alpha &= x - a \\
&= (x_1 + \cdots + x_i + \cdots + x_n) - (a_1 + \cdots + a_i + \cdots + a_n) \\
&= (x_1 - a_1) + \cdots + (x_i - a_i) + \cdots + (x_n - a_n) \\
&= \alpha_1 + \cdots + \alpha_i + \cdots + \alpha_n
\end{aligned}$$

因此对 $i = 1, \cdots, n$, 参与方 $P_i$ 可以本地计算 $\alpha_i = x_i - a_i$.

再注意到, 参与方 $P_i$ 持有输入 $x$ 的 SPDZ 认证秘密份额

$$(x_i, \text{tag}\_x\text{for}P_i)$$

以及辅助输入 $a$ 的认证秘密份额

$$(a_i, \text{tag}\_a\text{for}P_i)$$

由 SPDZ MAC 方案的加法同态性, $P_i$ 可以按等式

$$\text{tag}\_\alpha_i\text{for}P_i = \text{tag}\_x\text{for}P_i - \text{tag}\_a\text{for}P_i$$

自行计算 $P_i$ 对 $\alpha_i = x_i - a_i$ 的 SPDZ 消息标签, 得到 $\alpha$ 的 SPDZ 认证秘密共享份额

$$(\alpha_i, \text{tag}\_\alpha\text{for}P_i)$$

通常来说, 为了验证 $\alpha$ 的正确性, 各参与方可交换各自持有的 $\alpha$ 的 SPDZ 认证秘

密共享份额，并各自计算

$$\alpha = \alpha_1 + \cdots + \alpha_i + \cdots + \alpha_n$$

$$\text{tag}\_\alpha = \text{tag}\_\alpha\text{for}P_1 + \cdots + \text{tag}\_\alpha\text{for}P_i + \cdots + \text{tag}\_\alpha\text{for}P_n$$

但是这里产生了一个问题，要验证 $\text{tag}\_\alpha$ 是 $\alpha$ 的合法 SPDZ 标签，必须知道全局 SPDZ 密钥 $\Delta$ . 由于 SPDZ MAC 方案的性质，此时参与方不能利用自己持有的全局 SPDZ 密钥份额把全局 SPDZ 密钥重构出来，否则参与方就有了伪造 SPDZ MAC 标签的能力. 就像 8.3.2 节分析的，在整个电路计算过程中 $\Delta$ 只能重构一次，此步骤需要通过 $[\![\cdot]\!]$ 形式分享和承诺方案来实现，并各自输出 $\perp$ ，或正确的 $\alpha$ .

以同样的方式，参与方也可以获得正确的 $\beta = y - b$ 的 SPDZ 认证秘密共享份额，并进一步各自输出 $\perp$ ，或正确的 $\beta$ .

各参与方都获得正确的 $\alpha$ 与 $\beta$ 之后，我们再观察等式

$$\begin{aligned} x \cdot y &= ab + (x-a)b + a(y-b) + (x-a)(y-b) \\ &= c + \alpha b + a\beta + \alpha\beta \\ &= (c_1 + \cdots + c_n) + \alpha(b_1 + \cdots + b_n) + (a_1 + \cdots + a_n)\beta + \alpha\beta \\ &= (c_1 + \alpha b_1 + a_1\beta + \alpha\beta) + (c_2 + \alpha b_2 + a_2\beta) + \cdots + (c_n + \alpha b_n + a_n\beta) \end{aligned}$$

令

$$\begin{aligned} z_1 &= c_1 + \alpha b_1 + a_1\beta + \alpha\beta \\ z_2 &= c_2 + \alpha b_2 + a_2\beta \\ &\vdots \\ z_n &= c_n + \alpha b_n + a_n\beta \end{aligned} \tag{8.13}$$

则 $z_1, z_2, \cdots, z_n$ 就是 $P_1, P_2, \cdots, P_n$ 持有的 $z = x \cdot y$ 的秘密份额.

观察 SPDZ 安全多方计算乘法门的输出，各参与方需要输出认证的秘密份额. 对 $P_i$ 来说，$P_i$ 需要输出 $(z_i, \text{tag}\_z\text{for}P_i)$ .

参与方 $P_i$ 可以按照公式(8.13)自行计算第一部分数据 $z_i$ .

而对第二部分数据 $\text{tag}\_z\text{for}P_i$ 来说，观察公式

$$\begin{aligned} &\text{tag}\_z\text{for}P_1 + \text{tag}\_z\text{for}P_2 + \cdots + \text{tag}\_z\text{for}P_n \\ &= \text{tag}\_z = \Delta \cdot z \\ &= \Delta \cdot (z_1 + z_2 + \cdots + z_n) \\ &= \Delta \cdot z_1 + \Delta \cdot z_2 + \cdots + \Delta \cdot z_n \\ &= \Delta \cdot (c_1 + \alpha b_1 + a_1\beta + \alpha\beta) + \Delta \cdot (c_2 + \alpha b_2 + a_2\beta) + \cdots + \Delta \cdot (c_n + \alpha b_n + a_n\beta) \\ &= \Delta \cdot (c_1 + \cdots + c_n) + \alpha \cdot \Delta \cdot (b_1 + \cdots + b_n) + \beta \cdot \Delta \cdot (a_1 + \cdots + a_n) + \Delta \cdot \alpha\beta \\ &= \Delta \cdot c + \alpha \cdot \Delta \cdot b + \beta \cdot \Delta \cdot a + \Delta \cdot \alpha\beta \end{aligned}$$

$$
\begin{aligned}
&= \mathrm{tag\_}c + \alpha \cdot \mathrm{tag\_}b + \beta \cdot \mathrm{tag\_}a + \Delta \cdot \alpha\beta \\
&= \mathrm{tag\_}c\mathrm{for}P_1 + \mathrm{tag\_}c\mathrm{for}P_2 + \cdots + \mathrm{tag\_}c\mathrm{for}P_n \\
&\quad + \alpha \cdot \mathrm{tag\_}b\mathrm{for}P_1 + \alpha \cdot \mathrm{tag\_}b\mathrm{for}P_2 + \cdots + \alpha \cdot \mathrm{tag\_}b\mathrm{for}P_n \\
&\quad + \beta \cdot \mathrm{tag\_}a\mathrm{for}P_1 + \beta \cdot \mathrm{tag\_}a\mathrm{for}P_2 + \cdots + \beta \cdot \mathrm{tag\_}a\mathrm{for}P_n \\
&\quad + (\Delta_1 + \Delta_2 + \cdots + \Delta_n) \cdot \alpha\beta \\
&= (\mathrm{tag\_}c\mathrm{for}P_1 + \alpha \cdot \mathrm{tag\_}b\mathrm{for}P_1 + \beta \cdot \mathrm{tag\_}a\mathrm{for}P_1 + \Delta_1 \cdot \alpha\beta) \\
&\quad + (\mathrm{tag\_}c\mathrm{for}P_2 + \alpha \cdot \mathrm{tag\_}b\mathrm{for}P_2 + \beta \cdot \mathrm{tag\_}a\mathrm{for}P_2 + \Delta_2 \cdot \alpha\beta) \\
&\quad + \cdots \\
&\quad + (\mathrm{tag\_}c\mathrm{for}P_n + \alpha \cdot \mathrm{tag\_}b\mathrm{for}P_n + \beta \cdot \mathrm{tag\_}a\mathrm{for}P_n + \Delta_n \cdot \alpha\beta)
\end{aligned}
$$

这样 $\mathrm{tag\_}z$ 被分割为 $n$ 项的和. 对 $i=1,\cdots,n$，令

$$
\mathrm{tag\_}z\mathrm{for}P_i = (\mathrm{tag\_}c\mathrm{for}P_i + \alpha \cdot \mathrm{tag\_}b\mathrm{for}P_i + \beta \cdot \mathrm{tag\_}a\mathrm{for}P_i + \Delta_i \cdot \alpha\beta) \tag{8.14}
$$

观察等式(8.14), 其中 $\mathrm{tag\_}a\mathrm{for}P_i, \mathrm{tag\_}b\mathrm{for}P_i, \mathrm{tag\_}c\mathrm{for}P_i$ 是 $P_i$ 持有的 SPDZ 认证 Beaver 三元组信息，$\Delta_i$ 是 $P_i$ 持有的 SPDZ MAC 全局密钥份额，而 $\alpha,\beta$ 是之前算出的公开参数，因此，$P_i$ 可以通过等式(8.14)，本地计算 $\mathrm{tag\_}z\mathrm{for}P_i$.

由上述分析, SPDZ 安全多方计算乘法门协议如下.

---

**协议 8.11** (SPDZ 安全多方计算乘法门协议 $\pi_{\mathrm{SPDZMult}}$)

**输入**: 对 $i=1,\cdots,n$，参与方 $P_i$ 输入全局 SPDZ MAC 密钥的份额 $\Delta_i$，以及 $x$ 和 $y$ 的认证秘密份额

$$[x]_i = (x_i, \mathrm{tag\_}x\mathrm{for}P_i)$$

$$[y]_i = (y_i, \mathrm{tag\_}y\mathrm{for}P_i)$$

满足

$$x_1 + x_2 + \cdots + x_n = x$$

$$y_1 + y_2 + \cdots + y_n = y$$

$$\Delta_1 + \Delta_2 + \cdots + \Delta_n = \Delta$$

$$\mathrm{tag\_}x\mathrm{for}P_1 + \cdots + \mathrm{tag\_}x\mathrm{for}P_n = \mathrm{tag\_}x = \Delta \cdot x$$

$$\mathrm{tag\_}y\mathrm{for}P_1 + \cdots + \mathrm{tag\_}y\mathrm{for}P_n = \mathrm{tag\_}y = \Delta \cdot y$$

**辅助输入**:

1. 对 $i=1,\cdots,n$，参与方 $P_i$ 输入预计算的 SPDZ 认证 Beaver 三元组份额

$$[a]_i = (a_i, \mathrm{tag\_}a\mathrm{for}P_i)$$

$$[b]_i = (b_i, \mathrm{tag\_}b\mathrm{for}P_i)$$

$$[c]_i = (c_i, \text{tag}\_c\text{for}P_i)$$

满足

$$(a_1 + \ldots + a_n)(b_1 + \ldots + b_n) = (c_1 + \ldots + c_n)$$

$$\text{tag}\_a\text{for}P_1 + \cdots + \text{tag}\_a\text{for}P_n = \text{tag}\_a = \Delta \cdot a$$

$$\text{tag}\_b\text{for}P_1 + \cdots + \text{tag}\_b\text{for}P_n = \text{tag}\_b = \Delta \cdot b$$

$$\text{tag}\_c\text{for}P_1 + \cdots + \text{tag}\_c\text{for}P_n = \text{tag}\_c = \Delta \cdot c$$

2. 对 $i = 1, \cdots, n$，参与方 $P_i$ 输入自己的 SPDZ MAC 全局密钥 $A_i$、用于承诺的预计算的随机数 $r_i, t_i$，对 $j = 1, \cdots, n$　$P_j$ 输入其持有的认证秘密份额 $[\![r_i]\!]_j, [\![t_i]\!]_j$ 分别为

$$[\![r_i]\!]_j = (r_{ij}, \{\text{tag}\_P_i\text{for}r_i\text{to}P_j\}_{j=1,\cdots,n}, A_j)$$

$$[\![t_i]\!]_j = (t_{ij}, \{\text{tag}\_P_i\text{for}t_i\text{to}P_j\}_{j=1,\cdots,n}, A_j)$$

**输出**：对 $i = 1, \cdots, n$，参与方 $P_i$ 输出

$$(z_i, \text{tag}\_z\text{for}P_i)$$

满足

$$(z_1 + \cdots + z_n) = (x_1 + \cdots + x_n)(y_1 + \cdots + y_n)$$

$$\text{tag}\_z\text{for}P_1 + \cdots + \text{tag}\_z\text{for}P_n = \text{tag}\_z = \Delta \cdot z$$

**协议过程**：

1. $P_1, P_2, \cdots, P_n$ 重构 $\alpha = x - a, \beta = y - b$，并验证其正确性.

For　$i$ =1 to $n$

　$P_i$ 计算

$$\alpha_i = x_i - a_i$$

$$\beta_i = y_i - b_i$$

$$\text{tag}\_\alpha\text{for}P_i = \text{tag}\_x\text{for}P_i - \text{tag}\_a\text{for}P_i$$

$$\text{tag}\_\beta\text{for}P_i = \text{tag}\_y\text{for}P_i - \text{tag}\_b\text{for}P_i$$

Next　$i$

For　$i$ =1 to $n$

　各参与方 $P_i$ 交换 $\alpha_i, \beta_i$，并计算

$$\alpha = \alpha_1 + \cdots + \alpha_n$$

$$\beta = \beta_1 + \cdots + \beta_n$$

Next　$i$

2. $P_1, P_2, \cdots, P_n$ 验证 $\alpha, \beta$ 的正确性.

For $i=1$ to $n$

$P_i$ 计算

$$d_{\alpha_i} = \Delta_i \cdot \alpha - \text{tag}\_\alpha \text{for} P_i$$

$$d_{\beta_i} = \Delta_i \cdot \beta - \text{tag}\_\beta \text{for} P_i$$

以及对应的承诺值

$$d'_{\alpha_i} = d_{\alpha_i} - r_i$$

$$d'_{\beta_i} = d_{\beta_i} - t_i$$

并向所有其他参与方公开 $d'_{\alpha_i}, d'_{\beta_i}$.

Next $i$

For $i=1$ to $n$

$P_i$ 向所有其他参与方公开 $d_{\alpha_i}, d_{\beta_i}$.

$P_1, \cdots, P_n$ 以秘密共享份额 $[\![r_i]\!], [\![t_i]\!]$ 为输入，联合执行方案 8.6 的秘密重构过程，如果重构协议非正常终止，则终止乘法门计算，否则各参与方共同获得正确的 $r_i, t_i$.

$P_1, \cdots, P_n$ 各自独立验证

$$d'_{\alpha_i} = d_{\alpha_i} - r_i$$

$$d'_{\beta_i} = d_{\beta_i} - t_i$$

是否成立，如不成立，则向其他参与方广播，并终止乘法门计算.

Next $i$

$P_1, \cdots, P_n$ 各自独立验证

$$d_{\alpha_1} + \cdots + d_{\alpha_n} = 0$$

$$d_{\beta_1} + \cdots + d_{\beta_n} = 0$$

是否成立，如不成立，则向其他参与方广播，并终止乘法门计算，否则 $\alpha, \beta$ 的正确性通过验证.

3. $P_1, P_2, \cdots, P_n$ 计算输出认证秘密份额.

$P_1$ 计算

$$z_1 = c_1 + \alpha b_1 + a_1 \beta + \alpha \beta$$

$$\text{tag}\_z\text{for}P_1 = \text{tag}\_c\text{for}P_1 + \alpha \cdot \text{tag}\_b\text{for}P_1 + \beta \cdot \text{tag}\_a\text{for}P_1 + \Delta_1 \cdot \alpha\beta$$

For $i=2$ to $n$

$P_i$ 计算

$$z_i = c_i + \alpha b_i + a_i \beta$$

$$\text{tag\_}z\text{for}P_i = \text{tag\_}c\text{for}P_i + \alpha \cdot \text{tag\_}b\text{for}P_i + \beta \cdot \text{tag\_}a\text{for}P_i + \Delta_i \cdot \alpha\beta$$

Next $i$

协议 8.11 描述了恶意敌手模型下单个乘法门的计算过程. 在这个协议中验证 $\alpha,\beta$ 两个参数正确性时需要两个承诺, 而承诺协议的计算及通信开销都比较大. 由于该承诺方式具备加法同态的性质, 因此, 我们可以把多个乘法门中的承诺验证, 利用线性组合的方式进行批量验证, 这样整个电路仅需要两次批量承诺验证即可.

3. SPDZ 协议安全多方重构输出

在第二阶段利用认证秘密份额依次完成每个电路门的计算后, 各参与方持有了各个输出线上的 SPDZ 认证秘密份额. 只需按照方案 8.6 中的秘密重构步骤, 各参与方依次将各输出线的输出重构出来即可.

同 BDOZ 协议相同, 在 SPDZ 协议中, 只要有一个诚实的参与方, 那么要么诚实参与方可以获得正确输出; 要么协议退出, 各参与方都没有正确的输出.

### 8.3.4 环 $\mathbb{Z}_{2^k}$ 上的安全多方计算协议

之前 8.2.4 节和 8.3.3 节描述的恶意敌手模型下的安全多方计算协议, 是在素数域 $\mathbb{Z}_p$ 上设计的, 协议的正确性以及安全性分析, 如定理 8.1、定理 8.2 所示, 非常简洁明确. 但现实中常用的计算设备, 如 CPU/GPU 等处理器, 擅长处理的是二进制运算, 对于模 $2^k$ 运算来说, 只需简单地截断即可, 而对模 $p$ 运算, 需要做耗时的进制转换处理, 因此基于环 $\mathbb{Z}_{2^k}$ 设计安全多方计算协议, 可以有效地提升协议效率.

做适当改造, SPDZ 和 BDOZ 这两个协议都可以在环 $\mathbb{Z}_{2^k}$ 上实现, 但由于不能保证非零元素的可逆性, 在环 $\mathbb{Z}_{2^k}$ 上设计安全多方计算协议, 会遇到一些技术难点, 包括环 $\mathbb{Z}_{2^k}$ 上的同态加密、零知识证明、OT 协议、认证秘密分享等基础密码协议的构造等. 以方案 8.4 同态 SPDZ MAC 方案为例, 在 $\mathbb{Z}_p$ 上, 使用密钥 $\Delta$, 消息 $m$ 的标签计算公式为

$$\text{tag} = \Delta \cdot m \bmod p$$

若 $\Delta \neq 0$，则 tag 与 $m$ 一一对应. 而平移到环 $\mathbb{Z}_{2^k}$ 上，计算公式变为

$$\text{tag} = \Delta \cdot m \mod 2^k \tag{8.15}$$

此时，给定标签 tag 以及密钥 $\Delta$，方程(8.15)可能有多个解 $m$，因此可能有不止一个消息 $m$ 与 tag 对应，此时 tag 不能认证消息 $m$.

为了解决这一问题，Cramer 等[CDE+18]在 SPDZ 协议的基础上，通过将方案 8.4 的同态 SPDZ MAC 方案改进为 $\mathbb{Z}_{2^k}$ 上的消息认证方案，得到了一个环 $\mathbb{Z}_{2^k}$ 上的高效安全多方计算协议.

注意到，如果取标签空间为一个“大环”，使得 $\Delta \cdot m$ 不发生约化，比如取密钥空间 $\mathcal{K} = \mathbb{Z}_{2^s}$，消息空间 $\mathcal{M} = \mathbb{Z}_{2^k}$，消息标签空间 $\mathcal{J} = \mathbb{Z}_{2^{s+k}}$，这时 $\text{tag} = \Delta \cdot m$ 不被约化，是一个整数意义上的等式，则当 $\Delta \neq 0$ 时，$\text{tag} = \Delta \cdot m$ 是一个消息空间 $\mathcal{M} = \mathbb{Z}_{2^k}$ 到消息标签空间 $\mathcal{J} = \mathbb{Z}_{2^{s+k}}$ 的单射，一个 tag 至多对应一个 $m$. 基于这个原理以及一系列的技术细节的改进，Cramer 等最终将 SPDZ 协议改进为环 $\mathbb{Z}_{2^k}$ 上的协议，称作 SPD$\mathbb{Z}_{2^k}$，具体的技术细节此处不再赘述，有兴趣的读者可参阅[CDE+18].

## 参 考 文 献


[BDOZ11] Bendlin R, Damgård I, Orlandi C, et al. Semi-homomorphic encryption and multiparty computation. Advances in Cryptology-EUROCRYPT 2011, LNCS 6632. Berlin: Springer, 2011: 169-188.

[Bea91] Beaver D. Efficient multiparty protocols using circuit randomization. Proceedings of the 11th Annual International Cryptology Conference on Advances in Cyptology. Berlin: Springer, 1991: 420-432.

[BGW88] Ben-Or M, Goldwasser S, Wigderson A. Completeness theorems for non-cryptographic fault-tolerant distributed computation. Proceedings of the 20th Annual ACM Symposium on the Theory of Computing. New York: ACM Press, 1988: 1-10.

[CDE+18] Cramer R, Damgrd I, Escudero D, et al. SPD$\mathbb{Z}_{2^k}$: Efficient mpc mod $2^k$ for dishonest majority. Advances in Cryptology – CRYPTO 2018. Cham: Springer, 2018: 769-798.

[DGK08] Damgård I, Geisler M, Kroigard M. Homomorphic encryption and secure comparison. International Journal of Applied Cryptography, 2008, 1(1): 22-31.

[SPDZ12] Damgård I, Pastro V, Smart N, et al. Multiparty computation from somewhat homomorphic encryption. Advances in Cryptology-CRYPTO 2012, LNCS 7417. Berlin: Springer, 2012: 643-662.

[DSZ15] Demmler D, Schneider T, Zohner M. ABY: A framework for efficient mixed-protocol secure two-party computation. Proceedings of the 22nd Annual Network and Distributed System Security Symposium-NDSS 2015. San Diego: The Internet Society, 2015: 8-11.

[Gilboa99] Gilboa N. Two party RSA key generation. Advances in Cryptology−CRYPTO'99, LNCS 1666. Berlin: Springer, 1999: 116-129.

[KL20] Katz J, Lindell Y. Introduction to Modern Cryptography. 3rd ed. Boca Raton: CRC Press, 2020.

[Paillier99] Paillier P. Public-key cryptosystems based on composite degree residuosity classes. Advances in Cryptology−EUROCRYPT'99, LNCS 1592. Berlin: Springer, 1999: 223-238.

[PBS12] Pullonen P, Bogdanov D, Schneider T. The design and implementation of a two-party protocol suite for SHAREMIND 3. CYBERNETICA, Institute of Information Security, Tech. Rep., T-4-17, 2012.

# 第 9 章　安全多方计算实用化技术

早期的安全多方计算研究主要关注理论问题，其成果难以实用. 但随着网络的发展及其形态的改变，随着计算能力及计算环境的改变，安全多方计算实用化已成为可能；而随着社会数字化的需求，大量数据需要进行安全地融合、处理及利用，对安全多方计算实用化的需求也越来越迫切. 近年来，实用化安全多方计算已经成为密码学研究的热点领域，出现了一些面向实用的设计思想及设计方法，并产生了一些具有一定实用价值的系统，安全多方计算理论与技术已经开始进入实用阶段. 本章介绍对安全多方计算技术效率提高影响最为显著的几个典型技术，包括 OT 扩展技术、Yao-混淆电路优化技术，以及不同类型安全多方计算协议混合使用的框架.

## 9.1　OT 扩展技术

OT 是设计安全多方计算协议的最基本工具，安全多方计算协议中通常需要大量的 OT 实例. 例如，Yao-混淆电路中，电路计算方的每个输入比特，都需要执行一次 OT 协议进行传输；GMW 协议中布尔电路的每一个 AND 门都需要至少一个 OT 协议执行. 在恶意敌手模型下，实际的安全多方计算协议所需要执行的 OT 次数可能需要数百万次甚至更多. 因此，OT 协议的执行效率成为影响安全多方计算协议效率的关键因素. 1988 年，Impagliazzo 和 Rudich[IR90]证明了无法使用黑盒构造的方法，从一个单向函数来实现 OT 协议，OT 协议的构造需要使用公钥运算. 但是，公钥密码体制往往需要低效运算，比如大数的乘幂、域中元素的求逆等，不利于大量使用，因此 OT 协议一度成为安全多方计算协议的主要性能瓶颈.

1996 年，Beaver[Bea96]首先提出一种称为 OT 扩展的技术，只需运行少量的 OT 协议(例如几百个)作为基础，然后使用廉价的对称密码操作(例如 XOR, Hash 等)，来获得大量(例如几百万个)OT 协议执行的效果，从而大大缓解了 OT 低效问题.

### 9.1.1　半诚实敌手模型下安全的 Beaver OT 扩展协议

Beaver 在文献[Bea96]中首次提出了 OT 扩展的思想，基于随机 OT(random oblivious transfer, ROT)去随机化的技术，给出了一个基于 Yao 协议的非黑盒 OT 扩展方案.

首先看一下随机 OT 去随机化技术. 一个随机 OT 功能函数的示意图如图 9.1 所示, 其功能函数如下.

---

**随机 OT 功能函数 $\mathcal{F}_{\mathbf{ROT}}$**

**输入:**

Alice 输入 $\perp$ (无输入).

Bob 输入随机选择比特 $r$ .

**输出:**

Alice 的输出为一对随机消息 $(y_0, y_1)$ .

Bob 的输出为 $y_r$ .

---

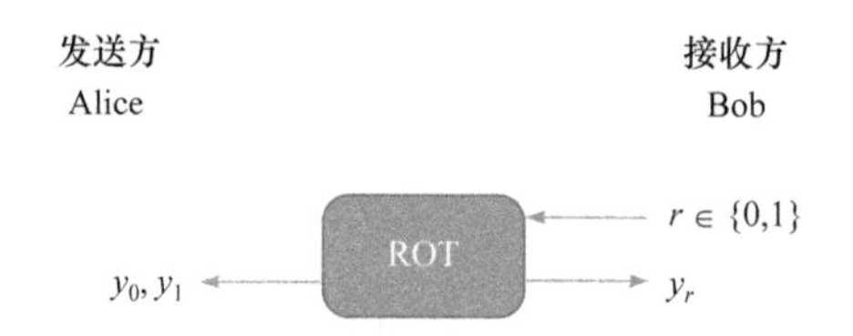


图 9.1　随机 OT 功能函数的示意图

由随机 OT 功能函数的描述, 可以看到该功能函数为发送方输出两个随机消息, 接收方收到其中之一. 并不像 $\mathrm{OT}_2^1$ 那样, 由发送方选定消息. Beaver 于 1991 年提出了一个随机 OT 去随机化的技术[Bea91], 将随机 OT 看作一个预处理过程, 然后以随机 OT 的输出作为辅助输入, 仅利用对称密码运算, 就实现了 $\mathrm{OT}_2^1$ 的计算功能, 具体的协议如下.

---

**协议 9.1** (Beaver 随机 OT 去随机化)

**输入:**

Alice 输入一对 $k$ 比特消息 $m_0, m_1$ .

Bob 输入一个选择比特 $\sigma$ .

**辅助输入:**

Alice 输入预计算随机 OT 的输出: 一对 $k$ 比特随机消息 $(y_0, y_1)$ .

Bob 输入预计算随机 OT 的输出: 随机选择比特 $r$ 及相应消息 $y_r$ .

**输出:**

Alice 的输出为 $\perp$ .

---

Bob 的输出为 $m_\sigma$.

**协议过程**:

1. Bob 计算 $d = r \oplus \sigma$, 并将 $d$ 发送给 Alice.

2. Alice 计算:

$$x_0 = m_0 \oplus y_d$$
$$x_1 = m_1 \oplus y_{1\oplus d}$$

并将 $x_0, x_1$ 发送给 Bob.

3. Bob 计算:

$$m_\sigma = x_\sigma \oplus y_r$$

在协议 9.1 中, Alice 使用随机 OT 中输出的一对随机消息作为一次一密的密钥, 加密 $\mathrm{OT}_2^1$ 的输入, 由于 Bob 在随机 OT 中只拿到了一个随机消息, 也就是说 Bob 只有一个密钥, 因此只能解密一个消息. 注意到随机 OT 输出消息是作为密钥使用的, 其长度为 $k$, 因此 $k$ 也是密钥安全参数, 不能太短.

上述分析说明了 Bob 只能解密一对消息中的一个, 但是如何保证 Bob 能正确解密与 $\sigma$ 对应的消息呢? 协议 9.1 的正确性分析如下.

(1) 当 Bob 在随机 OT 中得到的选择比特 $r$, 与他在 $\mathrm{OT}_2^1$ 中的选择比特 $\sigma$ 相同时, 即 $\sigma = r$ 时, $d = r \oplus \sigma = 0$, Alice 使用了原始的密钥顺序 $y_0, y_1$ 加密消息 $m_0, m_1$, 也就是使用 $y_0$ 加密 $m_0$ 得到 $x_0$, 使用 $y_1$ 加密 $m_1$ 得到 $x_1$, 这样,

$$x_\sigma \oplus y_r = (m_\sigma \oplus y_\sigma) \oplus y_r = m_\sigma \oplus y_\sigma \oplus y_\sigma = m_\sigma$$

Bob 得到其指定的消息.

(2) 当 Bob 在随机 OT 中得到的选择比特 $r$, 与他在 $\mathrm{OT}_2^1$ 中的选择比特 $\sigma$ 不相同时, 即 $r = 1 \oplus \sigma$ 时, $d = r \oplus \sigma = 1$, Alice 使用了交换顺序的密钥 $y_1, y_0$ 加密 $m_0, m_1$, 也就是使用 $y_1$ 加密 $m_0$ 得到 $x_0$, 使用 $y_0$ 加密 $m_1$ 得到 $x_1$, 这样,

$$x_\sigma \oplus y_r = (m_\sigma \oplus y_{1\oplus\sigma}) \oplus y_r = (m_\sigma \oplus y_r) \oplus y_r = m_\sigma$$

Bob 同样得到其指定的消息.

因此, 协议的正确性成立. 由于 $r$ 是随机的, 公开 $d$ 并不泄露 $\sigma$ 的信息.

协议 9.1 利用了离线预计算的随机 OT 的输出, 仅通过对称密码操作就实现了 $\mathrm{OT}_2^1$ 的功能, 其提出的动机是将线上计算负载转移到线下, 以提高线上计算效率. 随后, Beaver 将这一技术用于构造 OT 扩展.

Beaver 非黑盒 OT 扩展利用了 Yao 协议中 OT 数量只与输入线数量成正比的事实. 首先协议双方 Alice 和 Bob 利用 Yao-混淆电路计算一个功能函数, 双方在

功能函数的输入都是 $k$ 比特的短随机种子 $s_1$, $s_2$, 功能函数以 $s_1 \oplus s_2$ 为随机种子生成 $n$ ( $n \gg k$ ) 对随机消息 $\{(y_0^i, y_1^i)\}_{i=1,\cdots,n}$, 并产生一个 $n$ 比特的随机串 $r = r_1 r_2 \cdots r_n$, 最终 Alice 在功能函数的输出是 $n$ 对 $k$ 比特的随机消息 $\{(y_0^i, y_1^i)\}_{i=1,\cdots,n}$, 而 Bob 的输出是 $r = r_1 r_2 \cdots r_n$ 和 $n$ 个 $k$ 比特消息 $\{y_{r_i}^i\}_{i=1,\cdots,n}$, 其中 $r_i$ 表示 $r$ 的第 $i$ 个比特. 注意到功能函数的输入为 $k$ 比特, 因此 Yao-混淆电路的输入也为 $k$ 比特, 即参与方只需执行 $k$ 个 OT 协议. 由于这一阶段需要执行 OT 协议, 被称为基础 OT 阶段.

观察基础 OT 阶段功能函数的输出, 事实上产生了 $n$ 个随机 OT 协议. 对 $i = 1, \cdots, n$, Alice 得到 $k$ 比特随机消息对 $(y_0^i, y_1^i)$, 而 Bob 得到了一个随机选择比特 $r_i$, 以及与此选择比特对应的消息 $y_{r_i}^i$. 下一步, 参与方以上述 $n$ 个随机 OT 协议为辅助输入, 进行随机 OT 去随机化, 就得到了 $n$ 个 $\mathrm{OT}_2^1$ 协议. 在这一阶段, 仅需要高效的对称密码操作, 被称为 OT 扩展阶段.

本质上来看, Beaver OT 扩展协议先在基础 OT 阶段, 为 Alice 产生 $n$ 对 $k$ 比特的随机消息 $\{(y_0^i, y_1^i)\}_{i=1,\cdots,n}$, 而 Bob 拿到一个随机串 $r = r_1 r_2 \cdots r_n$, 以及每对消息中的一个 $\{y_{r_i}^i\}_{i=1,\cdots,n}$. 而在扩展阶段, Bob 使用自己选择字符串 $\sigma = \sigma_1 \sigma_2 \cdots \sigma_n$, 以及之前基础 OT 的输出 $r = r_1 r_2 \cdots r_n$, 按随机 OT 去随机化技术, 按位确定标志位 $d_i$. Alice 以 $\{(h(y_0^i), h(y_1^i))\}_{i=1,\cdots,n}$ 为密钥, 其中 $h(\cdot)$ 是一个Hash函数, 按照 Bob 发过来的标志 $d_i$, 确定密钥对 $(h(y_0^i), h(y_1^i))$ 与消息对 $(m_0^i, m_1^i)$ 的加密对应关系, 加密得到密文对 $(z_0^i, z_1^i)$ $(i = 1, \cdots, n)$, 然后 Bob 使用 $\{h(y_{r_i}^i)\}_{i=1,\cdots,n}$ 解密每组密文对之一的密文 $\{z_{\sigma_i}^i\}_{i=1,\cdots,n}$, 得到选取的消息.

具体的 Beaver OT 扩展协议描述如下.

1. 基础 OT 阶段

---

**协议 9.2** (Beaver OT 扩展协议基础 OT 阶段)

**输入:**

Alice 输入 $k$ 比特随机种子 $s_1$.

Bob 输入 $k$ 比特随机种子 $s_2$.

**输出:**

Alice 的输出为 $n$ 个随机消息对 $\{(y_0^i, y_1^i)\}_{i=1,\cdots,n}$.

Bob 的输出为 $n$ 比特随机数 $r = r_1 r_2 \cdots r_n$ 和 $\{y_{r_i}^i\}_{i=1,\cdots,n}$, 其中 $r_i$ 表示 $r$ 的第 $i$ 个比特.

---

**协议过程**:

Alice 和 Bob 计算一个 Yao-混淆电路 $G_f$:

1. Alice 和 Bob 各自输入一个长度为 $k$ 的随机数 $s_1$, $s_2$.

2. 混淆电路 $G_f$ 内部首先计算 $s = s_1 \oplus s_2$, 随后根据 $s$ 采样生成 $n$ 对随机消息 $\{(y_0^i, y_1^i)\}_{i=1,\cdots,n}$.

3. 混淆电路 $G_f$ 根据 $s$ 采样一个 $n$ 比特长度的随机数 $r$.

4. Alice 获得输出 $\{(y_0^i, y_1^i)\}_{i=1,\cdots,n}$.

5. Bob 获得输出随机数 $r = r_1 r_2 \cdots r_n$, $\{y_{r_i}^i\}_{i=1,\cdots,n}$. 这里 $r_i$ 表示 $r$ 的第 $i$ 个比特.

2. 扩展阶段

**协议 9.3** (Beaver OT 扩展协议扩展阶段)

**输入**:

公开的 Hash 函数 $h, h$ 的输出与 Alice 输入的消息等长.

Alice 输入 $n$ 个消息对 $\{(m_0^i, m_1^i)\}_{i=1,\cdots,n}$.

Bob 输入选择比特串 $\sigma = \sigma_1 \sigma_2 \cdots \sigma_n$.

**辅助输入**:

Alice 输入在基础 OT 阶段得到的 $n$ 个随机消息对 $\{(y_0^i, y_1^i)\}_{i=1,\cdots,n}$.

Bob 输入在基础 OT 阶段得到的选择比特串 $r = r_1 r_2 \cdots r_n$, 以及 $\{y_{r_i}^i\}_{i=1,\cdots,n}$.

**输出**:

Alice 的输出为 $\perp$.

Bob 的输出为 $\{m_{\sigma_i}^i\}_{i=1,\cdots,n}$.

**协议过程**:

For $i = 1, \cdots, n$

1. Bob 计算 $d_i = \sigma_i \oplus r_i$, 并将 $d_i$ 发送给 Alice.

2. Alice 计算

$$z_0^i = m_0^i \oplus h(y_{d_i})$$

$$z_1^i = m_j^i \oplus h(y_{1 \oplus d_i})$$

并将( $z_0^i, z_1^i$ )发送给 Bob.

3. Bob 计算 $m_{\sigma_i}^i = z_{\sigma_i}^i \oplus h(y_{r_i})$.

Next $i$

协议 9.2 和协议 9.3 描述的 Beaver OT 扩展协议，其正确性可由协议 9.1 Beaver 随机 OT 去随机化的正确性得到. 该协议是半诚实敌手模型下安全的. 协议 9.3 是按照对 $n$ 个随机 OT 逐次去随机化来描述的，该过程可以通过并行处理，有效减少交互的轮次.

在 Beaver 非黑盒 OT 扩展的构造中，协议双方在运行 Yao 协议时需要调用 $k$ 次 OT 实例，这些 OT 实例需要使用公钥操作进行. 而在 OT 扩展阶段，协议双方执行的都是廉价的对称操作，且最终达到了 $n\,(n \gg k)$ 次 OT 协议执行的效果，但由于基础 OT 阶段是利用 Yao-混淆电路实现的，效率不高，仅是一个理论上可行的 OT 扩展方案.

### 9.1.2　半诚实敌手模型下安全的 IKNP OT 扩展协议

Ishai 等在[IKNP03]中提出了第一个基于黑盒调用 OT 的高效 OT 扩展协议(也称为 IKNP OT 扩展)，该协议的构造与混合加密的思想十分类似. 假设协议发送方 Alice 输入 $n$ 对 $k$ 比特的消息：$(m_0^1, m_1^1), \cdots, (m_0^n, m_1^n)$，接收方 Bob 输入 $n$ 位选择比特串 $\boldsymbol{\sigma} = \sigma_1\sigma_2\cdots\sigma_n$[①]，IKNP OT 扩展协议结束后，Alice 输出为空，Bob 输出 $m_{\sigma_1}^1, \cdots, m_{\sigma_n}^n$. IKNP OT 扩展协议也分为两个阶段：基础 OT 阶段和扩展阶段.

1. 基础 OT 阶段

在基础 OT 阶段，如图 9.2 所示，Bob 首先将自己的选择比特串 $\boldsymbol{\sigma} = \sigma_1\sigma_2\ldots\sigma_n$ 看作一个 $n$ 维比特列向量，将此列向量复制 $k$ 份形成一个 $n \times k$ 维比特矩阵 $\boldsymbol{\Sigma}$，则矩阵 $\boldsymbol{\Sigma}$ 的同一行元素相同，要么全为 0，要么全为 1. 然后 Bob 将矩阵 $\boldsymbol{\Sigma}$ 按列异或的方式分成两个 $n \times k$ 维的份额矩阵 $\boldsymbol{T}, \boldsymbol{T}'$，即 $\boldsymbol{\Sigma} = \boldsymbol{T} \oplus \boldsymbol{T}'$. 具体做法是，Bob 先随机选择 $k$ 个长度为 $n$ 的比特串 $\{\boldsymbol{t}_i\}_{i=1,\cdots,k}$，对每个消息 $\boldsymbol{t}_i$，计算 $\boldsymbol{t}_i' = \boldsymbol{t}_i \oplus \boldsymbol{\sigma}$，则将 $\{\boldsymbol{t}_i\}_{i=1,\cdots,k}$ 看作 $k$ 个列向量构成 $\boldsymbol{T}$，同样的 $\{\boldsymbol{t}_i'\}_{i=1,\cdots,k}$ 构成 $\boldsymbol{T}'$. 注意到，因为 $\boldsymbol{\Sigma} = \boldsymbol{T} \oplus \boldsymbol{T}'$，所以 $\boldsymbol{T}$ 和 $\boldsymbol{T}'$ 的同一行，不妨设为第 $j$ 行 $(j = 1, \cdots, n)$，用记号 $\boldsymbol{T}(j)$ 表示[②]，满足 $\boldsymbol{T}(j) \oplus \boldsymbol{T}'(j) = \boldsymbol{\Sigma}(j)$.

(1) 当 $\boldsymbol{\Sigma}(j)$ 一行对应选择比特 $\sigma_j = 0$ 时，$\boldsymbol{T}(j) \oplus \boldsymbol{T}'(j) = \underbrace{0\cdots0}_{k个}$，可得 $\boldsymbol{T}(j)$ 元素与 $\boldsymbol{T}'(j)$ 元素完全相同，记 $\boldsymbol{T}(j)$ 第 $i$ 位元素($i = 1, \cdots, k$)为 $\boldsymbol{T}(j,i)$，则有

---

① 在本节中，由于我们需要将一些二进制串看作比特向量，因此我们把这样的二进制字符串采用粗体的向量记号.

② 为了区分矩阵的行向量与列向量，对一个矩阵 $\boldsymbol{Q}$，我们使用对应大写字母加括号里的行号表示行向量，如 $\boldsymbol{Q}(j)$ 表示矩阵 $\boldsymbol{Q}$ 的第 $j$ 行形成的行向量；使用对应小写字母加下标表示列向量，如 $\boldsymbol{q}_i$ 表示 $\boldsymbol{Q}$ 的第 $i$ 列形成的列向量；进一步地，我们使用对应大写字母加括号里的行号与列号表示矩阵的元素，如 $\boldsymbol{Q}(j,i)$ 表示矩阵第 $j$ 行第 $i$ 列的元素.

$$T(j,i)=T'(j,i) \tag{9.1}$$

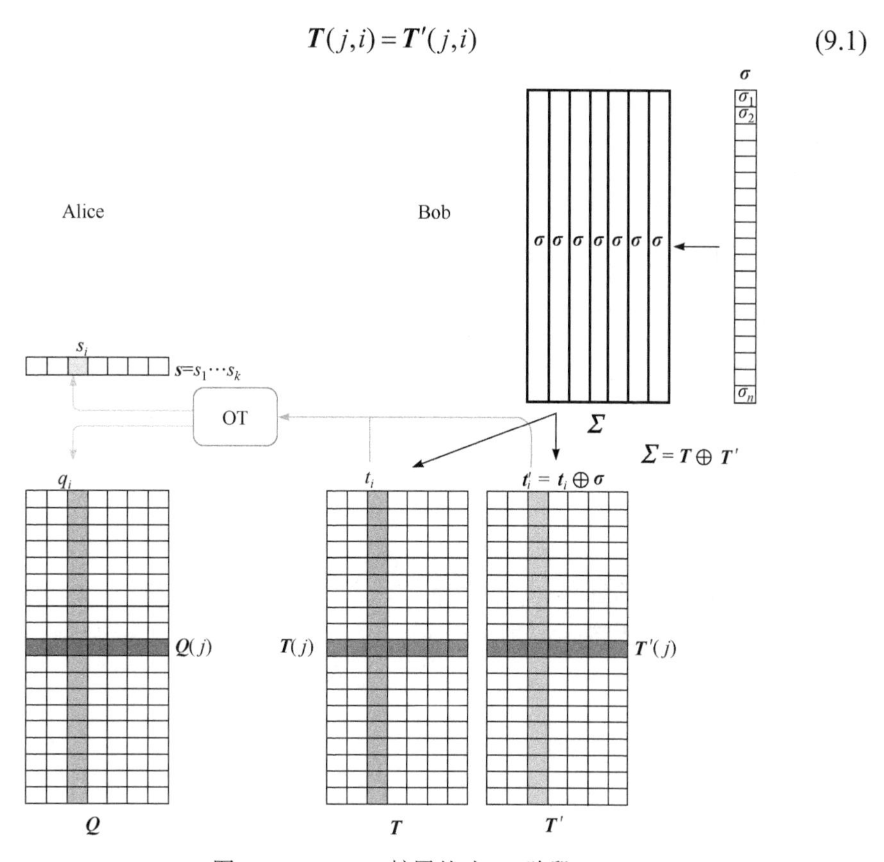


图 9.2 IKNP OT 扩展基础 OT 阶段

(2) 当 $\boldsymbol{\Sigma}(j)$ 一行对应选择比特 $\sigma_j=1$ 时，$\boldsymbol{T}(j)\oplus\boldsymbol{T}'(j)=\underbrace{1\cdots1}_{k个}$，可得 $\boldsymbol{T}(j)$ 元素与 $\boldsymbol{T}'(j)$ 元素完全相反，则有

$$T(j,i)=T'(j,i)\oplus 1 \tag{9.2}$$

对于这 $k$ 对比特串 $\{(\boldsymbol{t}_i,\boldsymbol{t}_i')\}_{i=1,\cdots,k}$，Alice 和 Bob 分别作为接收方和发送方执行 $k$ 次基础 $\mathrm{OT}_2^1$ 协议. 注意到，在 OT 扩展中，Alice 是发送方，Bob 是接收方. 而在基础 $\mathrm{OT}_2^1$ 时，两者角色发生了交换，Bob 是发送方，输入 $n$ 比特选择字符串 $\boldsymbol{\sigma}=\sigma_1\sigma_2\cdots\sigma_n$，而 Alice 是接收方，输入为空. 基础 $\mathrm{OT}_2^1$ 协议执行完之后，Bob 输出 $k$ 个消息对 $\{(\boldsymbol{t}_i,\boldsymbol{t}_i')\}_{i=1,\cdots,k}$ (或者等价地说矩阵 $\boldsymbol{T}$ 和 $\boldsymbol{T}'$)，Alice 输出 $k$ 比特随机串 $\boldsymbol{s}=s_1s_2\cdots s_k$，以及 $k$ 个随机二进制串 $\{\boldsymbol{q}_i\}_{i=1,\cdots,k}$，满足

$$对\ i=1,\cdots,k,\quad \boldsymbol{q}_i=\begin{cases}\boldsymbol{t}_i, & s_i=0\\ \boldsymbol{t}_i'=\boldsymbol{t}_i\oplus\boldsymbol{\sigma}, & s_i=1\end{cases} \tag{9.3}$$

也就是，当选择比特 $s_i=0$ 时，Alice 拿到 $\boldsymbol{T}$ 的第 $i$ 列 $\boldsymbol{t}_i$；当选择比特 $s_i=1$ 时，Alice 拿到 $\boldsymbol{T}'$ 的第 $i$ 列 $\boldsymbol{t}_i'$. 容易验证，等式(9.3)可以等价地写作等式(9.4)

$$\text{对}\, i=1,\cdots,k,\quad \boldsymbol{q}_i=\boldsymbol{t}_i\oplus(\boldsymbol{\sigma}\oplus s_i) \tag{9.4}$$

将 Alice 的输出 $\{\boldsymbol{q}_i\}_{i=1,\cdots,k}$ 中每个 $\boldsymbol{q}_i$ 看作一个 $n$ 维比特向量，则 $\{\boldsymbol{q}_i\}_{i=1,\cdots,k}$ 也构成一个 $n\times k$ 的比特矩阵，记为 $\boldsymbol{Q}$.

IKNP OT 扩展协议的基础 OT 阶段描述如下.

---

**协议 9.4** (IKNP OT 扩展协议的基础 OT 阶段)

**输入:**

公共参数 $k$.

Bob 输入 $n$ 比特选择字符串 $\boldsymbol{\sigma}=\sigma_1\sigma_2\cdots\sigma_n$.

Alice 输入 $\perp$.

**输出:**

Bob 输出 $k$ 个消息对 $\{(\boldsymbol{t}_i,\boldsymbol{t}_i')\}_{i=1,\cdots,k}$，其中 $\boldsymbol{t}_i$ 是 $n$ 比特随机串，$\boldsymbol{t}_i'=\boldsymbol{t}_i\oplus\boldsymbol{\sigma}$.

Alice 输出 $k$ 比特随机数 $\boldsymbol{s}=s_1s_2\cdots s_k$，以及 $k$ 个随机二进制串 $\{\boldsymbol{q}_\mathrm{i}\}_{i=1,\cdots,k}$，对 $i=1,\cdots,k$,

$$\boldsymbol{q}_i=\begin{cases}\boldsymbol{t}_i, & s_i=0\\ \boldsymbol{t}_i'=\boldsymbol{t}_i\oplus\boldsymbol{\sigma}, & s_i=1\end{cases}$$

**协议过程:**

For $i=1,\cdots,k$

Bob 随机选择长度为 $n$ 的比特串 $\boldsymbol{t}_i$，计算 $\boldsymbol{t}_i'=\boldsymbol{t}_i\oplus\boldsymbol{\sigma}$.

Next $i$

Alice 随机选择 $k$ 比特随机数 $\boldsymbol{s}=s_1s_2\cdots s_k$.

For $i=1,\cdots,k$

Bob 作为 $\mathrm{OT}_2^1$ 协议的发送方，输入一对消息 $(\boldsymbol{t}_i,\boldsymbol{t}_i'=\boldsymbol{t}_i\oplus\boldsymbol{\sigma})$.

Alice 作为 $\mathrm{OT}_2^1$ 协议的接收方，输入一个选择比特 $s_i$.

双方执行 $\mathrm{OT}_2^1$ 协议, Bob 输出 $\perp$, Alice 得到输出

$$\boldsymbol{q}_i=\begin{cases}\boldsymbol{t}_i, & s_i=0\\ \boldsymbol{t}_i'=\boldsymbol{t}_i\oplus\boldsymbol{\sigma}, & s_i=1\end{cases}$$

Next $i$

Bob 输出 $k$ 个 $n$ 比特消息对 $\{(\boldsymbol{t}_i,\boldsymbol{t}_i')\}_{i=1,\cdots,k}$.

Alice 输出 $k$ 比特随机数 $\boldsymbol{s}=s_1s_2\cdots s_k$，以及 $k$ 个 $n$ 比特随机二进制串 $\{\boldsymbol{q}_i\}_{i=1,\cdots,k}$.

---

IKNP OT 扩展的基础 OT 阶段, 本质上是实现了相关 OT(correlated oblivious transfer, COT)的功能函数. 相关 OT 是随机 OT 的一个变种, 在随机 OT 中, 发送方没有输入, 其输出是两个完全随机的消息, 而在相关 OT 中, 发送方有一个输入 $\Delta$, 其输出是两个有联系的随机消息, 它们的差是 $\Delta$. 相关 OT 功能函数的示意图如图 9.3 所示, 其对应的功能函数如下.

---

**相关 OT 功能函数 $\mathcal{F}_{\mathrm{COT}}$**

**输入:**

发送者输入 $\Delta$.

接收者输入选择比特 $r$.

**输出:**

Alice 的输出为 $y_0, y_1 = y_0 + \Delta$.

Bob 的输出为 $y_r$.

---

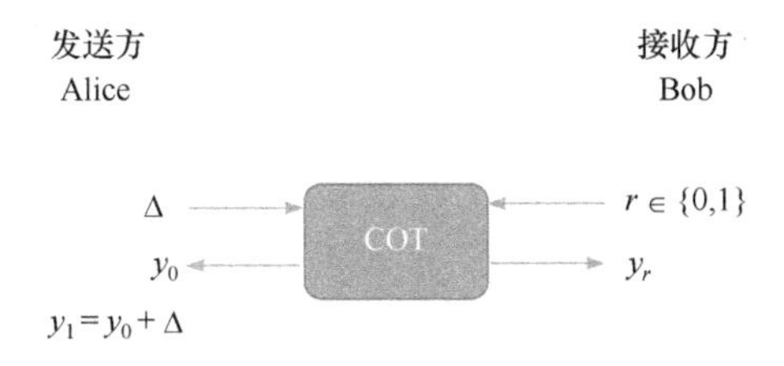


图 9.3　相关 OT 功能函数示意图

观察协议 9.4 IKNP OT 扩展的基础 OT 过程, 就是 Bob 以发送者身份输入 $\boldsymbol{\sigma}$, Alice 以接收者身份依次输入随机选择串 $\boldsymbol{s} = s_1 s_2 \cdots s_k$ 每一比特, 双方执行 $k$ 次相关 OT 的过程.

2. 扩展阶段

在扩展阶段, 如图 9.4 所示, 首先按行观察矩阵 $\boldsymbol{Q}, \boldsymbol{T}, \boldsymbol{T}'$, 同样记 $\boldsymbol{Q}(j), \boldsymbol{T}(j)$, $\boldsymbol{T}'(j)$ 分别表示矩阵 $\boldsymbol{Q}, \boldsymbol{T}, \boldsymbol{T}'$ 的第 $j$ 行( $j = 1, \cdots, n$ ), 都可视为 $k$ 比特字符串. 由基础 OT 的执行过程, 对接收者输入 $\boldsymbol{\sigma} = \sigma_1 \cdots \sigma_n$ 的第 $j$ 个比特 $\sigma_j$.

(1) 如果 $\sigma_j = 0$, 由等式(9.1), 有 $\boldsymbol{T}'(j,i) = \boldsymbol{T}(j,i)$, 即 $\boldsymbol{T}'(j)$ 与 $\boldsymbol{T}(j)$ 的元素完全相同, 而 Alice 在基础 OT 中的输出 $\boldsymbol{Q}$ 的第 $j$ 行, 每一个比特要么来自 $\boldsymbol{T}(j)$, 要么来自 $\boldsymbol{T}'(j) = \boldsymbol{T}(j)$, 则 $\boldsymbol{Q}(j) = \boldsymbol{T}(j)$ 总是成立.

(2) 如果 $\sigma_j = 1$, 由等式(9.2), 有 $\boldsymbol{T}(j,i) = \boldsymbol{T}'(j,i) \oplus 1$, 即 $\boldsymbol{T}'(j) = \boldsymbol{T}(j) \oplus \underbrace{1 \cdots 1}_{k个} = \boldsymbol{T}(j) \oplus \boldsymbol{\Sigma}(j)$, Alice 在基础 OT 中的输出 $\boldsymbol{Q}$ 的第 $j$ 行的第 $i$ 位 $\boldsymbol{Q}(j,i)$, Alice 是按照

选择比特 $s_i$ 选择 $\boldsymbol{T}(j)$ 或 $\boldsymbol{T}'(j)$ 的第 $i$ 位:

(i) 若 $s_i=0$, 则 $\boldsymbol{Q}(j,i)=\boldsymbol{T}(j,i)=\boldsymbol{T}(j,i)\oplus 0=\boldsymbol{T}(j,i)\oplus s_i$;

(ii) 若 $s_i=1$, 则 $\boldsymbol{Q}(j,i)=\boldsymbol{T}'(j,i)=\boldsymbol{T}(j,i)\oplus 1=\boldsymbol{T}(j,i)\oplus s_i$.

总之, 当 $\sigma_j=1$ 时, 无论 $s_i$ 等于什么, $\boldsymbol{Q}(j,i)=\boldsymbol{T}(j,i)\oplus s_i$, 从而

$$\boldsymbol{Q}(j)=\boldsymbol{T}(j)\oplus \boldsymbol{s}$$

综上,

$$\text{对 } j=1,\cdots,n,\quad \boldsymbol{Q}(j)=\begin{cases}\boldsymbol{T}(j), & \sigma_j=0\\ \boldsymbol{T}(j)\oplus \boldsymbol{s}, & \sigma_j=1\end{cases} \tag{9.5}$$

等式(9.5)等价于

$$\text{对 } j=1,\cdots,n,\quad \boldsymbol{Q}(j)=\boldsymbol{T}(j)\oplus(\boldsymbol{s}\cdot\sigma_j) \tag{9.6}$$

又由于 $\boldsymbol{\Sigma}$ 的第 $j$ 行 $\boldsymbol{\Sigma}(j)$ 的每一个元素都是 $\sigma_j$, 容易验证,

$$\text{对 } j=1,\cdots,n,\quad \boldsymbol{Q}(j)=\boldsymbol{T}(j)\oplus(\boldsymbol{s}\wedge\boldsymbol{\Sigma}(j)) \tag{9.7}$$

注意等式(9.5)和(9.6)中, $\boldsymbol{\sigma}$ 是 Bob 的私有输入, $\boldsymbol{s},\boldsymbol{Q}(j)$ 是 Alice 的私有输出, $\boldsymbol{T}(j)$ 是 Bob 的私有输出, 这两个公式只是反映了 IKNP OT 扩展基础 OT 阶段的输入输出的内在关系, 是之后扩展阶段正确性的基础.

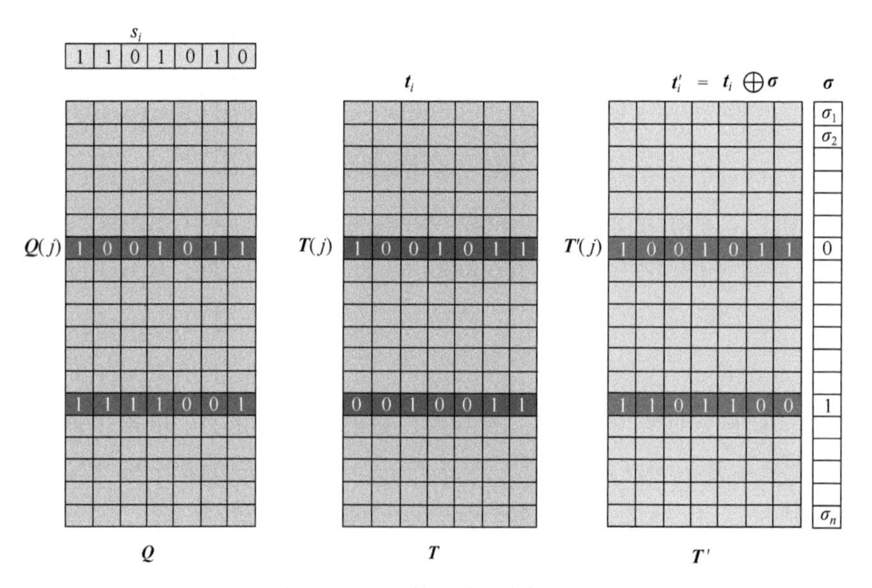


图 9.4　IKNP 扩展阶段密钥关系

Alice 可以通过其持有的信息 $\boldsymbol{Q}(j)$ 与随机串 $\boldsymbol{s}$, 产生 $n$ 对 $k$ 比特的信息 $\{\boldsymbol{Q}(j),\boldsymbol{Q}(j)\oplus\boldsymbol{s}\}_{j=1,\cdots,n}$. 而 Bob 持有 $\{\boldsymbol{T}(j)\}_{j=1,\cdots,n}$, 刚好是与选择字符串 $\boldsymbol{\sigma}=\sigma_1\sigma_2\cdots\sigma_n$ 对应的、Alice 的 $n$ 对信息中每一对的其中之一. 更明确地说,

(1) 当$\sigma_j=0$时，由等式(9.5)有$\boldsymbol{Q}(j)=\boldsymbol{T}(j)$，即 Bob 持有$\boldsymbol{T}(j)$是 Alice 一对消息$(\boldsymbol{Q}(j),\boldsymbol{Q}(j)\oplus\boldsymbol{s})$中的第一个；

(2) 当$\sigma_j=1$时，由等式(9.5)有$\boldsymbol{Q}(j)=\boldsymbol{T}(j)\oplus\boldsymbol{s}$，变形得$\boldsymbol{T}(j)=\boldsymbol{Q}(j)\oplus\boldsymbol{s}$，即 Bob 持有$\boldsymbol{T}(j)$是 Alice 一对消息$(\boldsymbol{Q}(j),\boldsymbol{Q}(j)\oplus\boldsymbol{s})$中的第二个.

上述的过程，我们把它看作一个相关 OT 扩展(correlated oblivious transfer extension, COTe)过程. 本质上 IKNP 基础 OT 阶段的相关 OT 是以 Bob 作为相关 OT 的发送方，以相关矩阵$\boldsymbol{T}$，$\boldsymbol{T}'=\boldsymbol{T}\oplus\boldsymbol{\Sigma}$的列向量($n$维)为输入，Alice 作为相关 OT 的接收方，以$\boldsymbol{s}=s_1s_2\cdots s_k$为输入，执行 $k$ 次的$\mathrm{OT}_2^1$，Alice 获得输出矩阵$\boldsymbol{Q}$的过程. COT 结束后，Alice 将输出矩阵$\boldsymbol{Q}$按行处理，每一行按$\boldsymbol{Q}(j),\boldsymbol{Q}(j)\oplus\boldsymbol{s}$进行扩展，事实上形成了 Alice 以$\boldsymbol{Q}(j)$，$\boldsymbol{Q}(j)\oplus\boldsymbol{s}$为输入，Bob 以$\sigma_j$为输入的$n$次$\mathrm{OT}_2^1$效果. 由于这$n$次$\mathrm{OT}_2^1$发送方 Alice 的两个输入仍是相关的，同时鉴于$n\gg k$，因此该过程实现了$k$个相关 OT 到$n$个相关 OT 的扩展.

至此，由$k$个基础 OT 产生的信息，已经扩展出$n$对密钥的框架，但是如果直接使用$\{\boldsymbol{Q}(j),\ \boldsymbol{Q}(j)\oplus\boldsymbol{s}\}_{j=1,\cdots,n}$作为加密消息$\{(m_0^j,m_1^j)\}_{j=1,\cdots,n}$密钥，由于每对$\boldsymbol{Q}(j)$，$\boldsymbol{Q}(j)\oplus\boldsymbol{s}$使用了同一个$\boldsymbol{s}$，因此数据之间存在关联，作为密钥随机性不够，因此以$\boldsymbol{Q}(j)$，$\boldsymbol{Q}(j)\oplus\boldsymbol{s}$为种子，使用一个伪随机函数产生一个伪随机串作为密钥即可. 具体协议中使用了 Hash 函数$h(\cdot)$作为伪随机函数.

这一个过程可以看作相关 OT 到随机 OT 的转化，把相关 OT 中有关联的输出值，利用伪随机函数进行伪随机化，消除它们的相关性，从而改造成随机 OT.

有了随机 OT，就可以利用类似协议 9.1 的随机 OT 去随机化技术，产生标准的 OT 协议. 具体做法是，Alice 使用密钥对集合

$$\{h(j,\boldsymbol{Q}(j)),h(j,\boldsymbol{Q}(j)\oplus\boldsymbol{s})\}_{j=1,\cdots,n}$$

按对应关系加密消息对集合$\{(m_0^j,m_1^j)\}_{j=1,\cdots,n}$，得到密文对集合$\{(z_0^j,z_1^j)\}_{j=1,\cdots,n}$，并发送给 Bob. Bob 依据$\boldsymbol{\sigma}=\sigma_1\sigma_2\cdots\sigma_n$，使用密钥$\{h(j,\boldsymbol{T}(j))\}_{j=1,\cdots,n}$解密$\{z_{\sigma_j}^j\}_{j=1,\cdots,n}$，就可以得到他想要获取的明文.

完整的 IKNP OT 扩展协议扩展阶段步骤描述如下.

---

**协议 9.5** (IKNP OT 扩展协议扩展阶段)

**输入:**

公开的 Hash 函数$h:(0,1)^*\to(0,1)^k$.

Alice 输入基础 OT 阶段输出的$k$个$n$比特随机二进制串$\{\boldsymbol{q}_i\}_{i=1,\cdots,k}$、$k$比特随机数$\boldsymbol{s}=s_1s_2\cdots s_k$，以及$n$对$k$比特的消息集合$\{(m_0^j,m_1^j)\}_{j=1,\cdots,n}$.

---

---

Bob 输入基础 OT 阶段输出的 $k$ 个 $n$ 比特消息对 $\{(\boldsymbol{t}_i,\boldsymbol{t}'_i)\}_{i=1,\cdots,k}$，以及 $n$ 比特选择字符串 $\boldsymbol{\sigma}=\sigma_1\sigma_2\cdots\sigma_n$.

**输出:**

Alice 的输出为⊥.

Bob 的输出为 $n$ 个 $k$ 比特的消息 $\{m_{\sigma_j}^j\}_{j=1,\cdots,n}$.

**协议过程:**

1. Alice 以 $\{\boldsymbol{q}_i\}_{i=1,\cdots,k}$ 中的每个 $n$ 比特随机消息 $\boldsymbol{q}_i$ 为列向量，构成一个 $n\times k$ 维矩阵 $\boldsymbol{Q}$，记 $\{\boldsymbol{Q}(j)\}_{j=1,\cdots,n}$ 为矩阵的行向量. Alice 计算 $\{\boldsymbol{Q}(j),\boldsymbol{Q}(j)\oplus \boldsymbol{s}\}_{j=1,\cdots,n}$.

2. Bob 以 $\{\boldsymbol{t}_i\}_{i=1,\cdots,k}$ 中的每个 $n$ 比特随机消息 $\boldsymbol{t}_i$ 为列向量，构成一个 $n\times k$ 维矩阵 $\boldsymbol{T}$，记 $\{\boldsymbol{T}(j)\}_{j=1,\cdots,n}$ 为矩阵的行向量.

3. For $j=1,\cdots,n$

Alice 计算

$$z_0^j=m_0^j\oplus h(j,\boldsymbol{Q}(j))$$

$$z_1^j=m_1^j\oplus h(j,\boldsymbol{Q}(j)\oplus \boldsymbol{s})$$

Next $j$

4. Alice 将密文集合 $\{(z_0^j,z_1^j)\}_{j=1,\cdots,n}$ 发送给 Bob.

5. For $j=1,\cdots,n$

Bob 计算 $m_{\sigma_j}^j=z_{\sigma_j}^j\oplus h(j,\boldsymbol{T}(j))$.

Next $j$

6. Bob 输出 $\{m_{\sigma_j}^j\}_{j=1,\cdots,n}$.

---

IKNP OT 扩展方案是半诚实敌手模型下安全的，更明确地说，可以达到恶意发送者(Alice)安全，但是只能达到半诚实接收者(Bob)安全. 如果恶意的 Bob 在第一阶段执行 $k$ 个基础 OT 协议过程中，使用了不同的 $\boldsymbol{\sigma}$，也就是矩阵 $\boldsymbol{\Sigma}$ 的各列不再是由相同的 $\boldsymbol{\sigma}$ 构成，则可以抽取 Alice 选择的随机数 $\boldsymbol{s}$ 的信息. 举例来说，若 Bob 使用不同的 $\boldsymbol{\sigma}$ 构造 $\boldsymbol{\Sigma}$，使 $\boldsymbol{\Sigma}(1)=1\underbrace{0\cdots0}_{k-1个}$. 由等式(9.7)有

$$\begin{aligned}\boldsymbol{Q}(1)&=\boldsymbol{T}(1)\oplus(\boldsymbol{s}\wedge\boldsymbol{\Sigma}(1))\\&=\boldsymbol{T}(1)\oplus\left(s_1s_2\cdots s_k\wedge 1\underbrace{0\cdots0}_{k-1个}\right)\end{aligned}$$

$$=\boldsymbol{T}(1)\oplus s_1\underbrace{0\cdots0}_{k-1\text{个}} \tag{9.8}$$

这样$\boldsymbol{Q}(1)$中包含了$\boldsymbol{s}$的第一个比特$s_1$的信息. Bob 知道$\boldsymbol{T}(1)$，则由等式(9.8), 要么$\boldsymbol{Q}(1)=\boldsymbol{T}(1)\oplus 0\underbrace{0\cdots0}_{k-1\text{个}}$，要么$\boldsymbol{Q}(1)=\boldsymbol{T}(1)\oplus 1\underbrace{0\cdots0}_{k-1\text{个}}$. 由于 Alice 使用$h(1,\boldsymbol{Q}(1))$来加密$m_0^1$得到密文$z_0^1$并发送给 Bob, Bob 可以分别使用$h\left(1,\boldsymbol{T}(1)\oplus 0\underbrace{0\cdots0}_{k-1\text{个}}\right)$和$h\left(1,\boldsymbol{T}(1)\oplus 1\underbrace{0\cdots0}_{k-1\text{个}}\right)$尝试解密$z_0^1$，根据对明文空间的先验知识(某些情况下, 看是否解密出有意义的明文), 来判断哪一个是正确的解密, 因此也就获得了$\boldsymbol{s}$的一个比特$s_1$.

Bob 可以通过$k$次类似的方法, 获得$\boldsymbol{s}$的所有比特$s_1,\cdots,s_k$，因此也获得了$\boldsymbol{s}$，可以计算所有的$\{\boldsymbol{Q}(j),\boldsymbol{Q}(j)\oplus\boldsymbol{s}\}_{j=1,\cdots,n}$，进一步可以获得所有的$\{(m_0^j,m_1^j)\}_{j=1,\cdots,n}$.

### 9.1.3 恶意敌手模型下安全的 KOS OT 扩展协议

9.1.2 节描述的 IKNP OT 扩展协议不能抵抗恶意接收者的攻击, 接收者可以通过输入不一致的选择字符串$\boldsymbol{\sigma}$完成攻击. 因此为了防止恶意接收者攻击, 主要手段就是对接收者的输入进行一致性检测.

在 IKNP OT 扩展的论文[IKNP03]中, 简单提出可以利用 cut-and-choose 技术实现对输入$\boldsymbol{\sigma}$进行一致性检测, 文献[Nielsen07, HIKN08]进一步发展了这一方法, 这一类方法利用 cut-and-choose 技术来检测接收方的输入一致性, 其检测步骤作用在整个基础 OT 及扩展阶段, 增加了协议的计算量, 相对于半诚实的协议来说, 计算负载增加比例较大, 并且这些方案都是在 random oracle 模型下证明安全的.

Nielsen[NNOB12]在 2012 年美国密码会议(简称: 美密会)上利用 Hash 函数进行输入$\boldsymbol{\sigma}$的一致性检测, 其检测步骤作用于基础 OT 阶段, 仅增加了基础 OT 协议的计算量, 由于基础 OT 协议的数量远远少于扩展 OT 的数量, 因此该方法效率较高, 但该方案仅在 random oracle 模型中证明了安全性. 在 2015 年欧洲密码会议(简称:欧密会)上, Asharov 等在文献[NNOB12]的基础上作了进一步的改进[ALS+13], 增加了少量的基础 OT, 减少了大量的输入一致性检测, 从而提高了效率. 在第一阶段的$k$次基础 OT 中, 文献[NNOB12]的输入一致性检测要保证扩展 OT 的发送方在任意两次的 OT 都使用相同的$\boldsymbol{\sigma}$，以$k$次 OT 中的输入为顶点, 如果对两次 OT 中的输入进行一致性检测, 则在这两点间连接一条边, 所以文献[NNOB12]的一致性检测的次数是一个$k$个顶点的完全图的边数. Asharov 方法[ALS+13]是增大$k$的值, 然后在$k$个顶点的图中选择一个随机$d$次正则图来进行一致性检测, 这种方法将大大减少一致性检测的次数，他们进一步讨论了参数 $k,d$ 的选择方法. 除了效率提升之外，该方案不但在 random oracle 模型中证明了安全性，进一步地，如果要求进行一致性检测 Hash 函数满足一种称为最小熵鲁棒性(min-entropy correlation robustness)的特性的话，该协议可以在标准模型下证明安全性.

Keller 等[KOS15]在 2015 年美密会上，基于 IKNP OT 扩展协议的基础 OT 阶段 Alice 和 Bob 私有输入输出之间内在逻辑关系，利用子集检查的方法，对 Bob 的输入 $\boldsymbol{\sigma}$ 进行一致性检测，得到一个恶意敌手模型下安全的 OT 扩展协议 KOS. KOS 协议同前述恶意敌手模型下的 OT 扩展方案相比，是性能最高的恶意敌手模型下安全的 INKP 类型的 OT 扩展方案，其计算与通信复杂度及基础的半诚实 IKNP OT 扩展协议相同.

观察基础 IKNP OT 扩展协议的基础 OT 阶段的输入输出，有关系式(9.7)成立，也就是有

$$\begin{cases} \boldsymbol{Q}(1)=\boldsymbol{T}(1)\oplus(\boldsymbol{s}\wedge\boldsymbol{\Sigma}(1)) \\ \qquad\vdots \\ \boldsymbol{Q}(j)=\boldsymbol{T}(j)\oplus(\boldsymbol{s}\wedge\boldsymbol{\Sigma}(j)) \\ \qquad\vdots \\ \boldsymbol{Q}(n)=\boldsymbol{T}(n)\oplus(\boldsymbol{s}\wedge\boldsymbol{\Sigma}(n)) \end{cases} \tag{9.9}$$

其中 $\boldsymbol{s}=s_1s_2\cdots s_k$ 是 Alice 的私有输出，$\boldsymbol{Q}(j)$ 是 Alice 的私有输出矩阵 $\boldsymbol{Q}=\{\boldsymbol{q}_i\}_{i=1,\cdots,k}=\{\boldsymbol{Q}(j)\}_{j=1,\cdots,n}$ 的第 $j$ 行. $\boldsymbol{T}(j)$ 是 Bob 的私有输出矩阵 $\boldsymbol{T}=\{\boldsymbol{t}_i\}_{i=1,\cdots,k}=\{\boldsymbol{T}(j)\}_{j=1,\cdots,n}$ 第 $j$ 行，$\boldsymbol{\Sigma}$ 是 Bob 私有输入 $\boldsymbol{\sigma}=\sigma_1\sigma_2\cdots\sigma_n$ 作为列向量复制 $k$ 次得到的矩阵，$\boldsymbol{\Sigma}(j)$ 是 $\boldsymbol{\Sigma}$ 的第 $j$ 行. 如果 $\boldsymbol{\Sigma}$ 是诚实构造的，也就是 Bob 使用一致的 $\boldsymbol{\sigma}$，则行向量 $\boldsymbol{\Sigma}(j)$ 的所有元素相同，都是 $\sigma_j$，即 $\boldsymbol{\Sigma}(j)\in\{0^k,1^k\}$；否则，如果 $\boldsymbol{\Sigma}$ 是恶意构造的，那么行向量 $\boldsymbol{\Sigma}(j)$ 的所有元素可以不相同，既有 0，也有 1，即 $\boldsymbol{\Sigma}(j)\in\{0,1\}^k$.

观察等式(9.9)中的 $n$ 个方程，如果使用任意的线性组合系数 $a_1,\cdots,a_j,\cdots,a_n\in_R\{0,1\}^k$ 将这 $n$ 个方程线性组合，注意到，如果满足 $\boldsymbol{\sigma}$ 的一致性，也就是每个行向量 $\boldsymbol{\Sigma}(j)$ 的所有元素相同，那么一定有等式

$$\begin{aligned} \bigoplus_{j=1}^{n} a_j\wedge\boldsymbol{Q}(j) &= \bigoplus_{j=1}^{n} a_j\wedge(\boldsymbol{T}(j)\oplus(\boldsymbol{s}\wedge\boldsymbol{\Sigma}(j))) \\ &= \bigoplus_{j=1}^{n}(a_j\wedge\boldsymbol{T}(j))\oplus(a_j\wedge\boldsymbol{\Sigma}(j)\wedge\boldsymbol{s}) \\ &= \bigoplus_{j=1}^{n}(a_j\wedge\boldsymbol{T}(j))\oplus\bigoplus_{j=1}^{n}(a_j\wedge\boldsymbol{\Sigma}(j)\wedge\boldsymbol{s}) \end{aligned}$$

$$= \bigoplus_{j=1}^{n}(a_j \wedge \boldsymbol{T}(j)) \oplus \bigoplus_{j=1}^{n}(a_j \wedge \boldsymbol{\Sigma}(j)) \wedge \boldsymbol{s} \tag{9.10}$$

成立. 反之, 如果不满足 $\boldsymbol{\sigma}$ 的一致性, 也就是可能某行向量 $\boldsymbol{\Sigma}(j)$ 的元素不相同, 那么由等式(9.9)成立, 等式(9.10)以很小的概率成立.

因此, 令 Alice 随机选择线性组合系数 $a_1,\cdots,a_j,\cdots,a_n \in_R \{0,1\}^k$, 并发送给 Bob.

Bob 以此线性组合系数计算 $\boldsymbol{T}(j)$ 和 $\boldsymbol{\Sigma}(j)$ 的线性组合

$$\boldsymbol{T}_C = \bigoplus_{i=1}^{n}(a_j \wedge \boldsymbol{T}(j)), \quad \boldsymbol{\Sigma}_C = \bigoplus_{i=1}^{n}(a_j \wedge \boldsymbol{\Sigma}(j))$$

并发送给 Alice.

Alice 同样计算

$$\boldsymbol{Q}_C = \bigoplus_{i=1}^{n}(a_j \wedge \boldsymbol{Q}(j))$$

然后通过等式 $\boldsymbol{Q}_C = \boldsymbol{T}_C \oplus \boldsymbol{\Sigma}_C \wedge \boldsymbol{s}$ 是否成立来验证 $\boldsymbol{\sigma}$ 的一致性.

但此时 Bob 发送给 Alice 的 $\boldsymbol{\Sigma}(j)$ 线性组合 $\boldsymbol{\Sigma}_C = \oplus_{i=1}^{n}(a_j \wedge \boldsymbol{\Sigma}(j))$, 会泄露 $\boldsymbol{\Sigma}(j)$ 之间的关系, 也就是 $\sigma_1,\sigma_2,\cdots,\sigma_n$ 之间的关系. 为了防止信息泄露, 我们利用随机比特来盲化 $\sigma_1,\sigma_2,\cdots,\sigma_n$ 之间的关系, 具体做法是, Bob 在实际的选择字符串 $\boldsymbol{\sigma} = \sigma_1\sigma_2\cdots\sigma_n$ 之后, 选择 $\kappa$ 个随机比特 $\sigma_{n+1},\cdots,\sigma_m, m = n+\kappa$, 然后以 $\boldsymbol{\sigma} = \sigma_1\sigma_2\cdots\sigma_n\sigma_{n+1}\cdots\sigma_m$ 为输入, 执行 IKNP 的基础 OT 阶段, 然后在 IKNP 的扩展阶段, 先以全部的 $\sigma_1\sigma_2\cdots\sigma_n\sigma_{n+1}\cdots\sigma_m$ 执行一致性检查, 然后以 $\sigma_1\sigma_2\cdots\sigma_n$ 执行之后的扩展. 具体的 KOS 协议如下.

1. 基础 OT 阶段

---

**协议 9.6** (KOS OT 扩展协议基础 OT 阶段)

**输入**:

公共参数 $k,n,m,n \gg k,m > n$.

Bob 输入 $n$ 比特选择字符串 $\boldsymbol{\sigma} = \sigma_1\sigma_2\cdots\sigma_n$.

Alice 输入 $\perp$.

**输出**:

Bob 的输出为 $\boldsymbol{\sigma}' = \sigma_1\sigma_2\cdots\sigma_n\sigma_{n+1}\cdots\sigma_m$, 其中 $\sigma_{n+1},\cdots,\sigma_m$ 是随机比特, $k$ 个消息对 $\{(\boldsymbol{t}_i,\boldsymbol{t}_i')\}_{i=1,\cdots,k}$, 其中 $\boldsymbol{t}_i$ 是 $m$ 比特随机串, $\boldsymbol{t}_i' = \boldsymbol{t}_i \oplus \boldsymbol{\sigma}'$.

Alice 输出 $k$ 比特随机数 $\boldsymbol{s} = s_1s_2\cdots s_k$, 以及 $k$ 个 $m$ 比特随机串 $\{\boldsymbol{q}_i\}_{i=1,\cdots,k}$, 满足对 $i=1,\cdots,k$,

---

$$\boldsymbol{q}_i = \begin{cases} \boldsymbol{t}_i, & s_i = 0 \\ \boldsymbol{t}_i' = \boldsymbol{t}_i \oplus \boldsymbol{\sigma}', & s_i = 1 \end{cases}$$

**协议过程:**

1. Bob 选择 $m-n$ 个随机比特 $\sigma_{n+1},\cdots,\sigma_m$，基于 $\boldsymbol{\sigma} = \sigma_1\sigma_2\ldots\sigma_n$，生成 $\boldsymbol{\sigma}' = \sigma_1\sigma_2\cdots\sigma_n\sigma_{n+1}\cdots\sigma_m$.

2. For　$i=1,\cdots,k$

　　Bob 随机选择长度为 $m$ 的比特串 $\boldsymbol{t}_i$，计算 $\boldsymbol{t}_i' = \boldsymbol{t}_i \oplus \boldsymbol{\sigma}'$.

　Next　$i$

3. Alice 随机选择 $k$ 比特随机数 $\boldsymbol{s} = s_1s_2\cdots s_k$.

4. For　$i=1,\cdots,k$

　　Bob 作为 $\mathrm{OT}_2^1$ 协议的发送方, 输入一对消息 $(\boldsymbol{t}_i, \boldsymbol{t}_i' = \boldsymbol{t}_i \oplus \boldsymbol{\sigma}')$.

　　Alice 作为 $\mathrm{OT}_2^1$ 协议的接收方, 输入一个选择比特 $s_i$.

　　双方执行 $\mathrm{OT}_2^1$ 协议, Bob 输出 $\perp$, Alice 得到输出

$$\boldsymbol{q}_i = \begin{cases} \boldsymbol{t}_i, & s_i = 0 \\ \boldsymbol{t}_i' = \boldsymbol{t}_i \oplus \boldsymbol{\sigma}', & s_i = 1 \end{cases}$$

　Next　$i$

5. Bob 输出 $k$ 个 $m$ 比特消息对 $\{(\boldsymbol{t}_i, \boldsymbol{t}_i')\}_{i=1,\cdots,k}$. Alice 输出 $k$ 比特随机数 $\boldsymbol{s} = s_1s_2\cdots s_k$，以及 $k$ 个 $m$ 比特随机二进制串 $\{\boldsymbol{q}_i\}_{i=1,\cdots,k}$.

2. 扩展阶段

**协议 9.7** (KOS OT 扩展协议扩展阶段)

**输入:**

公开的 Hash 函数 $h:\{0,1\}^* \to \{0,1\}^k$.

Alice 输入基础 OT 阶段输出的 $k$ 个 $m$ 比特随机二进制串 $\{\boldsymbol{q}_i\}_{i=1,\cdots,k}$, $k$ 比特随机数 $\boldsymbol{s} = s_1s_2\cdots s_k$，以及 $n$ 对 $k$ 比特的消息集合 $\{(m_0^j, m_1^j)\}_{j=1,\cdots,n}$.

Bob 输入基础 OT 阶段输出的 $k$ 个 $m$ 比特消息对 $\{(\boldsymbol{t}_i, \boldsymbol{t}_i')\}_{i=1,\cdots,k}$，以及 $n$ 比特选择字符串 $\boldsymbol{\sigma} = \sigma_1\sigma_2\cdots\sigma_n$.

**输出:**

Alice 的输出为 $\perp$.

Bob 的输出为 $n$ 个 $k$ 比特的消息 $\{m_{\sigma_j}^j\}_{j=1,\cdots,n}$.

**协议过程:**

1. Alice 以 $\{\boldsymbol{q}_i\}_{i=1,\cdots,k}$ 中的每个 $m$ 比特随机消息 $\boldsymbol{q}_i$ 为列向量, 构成一个 $m\times k$ 矩阵 $\boldsymbol{Q}$, 记 $\{\boldsymbol{Q}(j)\}_{j=1,\cdots,m}$ 为矩阵的行向量, 计算

$$\{\boldsymbol{Q}(j),\boldsymbol{Q}(j)\oplus \boldsymbol{s}\}_{j=1,\cdots,m}$$

2. Bob 以 $\{\boldsymbol{t}_i\}_{i=1,\cdots,k}$ 中的每个 $m$ 比特随机消息 $\boldsymbol{t}_i$ 为列向量, 构成一个 $n\times k$ 矩阵 $\boldsymbol{T}$, 记 $\{\boldsymbol{T}(j)\}_{j=1,\cdots,m}$ 为矩阵的行向量.

3. Alice 随机选择 $a_1,\cdots,a_m \in_R \{0,1\}^k$, 并将 $a_1,\cdots,a_m$ 发送给 Bob.

4. Bob 计算

$$\boldsymbol{T}_C=\bigoplus_{i=1}^{m}(a_j\wedge \boldsymbol{T}(j))$$

$$\boldsymbol{\Sigma}_C=\bigoplus_{i=1}^{m}(a_j\wedge \boldsymbol{\Sigma}(j))$$

并将 $\boldsymbol{T}_C,\boldsymbol{\Sigma}_C$ 发送给 Alice.

5. Alice 计算

$$\boldsymbol{Q}_C=\bigoplus_{i=1}^{m}(a_j\wedge \boldsymbol{Q}(j))$$

并验证等式

$$\boldsymbol{Q}_C=\boldsymbol{T}_C\oplus\boldsymbol{\Sigma}_C\wedge \boldsymbol{s}$$

是否成立, 如不成立, 则退出协议. 否则进入下一步.

6. For $j=1,\cdots,n$

Alice 计算

$$z_0^j=m_0^j\oplus h(j,\boldsymbol{Q}(j))$$

$$z_1^j=m_1^j\oplus h(j,\boldsymbol{Q}(j)\oplus \boldsymbol{s})$$

Next $j$

7. Alice 将密文集合 $\{(z_0^j,z_1^j)\}_{j=1,\cdots,n}$ 发送给 Bob.

8. For $j=1,\cdots,n$

Bob 计算 $m_{\sigma_j}^j=z_{\sigma_j}^j\oplus h(j,\boldsymbol{T}(j))$.

Next $j$

9. Bob 输出 $\{m_{\sigma_j}^j\}_{j=1,\cdots,n}$.

# 9.2　Yao-混淆电路优化技术

由于对每个功能函数 $f$, 都存在一个与其等价的电路 $C$, 因此最早的 Yao 协议首先将功能函数转化为一个电路, 然后对电路的每个电路门进行混淆, 最后逐次计算每个混淆门电路来实现对任意功能函数的安全多方计算.

图 9.5 表示原始的 Yao-混淆电路的构造, 以与门为例, 首先为每一根电路导线上的两个比特分别选择一个随机数与之对应, 然后根据与门的真值表, 利用输入线上的随机数完成对输出线上随机数的加密. 比如若第一根输入线的输入为 0, 其对应的随机数为 $A_0$, 第二根输入线的输入为 0, 其对应的随机数为 $B_0$, 根据与门的计算法则, 输出线的输出应为 0, 对应的随机值为 $C_0$, 则计算密文 $E_{A_0}(E_{B_0}(C_0))$, 其中 $E$ 为一个对称加密算法. 按真值表计算完所有密文后, 随机置换 4 个密文的顺序, 形成了混淆值表. 这样, Yao-混淆电路每个电路门需要 6 个随机数, 其混淆值表共 4 行.

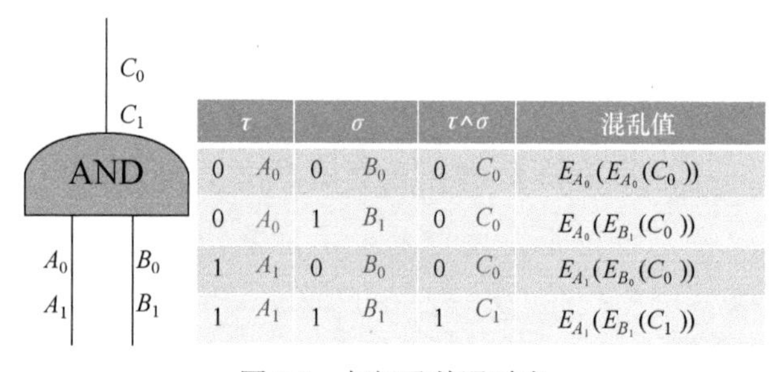


| $\tau$ | | $\sigma$ | | $\tau\wedge\sigma$ | | 混乱值 |
|---|---|---|---|---|---|---|
| 0 | $A_0$ | 0 | $B_0$ | 0 | $C_0$ | $E_{A_0}(E_{A_0}(C_0))$ |
| 0 | $A_0$ | 1 | $B_1$ | 0 | $C_0$ | $E_{A_0}(E_{B_1}(C_0))$ |
| 1 | $A_1$ | 0 | $B_0$ | 0 | $C_0$ | $E_{A_1}(E_{B_0}(C_0))$ |
| 1 | $A_1$ | 1 | $B_1$ | 1 | $C_1$ | $E_{A_1}(E_{B_1}(C_1))$ |

图 9.5　与门及其混淆表

对于任意一个给定的计算任务, 将其转化为电路的话, 其电路门的数量将是一个巨大的数字, 而混淆电路将每一个比特通过一个随机数(属于某对称密码算法的密钥空间)及两重对称加解密运算进行混淆, 计算负荷大大增加. 因此简化混淆电路的规模, 是提高基于 Yao-混淆电路安全多方计算协议效率的直接有效的方法.

### 9.2.1　对混淆 XOR 门的优化

XOR 门是基本电路门之一, 具有 $A\oplus R\oplus R=A$ 的计算特性. 针对这一特殊性质, Kolesnikov 等在 2008 年提出了一种称为 free-XOR 的技术[KS08], 对于混淆 XOR 门进行了优化. free-XOR 技术如图 9.6 所示, 针对电路的 XOR 门, 电路构造方只对电路两根输入线的 0 比特选取两个随机值 $A_0$ 和 $B_0$, 然后再选择一个随机数 $R$, 而混淆电路的其他 4 个随机值可以通过如图 9.6 所示的计算获得. 该技术被称为“free-XOR”, 因为对于 XOR 门, 不再需要两重加解密来计算输出线上的混淆值.

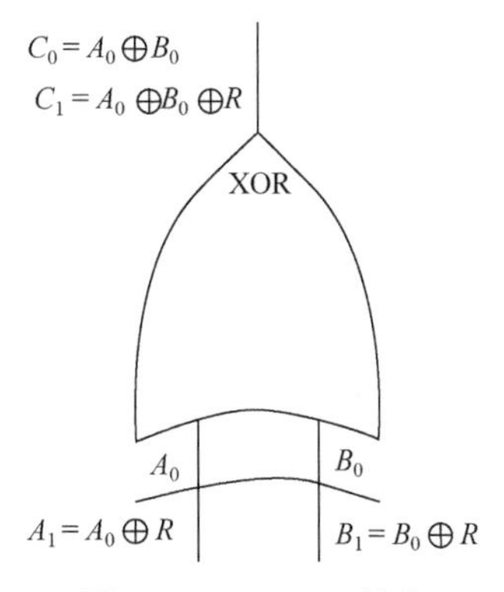


图 9.6 free-XOR 技术

free-XOR 技术的效率很高，只需要 3 个随机值及简单的异或运算就可以构造 XOR 混淆表. 但遗憾的是，它只在随机谕言模型假设下，在半诚实敌手模型中证明了安全性. 此外，由于电路一般是由 XOR 门与其他的门电路组合而成，而 free-XOR 技术中每根输入输出线上两个输入对应随机数的“偏移”(即它们的异或)等于同一个 $R$，这将影响到其他电路门优化技术的应用.

在 2014 年美密会上, Kolesnikov 又将 free-XOR 技术一般化为 fleXOR 技术[KMR14]. fleXOR 技术的基本原理如图 9.7 所示，其输入输出线上随机数的“偏移”不同，分别为 $\Delta_1$，$\Delta_2$，$\Delta_3$，而输出线上的随机数是通过两个过渡值 $\tilde{A}$，$\tilde{B}$ 计算得来. 当电路计算方持有两个输入比特所对应的随机值后，可以正确解密混淆值表中的两行，而 2 个解密值的异或，即为两个输入比特进行或运算后计算结果所对应的随机值.

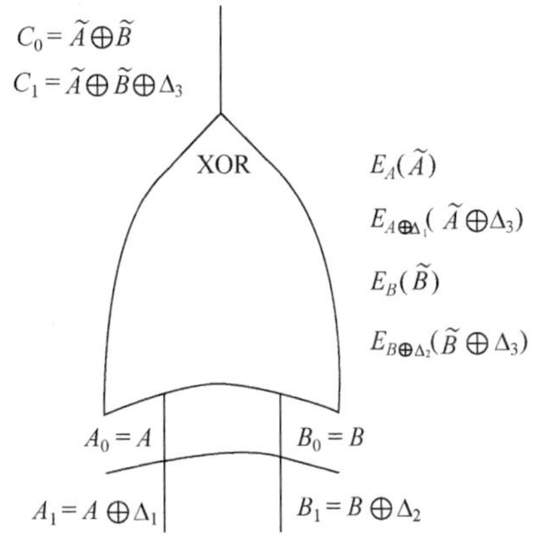


| $\tau$ | | $\sigma$ | | $\tau \wedge \sigma$ | | 混乱值 |
|---|---|---|---|---|---|---|
| 0 | $A_0$ | 0 | $B_0$ | 0 | $C_0$ | $E_{A_0}(E_{B_0}(C_0))$ |
| 0 | $A_0$ | 1 | $B_1$ | 0 | $C_0$ | $E_{A_0}(E_{B_1}(C_0))$ |
| 1 | $A_1$ | 0 | $B_0$ | 0 | $C_0$ | $E_{A_1}(E_{B_0}(C_0))$ |
| 1 | $A_1$ | 1 | $B_1$ | 1 | $C_1$ | $E_{A_1}(E_{B_1}(C_1))$ |

图 9.7 fleXOR 技术

在实际使用中, fleXOR 可以根据 XOR 门在整个电路中的分布的具体情况, 分别令 $\Delta_1 = \Delta_3$, $\Delta_2 = \Delta_3$, $\Delta_1 = \Delta_2 = \Delta_3$, 再加上使用文献[PSSW09]中的行缩减技术, 最终的混淆值表可以分别为 0 行、1 行或 2 行.

对于单纯的 XOR 门来说, free-XOR 的效率比 fleXOR 效率更高, 但是 fleXOR 可以与任意的其他门电路优化技术结合使用, 所以对于整个混淆电路来说, fleXOR 技术可以比 free-XOR 减少约 30% 的电路规模. 此外, fleXOR 还将随机谕言假设减弱到相关鲁棒性(correlation-robustness, CR)假设, 在 CR 模型下证明了该方法的安全性, 遗憾的是, 仍然没有实现标准模型下的安全.

### 9.2.2　对混淆表的优化

free-XOR 及 fleXOR 技术是针对 XOR 门而设计的, 对于其他的门电路, 研究者提出一些方法, 来减少混淆表的行数.

Naor 和 Pinkas 在 1999 年提出一种方法[NP99], 将混淆值表由 4 行减少到 3 行, 他们的方法十分直接, 如图 9.8 所示, 还是以与门为例, 将混淆值表的第一行直接规定为 0, 然后修改随机数 $C_0 = D_{B_0}(D_{A_0}(0))$. 这种方法对任意的电路门都可以使用. 特别地, 令 $C_1 = C_0 \oplus R$, 这个与门电路的输出线作为一个异或门的输入线时, 对异或门就可以使用 free-XOR 技术.

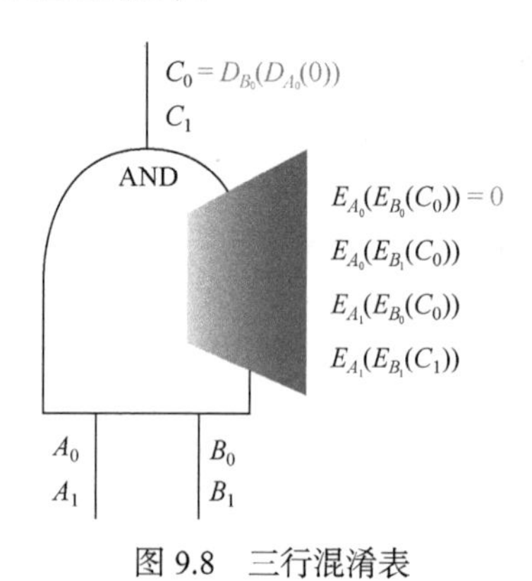


图 9.8　三行混淆表

在 2009 年亚洲密码会议(简称: 亚密会)上, Pinkas 等进一步地将混淆值表减少到 2 行[PSSW09]. 他们的方法使用了多项式插值的性质, 并且输出线上的随机数不再通过解密计算得到, 而是直接通过插值函数计算得到. Pinkas 首先根据电路门真值表中 1 的个数的奇偶性将电路门划分为奇门(如与门和或门)及偶门(如异或门), 然后按奇门及偶门分别设计了混淆表行缩减的优化方法.

具体做法以或门为例, 如图 9.9 所示. 首先为两根输入线选取 4 个随机数 $A_0$, $A_1$, $B_0$, $B_1$, 然后选择一个 Hash 函数 $H$. 取或门真值表中计算结果为 1 的三行所对应的三对随机密钥，计算 $H(A_1,B_1)$，$H(A_0,B_1)$，$H(A_1,B_0)$，然后利用这 3 点可以插值出一条曲线 $F(x)$，计算 $C_1=F(0)$；在 $F(x)$ 随机选取两个互异的非零点 $G_1$，$G_2$ 作为公开参数，这样 $H(A_1,B_1)$，$H(A_0,B_1)$，$H(A_1,B_0)$ 中任意一点与 $G_1$，$G_2$ 都可以形成 3 点插值以得到 $F(x)$，并计算出 $C_1=F(0)$. 取或门真值表中计算结果为 0 的一行所对应的一对随机密钥，计算 $H(A_0,B_0)$，加上非零点 $G_1$，$G_2$，3 点又可以插值出一条曲线 $G(x)$，计算 $C_0=G(0)$. 通过这种方法混淆表构造如图 9.10 所示，只有两行. 在这种方法中，由于 $C_0$ 和 $C_1$ 的值由插值函数确定，也就是它们之间的“偏移”不能随意选择，因此该方法不能与 free-XOR 技术一起使用.

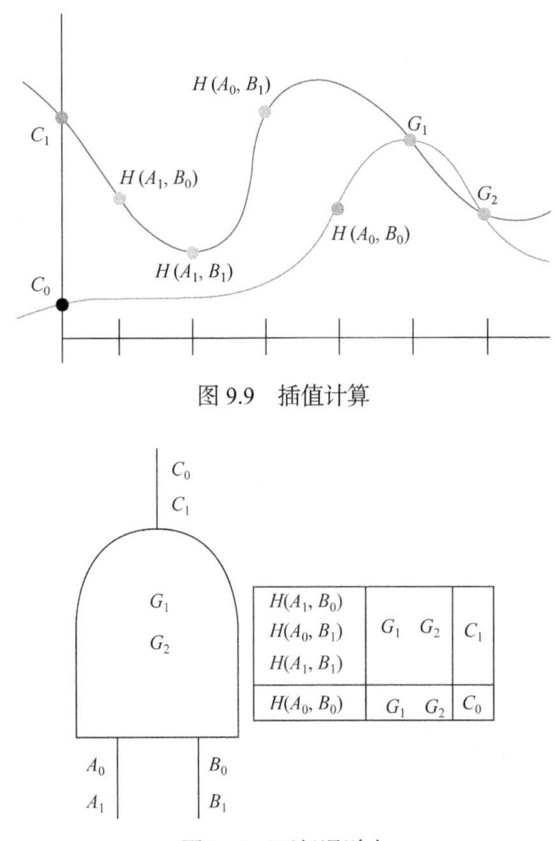


图 9.9 插值计算



图 9.10 两行混淆表

因为对门电路的真值表来说，其输出的真值有 0 或 1 两种情况，因此混淆电路中混淆值表最少也需要两行，Pinkas 的方法已经将混淆表行数降低为最少，但该方法中多项式插值操作的主要开销为模逆运算，计算效率较低.

在 2015 年欧密会上，Zahur 等[ZRE15]提出了“半门”(half-gate)技术，进一步优化了混淆电路.

如图 9.11 所示，对一个与门来说，由于$a \wedge b = (a \wedge z) \oplus (a \wedge (b \oplus z))$，其中$z$是一个随机比特，因此外部的$a \wedge b$的电路门可以拆分成内部的$(a \wedge z)$和$(a \wedge (b \oplus z))$两个与门电路的异或. 而内部的两个与门被称为“半门”，它们具有一个特点：一个参与方知道一个输入，也就是，左边的与门，电路构造方知道$z$，而右边的半门，电路计算方知道$b \oplus z$. 对于这类半门，首先利用 Naor 等的行缩减技术，然后再使用 free-XOR 技术，半门的混淆值表仅剩余一行(一个密文). 而外部的与门变为两个密文的异或，就可以使用 free-XOR 技术.

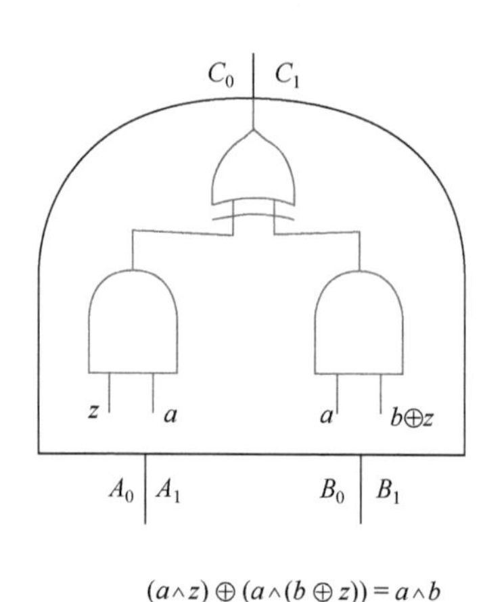


图 9.11　half-gate 技术

利用 half-gate 技术，理论上可以减少 33% 的混淆电路规模，但是对电路计算者来说，每一个电路门都需要一步额外的 Hash 运算.

## 9.3　ABY 混合框架

在安全多方计算的实际应用中，经常需要处理一些复杂的计算任务. 比如在机器学习等计算任务中，往往包含各类不同的计算类型，其中既包含加法、乘法等简单运算，也包含大小比较、求逆、激活函数等复杂运算. 而单一的安全多方计算通用构造技术往往仅对某种类型的计算是友好的，对其他类型的计算并不友好. 不同的网络环境也会造成不同安全多方计算技术之间存在较大的性能差异. 如，基于预计算 Breaver 三元组的安全多方计算协议，既可用于算术电路，又可用于布尔电路，通过对三元组的预计算，可以极大提升协议的在线运行效率. 然而，该类协议在每次计算乘法门(算术电路)、AND 门(布尔电路)时，均需要一次交互，因此对于顺序执行的大规模计算任务，该类协议更适用于局域网等低延迟网络. Yao 协议是针对布尔电路设计的，具有较强的功能适应性. 该协议需要在计算方之间传输混淆电路和密钥, 这会造成较大的通信量. 然而, 无论计算规模大小, 该协议均能够通过常数轮交互完成, 因此更适用于互联网等高延迟网络.

根据不同的计算任务、网络环境, 选择合适的安全多方计算协议, 并能够在不同的安全多方计算协议之间转换, 从而构造混合协议(mixed-protocol), 已经成为安全多方计算协议实用化的一项关键技术.

2015 年, Demmler 等[DSZ15]在两方计算场景下, 给出了一个设计高效混合协议的框架——ABY 框架, 可以在设计安全协议时, 通过混合使用算术分享($A$)、布尔分享($B$)和 Yao 分享($Y$), 在不同协议中进行转换, 其中基于算术分享的安全计算和基于布尔分享的安全计算均使用预计算 Beaver 三元组实现, 基于 Yao 分享的安全计算使用 Yao-混淆电路协议实现.

### 9.3.1 符号约定

使用$[x]^t$表示变量$x$的秘密分享份额, 其中$t \in \{A,B,Y\}$表示分享的三种类型, $A$表示算术分享, $B$表示布尔分享, $Y$表示 Yao 分享. 参与方$P_i$持有$t$分享类型的份额表示为$[x]_i^t$, 其中$i \in \{0,1\}$.

定义分享操作为$[x]^t \leftarrow \mathrm{Shr}_i^t(x)$, 表示$P_i$将其输入值$x$以秘密份额的形式分享给$P_{1-i}$的过程.

定义重构操作为$x \leftarrow \mathrm{Rec}_i^t([x]^t)$, 表示$P_i$对秘密份额进行重构获得$x$的过程. 使用$\mathrm{Rec}^t([x]^t)$表示参与双方均对秘密份额进行重构获得$x$的过程.

使用$[x]^d = \mathrm{s2d}([x]^s)$表示将$s$类份额转换为$d$类份额, 其中$s,d \in \{A,B,Y\}$, 且$s \neq d$.

使用$[z]^t \leftarrow \mathrm{Eval}_{\odot}([x]^t,[y]^t)$表示以$x$和$y$的份额$[x]^t$和$[y]^t$为输入, 计算$z$的份额$[z]^t$, 使得$z = x \odot y$, 其中$t \in \{A,B,Y\}$.

### 9.3.2 分享类型

1. 算术分享

对于一个$l$比特的数值$x$的算术分享, 使用环$\mathbb{Z}_{2^l}$上的模$2^l$加法定义. 在以下对算术分享的介绍中, 假设所有的算术运算都是在环$\mathbb{Z}_{2^l}$上进行的, 即所有运算均是$\mathrm{mod}\ 2^l$的. 在 ABY 框架中, 算术分享采用了定义在两个参与方$P_0$和$P_1$之间的加法秘密分享的方式.

(1) 算术分享的语法.

**份额形式** $x \in \mathbb{Z}_{2^l}$的算术分享份额$[x]^A$, 满足

$$[x]_0^A + [x]_1^A \equiv x \pmod{2^l}$$

其中$[x]_0^A, [x]_1^A \in \mathbb{Z}_{2^l}$.

**分享过程**　$\mathrm{Shr}_i^A(x)$: $P_i$ 均匀随机选择 $r \leftarrow_R \mathbb{Z}_{2^l}$，令

$$[x]_i^A = x - r \mod 2^l, \quad [x]_{1-i}^A = r$$

将$[x]_{1-i}^A$ 发送给 $P_{1-i}$.

**重构过程**　$\mathrm{Rec}_i^A([x]^A)$: $P_{1-i}$ 将其份额$[x]_{1-i}^A$ 发送给 $P_i$, $P_i$ 计算

$$x = [x]_0^A + [x]_1^A \mod 2^l$$

(2) 基于算术分享的安全计算.

基于算术分享的安全计算是针对算术电路设计的，下面给出加法门和乘法门的安全计算协议. 注意，算术分享中的加法和乘法是关于模 $2^l$ 的，为简洁，常常省去符号 mod $2^l$ .

**加法**　$[z]^A \leftarrow \mathrm{Eval}_+([x]^A, [y]^A)$

$P_0$ 的输入为$([x]_0^A, [y]_0^A)$, $P_1$ 的输入为$([x]_1^A, [y]_1^A)$ .

$P_0$ 在本地计算$[z]_0^A = [x]_0^A + [y]_0^A$，输出$[z]_0^A$ .

$P_1$ 在本地计算$[z]_1^A = [x]_1^A + [y]_1^A$，输出$[z]_1^A$ .

**乘法**　$[z]^A \leftarrow \mathrm{Eval}_\times([x]^A, [y]^A)$

$P_0$ 的输入为$([x]_0^A, [y]_0^A)$, $P_1$ 的输入为$([x]_1^A, [y]_1^A)$ .

双方使用 Beaver 乘法三元组技术计算 $z = x \times y$ 的秘密分享份额. 假设已经通过预计算得到乘法三元组$([a]^A, [b]^A, [c]^A)$，满足 $c = a \times b$. $P_i$ 计算

$$[e]_i^A = [x]_i^A - [a]_i^A, \quad [f]_i^A = [y]_i^A - [b]_i^A$$

双方运行$\mathrm{Rec}^A([e]^A)$ 和$\mathrm{Rec}^A([f]^A)$ 获取 $e$ 和 $f$，然后 $P_i$ 计算

$$[z]_i^A = i \cdot e \cdot f + f \cdot [a]_i^A + e \cdot [b]_i^A + [c]_i^A$$

输出$[z]_i^A$，其中，$i = 0,1$ .

2. 布尔分享

在 ABY 框架中，对于一个长度为 $l$ 的比特串 $x$，布尔分享采用了定义在两个参与方 $P_0$ 和 $P_1$ 之间的按位异或的秘密分享方式，即比特串中的每一位独立进行异或运算.

(1) 布尔分享的语法.

基于布尔分享的安全计算是针对布尔电路设计的，与算术电路不同，布尔电

路中运算门的输入线、输出线均对应单个比特. 因此, 下面介绍的异或门(XOR)、与门(AND)的安全计算协议均是针对单比特输入、输出构造的. 对于长度为 $l$ 的比特串 $x \in \mathbb{Z}_2^l$, 仅需将其按位处理, 即比特串中的每一位 $x[i] \in \mathbb{Z}_2$ 对应布尔电路中的一个运算门( $x[i]$ 表示比特串 $x$ 从低位起的第 $i+1$ 位, $i=0,\cdots,l-1$). 为方便表达, 下面仅对长度 $l=1$ 的情况进行描述, 对于长度为 $l>1$ 的情况, 仅需进行 $l$ 次并行操作.

**份额形式** $x \in \mathbb{Z}_2$ 的布尔分享份额 $[x]^B$, 满足 $[x]_0^B \oplus [x]_1^B = x$, 其中 $[x]_0^B$, $[x]_1^B \in \mathbb{Z}_2$.

**分享过程** $\mathrm{Shr}_i^B(x)$: $P_i$ 均匀随机选择 $r \leftarrow_R \mathbb{Z}_2$, 令

$$[x]_i^B = x \oplus r, \quad [x]_{1-i}^B = r$$

将 $[x]_{1-i}^B$ 发送给 $P_{1-i}$, 其中, $i=0,1$.

**重构过程** $\mathrm{Rec}_i^A([x]^A)$: $P_{1-i}$ 将其份额 $[x]_{1-i}^B$ 发送给 $P_i, P_i$ 计算

$$x=[x]_0^B \oplus [x]_1^B$$

(2) 基于布尔分享的安全计算.

**XOR**: $[z]^B \leftarrow \mathrm{Eval}_{\oplus}([x]^B,[y]^B)$

$P_0$ 的输入为 $([x]_0^B,[y]_0^B), P_1$ 的输入为 $([x]_1^B,[y]_1^B)$.

$P_0$ 在本地计算 $[z]_0^B = [x]_0^B \oplus [y]_0^B$, 输出 $[z]_0^B$.

$P_1$ 在本地计算 $[z]_1^B = [x]_1^B \oplus [y]_1^B$, 输出 $[z]_1^B$.

**AND**: $[z]^B \leftarrow \mathrm{Eval}_{\wedge}([x]^B,[y]^B)$

$P_0$ 的输入为 $([x]_0^B,[y]_0^B), P_1$ 的输入为 $([x]_1^B,[y]_1^B)$.

双方使用 Beaver 乘法三元组技术计算 $z = x \wedge y$ 的秘密分享份额. 假设已经通过预计算得到乘法三元组 $([a]^B,[b]^B,[c]^B)$, 满足 $c = a \wedge b$.

$P_i$ 计算

$$[e]_i^B = [x]_i^B \oplus [a]_i^B, \quad [f]_i^B = [y]_i^B \oplus [b]_i^B$$

双方运行 $\mathrm{Rec}^B([e]^B)$ 和 $\mathrm{Rec}^B([f]^B)$ 获取 $e$ 和 $f$, 然后 $P_i$ 计算

$$[z]_i^B = i \cdot e \cdot f \oplus f \cdot [a]_i^B \oplus e \cdot [b]_i^B \oplus [c]_i^B$$

输出 $[z]_i^B$, 其中 $i=0,1$.

3. Yao 分享

在针对安全两方计算的 Yao-混淆电路协议[Yao86]中, $P_0$ 一方为电路构造方, 将

一个布尔函数加密成为一个混淆电路，$P_1$ 一方为电路计算方，对混淆电路进行计算. 具体地，电路构造方将待计算函数表示为一个布尔电路，并为电路中的每条线路 $w$ 分配两个密钥 $(k_0^w, k_1^w), k_0^w, k_1^w \in \{0,1\}^\kappa$ . 使用 free-XOR 优化技术，$k_1^w$ 并不是随机选取的，而是通过 $k_1^w = k_0^w \oplus R$ 计算得到，其中 $k_0^w, R \leftarrow_R \{0,1\}^\kappa$ . 结合 Point-and-Permute 技术，将 $R$ 的最低位置为 1，即 $R$ [0]=1($R$ [$i$]表示其从低位起的第 $i$+1 位，$i = 0,\cdots,\kappa-1$). 这样做的目的是让 $k_0^w$ 和 $k_1^w$ 的最低位相反，从而将该位作为置换位. $P_0$ 掌握每条线路 $w$ 上 0 值和 1 值对应的两个密钥 $k_0^w$ 和 $k_1^w$, $P_1$ 掌握这两个密钥中的一个，但是不知道该密钥的对应值.

(1) Yao 分享的语法.

与布尔分享相同，基于 Yao 分享的安全计算也是针对布尔电路设计的，布尔电路中运算门的输入线、输出线均对应单比特. 对于长度为 $l$ 的比特串 $x \in \mathbb{Z}_2^l$，仅需将其按位处理，即比特串中的每一位 $x[i] \in \mathbb{Z}_2$ 对应布尔电路中的一个运算门 ($i = 0,\cdots,l-1$). 为方便表达，下面仅对长度 $l=1$ 的情况进行描述，对于长度为 $l>1$ 的情况，仅需进行 $l$ 次并行操作.

**份额形式**　在 Yao 分享中，$x$ 的 Yao 分享份额 $[x]^Y$ 被定义为

$$[x]_0^Y = k_0, \quad [x]_1^Y = k_x = k_0 \oplus xR$$

也就是说，$P_0$ 持有 $[x]_0^Y = k_0, P_1$ 持有 $[x]_1^Y = k_x$ (当 $x=0$ 时，$k_x = k_0$；当 $x=1$ 时，$k_x = k_1$).

**分享过程**

$\mathrm{Shr}_0^Y(x)$: $P_0$ 作为电路构造方，分享其输入 $x$ 给 $P_1$ 的过程.

$P_0$ 随机选取

$$[x]_0^Y = k_0 \leftarrow_R \{0,1\}^\kappa$$

将 $k_x = k_0 \oplus xR$ 发送给 $P_1$. 也就是说，当 $x=0$ 时，$P_0$ 把 $k_0$ 发送给 $P_1$；当 $x=1$ 时，$P_0$ 把 $k_1$ 发送给 $P_1$.

注意，$P_1$ 拿到的只是 $x$ 的份额，它并不知道 $x$ 是什么. 只有同时使用两个份额 $k_0$ 和 $k_x$，才可以把秘密 $x$ 恢复出来. 如果 $k_x = k_0$，则 $x=0$，否则 $x=1$.

$\mathrm{Shr}_1^Y(y)$: $P_1$ 作为电路计算方分享其输入 $y$ 给 $P_0$ 的过程.

双方运行 COT 协议，其中 $P_0$ 作为发送方，$P_1$ 作为接收方. $P_0$ 所使用的相关函数为 $f_R(x) = x \oplus R$，那么它的两个输入分别为 $(k_0, k_1 = k_0 \oplus R)$，其中 $k_0 \in_R \{0,1\}^\kappa$. $P_1$ 作为 COT 协议的接收方，输入为 $y$，以茫然的方式获得 $k_y$. 实际上是 $P_1$ 作为电路计算方向 $P_0$ 索取其输入 $y$ 对应密钥的过程.

**重构过程** $\mathrm{Rec}_0^Y(x)$: $P_0$ 重构出 $x$ 的过程.

$P_0$ 持有 $[x]_0^Y = k_0, P_1$ 将其份额 $[x]_1^Y = k_x = k_0 \oplus xR$ 发送给 $P_0$.

事实上, 由于 $R$ 的最低位为 1, $P_1$ 只需要将 $[x]_1^Y$ 的最低位 $\pi = [x]_1^Y[0]$ 发送给 $P_0$ 就可以了, 这里的 $\pi$ 就是 Point-and-Permute 优化中的置换位.

$P_0$ 收到 $[x]_1^Y$ 后, 计算 $x = \pi \oplus [x]_0^Y[0]$ 即可, 其实质仍然是判断 $k_x$ 是否与 $k_0$ 相等.

$\mathrm{Rec}_1^Y(y)$: $P_1$ 重构出 $y$ 的过程.

与 $\mathrm{Rec}_0^Y(x)$ 完全相同.

(2) 基于 Yao 分享的安全计算.

XOR: 使用基于 free-XOR 优化的 Yao 协议安全计算 $z = x \oplus y$.

$P_0$ 持有 $x, P_1$ 持有 $y, P_0$ 作为电路构造方, 用 $\mathrm{Shr}_0^Y(x)$ 把 $x$ 的份额分享给 $P_1$, 从而 $P_1$ 获得 $k_x$; $P_1$ 作为电路计算方, 用 $\mathrm{Shr}_1^Y(y)$ 向 $P_0$ 索要 $y$ 对应的份额, 从而获得 $k_y$. $P_1$ 在本地计算 $k_z = k_x \oplus k_y$.

AND: free-XOR 只对 XOR 操作有优化, 对于 AND 操作仍然要用 Yao-混淆电路的传统方法.

$P_0$ 持有 $x$, 调用 $\mathrm{Shr}_0^Y(x)$, 即随机选取

$$[x]_0^Y = k_0 \leftarrow_R \{0,1\}^\kappa$$

并将 $[x]_1^Y = k_x = k_0 \oplus xR$ 发送给 $P_1$.

$P_1$ 持有 $y$, 调用 $\mathrm{Shr}_1^Y(y)$, 即 $P_1$ 与 $P_0$ 执行 COT 协议, 从而使 $P_0$ 获得 $[y]_0^Y = \tilde{k}_0, P_1$ 获得 $[y]_1^Y = \tilde{k}_y = \tilde{k}_0 \oplus yR$.

$P_1$ 作为电路计算方使用 $[x]_1^Y$ 和 $[y]_1^Y$ 即可实现对 AND 门混淆表的解密, 从而获取输出线上的密钥.

### 9.3.3 类型转换

1. Yao 分享份额到布尔分享份额的转换(Y2B)

$P_0$ 和 $P_1$ 分别持有 $x$ 的 Yao 分享份额 $[x]_0^Y = k_0$ 和 $[x]_1^Y = k_x$.

从 Yao 分享的重构过程可以看出, 每条线路上两个份额置换位的异或就是该线路上的值, 即 $x = [x]_0^Y[0] \oplus [x]_1^Y[0]$. 因此, Yao 分享份额到布尔分享份额进行转换(Y2B), $P_i$ 只需要在本地设置 $[x]_i^B = \mathrm{Y2B}([x]_i^Y) = [x]_i^Y[0]$ $(i = 0,1)$即可.

2. 布尔分享份额到 Yao 分享份额的转换(B2Y)

$P_0$ 和 $P_1$ 分别持有 $x$ 的布尔分享份额 $[x]_0^B$ 和 $[x]_1^B, x = [x]_0^B \oplus [x]_1^B$.

为了将布尔分享份额转换为 Yao 分享份额，$P_0$ 随机选取

$$[x]_0^Y = k_0 \leftarrow_R \{0,1\}^\kappa$$

作为其 Yao 分享份额，并与 $P_1$ 执行 OT 协议. 在 OT 协议中，$P_0$ 为发送者，其输入为 $(k_0 \oplus x_0 \cdot R,\ k_0 \oplus (1-x_0)\cdot R)$，$P_1$ 为接收者，其输入为 $x_1$，其中 $x_0 = [x]_0^B, x_1 = [x]_1^B$. 经过执行 OT 协议，$P_1$ 获得 Yao 分享份额

$$[x]_1^Y = k_0 \oplus (x_0 \oplus x_1)\cdot R = k_x$$

正确性验证如下.

当 $x=0$ 时，有两种情况：

(1) $x_0 = 0, x_1 = 0$，此时 $P_1$ 能够获得 $k_0$；

(2) $x_0 = 1, x_1 = 1$，此时 $P_1$ 也能够获得 $k_0$.

当 $x=1$ 时，同样有两种情况：

(1) $x_0 = 0, x_1 = 1$，此时 $P_1$ 能够获得 $k_1 = k_0 \oplus R$；

(2) $x_0 = 1, x_1 = 0$，此时 $P_1$ 也能够获得 $k_1 = k_0 \oplus R$.

以上情况双方均能够获得正确的 Yao 分享份额.

#### 3. 算术分享份额到 Yao 分享份额的转换(A2Y)

$P_0$ 和 $P_1$ 分别持有 $x$ 的算术分享份额 $[x]_0^A$ 和 $[x]_1^A, x = [x]_0^A + [x]_1^A$.

将它们转换成 Yao 分享份额的本质是 $P_0$ 和 $P_1$ 分别以 $[x]_0^A$ 和 $[x]_1^A$ 为输入，运行 Yao-混淆电路协议实现加法电路的安全计算，从而将获得的输出作为 Yao 分享份额.

$P_0$ 为电路构造方，首先为电路中每条线路 $w_i$ 选择两个密钥 $k_0^{w_i}$ 和 $k_1^{w_i} = k_0^{w_i} \oplus R$. 通过执行 Yao-混淆电路协议，$P_1$ 可以获得每根输出线 $v_j$ 对应的密钥，假设该输出线上的值为 $z_j$，那么 $P_1$ 可以获得

$$[z_j]_1^Y = k_{z_j}^{v_j} = k_0^{v_j} \oplus z_j \cdot R$$

作为其 Yao 分享份额，而 $P_0$ 在该输出线上的 Yao 分享份额为 $[z_j]_0^Y = k_0^{v_j}$.

需要特别注意的是，A2Y 转换是由算术电路转换为布尔电路，因此对于算术分享中的 $x \in \mathbb{Z}_{2^l}$，将由算术电路中对应的一条线路转换为布尔电路中对应的至少 $l$ 条线路.

#### 4. 算术分享份额到布尔分享份额的转换(A2B)

文献[DFK+06]中，使用比特分解技术实现了算术分享份额到布尔分享份额的

转换, 然而比特分解技术计算和通信代价较高. 使用 ABY 框架, 可以先将算术分享份额转换为 Yao 分享份额, 其代价等同于运行加法电路的 Yao 协议. 然后再将 Yao 分享份额转换为布尔分享份额, 这一步几乎没有成本. 也就是说,

$$[x]^B = \mathrm{A2B}([x]^A) = \mathrm{Y2B}(\mathrm{A2Y}([x]^A))$$

5. 布尔分享份额到算术分享份额的转换(B2A)

$P_0$ 和 $P_1$ 分别持有 $x \in \{0,1\}^l$ 的布尔分享份额 $[x]_0^B, [x]_1^B \in \mathbb{Z}_2^l, x = [x]_0^B \oplus [x]_1^B$ (按位异或).

双方通过逐位运行 OT 协议的方法, 获得 $x$ 的算术份额.

OT 协议中 $P_0$ 为发送者, $P_1$ 为接收者.

在第 $i+1$ 个 OT 协议中(对应 $[x] \in \mathbb{Z}_2^l$ 中从低位起的第 $i+1$ 位 $[x][i], i = 0, \cdots, l-1$).

$P_0$ 随机选择 $r_i \leftarrow_R \mathbb{Z}_2^l$, 令

$$s_{i,0} = [x]_0^B[i] \cdot 2^i - r_i, \quad s_{i,1} = (1 - [x]_0^B[i]) \cdot 2^i - r_i$$

将 $(s_{i,0}, s_{i,1})$ 作为 OT 协议的输入.

$P_1$ 将 $[x]_1^B[i]$ 作为 OT 协议的输入, 并获得输出 $s_{[x]_1^B[i]} = ([x]_0^B[i] \oplus [x]_1^B[i]) \cdot 2^i - r_i$.

$P_0$ 计算

$$[x]_0^A = \sum_{i=1}^{l} r_i$$

作为其算术分享份额.

$P_1$ 计算

$$[x]_1^A = \sum_{i=1}^{l} s_{[x]_1^B[i]} = \sum_{i=1}^{l} \left( [x]_0^B[i] \oplus [x]_1^B[i] \right) \cdot 2^i - \sum_{i=1}^{l} r_i = x - \sum_{i=1}^{l} r_i$$

作为其算术分享份额. 显然, $[x]_0^A + [x]_1^A = x$.

6. Yao 分享份额到算术分享份额的转换(Y2A)

使用 ABY 框架, 可以先将 Yao 分享份额转换为布尔分享份额, 这一步双方只需要在本地进行设置, 几乎没有计算和通信开销. 然后再使用 B2A 技术将布尔分享份额转换为算术分享份额. 也就是说,

$$[x]^A = \mathrm{Y2A}([x]^Y) = \mathrm{B2A}(\mathrm{Y2B}([x]^Y))$$

按照以上方法, 各种类型的秘密分享份额可灵活转换, 参与方在持有某种份

额以后，可进行相应的安全计算.

## 参考文献

[ALS+13] Asharov G, Lindell Y, Schneider T, et al. More efficient oblivious transfer extensions with security for malicious adversaries. Advances in Cryptology-EUROCRYPT 2015. Berlin: Springer, 2015: 673-701.

[Bea91] Beaver D. Efficient multiparty protocols using circuit randomization. Proceedings of the 11th Annual International Cryptology Conference on Advances in Cryptology. Berlin: Springer, 1991: 420-432.

[Bea96] Beaver D. Correlated pseudorandomness and the complexity of private computations. Proceedings of the 28th Annual ACM Symposium on Theory of Computing. New York: ACM Press, 1996: 479-488.

[DFK+06] Damgård I, Fitzi M, Kiltz E, et al. Unconditionally secure constant-rounds multi-party computation for equality, comparison, bits and exponentiation. Proceedings of the 3rd Theory of Cryptography Conference (TCC 2006), LNCS 3876. Berlin: Springer, 2006: 285-304.

[DSZ15] Demmler D, Schneider T, Zohner M. ABY: A framework for efficient mixed-protocol secure two-party computation. Proceedings of the 22nd Annual Network and Distributed System Security Symposium-NDSS 2015. San Diego: The Internet Society, 2015: 8-11.

[HIKN08] Harnik D, Ishai Y, Kushilevitz E, et al. OT-combiners via secure computation. Proceedings of the 5th Theory of Cryptography Conference (TCC 2008), LNCS 4948. Berlin: Springer, 2008: 393-411.

[IKNP03] Ishai Y, Kilian J, Nissim K, et al. Extending oblivious transfers efficiently. Advances in Cryptology-CRYPTO 2003, LNCS 2729. Berlin: Springer, 2003: 145-161.

[IR90] Impagliazzo R, Rudich S. Limits on the provable consequences of one-way permutations. Advances in Cryptology-CRYPTO'88, LNCS 403. New York: Springer, 1990: 8-26.

[KMR14] Kolesnikov V, Mohassel P, Rosulek M. FleXOR: Flexible garbling for XOR gates that beats free-XOR. Advances in Cryptology-CRYPTO 2014, LNCS 8617. Berlin: Springer, 2014: 440-457.

[KOS15] Keller M, Orsini E, Scholl P. Actively secure OT extension with optimal overhead. Advances in Cryptology-CRYPTO 2015, LNCS 9215. Berlin: Springer, 2015: 724-741.

[KS08] Kolesnikov V, Schneider T. Improved garbled circuit: Free XOR gates and applications. Proceedings of the 35th International Colloquium-ICALP 2008-Part II, LNCS 5126. Berlin: Springer, 2008: 486-498.

[Nielsen07] Nielsen J B. Extending oblivious transfers efficiently-how to get robustness almost for free. IACR Cryptology ePrint Archive, 2007: 215.

[NNOB12] Nielsen J B, Nordholt P S, Orlandi C, et al. A new approach to practical active-secure two-party computation. Advances in Cryptology-CRYPTO 2012, LNCS 7417. Berlin: Springer, 2012: 681-700.

[NP99] Naor M, Pinkas B, Sumner R. Privacy preserving auctions and mechanism design. Proceedings of the 1st ACM Conference on Electronic Commerce, EC'99. New York: ACM Press, 1999: 129-139.

[PSSW09] Pinkas B, Schneider T, Smart N P, et al. Secure two-party computation is practical. Advances in Cryptology-ASIACRYPT 2009, LNCS 5912. Berlin: Springer, 2009: 250-267.

[Yao86] Yao A C. How to generate and exchange secrets. Proceedings of the 27th Annual Symposium on Foundations of Computer Science(STOC'86). New York: ACM Press, 1986: 162-167.

[ZRE15] Zahur S, Rosulek M, Evans D. Two halves make a whole: Reducing data transfer in garbled circuits using half gates. Advances in Cryptology-EUROCRYPT 2015, LNCS 9057. Berlin: Springer, 2015: 220-250.

# 第 10 章　量子安全多方计算简介

量子安全多方计算通过量子力学基本原理构造协议，完成安全计算任务，协议的安全性由物理规律保证. 回顾前面章节讲述的安全多方计算内容，其安全性依赖于大整数分解或离散对数等经典数学困难问题. 自从 Shor[Sho94]在 1994 年提出可以在量子计算机上多项式时间内解决大整数分解和离散对数困难问题的量子算法后，这种基于经典数学困难问题的密码算法协议便有了潜在的安全隐患. 虽然现在能有效运行这个算法的量子计算机还未问世，但近年来在量子计算机研发上的进展不容小觑. 自 2019 年 1 月 IBM 推出首款量子计算机“IBM Q System One”后，Google 在同年 10 月也推出了“Sycamore”量子计算机; 2020 年 12 月，中国科学技术大学构建了量子计算原型机“九章”; 2021 年 2 月，合肥本源量子科技推出了量子计算机操作系统“本源司南”，同年 11 月 IBM 又推出了量子计算机“Eagle”; 2022 年 1 月，德国 Jülich 研究中心启动了 D-Wave 公司为其制造的超过 5000 个量子位元的量子计算机，同年 8 月百度发布了集硬件、软件和应用于一体的超导量子计算机“乾始”; 2023 年初，阿里达摩院在量子指令集方面取得突破，指令执行效率和精度显著提升. 按照目前量子计算领域的发展趋势，在不久的将来，能威胁到基于经典数学问题安全协议的量子计算机很有可能出现. 为应对这一挑战，一种思路是寻找抗量子攻击的数学困难问题，并基于这些问题构造密码算法或协议，即所谓抗(后)量子密码算法. 这一思路引起极大关注并已取得显著成果，美国 NIST 对后量子密码的征集活动极大促进了这一领域的研究与发展，现在已形成多项标准; 另一种思路是基于量子力学基本原理构造密码算法或安全协议，这一思路相对来说处于初步发展阶段，除量子密钥分发比较成熟之外，其他量子安全协议的成果还比较初步且数量偏少.

利用量子力学基本原理保护信息安全的思想最早出现在 Wiesner[Wie83]提出的利用不确定性原理构造量子钞票的想法中，而真正开启此项研究大门的，是 Bennett 和 Brassard[BB84]在 1984 年提出的量子密钥协商协议，现在被称为 BB84 量子密钥协商协议.

虽然量子计算技术的发展为当前信息安全带来了潜在隐患，但也为推动信息安全持续发展带来了更强大的力量. 本章对量子安全多方计算相关内容进行简要叙述，一是对前面章节内容作一补充，供有兴趣的读者参考; 二是抛砖引玉, 为致力于研究量子安全多方计算的读者做一个入门级的介绍. 10.1 节对有关量子力学的基础知识进行说明, 10.2 节介绍量子安全多方计算协议构造过程中常用的技术, 10.3 节介绍几个典型的量子安全多方计算协议, 让读者不仅对协议的全貌有初步认识, 也对 10.2 节提到的常用量子技术在协议构造中如何应用有所了解.

## 10.1 量子力学基础知识

量子安全多方计算利用量子力学的基本原理构造安全多方计算协议, 达到隐私保护的目的. 本节对量子安全多方计算协议设计过程中涉及的常用量子力学基本知识[NC10]进行介绍, 为后续内容的理解打下基础.

### 10.1.1 量子力学的数学框架

量子力学作为现代物理学基础理论之一, 揭示了微观物理世界的基本规律. 对于量子力学的哥本哈根诠释, von Neumann 抛开具体的物理形态, 为其赋予了 Hilbert 空间这一数学结构, 利用其上的算符理论作为研究量子力学的工具. 这个数学框架可以让人们从纷繁复杂的物理模型中解脱出来, 用清晰统一的数学工具研究量子力学理论及其应用.

von Neumann 用复 Hilbert 空间来描述一个孤立系统对应的状态空间, 系统的状态对应于复 Hilbert 空间中的一个矢量. 为了方便描述和运算, Dirac 提出了一套符号体系, 用来表示系统的状态矢量(以下简称为态矢). 他将“括号”(bracket)这个单词一分为二, 右边的“ket”用来表示复 Hilbert 空间中的态矢, 称为右矢, 记为“$|\cdot\rangle$”, 左边的“bra”用来表示复 Hilbert 空间的对偶空间中的矢量, 即右矢的厄米共轭矢量, 称为左矢, 记为“$\langle\cdot|$”. 这样可以方便地用“$\langle\cdot|\cdot\rangle$”表示内积, 用“$|\cdot\rangle\langle\cdot|$”表示外积. Dirac 符号与 Hilbert 空间一起构成了量子力学的形式体系.

一个孤立系统随时间的变化由复 Hilbert 空间中的酉算符描述. 酉算符是线性算符. 设 $U$ 是一个酉算符, 则其满足 $UU^{\dagger}=U^{\dagger}U=I$, 其中“$\dagger$”代表厄米共轭, $I$ 是单位算符. 易见, 酉算符是保持内积的线性算符. 事实上, 设 $|\varphi\rangle$ 和 $|\phi\rangle$ 是一个复 Hilbert 空间中的两个态矢, $U$ 是一个酉算符, 则有

$$(U|\varphi\rangle,U|\phi\rangle)=\langle\varphi|U^{\dagger}U|\phi\rangle=\langle\varphi|\phi\rangle=(|\varphi\rangle,|\phi\rangle)$$

其中, “$(\cdot,\cdot)$”表示内积. 设孤立系统在 $t_1$ 时的状态为 $|\varphi_1\rangle$, 在 $t_2$ 时的状态为 $|\varphi_2\rangle$, 则存在一个与 $t_1$ 和 $t_2$ 有关的酉算符 $U(t_1,t_2)$, 使得

$$|\varphi_2\rangle = U(t_1,t_2)|\varphi_1\rangle$$

一个复合系统的状态空间由各分系统状态空间的张量积描述, 复合系统的态矢由各分系统态矢的张量积表示. 设$|\varphi_1\rangle,|\varphi_2\rangle,\cdots,|\varphi_n\rangle$是各分系统的态矢, 则由其复合得到的系统态矢为

$$|\varphi_1\rangle\otimes|\varphi_2\rangle\otimes\cdots\otimes|\varphi_n\rangle$$

其中,"$\otimes$"代表张量积, 有时可省略不写.

量子测量与经典物理中的测量不同, 一般来说, 会影响被测系统的状态, 且其测量结果也是随机的, 即测量结果符合一个概率分布. 量子测量不是独立于被测系统的, 应看作整个系统的一部分. 通用的量子测量由一组完备的测量算符表述, 设$\{M_n\}$为一组作用在被测系统上的测量算符, 被测系统的当前状态为$|\varphi\rangle$, 指标$n$表示可能的测量结果, 则测量后结果$n$发生的概率为

$$\Pr(n) = \langle\varphi|M_n^{\dagger}M_n|\varphi\rangle$$

测量后系统状态变为

$$\frac{M_n|\phi\rangle}{\sqrt{\langle\varphi|M_n^{\dagger}M_n|\varphi\rangle}}$$

$\{M_n\}$这组算符的完备性表示为

$$\sum_n M_n^{\dagger}M_n = I$$

在量子安全多方计算协议的构造过程中, 更常使用的量子测量是投影测量这一特殊情况. 投影测量由厄米算符描述, 代表物理系统的一个可观测量. 厄米算符是保持厄米共轭不变的线性算符, 设$M$是一个厄米算符, 则有

$$M^{\dagger} = M$$

设$m$是厄米算符$M$的一个本征值, $|\varphi\rangle$是其对应的一个本征矢量, 由

$$m\langle\varphi|\varphi\rangle = \langle\varphi|m|\phi\rangle = \langle\varphi|M|\phi\rangle = \langle\varphi|M^{\dagger}|\phi\rangle = \langle\varphi|m^*|\phi\rangle = m^*\langle\varphi|\varphi\rangle$$

可知$m = m^*$, 其中$m^*$是$m$的共轭. 由此可见, 厄米算符的本征值为实数.

设$M$是一个投影测量算符, 其可以表示为下面的分解形式,

$$M = \sum_m mP_m$$

其中, $m$是$M$的本征值, $P_m$是到$m$对应本征子空间上的投影算符. 如果被测系统当前的状态为$|\varphi\rangle$, 用$M$对其进行投影测量, 则得到结果$m$的概率为

$$\Pr(m) = \langle\varphi|P_m|\varphi\rangle$$

测量后系统的状态变为

$$\frac{P_m|\varphi\rangle}{\sqrt{\langle\varphi|P_m|\varphi\rangle}}$$

### 10.1.2 不确定性原理

不确定性原理由德国物理学家 Heisenberg 提出，是量子系统的内禀属性，与测量设备的精度以及测量设备对系统的扰动无关. 原理指出，如果两个力学量算符 $A$ 和 $B$ 不对易，即 $[A,B]=AB-BA\neq 0$，则测量它们对应的物理量时，涨落(标准差)不能同时为零，也即这两个力学量不能同时具有确定的测量值，用数学关系式可表示为

$$\Delta A\times\Delta B\geqslant\frac{1}{2}|\overline{[A,B]}|$$

其中 $\Delta A$ 和 $\Delta B$ 为力学量 $A$ 和 $B$ 的涨落，$\overline{[A,B]}$ 为 $[A,B]$ 的期望.

不确定性原理说明对于一个具体的量子态，如果想同时测量两个物理量，只有这两个物理量对应的算符对易时，才能同时精确测量，否则无法同时精确测量，且一个物理量测得越精确，另一个物理量则越不精确. 事实上，对易的力学量具有相同的本征态，对一个量子态进行测量时，能否获得精确测量结果依赖于该量子态是否为测量算符对应的本征态，如果该状态是测量算符对应的本征态，则可得到精确测量结果，否则，无法得到精确测量结果.

### 10.1.3 未知量子态不可克隆

1982 年，Wootters 和 Zurek[WZ82]首次提出了著名的未知量子态不可克隆原理. 原理指出，在量子力学中，不存在一个对未知量子态精确复制的物理过程，即未知量子态不可能被精确复制，这就使得每个复制量子态和初始量子态完全相同. 这一原理在量子安全多方计算协议构造过程中非常重要，协议中通过量子信道传输量子态时，由于对于攻击者来说是未知的量子态，即使将其截获，也无法进行克隆做进一步使用，从而为协议的安全性提供重要保障.

### 10.1.4 非正交量子态不可区分

非正交量子态不可区分是指任何物理过程无法对两个非正交的量子态进行完美区分. 该原理在量子安全多方计算协议的构造中有着至关重要的作用. 如为了抵抗攻击者对量子信道的攻击，在传输量子态时在其中插入诱骗态，这些诱骗态就是来自相互无偏基中的非正交量子态. 攻击者无法对这些量子态进行区分，且

对其测量还会导致量子态的改变，从而被合法用户发现.

## 10.2　常用量子技术

### 10.2.1　量子比特及常用的操作

对应于经典信息论中“比特”的概念，在量子信息论中引入了“量子比特”(qubit)的概念. 量子比特是二维复 Hilbert 空间中的一个单位矢量. 设 $|0\rangle$ 和 $|1\rangle$ 是一组基矢量，则量子比特可表示为 $\alpha|0\rangle+\beta|1\rangle$，其中 $\alpha$ 和 $\beta$ 是复数，且满足 $|\alpha|^2+|\beta|^2=1$. 量子比特常用的基矢量还有

$$|+\rangle=(|0\rangle+|1\rangle)/\sqrt{2} \quad 和 \quad |-\rangle=(|0\rangle-|1\rangle)/\sqrt{2}$$

多个量子比特可以复合，如果每个量子比特取定基 $|0\rangle$ 和 $|1\rangle$，则 $n$ 个量子比特复合后的系统可表示为 $\sum_{i=0}^{2^n-1}\alpha_i|i\rangle$，其中 $\alpha_i$ 为复数，且 $\sum_{i=0}^{2^n-1}|\alpha_i|^2=1$, $|i\rangle$ 为复合系统的基，称为计算基.

在复合量子比特中，如果其态矢不能表示为各量子比特态矢的直积形式，则称该系统处于纠缠态. 通俗来讲，处于纠缠态的系统，各子系统状态不能分开. 纠缠态在量子安全多方计算协议的构造中起着重要作用，常用的纠缠态如两粒子纠缠的 Bell 态[Bel64]

$$\frac{1}{\sqrt{2}}(|00\rangle\pm|11\rangle),\quad \frac{1}{\sqrt{2}}(|01\rangle\pm|10\rangle)$$

三粒子纠缠的 GHZ 态[GHZ89,GHS90]

$$\frac{1}{\sqrt{2}}(|000\rangle\pm|111\rangle),\quad \frac{1}{\sqrt{2}}(|001\rangle\pm|110\rangle)$$

$$\frac{1}{\sqrt{2}}(|010\rangle\pm|101\rangle),\quad \frac{1}{\sqrt{2}}(|011\rangle\pm|100\rangle)$$

GHZ 纠缠态也可推广到 $n$ 粒子纠缠的情况，

$$|\Psi(u_1,u_2,\cdots,u_n)\rangle=\frac{1}{\sqrt{2}}(|0,u_2,\cdots,u_n\rangle+(-1)^{u_1}|1,\overline{u}_2,\cdots,\overline{u}_n\rangle)$$

其中 $u_i\in\{0,1\},\overline{u}_i=u_i+1 \bmod 2,\ i=1,2,\cdots,n$.

为了与计算科学中的术语保持一致，作用到量子比特上的酉算符也称为量子门. 常用的量子门有 Pauli 门、Hadamard 门、受控非门等，如表 10.1 所示.

**表 10.1 常用的量子逻辑门**

| 量子门 | 对量子比特的作用 | 矩阵表示 |
|---|---|---|
| Pauli-X 门( $\sigma_x$ ) | $\sigma_x(\alpha\|0\rangle+\beta\|1\rangle)=\alpha\|1\rangle+\beta\|0\rangle$ | $\begin{bmatrix}0&1\\1&0\end{bmatrix}$ |
| Pauli-Y 门( $\sigma_y$ ) | $\sigma_y(\alpha\|0\rangle+\beta\|1\rangle)=\mathrm{i}\alpha\|1\rangle-\mathrm{i}\beta\|0\rangle$ | $\begin{bmatrix}0&-\mathrm{i}\\\mathrm{i}&0\end{bmatrix}$ |
| Pauli-Z 门( $\sigma_z$ ) | $\sigma_z(\alpha\|0\rangle+\beta\|1\rangle)=\alpha\|0\rangle-\beta\|1\rangle$ | $\begin{bmatrix}1&0\\0&-1\end{bmatrix}$ |
| Hadamard 门( $H$ ) | $H\|0\rangle=(\|0\rangle+\|1\rangle)/\sqrt{2}$<br>$H\|1\rangle=(\|0\rangle-\|1\rangle)/\sqrt{2}$ | $\begin{bmatrix}1/\sqrt{2}&1/\sqrt{2}\\1/\sqrt{2}&-1/\sqrt{2}\end{bmatrix}$ |
| 受控非门(CNOT) | $\mathrm{CNOT}(\|c\rangle\otimes\|d\rangle)=\|c\rangle\otimes\|c\oplus d\rangle$ | $\begin{bmatrix}1&0&0&0\\0&1&0&0\\0&0&0&1\\0&0&1&0\end{bmatrix}$ |

注: (1) i 为复数单位, $\alpha$ 和 $\beta$ 是复数, 且满足 $|\alpha|^2+|\beta|^2=1$;

(2) 受控非门中, $|c\rangle,|d\rangle$ 代表 $|0\rangle$ 或 $|1\rangle$, "$\oplus$"代表模 2 加法;

(3) 矩阵表示为在基 $\{|0\rangle,|1\rangle\}$ 下的表示.

### 10.2.2 $d$ 级量子系统

$d$ 级量子系统(qudit) 是二维量子比特向高维的推广, 其状态空间可用 $d$ 维复 Hilbert 空间描述. $d$ 级量子系统在量子安全多方计算协议的构造中也经常使用, 下面对有关 $d$ 级量子系统的概念进行简单介绍.

1. *$d$ 级量子系统的相互无偏基*

在 $d$ 为素数的幂次方时, $d$ 级量子系统有 $d+1$ 组相互无偏的基[DEB10]. 设 $|b_l^k\rangle$ 代表第 $k$ 组无偏基中的第 $l$ 个分量, 其中 $k=0,1,\cdots,d$; $l=0,1,\cdots,d-1$. 当 $k=d$ 时, $|b_l^d\rangle$ 就是 $|l\rangle$; 当 $k\neq d$ 时, $|b_l^k\rangle$ 可以表示为

$$|b_l^k\rangle:=\frac{1}{\sqrt{d}}\sum_{j=0}^{d-1}\zeta^{j(l+kj)}|j\rangle$$

其中, $\zeta=\exp(2\pi\mathrm{i}/d)$. 各无偏基中矢量满足

$$|\langle b_l^k|b_t^s\rangle|^2=\begin{cases}\delta_{lt}, & k=s(\text{正交性})\\ \dfrac{1}{d}, & k\neq s(\text{无偏性})\end{cases}$$

其中

$$\delta_{lt}=\begin{cases}0, & l\neq t\\ 1, & l=t\end{cases}$$

为 Kronecker 符号.

定义酉算符

$$U:=\sum_{u=0}^{d-1}\zeta^{u}|u\rangle\langle u|$$

$$V:=\sum_{v=0}^{d-1}\zeta^{v^2}|v\rangle\langle v|$$

通过简单计算易知,

$$U|b_l^k\rangle=|b_{l\oplus1}^k\rangle,\quad V|b_l^k\rangle=|b_l^{k\oplus1}\rangle$$

其中,"⊕"表示模 $d$ 加法. 在 $|b_l^k\rangle$ 上综合应用 $U$ 和 $V$ 可得

$$U^uV^v|b_l^k\rangle=|b_{l\oplus u}^{k\oplus v}\rangle \tag{10.1}$$

2. $d$ 级 Bell 态

$d$ 级 Bell 态[Cer98]是对经典二维 Bell 态向高维的推广, 可以表示如下

$$|\Psi(u_1,u_2)\rangle:=\frac{1}{\sqrt{d}}\sum_{g=0}^{d-1}\zeta^{gu_1}|g,g\oplus u_2\rangle$$

其中, $u_1,u_2\in\mathbb{Z}_d$, $\zeta=\exp(2\pi\mathrm{i}/d)$, "⊕"表示模 $d$ 加法. 令 $d=2$, 可得到经典 Bell 态, 例如

$$|\Psi(0,0)\rangle=\frac{1}{\sqrt{2}}(|00\rangle+|11\rangle)$$

$d$ 级 Bell 态两两正交, 即

$$\langle\Psi(v_1,v_2)|\Psi(u_1,u_2)\rangle=\delta_{u_1v_1}\delta_{u_2v_2}$$

定义酉算符

$$U_{u,v}:=\sum_{g=0}^{d-1}\zeta^{gu}|g\oplus u\rangle\langle u|$$

则可通过

$$|\Psi(0,0)\rangle=\frac{1}{\sqrt{d}}\sum_{g=0}^{d-1}|g,g\rangle$$

按如下操作得到$|\Psi(u_1,u_2)\rangle$，

$$(I\otimes U_{u_1,u_2})|\Psi(0,0)\rangle=|\Psi(u_1,u_2)\rangle \tag{10.2}$$

其中$I$为单位算符.

3. $d$级 Cat 态

$d$级$n$粒子 Cat 态[KBB02]是$d$级 Bell 态由 2 粒子到$n$粒子的推广，可以表示为

$$|\Psi(u_1,u_2,\cdots,u_n)\rangle:=\frac{1}{\sqrt{d}}\sum_{g=0}^{d-1}\zeta^{gu_1}|g,g\oplus u_2,\cdots,g\oplus u_n\rangle$$

其中，$u_1,u_2,\cdots,u_n\in\mathbb{Z}_d,\zeta=\exp(2\pi\mathrm{i}/d)$，“$\oplus$”表示模$d$加法.不难看出，当$d=2$，$n=3$时，可得到 GHZ 态. 例如

$$|\Psi(0,0,0)\rangle=\frac{1}{\sqrt{2}}(|000\rangle+|111\rangle)$$

与$d$级 Bell 态类似，$d$级 Cat 态也是两两正交的，即

$$\langle\Psi(v_1,v_2,\cdots,v_n)|\Psi(u_1,u_2,\cdots,u_n)\rangle=\delta_{u_1v_1}\delta_{u_2v_2}\cdots\delta_{u_nv_n}$$

4. $d$级 Bell 态与$d$级 Cat 态之间的纠缠交换

在一个$d$级 Bell 态中的粒子和一个$d$级 Cat 态中的粒子上进行$d$级 Bell 测量，会发生纠缠交换[KBB02]，得到一个新的$d$级 Bell 态和一个新的$d$级 Cat 态，该过程可通过如下表达式描述，

$$\begin{aligned}&|\Psi(u_1,u_2)\rangle\otimes|\Psi(v_1,v_2,\cdots,v_i,\cdots,v_n)\rangle\\=&\frac{1}{d}\sum_{g,h=0}^{d-1}\zeta^{gh}|u_1\ominus g,v_i\ominus h\rangle\otimes|v_1\oplus g,v_2,\cdots,u_2\oplus h,\cdots,v_n\rangle\end{aligned}$$

其中，$\zeta=\exp(2\pi\mathrm{i}/d)$，“$\oplus$”表示模$d$加法，“$\ominus$”表示模$d$减法. 上述表达式中在$d$级 Bell 态的第 2 个粒子和$d$级 Cat 态的第$i\,(2\leqslant i\leqslant n)$个粒子上执行了测量，假设测量后得到新的 Bell 态为

$$|u_1\ominus g,v_i\ominus h\rangle$$

则得到新的 Cat 态为

$$|v_1\oplus g,v_2,\cdots,u_2\oplus h,\cdots,v_n\rangle$$

### 10.2.3 超密编码

超密编码[BW92]是指利用预先分配的纠缠，通过一位量子比特传送两位经典比特的通信技术. 假设$A$与$B$预先分配了一对纠缠粒子，如 Bell 态$|\varphi\rangle=(|0\rangle_a|0\rangle_b+|1\rangle_a|1\rangle_b)/\sqrt{2}$，$A$持有粒子$a$（第一个量子比特），$B$持有粒子$b$

(第二个量子比特). $A$ 有两个经典比特, 他可以通过仅向 $B$ 传送一个量子比特, 完成这两个经典比特的传送.

$A$ 根据待传送的两个经典比特, 首先对自己持有的量子比特执行相应操作, 具体如表 10.2 所示, 然后他将其发送给 $B$.

**表 10.2　发送方执行量子操作规则**

| 待发送经典比特 | 量子操作 | 结果 |
|---|---|---|
| 00 | 单位算符 $I$ | $(I\otimes I)\|\varphi\rangle=(\|0\rangle_a\|0\rangle_b+\|1\rangle_a\|1\rangle_b)/\sqrt{2}$ |
| 01 | Pauli-Z 算符 $\sigma_z$ | $(\sigma_z\otimes I)\|\varphi\rangle=(\|0\rangle_a\|0\rangle_b-\|1\rangle_a\|1\rangle_b)/\sqrt{2}$ |
| 10 | Pauli-X 算符 $\sigma_x$ | $(\sigma_x\otimes I)\|\varphi\rangle=(\|0\rangle_a\|1\rangle_b+\|1\rangle_a\|0\rangle_b)/\sqrt{2}$ |
| 11 | Pauli-Y 算符 $\sigma_y$ | $(\mathrm{i}\sigma_y\otimes I)\|\varphi\rangle=(\|0\rangle_a\|1\rangle_b-\|1\rangle_a\|0\rangle_b)/\sqrt{2}$ |

$B$ 收到 $A$ 发送的量子比特后, 和自己持有的量子比特一起, 在其上执行 Bell 基测量, 根据测量结果, 按照表 10.2 中的对应关系, 即可得到 $A$ 传送的两个经典比特.

类似基于两粒子纠缠的超密编码, 通过预先分配多粒子纠缠, 还可以实现多个人向一个人发送信息. 需要注意的是, 这时一个人只能传送一个比特的经典信息, 因此不能算作真正的"超密". 假设在 $A,B_1,B_2,\cdots,B_n$ 之间预分配了一个 $n+1$ 粒子 GHZ 纠缠态

$$|\Psi(u_0,u_1,\cdots,u_n)\rangle_{01\cdots n}=\frac{1}{\sqrt{2}}(|0,u_1,\cdots,u_n\rangle+(-1)^{u_0}|1,\bar{u}_1,\cdots,\bar{u}_n\rangle)$$

其中, 下标为 GHZ 纠缠态中各粒子的编号. $A$ 持有粒子 0, $B_i$ 持有粒子 $i(i=1,2,\cdots,n)$, $B_i$ 准备将自己持有的经典比特发送给 $A$.

每一个 $B_i$, 如果准备发送"0", 则对自己持有的粒子 $i$ 不进行操作; 如果准备发送"1", 则在其上应用 Pauli-Y 算符, 即应用 $\mathrm{i}\sigma_y$, 然后将其发送给 $A$. $A$ 收到所有 $B_i$ 发送的粒子后, 在其上执行 $n+1$ 粒子 GHZ 基测量, 根据结果可得到每个 $B_i$ 传送的经典比特. 以 $n=2$, $A$ 与 $B_1,B_2$ 预分配 $(|000\rangle+|111\rangle)/\sqrt{2}$ 为例, $A$ 的测量结果与 $B_1,B_2$ 传送经典量子比特的关系如表 10.3 所示.

**表 10.3　测量结果与传送经典比特的关系**

| $A$ 的测量结果 | $B_1$ 传送的经典比特 (执行的量子操作) | $B_2$ 传送的经典比特 (执行的量子操作) |
|---|---|---|
| $(\|000\rangle+\|111\rangle)/\sqrt{2}$ | $0(I)$ | $0(I)$ |
| $(\|110\rangle-\|001\rangle)/\sqrt{2}$ | $0(I)$ | $1(\mathrm{i}\sigma_y)$ |

续表

| $A$ 的测量结果 | $B_1$ 传送的经典比特<br>(执行的量子操作) | $B_2$ 传送的经典比特<br>(执行的量子操作) |
|---|---|---|
| $(\|101\rangle-\|010\rangle)/\sqrt{2}$ | $1(\mathrm{i}\sigma_y)$ | $0(I)$ |
| $(\|011\rangle+\|100\rangle)/\sqrt{2}$ | $1(\mathrm{i}\sigma_y)$ | $1(\mathrm{i}\sigma_y)$ |

### 10.2.4 量子隐形传态

量子隐形传态[BBC93]可以通过一个预分配的量子纠缠，精确传输一个未知量子态. 假设 $A$ 与 $B$ 预先分配了一对纠缠粒子，如 Bell 态 $|\varphi\rangle=(|0\rangle_a|0\rangle_b+|1\rangle_a|1\rangle_b)/\sqrt{2}$, $A$ 持有粒子 $a$, $B$ 持有粒子 $b$. $A$ 有一个量子态 $|\phi\rangle=\alpha|0\rangle_s+\beta|1\rangle_s$，准备发送给 $B$. 记 $|\Psi_0\rangle=|\phi\rangle|\varphi\rangle$.

首先，$A$ 在 $|\phi\rangle$ 和其持有 $|\varphi\rangle$ 中的粒子 $a$ 上应用受控非门，得到

$$
\begin{aligned}
|\Psi_1\rangle &= (\mathrm{CNOT}\otimes I)|\Psi_0\rangle \\
&= (\mathrm{CNOT}\otimes I)\left[(\alpha|0\rangle_s+\beta|1\rangle_s)\otimes\frac{1}{\sqrt{2}}(|0\rangle_a|0\rangle_b+|1\rangle_a|1\rangle_b)\right] \\
&= \frac{1}{\sqrt{2}}[\alpha|0\rangle_s(|0\rangle_a|0\rangle_b+|1\rangle_a|1\rangle_b)+\beta|1\rangle_s(|1\rangle_a|0\rangle_b+|0\rangle_a|1\rangle_b)]
\end{aligned}
$$

然后，$A$ 在粒子 $s$ 上应用 Hadamard 门，得到

$$
\begin{aligned}
|\Psi_2\rangle &= (H\otimes I\otimes I)|\Psi_1\rangle \\
&= \frac{1}{\sqrt{2}}(H\otimes I\otimes I)[\alpha|0\rangle_s(|0\rangle_a|0\rangle_b+|1\rangle_a|1\rangle_b)+\beta|1\rangle_s(|1\rangle_a|0\rangle_b+|0\rangle_a|1\rangle_b)] \\
&= \frac{1}{2}[\alpha(|0\rangle_s+|1\rangle_s)(|0\rangle_a|0\rangle_b+|1\rangle_a|1\rangle_b)+\beta(|0\rangle_s-|1\rangle_s)(|1\rangle_a|0\rangle_b+|0\rangle_a|1\rangle_b)] \\
&= \frac{1}{2}[|00\rangle_{sa}(\alpha|0\rangle_b+\beta|1\rangle_b)+|01\rangle_{sa}(\alpha|1\rangle_b+\beta|0\rangle_b) \\
&\quad +|10\rangle_{sa}(\alpha|0\rangle_b-\beta|1\rangle_b)+|11\rangle_{sa}(\alpha|1\rangle_b-\beta|0\rangle_b)]
\end{aligned}
$$

接下来，$A$ 在基 $\{|0\rangle,|1\rangle\}$ 下分别对粒子 $s$ 和粒子 $a$ 进行测量，并将测量结果 $M_1$ 和 $M_2$ 发送给 $B$. $B$ 根据 $M_1$ 和 $M_2$，按照表 10.4 中的对应关系，在粒子 $b$ 上执行相应操作，可得到 $|\phi\rangle=\alpha|0\rangle_c+\beta|1\rangle_c$.

**表 10.4　执行量子操作与测量结果的对应关系(Ⅰ)**

| $M_1$ | $M_2$ | $B$ 执行的量子操作 |
|---|---|---|
| 0 | 0 | $I$ |
| 0 | 1 | $\sigma_x$ |
| 1 | 0 | $\sigma_z$ |
| 1 | 1 | $\sigma_z\sigma_x$ |

上述量子隐形传态的过程可用图 10.1 所示的量子线路表示.

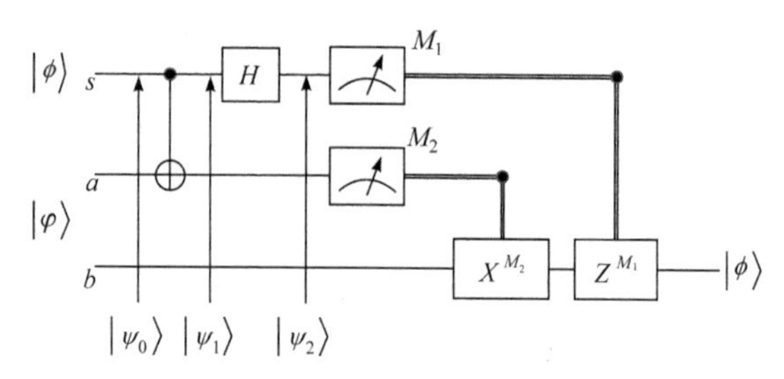


图 10.1　量子隐形传态线路图

量子隐形传态还有其他的变体, 如基于四粒子纠缠的受控量子隐形传态. 假设 $A$, $B$ 和 $C$ 之间预先共享四粒子纠缠态

$$|\Psi\rangle_{a_1a_2bc}=\frac{1}{2}(|0000\rangle+|0011\rangle+|1101\rangle+|1110\rangle)$$

$A$ 持有粒子 $a_1$ 和 $a_2$,$B$ 持有粒子 $b$,$C$ 持有粒子 $c$.$A$ 准备将未知量子态 $|\phi\rangle_s=\alpha|0\rangle+\beta|1\rangle$ 在 $C$ 的控制下发送给 $B$.

首先, $A$ 在 GHZ 基下对粒子 $s$ 、粒子 $a_1$ 和粒子 $a_2$ 进行测量, 将测量结果发送给 $B$, 接下来 $C$ 在基 $\{|0\rangle,|1\rangle\}$ 下对粒子 $c$ 进行测量, 也将结果发送给 $B$,$B$ 根据 $A$ 和 $C$ 发送给他的结果, 以及对手中的粒子 $b$ 进行相应操作, 可得到 $|\phi\rangle=\alpha|0\rangle+\beta|1\rangle$. 由

$$\begin{aligned}|\phi\rangle_s\otimes|\Psi\rangle_{a_1a_2bc}&=\frac{1}{2\sqrt{2}}(\alpha|0\rangle_s+\beta|1\rangle_s)\otimes(|0000\rangle_{a_1a_2bc}+|0011\rangle_{a_1a_2bc}\\&\quad+|1101\rangle_{a_1a_2bc}+|1110\rangle_{a_1a_2bc})\\&=\frac{1}{4\sqrt{2}}[(|000\rangle_{sa_1a_2}+|111\rangle_{sa_1a_2})((\alpha|0\rangle_b+\beta|1\rangle_b)|0\rangle_c+(\alpha|1\rangle_b+\beta|0\rangle_b)|1\rangle_c)\\&\quad+(|000\rangle_{sa_1a_2}-|111\rangle_{sa_1a_2})((\alpha|0\rangle_b-\beta|1\rangle_b)|0\rangle_c+(\alpha|1\rangle_b-\beta|0\rangle_b)|1\rangle_c)\\&\quad+(|011\rangle_{sa_1a_2}+|100\rangle_{sa_1a_2})((\alpha|1\rangle_b+\beta|0\rangle_b)|0\rangle_c+(\alpha|0\rangle_b+\beta|1\rangle_b)|1\rangle_c)\\&\quad+(|011\rangle_{sa_1a_2}-|100\rangle_{sa_1a_2})((\alpha|1\rangle_b-\beta|0\rangle_b)|0\rangle_c+(\alpha|0\rangle_b-\beta|1\rangle_b)|1\rangle_c)]\end{aligned}$$

可见, $B$ 在粒子 $b$ 上需要执行的操作与 $A$ 和 $C$ 的测量结果有表 10.5 中所示的对应关系.

**表 10.5 执行量子操作与测量结果的对应关系(Ⅱ)**

| $A$ 的测量结果 | $C$ 的测量结果 | $B$ 执行的量子操作 |
|---|---|---|
| $\frac{1}{\sqrt{2}}(\|000\rangle+\|111\rangle)$ | $\|0\rangle$ | $I$ |
| | $\|1\rangle$ | $\sigma_x$ |
| $\frac{1}{\sqrt{2}}(\|000\rangle-\|111\rangle)$ | $\|0\rangle$ | $\sigma_z$ |
| | $\|1\rangle$ | $\sigma_z\sigma_x$ |
| $\frac{1}{\sqrt{2}}(\|011\rangle+\|100\rangle)$ | $\|0\rangle$ | $\sigma_x$ |
| | $\|1\rangle$ | $I$ |
| $\frac{1}{\sqrt{2}}(\|011\rangle-\|100\rangle)$ | $\|0\rangle$ | $\sigma_z\sigma_x$ |
| | $\|1\rangle$ | $\sigma_z$ |

### 10.2.5 诱骗态

量子安全多方计算协议中使用的诱骗态技术是指在量子信道中传送量子态序列时, 在其中插入一些辅助性的诱骗态粒子, 来保护量子信道的安全性. 这些诱骗态粒子随机取自与传输量子态类似的相互无偏基中的量子态, 且插入到待传送量子态序列中的随机位置. 诱骗态技术保证量子信道安全性的原理与量子密钥分发协议 BB84 中的安全性原理类似.

诱骗态技术使用过程如下, 假设 $A$ 准备向 $B$ 发送量子比特序列 $S$. 在发送前, $A$ 先在 $\{|0\rangle,|1\rangle,|+\rangle,|-\rangle\}$ 中随机选取一些量子态, 插入到 $S$ 中的随机位置, 得到量子比特序列 $S'$, 然后将 $S'$ 发送给 $B$. $A$ 在确认 $B$ 收到 $S'$ 后, 告诉其诱骗态比特所在的位置, 以及各诱骗态比特所属的基是 $\{|0\rangle,|1\rangle\}$ 还是 $\{|+\rangle,|-\rangle\}$. $B$ 按照 $A$ 告诉的诱骗态比特位置信息和基信息, 对 $S'$ 中的诱骗态粒子进行测量. 分析测量结果, 如果发生错误的数量超过预定阈值, 则说明量子信道中存在攻击者, $A$ 和 $B$ 可以放弃本次通信, 并重新开始. 如果信道安全, 则 $B$ 丢弃 $S'$ 中的诱骗态, 将其恢复为 $S$, 完成安全传输.

如果 $A$ 向 $B$ 发送的是 $d$ 级量子系统构成的序列, 即 qudit 序列, 则在选择诱骗态时, 可从

$$\left\{|k\rangle,\frac{1}{\sqrt{d}}\sum_{j=0}^{d-1}(e^{2\pi i/d})^{jk}\,|j\rangle \middle| k=0,1,\cdots,d-1\right\}$$

中选取，告诉 $B$ 的基信息为诱骗态来自

$$\{|k\rangle|k=0,1,\cdots,d-1\}$$

还是

$$\left\{\frac{1}{\sqrt{d}}\sum_{j=0}^{d-1}(e^{2\pi i/d})^{jk}|j\rangle\middle|k=0,1,\cdots,d-1\right\}$$

在后续部分介绍具体的量子安全多方计算协议时，为了使协议执行过程描述得更清晰，在传送量子态序列步骤时，将不再叙述诱骗态技术的使用细节.

## 10.3 典型量子安全多方计算协议

如前面章节所述，在经典安全多方计算中，使用更底层的密码学工具如承诺、秘密共享、茫然传输、零知识证明等构造协议. 量子安全多方计算协议的构造思路与此不同，它不是在量子承诺、量子秘密共享、量子茫然传输等的基础上构造协议，而是直接利用量子力学规律构造满足所需条件的协议. 常见的量子安全多方计算协议有量子安全多方求和、量子安全多方求集合交集势和并集势、量子隐私比对、量子匿名投票、量子密封拍卖等. 目前，人们基于各式各样的量子技术构造了这些协议，本节通过具体实例介绍这些协议的构造过程，所选示例协议尽量覆盖上节介绍的量子技术.

### 10.3.1 量子安全多方求和

量子安全多方求和是量子安全多方计算中最基本的协议之一，目标是要解决多方参与者在不泄露自己隐私数据的前提下对其求和的问题. Heinrich[Hei02]早在2002 年就提出了量子求和的思想，并在 2004 年与 Kwas 等[HKW04]合作研究了量子布尔求和的问题. 2007 年, Du 等[DCW07]基于非正交量子态提出了首个真正意义上的量子安全求和协议. 此后，人们对量子安全多方求和协议进行了大量的研究，基于不同的量子技术，如六粒子纠缠态[ZSH15]、Bell 态[LWF17]、$d$ 级量子系统的纠缠交换[JZW19]、$d$ 级 Bell 态[WM21]等构造了各具特色的协议. 下面简要介绍一个基于 $d$ 级量子系统相互无偏基构造的量子安全多方求和协议[ZSH19].

假设参与者 $P_i\ (i=1,2,\cdots,n)$ 每人持有一个秘密整数 $x_i\in\mathbb{Z}_d$，在一个不与任何参与者合谋的半诚实第三方(TP)的协助下，安全计算

$$\sum_{i=1}^{n}x_i \bmod d$$

协议执行过程如下.

**步骤 1** TP 制备 $d$ 级量子态 $|b_l^k\rangle$，其中 $k,l\in_R \mathbb{Z}_d$，然后将 $|b_l^k\rangle$ 发送给 $P_1$. 注意在传输量子态过程中需使用诱骗态技术, 以下步骤类似, 不再赘述.

**步骤 2** $P_1$ 收到 $|b_l^k\rangle$ 后，随机选择 $y_1\in_R \mathbb{Z}_d$，利用公式(10.1)，在 $|b_l^k\rangle$ 上应用酉算符 $U^{x_1}$ 和 $V^{y_1}$，得到

$$U^{x_1}V^{y_1}|b_l^k\rangle=|b_{l+x_1 \bmod d}^{k+y_1 \bmod d}\rangle$$

然后，$P_1$ 将 $|b_{l+x_1 \bmod d}^{k+y_1 \bmod d}\rangle$ 发送给 $P_2$.

**步骤 3** 对 $i=2,3,\cdots,n$，循环以下操作. 在 $P_i$ 收到 $P_{i-1}$ 发送的量子态 $|b_{l+x_1+\cdots+x_{i-1} \bmod d}^{k+y_1+\cdots+y_{i-1} \bmod d}\rangle$ 后，随机选择 $y_i\in_R \mathbb{Z}_d$，与步骤 2 类似，应用酉算符 $U^{x_i}$ 和 $V^{y_i}$，得到

$$U^{x_i}V^{y_i}|b_{l+x_1+\cdots+x_{i-1} \bmod d}^{k+y_1+\cdots+y_{i-1} \bmod d}\rangle=|b_{l+x_1+\cdots+x_i \bmod d}^{k+y_1+\cdots+y_i \bmod d}\rangle$$

然后，将 $|b_{l+x_1+\cdots+x_i \bmod d}^{k+y_1+\cdots+y_i \bmod d}\rangle$ 发送给 $P_{i+1}$. 对于 $P_n$ 来说发送给 TP.

**步骤 4** 在确认 TP 收到 $P_n$ 发送的量子态后，$P_1,P_2,\cdots,P_n$ 分别将 $y_1,y_2,\cdots,y_n$ 通过安全信道发送给 TP, TP 计算

$$Y=k+\sum_{i=1}^{n}y_i \bmod d$$

然后在基 $\{|b_0^Y\rangle,|b_1^Y\rangle,\cdots,|b_{d-1}^Y\rangle\}$ 下测量 $|b_{l+x_1+\cdots+x_n \bmod d}^{k+y_1+\cdots+y_n \bmod d}\rangle$ 得到结果

$$R=l+\sum_{i=1}^{n}x_i \bmod d$$

从而得到

$$\left(\sum_{i=1}^{n}x_i \bmod d\right)=R-l \bmod d$$

并向 $P_1,P_2,\cdots,P_n$ 公布结果.

从上述协议执行过程可以看出, TP 制备的 $|b_l^k\rangle$ 在经过 $P_1,P_2,\cdots,P_n$ 分别执行的酉操作后变成 $|b_{l+x_1+\cdots+x_n \bmod d}^{k+y_1+\cdots+y_n \bmod d}\rangle$，TP 通过在第 $Y$ 组无偏基下测量这个量子态，就可以得到 $l+\sum_{i=1}^{n}x_i \bmod d$，从而求得 $\sum_{i=1}^{n}x_i \bmod d$.

协议的安全性可以从外部攻击、参与者攻击和 TP 发起的攻击三方面进行分析.

协议对于外部攻击的安全性由传输量子态时使用诱骗态技术保证, 由于外部攻击者不知道诱骗态粒子在传输量子态序列中的位置和状态, 他对该序列所做的操作会被合法参与者发现. 另外即使外部攻击者得到传输序列中的量子态, 由于不

知道$Y$,所以无法选取合适的基进行测量, 因此得不到该量子态携带的任何有用信息.

对于参与者的攻击, 我们直接可以分析最坏情况, 即任意$n-2$个参与者联合起来, 获取剩下两个参与者(记为$P_i$和$P_j$)持有秘密信息的情况. 其实无论发起攻击的联合参与者怎样截获处理被攻击者发送的量子态, 由于他们不知道$y_i$和$y_j$, 就无法选择合适的基进行测量, 因此也就无法得到$P_i$或$P_j$的秘密信息.

对于 TP, 在不与任何参与者合谋的情况下, 如果想窃取某个参与者的秘密信息, 他必须截获发送给该参与者以及该参与者发出的量子态序列, 这时, 由于诱骗态技术的使用, 他将会和外部攻击者一样被发现. 需要注意的是, 如果 TP 与某个参与者合谋, 他们将会得到某些参与者的秘密信息. 比如, TP 与$P_{n-1}$合谋, $P_{n-1}$向$P_n$发送$|b_0^0\rangle$,$P_n$在对$|b_0^0\rangle$应用酉算符后, 得到$|b_{x_n}^{y_n}\rangle$并发送给 TP, 在$P_n$向 TP 发送$y_n$后, TP 可以选择第$y_n$组基进行测量, 直接得到$x_n$.

### 10.3.2　量子安全多方求集合交集势和并集势

安全多方集合运算是安全多方计算中的重要组成部分, 自从 Freedman 等[FNP04]在 2004 年欧密会上提出安全多方集合求交的思想后, 人们开始了对安全多方集合运算的研究. 然而由于安全多方集合求交、求并等运算的结果揭示了部分集合信息, 产生太多的信息泄露, 于是, 人们开始研究安全多方集合交集势和并集势的计算[CGT12,DD15]. 使用量子密码学的方法构造安全多方求集合交集势的研究最早见于 Shi 等在 2016 年发表的文献[SMZ16], 文中基于量子 Fourier 变换和量子计数构造了一个两方求集合交集势协议. 此后, 出现了许多量子安全多方求集合交集势或并集势的协议, 如基于 Bell 态的文献[Shi18]、基于单光子操作的文献[SZ19]、基于 GHZ 纠缠态的文献[ZLS20]等. 下面简要介绍一个基于$d$级量子系统纠缠交换的安全多方求集合交集势和并集势的协议[WHX21].

假设参与者$P_i(i=1,2,\cdots,m)$每人持有一个秘密集合$A_i, |A_i|\leqslant N$, 其中的元素为$\mathbb{Z}_N$中的整数. 此外所有参与者共享秘密随机置换

$$\hat{P}=\begin{pmatrix} 0 & \cdots & N-1 \\ \hat{P}(0) & \cdots & \hat{P}(N-1) \end{pmatrix}$$

协议使用$d$级 Bell 态和$d$级 Cat 态作为量子资源, 其中$d>m$, 在一个不与任何参与者合谋的半诚实第三方(TP)的协助下, 安全计算

$$\left|\bigcap_{i=1}^{m} A_i\right| \quad 和 \quad \left|\bigcup_{i=1}^{m} A_i\right|$$

**步骤 1**　每一位参与者$P_i(i=1,2,\cdots,m)$将$A_i$映射为二进制集合

$$\tilde{B}_i = (\tilde{x}_i^0, \tilde{x}_i^1, \cdots, \tilde{x}_i^{N-1})$$

即对每一个 $j \in \mathbb{Z}_N$，令

$$\tilde{x}_i^j = \begin{cases} 1, & j \in A_i \\ 0, & j \notin A_i \end{cases}$$

然后在 $\tilde{B}_i$ 上应用随机置换 $\hat{P}$，得到

$$B_i = (x_i^0, x_i^1, \cdots, x_i^{N-1})$$

最后, 准备 $N$ 个 $d$ 级 Bell 态 $|\Psi(0,0)\rangle$，按照公式(10.2), 将 $B_i$ 编码到 Bell 态

$$|\Psi(u_i^j, x_i^j)\rangle_{s_i^j, s_i'^j} = (I \otimes U_{u_i^j, x_i^j})|\Psi(0,0)\rangle$$

其中，$j = 0,1,\cdots,N-1, u_i^j \in_R \mathbb{Z}_d, s_i^j, s_i'^j$ 是第 $j$ 个 Bell 态中两个粒子的标签.

**步骤 2** TP 制备 $N$ 个由 $m+1$ 个粒子构成的 $d$ 级 Cat 态

$$|\Psi(v_0^j, v_1^j, \cdots, v_m^j)\rangle_{t_0^j, t_1^j, \cdots, t_m^j}$$

其中，$j = 0,1,\cdots,N-1, v_i^j \in_R \mathbb{Z}_d, t_0^j, t_1^j, \cdots, t_m^j$ 是第 $j$ 个 Cat 态各粒子的标签.

然后，对于 $i = 1,2,\cdots,m$，TP 依次从每个 Cat 态中抽取第 $i$ 个粒子构成序列 $Q_i = (t_i^0, t_i^1, \cdots, t_i^{N-1})$，并发送给参与者 $P_i$. 在发送量子态序列时需使用诱骗态技术, 在其他步骤中发送量子态序列时类似. 粒子序列 $(t_0^0, t_0^1, \cdots, t_0^{N-1})$ 保留在 TP 手中.

**步骤 3** 对每个 $j = 0,1,\cdots,N-1, P_i$ 在 $|\Psi(u_i^j, x_i^j)\rangle$ 中标签为 $s_i^j$ 的粒子和 $Q_i$ 中标签为 $t_i^j$ 的粒子上进行联合 $d$ 级 Bell 测量, 设得到结果

$$|\Psi(r_i^j, r_i'^j)\rangle_{s_i^j, t_i^j}$$

其中，$r_i^j = u_i^j - g_i^j \bmod d$，$r_i'^j = v_i^j - h_i^j \bmod d$ .

**步骤 4** 对每个 $j = 0,1,\cdots,N-1$，所有参与者通过安全信道联合计算

$$R^j = \sum_{i=1}^{m} r_i'^j$$

并将其发送给 TP. 然后每个参与者 $P_i$ 将粒子序列 $(s_i'^0, s_i'^1, \cdots, s_i'^{N-1})$ 发送给 TP.

**步骤 5** TP 对每个 $j = 0,1,\cdots,N-1$，在标签为 $(t_0^j, s_1'^j, \cdots, s_m'^j)$ 的粒子序列上执行 $d$ 级 Cat 态测量，记结果为

$$|\Psi(\tilde{r}_0^j, \tilde{r}_1^j, \cdots, \tilde{r}_m^j)\rangle$$

其中

$$\tilde{r}_0^j = v_0^j + \sum_{i=1}^{m} g_i^j \bmod d$$

$$\tilde{r}_i^j = x_i^j + h_i^j \bmod d \quad (i = 1, 2, \cdots, m)$$

接下来，TP 初始化两个整形变量 $C_I = 0$，$C_U = 0$，对每一个 $j = 0, 1, \cdots, N-1$，计算

$$X^j = \sum_{i=1}^{m} \tilde{r}_i^j + R^j + \sum_{i=1}^{m} v_i^j \bmod d$$

并且按照

$$C_I = \begin{cases} C_I + 1, & X^j = m \\ C_I, & X^j \neq m \end{cases}$$

$$C_U = \begin{cases} C_U + 1, & X^j > 0 \\ C_U, & X^j = 0 \end{cases}$$

更新 $C_I$ 和 $C_U$.

最后，得到

$$C_I = \left| \bigcap_{i=1}^{m} A_i \right| \quad 和 \quad C_U = \left| \bigcup_{i=1}^{m} A_i \right|$$

从协议的执行过程可以看出，各参与者 $P_i$ 将自己持有的秘密整数集合 $A_i$ 表示为一个二进制集合 $\tilde{B}_i$，将 $\tilde{B}_i$ 中元素从前到后依次编号为 $0, 1, \cdots, N-1$，可见 $\tilde{B}_i$ 中的“1”表示该元素所在位置编号属于 $A_i$，$\tilde{B}_i$ 中“0”表示该元素所在位置编号不属于 $A_i$. 然后 $P_i$ 将 $\tilde{B}_i$ 通过共享的随机置换打乱顺序得到 $B_i$，将其编码到 $d$ 级 Bell 态中，并通过和 TP 制备的 $d$ 级 Cat 态进行纠缠交换，将各 $B_i$ 中相同位置处的“1”累加起来. 最后 TP 统计“1”累加到 $m$ 的次数，记为 $C_I$；“1”累加后大于 0 的次数，记为 $C_U$. 易见，“1”累加到 $m$ 表示所有参与者持有的集合中都含有相应元素，故 $C_I$ 为交集势；“1”累加后大于 0 表示至少有一个参与者持有的集合中含有相应元素，故 $C_U$ 为并集势.

协议对外部攻击的安全性由诱骗态技术和 Cat 态中各纠缠粒子处于完全无极化状态保证. 诱骗态技术的使用可以保证外部攻击会被合法用户发现，协议执行过程中发送的量子态序列中各粒子都处于完全无极化状态，外部攻击者即使截获这些粒子，也无法得到其携带的任何信息.

协议对于参与者攻击的安全性可以直接考虑最坏情况，假设 $m$ 个参与者中有 $m-1$ 个联合起来，欲获取剩下一个参与者(记为 $P_i$)的秘密集合，这时他们必须截获 $P_i$ 和 TP 传输的量子态序列，由于诱骗态的使用，他们会和外部攻击者一样被

发现, 并且由于传输粒子的完全无极化状态, 他们也无法得到任何有用信息. 另外各参与者一起计算了 $R^j$, 而计算该值的过程中所需数据与秘密集合数据没有任何关系, 因此在这一过程中联合参与者无法获取 $P_i$ 的秘密集合.

通过执行协议, TP 可以得到 $R^j$ 和 $x_i^j + h_i^j \bmod d$, 由于 $h_i^j$ 是 Bell 测量时产生的随机结果, $R^j$ 中关于 $h_i^j$ 的信息是以和的形式出现的, 故在 TP 不与参与者合谋的情况下, TP 无法得到 $x_i^j$, 也即他得不到参与者的秘密信息. 另外由于随机置换的使用, TP 也无法得到集合的交和集合的并中的具体元素, 只能知道交集势和并集势.

### 10.3.3 量子隐私比对

量子隐私比对用来解决互不信任参与方在不泄露隐私数据的前提下如何完成大小性或相等性比较的问题, 可以说是"百万富翁问题"的量子版本. 在 Yang 等[YW09]于 2009 年基于 Bell 态提出首个量子隐私相等性比对协议后, 人们在量子安全多方计算的这一分支做出了很多的成果, 如基于 GHZ 纠缠态的文献[CXN10]、基于 $d$ 级量子系统纠缠交换的文献[GGQ13]、基于 7 粒子纠缠态的文献[JZF19]、基于 4 粒子纠缠态的文献[XCG20]等. 下面基于[YW09]中提出的协议, 介绍一个利用 Bell 态构造量子隐私比对协议的简化版本.

假设参与者 $A$ 和 $B$ 分别持有一个秘密整数 $X=\sum_{i=0}^{N-1}x_i 2^i$ 和 $Y=\sum_{i=0}^{N-1}y_i 2^i$, $(x_{N-1},\cdots,x_1,x_0)$ 和 $(y_{N-1},\cdots,y_1,y_0)$ 分别为其二进制表示. 协议基于 Bell 态, 在不与参与者合谋的半诚实第三方(TP)的协助下, 判断 $X$ 和 $Y$ 是否相等.

**步骤 1** TP 首先制备 $m=\lceil N/2 \rceil$ 个 Bell 态 $\{b_i|i=0,1,\cdots,m-1\}$, 其中 $b_i \in_R \{\phi^{\pm}=(|00\rangle+|11\rangle)/\sqrt{2},\psi^{\pm}=(|10\rangle+|01\rangle)/\sqrt{2}\}$. 接下来, TP 抽取每个 Bell 态中的第一个粒子构成序列 $S=(s_0,s_1,\cdots,s_{m-1})$, 抽取第二个粒子构成序列 $T=(t_0,t_1,\cdots,t_{m-1})$, 其中 $s_i$ 和 $t_i$ 为粒子的标签. 最后, TP 将 $S$ 发送给 $A$, 将 $T$ 发送给 $B$, 在发送的过程中需要加入诱骗态粒子, 其他步骤中发送量子态序列时类似.

**步骤 2** TP 确认 $A$ 和 $B$ 收到 $S$ 和 $T$ 后, 公布 $\{b_i|i=0,1,\cdots,m-1\}$ 的初始状态. 接下来, $A$ 和 $B$ 分别在 $s_i$ 和 $t_i$ 上应用酉算符 $U_{x_{2i}x_{2i+1}}$ 和 $U_{y_{2i}y_{2i+1}}$, 其中,

$$U_{00}=I=|0\rangle\langle 0|+|1\rangle\langle 1|,\quad U_{01}=\sigma_z=|0\rangle\langle 0|-|1\rangle\langle 1|$$

$$U_{10}=\sigma_x=|0\rangle\langle 1|+|1\rangle\langle 0|,\quad U_{11}=\mathrm{i}\sigma_y=|0\rangle\langle 1|-|1\rangle\langle 0|$$

当 $N$ 为奇数时, $x_N$ 和 $y_N$ 可约定同为"0"或"1". 记应用酉算符后的粒子序列为 $S'=(s_0',s_1',\cdots,s_{m-1}')$ 和 $T'=(t_0',t_1',\cdots,t_{m-1}')$, $A$ 和 $B$ 分别将 $S'$ 和 $T'$ 发送给 TP.

**步骤 3** TP 收到 $S'$ 和 $T'$ 后, 依次在每一对粒子 $s_i'\ t_i'$ 执行 Bell 测量, 记结果

为 $\{b_i' \mid i=0,1,\cdots,m-1\}$，并将该结果向 $A$ 和 $B$ 公布.

**步骤 4**　$A$ 和 $B$ 根据 $\{b_i\}$ 和 $\{b_i'\}$ 分析 $X$ 和 $Y$ 是否相等. 如果对任意 $i=0,1,\cdots,m-1$，$b_i=b_i'$，则 $X=Y$，否则 $X\neq Y$.

下面分析协议执行的正确性, 以 $b_i=\phi^+$ 为例, 在其上应用各酉算符的结果如表 10.6 所示.

**表 10.6　参与者在 $b_i=\phi^+$ 上应用不同酉算符后的结果**

| | | $B$ | | | |
|---|---|---|---|---|---|
| | $b_i'$ | $U_{00}$ | $U_{01}$ | $U_{10}$ | $U_{11}$ |
| $A$ | $U_{00}$ | $\phi^+$ | $\phi^-$ | $\psi^+$ | $\psi^-$ |
| | $U_{01}$ | $\phi^-$ | $\phi^+$ | $\psi^-$ | $\psi^+$ |
| | $U_{10}$ | $\psi^+$ | $\psi^-$ | $\phi^+$ | $\phi^-$ |
| | $U_{11}$ | $\psi^-$ | $\psi^+$ | $\phi^-$ | $\phi^+$ |

由此可以看出，当 $b_i=b_i'=\phi^+$ 时，$A$ 和 $B$ 分别在 $b_i$ 上应用了相同的酉算符，也即 $x_{2i}x_{2i+1}=y_{2i}y_{2i+1}$. 反过来，只有 $x_{2i}x_{2i+1}=y_{2i}y_{2i+1}$ 时，$b_i=b_i'$. 对 $b_i$ 为其他 Bell 态时，可通过类似分析得到相同的结果. 因此如果对任意 $i=0,1,\cdots,m-1$，都有 $b_i=b_i'$，可得到 $X=Y$，否则 $X\neq Y$.

协议执行过程中传输量子态序列时应用了诱骗态技术, 这样可以有效发现外部攻击者的存在, 并且即使外部攻击者截获了载有参与者秘密数据的 $S'$ 和 $T'$，由于其中的粒子都是完全无极化状态, 因此无法得到参与者的任何秘密.

如果一个参与者发起攻击想得到另一个参与者的秘密信息, 他需要截获该参与者与 TP 交互的量子态序列, 由于诱骗态技术的使用, 他会和外部攻击者一样被发现且无法得到有用信息.

TP 知道 $\{b_i\}$ 和 $\{b_i'\}$，由表 10.6 可以看出, 在不与参与者合谋的情况下, 通过 $b_i$ 和 $b_i'$，并不能分析出 $x_{2i}x_{2i+1}$ 或 $y_{2i}y_{2i+1}$. 但是如果 TP 与某个参与者(例如 $A$)合谋, 他可以知道 $x_{2i}x_{2i+1}$，再结合 $b_i$ 和 $b_i'$，便可推断 $y_{2i}y_{2i+1}$.

### 10.3.4　量子匿名投票

量子匿名投票利用量子力学原理构造用于满足公平、匿名、可信等要求的投票协议. 第一个量子匿名投票协议由 Hillery 等[HZB06] 于 2006 年提出. 此后, 基于多种量子技术构造了各式各样的量子匿名投票协议, 如基于量子纠缠的文献

[VSC07]、基于双模压缩态的文献[YHZ09]、基于连续变量的文献[JHN12]、基于量子盲签名的文献[ZXZ17]. 下面简要介绍一个基于量子隐形传态的量子匿名投票协议[TZL16].

协议的参与者由公证机构、计票人、监票人以及$n$个投票人$V_1,V_2,\cdots,V_n$组成. 协议执行前, 公证机构为计票人、监票人和$n$个投票人$V_1,V_2,\cdots,V_n$分别颁发身份认证凭证, 并且建立用来发布信息的公告牌. 协议执行过程中, 传输量子态序列时均使用诱骗态技术, 各步骤中不再赘述.

**步骤 1** 在公证机构的协助下, 计票人匿名验证各投票人的身份[WZ09]. 验证通过后, 计票人准备$n$个量子态$|\varphi\rangle=(|0\rangle+|1\rangle)/\sqrt{2}$, 分别发送给各投票人, 同时为每个投票人$V_i\ (i=1,2,\cdots,n)$发送一个序列号$\mathrm{SN}_i$.

**步骤 2** 在公证机构的协助下, 与上一步骤类似, 监票人匿名验证各投票人的身份. 验证通过后, 对每一个投票人$V_i$, 将自己的$\mathrm{SN}_i$告诉监票人后, 监票人为其随机指定一个投票规则, 即在单位算符$I=|0\rangle\langle 0|+|1\rangle\langle 1|$和 Pauli-Z 算符$\sigma_z=|0\rangle\langle 0|-|1\rangle\langle 1|$中, 随机指定一个应用到$|\varphi\rangle$代表投“YES”, 另一个应用到$|\varphi\rangle$代表投“NO”.

**步骤 3** 对每一个$i=1,2,\cdots,n$, 投票人$V_i$将自己的$\mathrm{SN}_i$发送给计票人后, 计票人制备四粒子纠缠态

$$|\Psi\rangle_{1234}=\frac{1}{2}(|0000\rangle+|0011\rangle+|1101\rangle+|1110\rangle)$$

其中, 下标数字为$|\Psi\rangle$中 4 个粒子的编号. 然后将$|\Psi\rangle$中的粒子 1 和粒子 2 发送给$V_i$, 将粒子 4 发送给监票人, 自己保留粒子 3.

**步骤 4** 对每一个$i=1,2,\cdots,n$, 投票人$V_i$根据监票人为其指定的投票规则和自己的投票意愿, 对$|\varphi\rangle$应用相应的酉算符$U_i\in\{I,\sigma_z\}$, 然后在$U_i|\varphi\rangle$以及计票人发送给他的$|\Psi\rangle$中的两个粒子上执行 GHZ 基测量, 并在公告牌上公布测量结果. 监票人根据该结果, 在自己手中对应的$|\Psi\rangle$中的粒子 4 执行$\{|0\rangle,|1\rangle\}$基测量, 也将测量结果公布在公告牌上.

**步骤 5** 计票人对每一个投票人$V_i$, 根据公告牌上公布的结果及量子远程传态的原理, 对自己保留的$|\Psi\rangle$中的粒子 3 应用相应酉算符, 得到$U_i|\varphi\rangle\in\{|+\rangle,|-\rangle\}$. 注意, 此时计票人不知道$U_i|\varphi\rangle$是$|+\rangle$还是$|-\rangle$. 接下来, 计票人对$U_i|\varphi\rangle$进行$\{|+\rangle,|-\rangle\}$基测量, 并将测量结果和$\mathrm{SN}_i$发布到公告牌上.

**步骤 6** 计票人在确定所有投票人都完成投票后, 监票人公布其对每个$\mathrm{SN}_i$指定的投票规则. 根据该规则, 计票人得到$\mathrm{SN}_i$对应投票人所投的票是“YES”还是“NO”, 并统计最终投票结果.

协议执行的正确性是显然的, 利用量子远程传态(见 10.2.4 节), 投票人$V_i$将

$U_i|\varphi\rangle$ 传送给了计票人，$U_i|\varphi\rangle$ 中有根据监票人指定的投票规则编码的投票信息. 计票人根据监票人公布的投票规则，解码 $U_i|\varphi\rangle$ 中的投票信息，并统计结果.

投票人的投票信息由应用到 $|\varphi\rangle$ 上的酉算符代表，只有投票人和监票人知道相应规则，在监票人公开规则之前，虽然所有人都可以从公告牌上获取 $U_i|\varphi\rangle$ 的状态，但无法得到投票信息. 另外，协议执行时，投票人的身份是匿名认证的，计票人和监票人只知道投票人的序列号，除此之外不知道投票人的任何身份信息，从而保护投票人的隐私.

协议是基于受控的量子隐形传态完成的，投票人通过公告栏上公布的信息，可以确保其投票(即量子操作)能够被正确记录. 另外，监票人通过他手中粒子 4 的测量来监督计票人，确保所有选票都可以被清点，不遗漏和重复. 协议执行后如果存在争议，还可以在公证机构的协助下追溯每个投票人的身份.

投票人通过对计票人发送的纠缠态中的粒子进行相应量子操作完成投票，每个投票人仅有一组粒子用来执行量子操作，因此其不能重复投票.

### 10.3.5　量子密封拍卖

量子密封拍卖是一种利用量子技术手段保证安全性要求的暗标拍卖协议. 拍卖时，多方竞买人同时向拍卖师报价，出价最高者赢得拍卖. 整个拍卖过程要满足匿名、公平、公开可验证等安全性要求. 首个量子拍卖协议由 Naseri[Nas09]在 2009 年提出，他利用 GHZ 纠缠态构造了协议，同年，Yang 等[YNW09]指出 Naseri 提出协议中的漏洞并构造了增强安全的量子拍卖协议. 此后，基于超密编码[ZNZ10]、Bell 态[Wan10]、单光子[LWY16]、四粒子纠缠态[LZX18]、双自由度单光子[ZSQ18]等各种量子技术，构造了各有特色的量子密封拍卖协议. 下面基于[ZNZ10]和[XZC11]，简要介绍一个利用超密编码构造的量子密封拍卖协议.

假设 $n$ 个竞买人 $P_1,P_2,\cdots,P_n$ 的出价分别为整数 $B_1,B_2,\cdots,B_n$，其中 $B_i$ 由高位到低位的二进制表示为 $(b_i^{m-1},\cdots,b_i^1,b_i^0)$，$i=1,2,\cdots,n$. 每个 $P_i$ 与其他竞买人共享一个 Hash 函数 $H_i:\{0,1\}^m\rightarrow\{0,1\}^{m'}$.

**步骤 1**　拍卖师 $A$ 首先与每一个竞买人 $P_i$ 通过量子密钥分发协议共享 $m$ 位密钥 $K_i$.

接下来，$A$ 制备 $m$ 个随机的 $n+1$ 粒子 GHZ 纠缠态，记第 $j$ 个 GHZ 纠缠态 ($j=0,1,\cdots,m-1$)为

$$|\Psi(u_j^0,u_j^1,\cdots,u_j^n)\rangle_{s_j^0,s_j^1,\cdots,s_j^n}=\frac{1}{\sqrt{2}}(|0,u_j^1,\cdots,u_j^n\rangle+(-1)^{u_j^0}|1,\overline{u}_j^1,\cdots,\overline{u}_j^n\rangle)$$

其中，$u_j^0,u_j^i\in_R\{0,1\},\overline{u}_j^i=u_j^i\oplus 1$，$i=1,2,\cdots,n$，$s_j^0,s_j^1,\cdots,s_j^n$ 为第 $j$ 个 GHZ 纠缠态中 $n+1$ 个粒子的标签. $A$ 依次抽取 $m$ 个 GHZ 纠缠态中的第 $i$ 个粒子($i=0,1,2,\cdots,n$),

构成序列 $S_i=(s_0^i,s_1^i,\cdots,s_{m-1}^i)$, $A$ 将 $S_1,S_2,\cdots,S_n$ 通过加入诱骗态粒子分别发送给 $P_1,P_2,\cdots,P_n$, 自己保留 $S_0=(s_0^0,s_1^0,\cdots,s_{m-1}^0)$.

**步骤 2** 对每一个 $P_i$ $(i=1,2,\cdots,n)$, 计算 $H_i(B_i)$, 并发送给其他竞买人.

**步骤 3** 每一个竞买人 $P_i$ 将自己的出价 $B_i$ 与 $K_i$ 按位异或, 得到加密后的出价 $B_i'=(b_i'^{m-1},\cdots,b_i'^1,b_i'^0)$. 然后对每个 $j=0,1,\cdots,m-1$, 根据 $b_i'^j$, 对 $S_i$ 中的粒子 $s_j^i$ 应用相应的酉算符. 具体为, 当 $b_i'^j=0$ 时, 应用单位算符 $I=|0\rangle\langle 0|+|1\rangle\langle 1|$, 即保持该粒子不变; 当 $b_i'^j=1$ 时, 应用 Pauli-Y 算符 $\mathrm{i}\sigma_y=|0\rangle\langle 1|-|1\rangle\langle 0|$. 记应用酉算符后的粒子序列为 $S_i'=(s_0'^i,s_1'^i,\cdots,s_{m-1}'^i)$. 最后, $P_i$ 将 $S_i'$ 发送给拍卖师 $A$, 发送过程中同样使用诱骗态技术.

**步骤 4** 拍卖师 $A$ 收到所有 $S_i'$ 后, 对每个 $j=0,1,\cdots,m-1$,在粒子组 $(s_j^0,s_j'^1,s_j'^2,\cdots,s_j'^n)$ 上执行 $n+1$ 粒子 GHZ 基测量. 根据所有测量结果, 结合各 GHZ 纠缠态的初始状态,可判断各竞买人应用过的酉算符是 $I=|0\rangle\langle 0|+|1\rangle\langle 1|$ 还是 $\mathrm{i}\sigma_y=|0\rangle\langle 1|-|1\rangle\langle 0|$, 从而得到各 $B_i'=(b_i'^{m-1},\cdots,b_i'^1,b_i'^0)$,再结合拍卖师 $A$ 和各竞买人 $P_i$ 共享的密钥 $K_i$, 可得到所有竞买人的出价.最后选出出价最高者作为买受候选人, 并公开其出价.

**步骤 5** 其他竞拍人计算买受候选人(记为 $P_i$)出价的 Hash 值 $H_i(B_i)$, 与先前 $P_i$ 发送的 Hash 值作对比, 确认其出价.

协议执行的正确性是显然的, 通过 $n+1$ 粒子 GHZ 纠缠态, 各参与者将自己持有出价的每一位通过超密编码的方式发送给拍卖师 $A$, $A$ 得到所有竞买人的出价后, 公开最高出价.

协议执行时, 在传输量子态数据时均使用了诱骗态技术, 因此对于外部攻击者来说, 是安全的. 对于内部竞买人发起的攻击, 甚至在多个竞买人联合发起攻击的情况下, 他们想得到被攻击竞买人的出价, 必须截获被攻击者与拍卖师之间传输的量子态序列, 同样由于诱骗态技术的使用, 他们会被检测到.

协议中各竞买人的出价是在量子信道中传送给拍卖师的, 该过程中发起攻击的竞买人无法得到被攻击竞买人的出价, 因为在截获被攻击者发送或接收的量子态序列时, 由于诱骗态技术的使用, 攻击者会被发现. 另外即使攻击者得到了被攻击者传输给拍卖师的信息, 由于使用与拍卖师共享的密钥进行了加密, 攻击者也无法得到被攻击者的出价. 在步骤 2 中, 竞买人将自己的出价经过 Hash 后发送给其他竞买人, 由 Hash 函数的单向性, 通过 Hash 值无法得到发送方的出价. 由此可见协议具有机密性, 即除了拍卖师外, 任何竞拍人不知道其他竞拍人的出价. 事实上, 从传输的量子态序列中, 也无法得到竞拍人的身份信息, 协议具有匿名性.

在步骤 2 中, 竞买人将自己的出价经过 Hash 后, 发送给其他竞买人. 这其实是竞买人对自己出价的一个承诺. 竞拍成功后, 其他竞买人可以重新计算买受人出价的 Hash 值, 验证其是否与拍卖师公开的出价一致, 也即保证了协议的公开可验证性.

从协议的执行过程来看, 各竞买人处于对等的地位, 这从一方面说明了协议的公平性. 另外, 由于拍卖后, 其他竞买人可以验证买受人的出价, 有效防止拍卖师与买受人的合谋, 这也体现了协议的公平性.

拍卖师与竞买者分别共享了密钥, 这个密钥可以对拍卖师与竞买者的身份进行认证, 同时也能防止拍卖师否认对收到的出价进行过验证, 以及竞买者对自己出价的否认, 协议满足不可否认性.

拍卖协议执行过程中, 竞买人将自己的出价经过 Hash 后发送给了其他竞买人. 即使拍卖后, 可根据这些信息验证买受人的出价, 保证协议可追踪.

## 参考文献

[BB84] Bennett C H, Brassard G. Quantum cryptography: Public key distribution and coin tossing. Proceedings of the 1984 IEEE International Conference on Computers, Systems, and Signal Processing. Los Alamitos: IEEE Computer Society, 1984: 175-179.

[BBC93] Bennett C H, Brassard G, Crépeau C, et al. Teleporting an unknown quantum state via dual classical and Einstein-Podolsky-Rosen channels. Physical Review Letters, 1993, 70(13): 1895-1899.

[Bel64] Bell J S. On the Einstein Podolsky Rosen paradox. Physics Physique Fizika, 1964, 1(3): 195-200.

[BW92] Bennett C H, Wiesner S J. Communication via one-and two-particle operators on Einstein-Podolsky-Rosen states. Physical Review Letters, 1992, 69(20): 2881-2884.

[Cer98] Cerf N J. Asymmetric quantum cloning machines. Acta Physica Slovaca, 1998, 48(3): 115-132.

[CGT12] De Cristofaro E, Gasti P, Tsudik G. Fast and private computation of cardinality of set intersection and union. Proceedings of the 11th International Conference on Cryptology and Network Security, Darmstadt, LNCS 7712. Berlin: Springer, 2012: 218-231.

[CXN10] Chen X B, Xu G, Niu X X, et al. An efficient protocol for the private comparison of equal information based on the triplet entangled state and single-particle measurement. Optics Communications, 2010, 283(7): 1561-1565.

[DCW07] Du J Z, Chen X B, Wen Q Y, et al. Secure multiparty quantum summation. Acta Physica Sinica, 2007, 56(11): 6214-6219.

[DD15] Debnath S K, Dutta R. Secure and efficient private set intersection cardinality using bloom filter. Proceedings of the 18th International Conference on Information Security, LNCS 9290. Cham: Springer, 2015: 209-226.

[DEB10] Durt T, Englert B G, Bengtsson I, et al. On mutually unbiased bases. International Journal of Quantum Information, 2010, 8(4): 535-640.

[FNP04] Freedman M J, Nissim K, Pinkas B. Efficient private matching and set intersection. Advances in Cryptology–EUROCRYPT 2004, LNCS 3027. Berlin: Springer, 2004: 1-19.

[GGQ13] Guo F Z, Gao F, Qin S J, et al. Quantum private comparison protocol based on entanglement swapping of $d$-level Bell states. Quantum Information Processing, 2013, 12(8): 2793-2802.

[GHS90] Greenberger D M, Horne M A, Shimony A, et al. Bell's theorem without inequalities. American Journal of Physics, 1990, 58(12): 1131-1143.

[GHZ89] Greenberger D M, Horne M A, Zeilinger A. Going beyond Bell's theorem. Bell's Theorem, Quantum Theory and Conceptions of the Universe, 1989, 37: 69-72.

[Hei02] Heinrich S. Quantum summation with an application to integration. Journal of Complexity, 2002, 18(1): 1-50.

[HKW04] Heinrich S, Kwas M, Woźniakowski H. Quantum Boolean summation with repetitions in the worst-average setting. Proceedings of Monte Carlo and Quasi-Monte Carlo Methods 2002. Berlin: Springer, 2004: 243-258.

[HZB06] Hillery M, Ziman M, Bužek V, et al. Towards quantum-based privacy and voting. Physics Letters A, 2006, 349(1-4): 75-81.

[JHN12] Jiang L, He G Q, Nie D, et al. Quantum anonymous voting for continuous variables. Physical Review A, 2012, 85(4): 042309.

[JZF19] Ji Z X, Zhang H G, Fan P R. Two-party quantum private comparison protocol with maximally entangled seven-qubit state. Modern Physics Letters A, 2019, 34(28): 1950229.

[JZW19] Ji Z X, Zhang H G, Wang H Z, et al. Quantum protocols for secure multi-party summation. Quantum Information Processing, 2019, 18(6): 168.

[KBB02] Karimipour V, Bagherinezhad S, Bahraminasab A. Entanglement swapping of generalized cat states and secret sharing. Physical Review A, 2002, 65(4): 042320.

[LWF17] Liu W, Wang Y B, Fan W Q. An novel protocol for the quantum secure multi-party summation based on two-particle Bell states. International Journal of Theoretical Physics, 2017, 56(9): 2783-2791.

[LWY16] Liu W J, Wang H B, Yuan G L, et al. Multiparty quantum sealed-bid auction using single photons as message carrier. Quantum Information Processing, 2016, 15(2): 869-879.

[LZX18] Liu G, Zhang J Z, Xie S C. Multiparty sealed-bid auction protocol based on the correlation of four-particle entangled state. International Journal of Theoretical Physics, 2018, 57(10): 3141-3148.

[Nas09] Naseri M. Secure quantum sealed-bid auction. Optics Communications, 2009, 282(9): 1939-1943.

[NC10] Nielsen M A, Chuang I L. Quantum Computation and Quantum Information. Cambridge: Cambridge University Press, 2010.

[Shi18] Shi R H. Quantum private computation of cardinality of set intersection and union. The European Physical Journal D, 2018, 72(12): 221.

[Sho94] Shor P W. Algorithms for quantum computation: Discrete logarithms and factoring. Proceedings of the 35th Annual Symposium on the Foundations of Computer Science (SFCS 1994). Washington: IEEE Computer Society, 1994: 124-134.

[SMZ16] Shi R H, Mu Y, Zhong H, et al. Quantum private set intersection cardinality and its application to anonymous authentication. Information Sciences, 2016, 370: 147-158.

[SZ19] Shi R H, Zhang M W. A feasible quantum protocol for private set intersection cardinality. IEEE Access, 2019, 7: 72105-72112.

[TZL16] Tian J H, Zhang J Z, Li Y P. A voting protocol based on the controlled quantum operation teleportation. International Journal of Theoretical Physics, 2016, 55(5): 2303-2310.

[VSC07] Vaccaro J A, Spring J, Chefles A. Quantum protocols for anonymous voting and surveying. Physical Review A, 2007, 75(1): 012333.

[Wan10] Wang Z Y. Quantum secure direct communication and quantum sealed-bid auction with EPR pairs. Communications in Theoretical Physics, 2010, 54(6): 997.

[WHX21] Wang Y L, Hu P C, Xu Q L. Quantum secure multi-party summation based on entanglement swapping. Quantum Information Processing, 2021, 20(10): 319.

[Wie83] Wiesner S. Conjugate coding. ACM SIGACT News, 1983, 15(1): 78-88.

[WM21] Wu W Q, Ma X X. Multi-party quantum summation without a third party based on *d*-dimensional Bell states. Quantum Information Processing, 2021, 20(6): 1-15.

[WZ09] Wang Y W, Zhan Y B. A theoretical scheme for zero-knowledge proof quantum identity authentication. Acta Physica Sinica, 2009, 58(11), 7668-7671.

[WZ82] Wootters W K, Zurek W H. A single quantum cannot be cloned. Nature, 1982, 299(5886): 802-803.

[XCG20] Xu Q, Chen H, Gong L H, et al. Quantum private comparison protocol based on four-particle GHZ states. International Journal of Theoretical Physics, 2020, 59(6): 1798-1806.

[XZC11] Xu G A, Zhao Z W, Chen X B, et al. Cryptanalysis and improvement of the secure quantum sealed-bid auction with postconfirmation. International Journal of Quantum Information, 2011, 9(6): 1383-1392.

[YHZ09] Yi Z, He G Q, Zeng G H. Quantum voting protocol using two-mode squeezed states. Acta Physica Sinica, 2009, 58(5): 3166-3172.

[YNW09] Yang Y G, Naseri M, Wen Q Y. Improved secure quantum sealed-bid auction. Optics Communications, 2009, 282(20): 4167-4170.

[YW09] Yang Y G, Wen Q Y. An efficient two-party quantum private comparison protocol with decoy photons and two-photon entanglement. Journal of Physics A: Mathematical and Theoretical, 2009, 42(5): 055305.

[ZNZ10] Zhao Z W, Naseri M, Zheng Y. Secure quantum sealed-bid auction with post-confirmation. Optics Communications, 2010, 283(16): 3194-3197.

[ZLS20] Zhang C, Long Y X, Sun Z W, et al. Three-party quantum private computation of cardinalities of set intersection and union based on GHZ states. Scientific Reports, 2020, 10(1): 22246.

[ZSH15] Zhang C, Sun Z W, Huang X, et al. Three-party quantum summation without a trusted third party. International Journal of Quantum Information, 2015, 13(2): 1550011.

[ZSH19] Zhang C, Situ H Z, Huang Q, et al. Multi-party quantum summation with a single *d*-level quantum system. International Journal of Quantum Information, 2019, 17(3): 1950027.

[ZSQ18] Zhang R, Shi R, Qin J, et al. An economic and feasible quantum sealed-bid auction protocol. Quantum Information Processing, 2018, 17(2): 1-14.

[ZXZ17] Zhang J L, Xie S C, Zhang J Z. An elaborate secure quantum voting scheme. International Journal of Theoretical Physics, 2017, 56(10): 3019-3028.

# 索　引

**Y**



**Z**



**其　他**

# “密码理论与技术丛书”已出版书目

(按出版时间排序)

1. 安全认证协议——基础理论与方法　2023. 8　冯登国 等　著
2. 椭圆曲线离散对数问题　2023. 9　张方国　著
3. 云计算安全(第二版)　2023. 9　陈晓峰　马建峰　李　晖　李　进　著
4. 标识密码学　2023. 11　程朝辉　著
5. 非线性序列　2024. 1　戚文峰　田　甜　徐　洪　郑群雄　著
6. 安全多方计算　2024.3　徐秋亮　蒋　瀚　王　皓　赵　川　魏晓超　著